Hans-Joachim Zillmer · Die Erde im Umbruch

Hans-Joachim Zillmer

Die Erde im Umbruch

Katastrophen form(t)en diese Welt

Mit 71 Fotos und 149 Abbildungen

LANGENMÜLLER

MIX
Papier | Fördert gute Waldnutzung
FSC® C110508

Thomas-Wimmer-Ring 11, 80539 München
info@langenmueller.de

Umschlaggestaltung: Sabine Schröder
Umschlagmotiv: © Adobe Stock / neiros
Satz: VerlagsService Dietmar Schmitz, Erding
Druck und Binden: Westermann Druck Zwickau GmbH, Zwickau
Printed in Germany
ISBN: 978-3-7844-3753-8
www.langenmueller.de

Inhalt

5 Naturkatastrophen und Klimaumbrüche 271

Anhang 323

1 Hochgehobene Korallen

Zur Zeit der Kelten erfolgten Erdkrustenbewegungen in den Alpen. In Südamerika befinden sich Korallen der heutigen Südsee versteinert, aber unzerstört in 3600 m Höhe in den Anden, während nicht weit entfernt Menschen in ihren Zelten erfroren und vom Schlamm begraben wurden. Die Gebirge dieser Erde wurden nicht in grauer Vorzeit, sondern zu Lebzeiten von Menschen gehoben.

Rezente Korallen in 3600 m Höhe

Wir sitzen bei einem Glas Wein und diskutieren über die Selbstorganisation als eine Form der Systementwicklung geologischer Systeme, als mich eine Frage überrascht, die einen abrupten Themenwechsel einleitet: »Wie alt sind Ihrer Meinung nach die Anden?«

Welche Antwort gibt man einem renommierten Professor für Geophysik, ohne gleich die Tür zu jeder weiteren Fachdiskussion zuzuschlagen, denn in meinen Büchern hatte ich schon erläutert, dass die Anden nur wenige tausend Jahre alt sein können.

»Ja«, antwortete ich, »der Amazonas floss früher einmal in den Pazifik, also in entgegengesetzter Richtung wie heutzutage, und dann erhoben sich die Anden. Erst seit dieser Zeit fließt der Amazonas in den Atlantik ...« Der Geowissenschaftler Gero Hillmer (Universität Hamburg) berichtete in einem Dokumentarfilm im ZDF-Fernsehen unter dem Titel »Der Uramazonas« am 24. September 2000, dass dieses Ereignis vor etwa 140 Mio. Jahren stattgefunden hat, nachdem sich Afrika und Amerika getrennt haben sollen, als sich ein Ur-Atlantik bildete. Diese von mir bereits in »Irrtümer der Erdgeschichte« vorgestellte Hypothese beruht auf Funden von nicht verwitterten Muscheln und Küstenlinien hoch oben in den Anden und auf Überlieferungen der Eingeborenen, die offensichtlich Zeugen der Auffaltung der Anden waren, da südamerikanische Mythen von diesem Ereignis berichten. Ich überlegte kurz, ob ich meine Standardfloskel »vor ein paar tausend Jahren« einbringen sollte, um dann doch großzügig fortzufahren: »... vor höchstens vielleicht 10 000 Jahren.« »Tatsächlich so alt?«, erhielt ich die unerwartete Gegenfrage, und Professor Dr.-Ing. Karl-Heinz Jacob (Technische Universität Berlin) fuhr, ohne eine Antwort abzuwarten, fort:

»Wir waren als eine Gruppe von Geologen und Geophysikern hoch oben in den bolivianischen Anden in Südamerika. In über 3600 m Höhe befindet sich dort die größte und höchstgelegene Salzwüste der Welt. Wir übernachteten dort auf einer Insel in einem Zelt. Es war eisig kalt. Aber es gab versteinerte Korallen, die dort überall zwischen Kakteen herumstanden. Sie waren unzerstört. Wie lange bleiben solche Versteinerungen in ihrem ursprünglichen Erscheinungsbild ohne Schutz erhalten, wenn man allein schon an den ständigen Temperaturwechsel und die sprengende Wirkung von Frost denkt?«

»Ja« antwortete ich, »das ist das in meinen Büchern vielfach beschriebene und weltweit zu findende Phänomen, dass man ideale, also wie frisch wirkende versteinerte Tiere, Pflanzen oder auch Fußspuren an der Erdoberfläche findet, obwohl diese zig Millionen Jahre alt sein sollen. Das ist ein Zeit-Paradoxon, jedenfalls wenn man die geologische Zeitskala zugrunde legt. Verkürzen wir die Zeit wie ein sich zusammenziehendes Gummiband, das vorher willkürlich gedehnt wurde, ergibt sich kein Zeitproblem mehr. So hat der bekannte Saurierforscher Paul Sereno im Sand der Wüste Sahara in derselben geologischen Schicht, wo Skelette von Dinosauriern und Ur-Krokodilen in der heißen Sonne bleichen, versteinerte Menschenknochen und den versteinerten Kopf einer rezenten Kuh gefunden. Wie lange bleiben Dinosaurier-Knochen an der Wüstenoberfläche erhalten? Sind diese vielleicht nur so alt wie die versteinerten Menschen und Kühe, die vielleicht vor ein paar tausend Jahren starben, als die Sahara noch eine bewaldete Seen- und Wald-Landschaft war? Das Wasser verschwand vor wenigen tausend Jahren, und genau zu dieser Zeit müssen Saurier und Ur-Krokodile gestrandet oder verdurstet sein. So leben noch heute Krokodile inmitten der Sahara in übrig gebliebenen kleinen Wasserlöchern, die die Beduinen bei ihrer Wasserbeschaffung bedrohen. Es stellt sich die Frage: Wie lange kann eine Handvoll großer Raubtiere in derart kleinen Tümpeln überleben und wovon ernähren sie sich in der Wüste? Da sind höchstens wenige Jahrtausende im Spiel, ja wahrscheinlich eher weniger als mehr.«

»Interessant«, antwortete Professor Jacob. »Ich habe damals von den versteinerten Korallen ein Stück mitgenommen, da ich keinen Überblick hatte, wie alt diese sind. Zu Hause in der Universität habe ich diese dann einem Fachmann gezeigt, der die Korallen den heutzutage im Pazifik wachsenden zuordnete. Wie also kommen rezente Korallen in eine Höhe von fast 4000 m? Das kann nicht Millionen von Jahre her sein! Falteten sich die Anden tatsächlich erst vor relativ kurzer Zeit auf? Die Fakten scheinen dies zu bestätigen!«

Meine Erwiderung: »Bereits Anfang des 20. Jahrhunderts stellte eine geologische Studie aufgrund von Untersuchungen in Europa fest, dass noch zur Zeit der Kelten die Alpen zu einem wesentlichen Teil gehoben wurden, wodurch die Uferlinien der alten Seen im Alpenvorland schief gestellt wurden. Diese Studie wurde aus den Bibliotheken entfernt, und ein anonymer Leser meiner Bücher sandte mir dieses Buch mit dem Hinweis, dass der fast unglaubliche Tatbestand veröffentlicht werden muss, denn die Erdkruste ist fragiler und beweglicher, als es heutzutage in Wissenschaft und den Medien dargestellt wird.« Tatsächlich wird heute jeder Hangrutsch, der sich irgendwo in der Dritten Welt ereignet und durch den Menschen verschüttet werden, sofort den westlichen Industriestaaten angelastet. Diese sollen schuld sein an dem aktuellen Klimawandel bzw. einer Klimakatastrophe, die sich demnächst ereignen soll. Aber noch vor einigen Jahren wurde in Europa gar nichts von solchen Naturkatastrophen in Asien oder Afrika berichtet, die es immer gegeben hat.

Tatsächlich nimmt die Anzahl der Naturkatastrophen – wie Hurrikans im Ostatlantik – weltweit sogar in den letzten Jahrzehnten ab, sodass der Klimarat der UN von seiner in den Medien verbreiteten Behauptung Abstand nehmen musste, dass mit dem Anstieg der Konzentration von sogenannten Klimagasen auch die Zahl der Naturkatastrophen analog anstieg. Aber auch die Anzahl der schweren Hurrikans ist in den letzten Jahrzehnten weniger geworden. Global betrachtet ereignen sich tendenziell weniger Wirbelstürme als vorher, jedoch sind heutige stärker als in der Vergangenheit und weisen oft einen größeren Durchmesser auf. Wissenschaftlich wird für dieses Phänomen die Klimaveränderung verantwortlich.

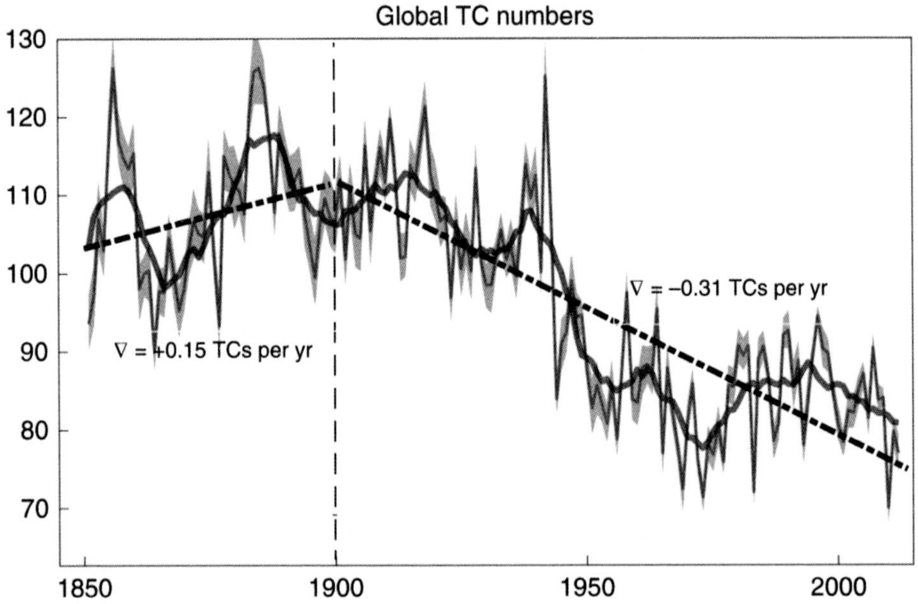

Abb. 1: **RÜCKLÄUFIG**. Der weltweit langfristige Trend der Anzahl tropischer Wirbelstürme (Global TC numbers) pro Jahr für die vorindustrielle Periode (1850–1900) und das 20. Jahrhundert (1900–2012). Schwarze Linie: Jahresmittelwerte, gestrichelt: Trendlinie. Quelle: Chand et al., 2022.

Geschichtlicher Klimawandel

Der Titel des Fachbuchs »Postglaziale Klimaänderungen und Erdkrustenbewegungen in Mitteleuropa« von Helmut Gams und Rolf Nordhagen aus dem Jahr 1923 sagt aus, dass in den letzten paar tausend Jahren geologisch viel passiert sein muss. Im Gegensatz dazu leben wir heutzutage in einer ereignislosen Welt, wenn wir das Klima und die Stabilität der Erdkruste betrachten.

Offiziell wird diese zu Beginn des 20. Jahrhunderts akribisch durchgeführte Feldforschung von der heutigen Fachwelt nicht beachtet. Das hat seinen Grund, denn für Gams und Nordhagen verliefen die letzten 10 000 Jahre nach der angeblichen Eiszeit keineswegs eintönig und gleichförmig, sondern ausgesprochen katastrophisch. In ihrer Zusammenfassung der Forschungsergebnisse (Gams/Nordhagen, 1923, S. 129 und 283 f.) weisen die Forscher unmissverständlich auf die Gründe hin, warum Geologen, Biologen, Archäologen und Geografen allzu rasch vorläufigen Schemata vertrauen und nicht mehr weiterdenken. Der Wunsch von Gams und Nordhagen, dass ihre Untersuchungen und Wahrheiten »ein kräftiger Anstoß sein (mögen), auch hier mit neuen Methoden und neuer Kraft weiterzuforschen« (Gams/ Nordhagen, 1923, S. 17), wurde bisher nicht verwirklicht.

Diese Feldstudie vom Anfang des 20. Jahrhunderts zeigt, dass zu Zeiten unserer Vorfahren die Wasserspiegel der vorhandenen Seen nördlich der Alpen – wie Bodensee, Ammersee, Federsee oder die Schweizer Seen – unter Bildung von Strandwällen und Uferterrassen stark anstiegen, einhergehend mit der Vernichtung sämtlicher Pfahlbauten und sonstiger Ufersiedlungen. Zu dieser Zeit der Klimaverschlechterung erreichten Erdkrustenbewegungen eine besondere Intensität und führten zur Bildung neuer Seen bei München, Tölz und Memmingen. Die Flugsand- und Lössbildung fand in diesem Zeitraum ein Ende, und die Dünen an Bodensee, Oberrhein und in anderen Gebieten bewaldeten sich sukzessive. Diese von einer wissenschaftlichen Untersuchung bestätigten Erdkrustenbewegungen im Alpengebiet ereigneten sich zur Zeit der Kelten, in der *subatlantischen Zeit*, die zur Zeit der Studie für 850 bis 120 v. u. Z. angesetzt wurde (nach geologischer Zeitskala). Wichtig ist festzustellen, dass – neben klimatischen Ursachen – Bewegungen der Erdkruste zur Bildung und Verteilung mächtiger Seekreidelager geführt haben (Gams/Nordhagen, 1923, S. 304 f.).

Interessant hinsichtlich Klimaänderungen sind Vorkommen von Kalktuff (Tuffstein) als noch junges Sediment, das als Abscheidung in nichtthermalem Süßwasser entsteht und pflanzliche Strukturen, aber auch tierische Überreste wie Mollusken-Gehäuse enthält. Tuff wird im Gewölbebau oder zur Ausfüllung von Fachwerken verwendet, reiner Tuff auch als gebrannter Kalk (*Synonym* Duckstein). In Europa kommt Tuff in einigen ehemals warmgemäßigten Klimazonen vor, also in Gebieten, die sich von den Subtropen durch eine Jahresmitteltemperatur von unter 20 °C unterscheiden, so beispielsweise in der Schwäbischen sowie Fränkischen Alb und im Voralpengebiet.

Nach Gams und Nordhagen (1923) begann dieses Klimaoptimum vor etwa 7500 oder 7000 Jahren und endete dann vor 5500 Jahren, als mittlere Temperaturen in Mitteleuropa herrschten, die 2,5 °C höher lagen als heutzutage, bei gleichzeitig höherer Feuchtigkeit. Die damalig höheren Temperaturen führten weltweit zum starken Rückgang der Gletscher. In den Alpen schmolzen die Gletscher etwa vor 9000 Jahren sehr stark zurück »und bis vor 5.900

Jahren waren die Gipfel der Ostalpen eisfrei, wie nun Eisbohrkern-Analysen nahelegen (...). Unsere neuesten Eiskernbohrungen legen nahe, dass damals auch hoch gelegene Gipfel in den Ostalpen eisfrei waren, (... und) diese eisfreie Phase der Ostalpen mit dem Holozän-Klimaoptimum vor gut 6.000 Jahren zusammenfiel« (Bohleber et al., 2020) – vgl. Abb. 2, S. 13.

Die heutzutage von Klimaaktivisten präsentierten Klimakurven für die letzten paar Jahrtausende wurden gefälscht, um Zeiten, in denen es ähnlich warm oder wärmer war als heutzutage, kälter erscheinen zu lassen. Damit erreicht man, dass der Einfluss des Menschen als hauptverursachender Faktor der Erderwärmung im 20. Jahrhundert angeprangert werden kann. Deshalb wurde eine eintönige und gleichförmige Klimageschichte von Klimaaktivisten erfunden und es wird gebetsmühlenartig wiederholt, dass die Temperaturen heutzutage weit höher sind als jemals zuvor im Holozän, auch Nachzeitalter genannt. Diese Aussage steht jedoch im Widerspruch zu den nachgewiesenen Fakten.

So wurde in qualitativer Übereinstimmung mit der zuvor zitierten Studie (Gams/Nordhagen, 1923) neuerdings wissenschaftlich festgestellt, dass zum Beispiel im nördlichen Grönland vor 8000 Jahren die Temperatur um etwa 2,5 °C höher lag als heute (Lecavalier, et al., 2013 und 2017; Borzenkova, 2015). Eingehende Untersuchungen am Agassiz-Gletscher in Alaska ergaben Folgendes: »Unsere Resultate zeigen, dass die Temperaturen im frühen Holozän diejenigen von heute um ein paar Grad Celsius übersteigen« (Lecavalier, 2017). Und zusammenfassend:

»Unsere Rekonstruktion aus der Agassiz-Eisdecke (*Ellesmere Island*, Kanada) zeigt ein früheres und wärmeres holozänes Temperaturmaximum mit holozänen Temperaturen, die im Vergleich zu einer früheren Rekonstruktion um 4–5 °C wärmer sind und die für einen Zeitraum von 3000 Jahren damals regelmäßig die aktuellen Werte überschreiten. Unsere Ergebnisse zeigen, dass die Lufttemperaturen in dieser Region im Zeitraum zwischen vor 6800 und 7800 Jahren am wärmsten waren (...)« (ebd., 2017).

In dieser Zeitperiode bis vor etwa 6000 Jahre war es in Alaska, Kanada, Grönland und Mitteleuropa, also in der nördlichen Hemisphäre in der Atmosphäre heißer als zu Zeiten des heutigen (natürlichen) Klimawandels. Während der Jungstein- und Bronzezeit war es wesentlich wärmer als heutzutage und es lebten auch u. a. Löwen, die unsere Vorfahren an Höhlenwänden verewigten, in diesen *heutzutage* kalten Gebieten.

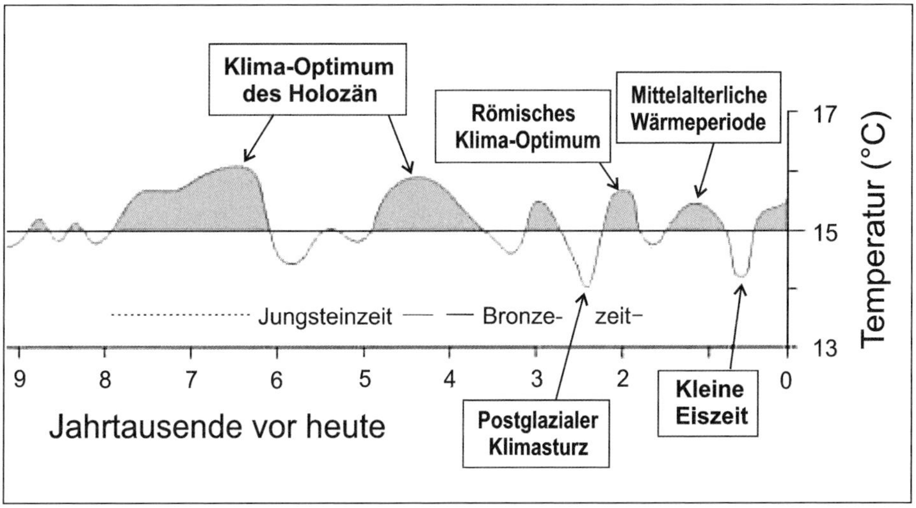

Abb. 2: **BODENNAHE MITTELTEMPERATUREN** in der nördlichen Hemisphäre analog Untersuchungen des bekannten Klimaforschers Dr. Christian-Dietrich Schönwiese, Professor an der Goethe-Universität in Frankfurt am Main. Abbildung verändert nach Dansgaard et al. (1969) und Schönwiese (1995). Jedoch wurde inzwischen festgestellt, dass zum Beispiel im nördlichen Grönland vor 8000 Jahren die Temperatur etwa 2,5 °C höher lag als heute, also noch wesentlich höher als in dieser Abbildung veranschaulicht (Lecavalier et al., 2013 u. 2017, Borzenkova, 2015).

Aber auch während der Zeit der Wikinger gab es ein Klimaoptimum, die *Mittelalterliche Warmzeit* (auch: *Mittelalterliches Klimaoptimum*), neuerdings aber als *Mittelalterliche Klima-Anomalie* bezeichnet. Der Höhepunkt dieser Warmzeit ist nicht nur in Mitteleuropa bis Schottland und Norwegen nachweisbar, sondern auch in Island, Grönland und Nordamerika, also in der nördlichen Hemisphäre.

Professor Brian Fagan (Universität von Kalifornien) beschreibt qualitativ richtig, dass der Klimawechsel »eine längere Wärmeperiode einleitete, die etwa um das Jahr 800 n. Chr. (heutzutage geschätzt eher um 900 n. Chr.) begann und zwischen 1150 und 1300 ihren Höhepunkt erreichte« (Fagan, 2001, S. 195), die Zeit der Entdeckungen durch Kelten und Wikinger.

In einzelnen Regionen, wie etwa in England, lagen die Temperaturen über zwei Grad Celsius höher als im 20. Jahrhundert. Eine neuere Untersuchung zeigt, dass es um 950 bis 1050 bis zu 0,6 °C wärmer gewesen sein soll als in der Referenz-Periode 1880 bis 1960, bevor 1580 bis 1720 innerhalb der *Kleinen Eiszeit* die Temperatur um 1,6 °C niedriger ausfielen als um 1000 (Christiansen/Ljungqvist, 2012).

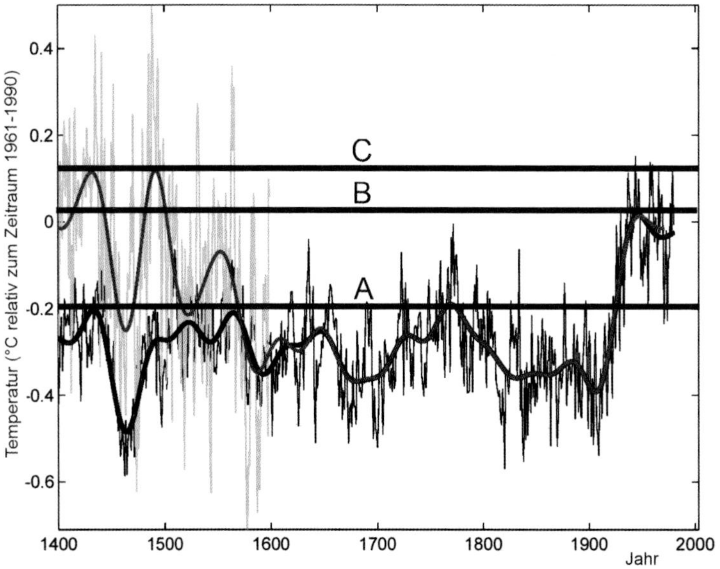

Abb. 3: **MANIPULIERT**. Die hohen Temperaturen während der *Mittelalterlichen Warmzeit* (graue Kurve), als Wikinger in Grönland zeitweise sogar Weizen anbauten, wurden durch den *Klimarat IPCC* ignoriert und man fertigte eine relativ etwas konstant-schwankende, quasi gleichförmige Klimakurve an, die bis Ende des 19. Jahrhunderts Bestand gehabt haben soll. Derart konnte der Mensch als Verursacher des Temperaturanstiegs seit Ende des 19. Jahrhunderts – dem Endzeitpunkt der *Kleinen Eiszeit* – bis in die 2000er Jahresperiode hinein verantwortlich gemacht werden, was ohne diese Manipulation rein aus logischen Gründen nicht möglich gewesen wäre. Graue Temperaturkurve nach (McIntyre/McKitrick, 2005), ergänzt Zillmer. Linie A: zeigt die Höchsttemperaturen der bodennahen Atmosphäre von 1400 bis 1890 laut *Klimarat IPCC*. Linie B: zeigt entsprechend die Temperaturhöhe des Jahres 2000. Linie C: zeigt die Temperaturhöhe der Jahre 1400 bis 1450, die höher liegt als die des Jahres 2000.

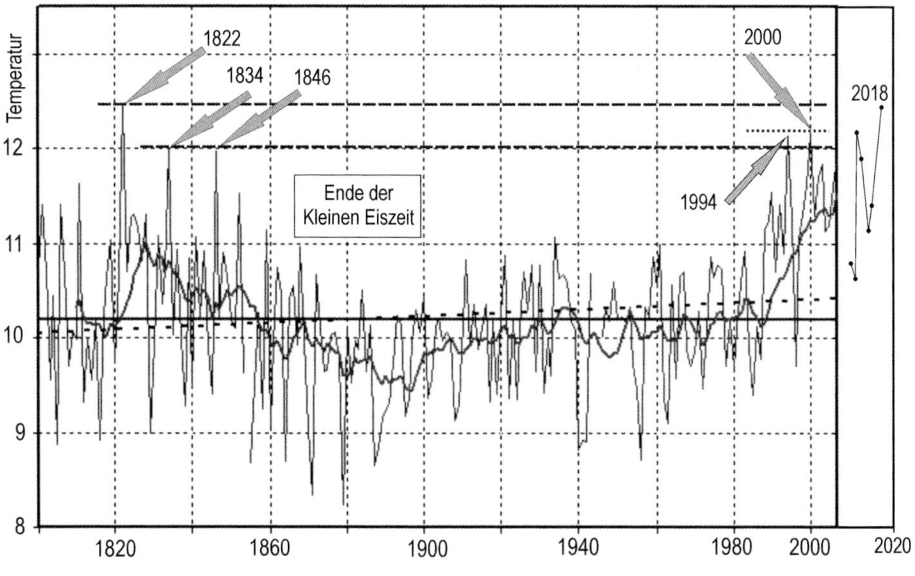

Abb. 4: **JAHRESMITTELTEMPERATUREN IN KARLSRUHE VON 1800 BIS 2018**. 1822 war mit 12,5 °C das wärmste Jahr der letzten 200 Jahre in Karlsruhe. Seit dem Jahr 2000 mit 12,2 °C ist es bis 2018 mit 12,4 °C nicht wärmer geworden.

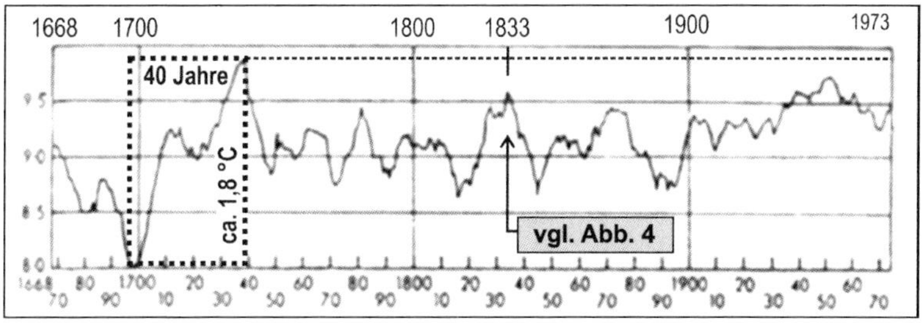

Abb. 5: **MITTELENGLISCHE TEMPERATURREIHE.** Dieser zehnjährig gemittelte Temperaturverlauf seit 1659 zeigt einen steilen Anstieg der Temperaturen von knapp zwei Grad Celsius in nur 40 Jahren bis 1740 und zwar geschah dies nach dem »Maunder Minimum« mit eiskalten Temperaturen als es quasi keine schwarzen Flecken auf der Sonnenoberfläche und damit eine kaum wahrnehmbare Sonnenaktivität gab. Während dieser Zeitperiode starb die Hälfte der Bevölkerung Mitteleuropas einen Hungertod. Nach dieser Zeitperiode ereignete sich ein Temperaturhoch um 1830 analog wie in Karlsruhe (Abb. 4) und ein Minimum der Temperaturen um 1890, dem Startzeitpunkt moderner Temperaturkurven. Quelle: Nach Manley, 1974.

Folgt das Klima auf der Erde auch einem Sonnenzyklus? »Ein in 2003 erstmals vorgestelltes Klimamodell (das Hamburger *ECHO-G-Modell*) macht deutlich, dass die Sonne in hohem Maß das irdische Klima der letzten 1000 Jahre beeinflusst hat und Vulkanausbrüche zu kurzen Perioden kühlerer Temperaturen beigetragen haben (...). Die mit dem Hamburger *ECHO-G-Modell* erzielten Ergebnisse für die Jahre 1948 bis 1990 machen den starken Einfluss der Sonnenvariationen auf den Klimaverlauf deutlich«, bestätigen Geowissenschaftler in dem Buch »Klimafakten« (Berner/Streif, 2004, S. 220 f.).

Unwidersprochen ist Wasserdampf der wichtigste Energiespeicher der Erdatmosphäre, weshalb die angeblichen Klimagase, wie u. a. Kohlendioxid und Methan, Energie nur in vergleichsweise geringem Maße aufzunehmen in der Lage sind. Hinzu kommt, dass Kohlendioxid im Verhältnis zum Wasserdampf etwa den fünffach höheren Anteil in der Atmosphäre benötigt, um einen bestimmten Anstieg zu erreichen (ebd., S. 26 f.).

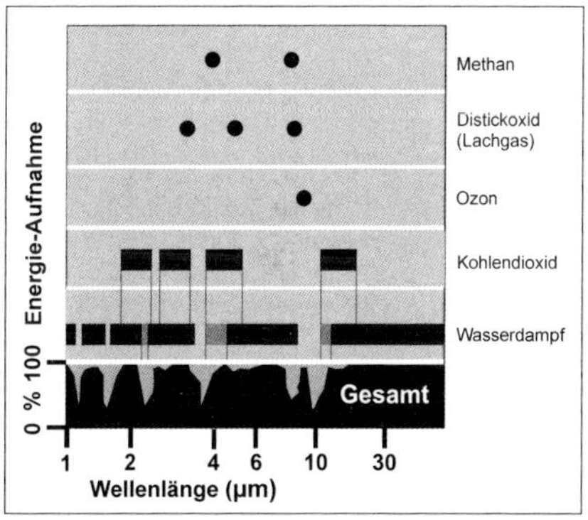

Abb. 6: **WELLENLÄNGEN.** Wasserdampf ist das überwiegend wirksamste Treibhausgas, da es langwellige Strahlung in einem breiten Wellenlängen-Bereich aufnehmen kann. Die übrigen Gase wie Kohlendioxid können daher nur geringe, sozusagen übrig bleibende Strahlungsenergie in nur begrenzten Wellenlängen-Bereichen aufnehmen – siehe mittelgrau angelegte Bereiche für Kohlendioxid – da Wasserdampf bereits den größten Teil der Strahlungsenergie aufgenommen hat. Nach Berner/Streif, 2004, S. 25).

Seit Beginn der modernen Temperaturmessung Ende des 19. Jahrhunderts und nach dem Ende der »Kleinen Eiszeit« soll sich ein Klimawandel vollziehen. Aber Änderungen des Klimas hat es auch zu Zeiten unserer Vorfahren gegeben. In der

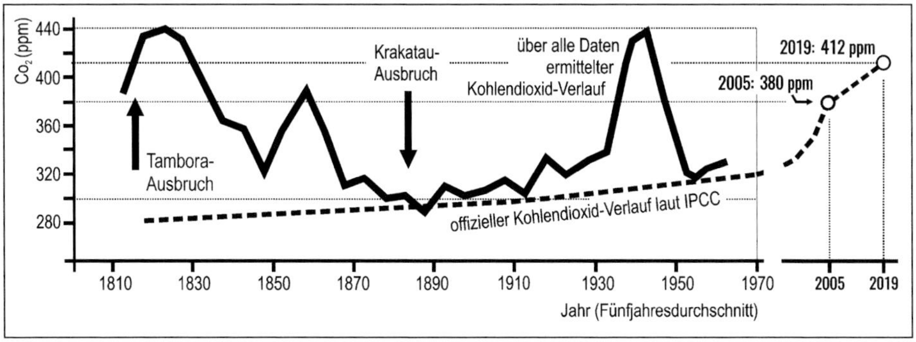

Abb. 7: **KOHLENDIOXIDVERLAUF**. Der von Klimaforschern behauptete, angeblich eindeutig mit dem Grad der Industrialisierung einhergehende Trend (gestrichelte Linie) existiert nicht – nach Beck (2007). Heftige Vulkanausbrüche, wie der Tambora-Ausbruch 1815 in Sumbawa, Indonesien, bewirken einen erheblichen Anstieg von Kohlendioxid in der Atmosphäre mit der Folge, dass es nicht wärmer, sondern kälter wird (Oppenheimer, 2003) – entgegen den Voraussagen von Klima- und Umweltaktivisten.

Mittelalterlichen Warmzeit konnte kälteempfindlicher Weizen in Norwegen nördlich von Trondheim, im Südosten von Schottland in der Hügelkette Lammermuir Hills bis in 425 m Höhe sowie zeitweise, aber in geringerem Umfang, sogar auf Grönland angebaut werden, bewiesen durch archäologische Ausgrabungen. Außerdem kultivierte man in Westengland bis in einer Höhe von 200 m über dem Meeresspiegel Weinstöcke. Dies alles ist heutzutage gar nicht möglich. Die Durchschnittstemperaturen der Britischen Inseln lagen zwischen 1140 und 1300 wohl um 0,8 °C höher als die zwischen 1900 und 1950. Daraus folgt, dass der heutige, seit etwas mehr als 100 Jahren ausgemachte Treibhauseffekt im Verhältnis zum 13. Jahrhundert nur eine Klima-Normalisierung in Form einer Erholungstendenz darstellt.

Ein derartiger Klimawandel war auch in Mitteleuropa zu verzeichnen, wo zu Zeiten unserer Vorfahren ein starkes Moorwachstum herrschte. Der Wasserspiegel vieler Seen stieg an, und es wurde im Bereich nördlich der Alpen verstärkt Tuff gebildet. Die Entstehung von Seebecken lässt sich nach Gams und Nordhagen (1923, S. 34) und an deren Forschern auf das isostatische Einsinken des Alpenkörpers und senkrecht zum Alpenrand verlaufende Verwerfungen erklären:

»Derartige Schaukelbewegungen (…) wie die am Ammersee kennt man ja auch vom übrigen Alpenrand (vergl. z. B. Gogarten). An der norwegischen Küste hatte schon Bravais 1838 zwischen Alten und Hammerfest schräge Strandlinien beschrieben und Hansen 1890 diese richtig gedeutet. Ganz ähnliches haben auch (…) andere Forscher an den schwedischen Binnenseen festgestellt« (ebd., S. 34).

Wieso sanken Gebirge vor kurzer Zeit noch isostatisch in den Untergrund ein, wodurch auch Hebungen an anderen Stellen erzeugt wurden? Wuchsen Gebirge unmerklich langsam seit zig Millionen von Jahren empor, muss ein isostatischer Einsinkvorgang entsprechend langsam vonstattengegangen sein und kann nicht zu Schaukelbewegungen innerhalb kurzer Zeiträume führen.

Betrachten wir als Beispiel den vor den Toren Münchens gelegenen Ammersee genauer, der mit der heutigen Wasserfläche von knapp 47 km² nur noch den Rest eines früher wesentlich größeren Sees darstellt. Anerkannt ist, dass der See in Nord-Süd-Richtung eine Länge von 37 km aufwies, gegenüber den 16,2 km von heute. Der Pilsensee war noch Bestandteil des Ammersees, und es bestand eine Verbindung zum Wörthsee (Abb. 8).

Heutzutage wird die Höhe des Ammersees mit 532,9 m über Normalnull (NN) angegeben, während *nacheiszeitliche Uferlinien* um bis zu über 60 m *höher* zu finden sind, worauf auch die Lage zahlreicher Gruppen von Hügelgräbern hindeutet (s. Abb. 8). Eine etwa 300 000 m² große Tufflagerstätte befindet sich am Rande des alten Ammersees bei Polling. Es verdankt seine Entstehung zweifellos dem früheren Ettinger Bach. Die oberste Verwitterungsschicht des Tufflagers bildet eine zwei bis drei Meter mächtige Seekreide, die bis in eine Höhe von knapp 600 m über NN hinaufreicht. In dieser Höhe ist die maximale Uferlinie am oberen Ammersee zu suchen (Gams/Nordhagen, 1923, S. 37). Welch anderes Ausse-

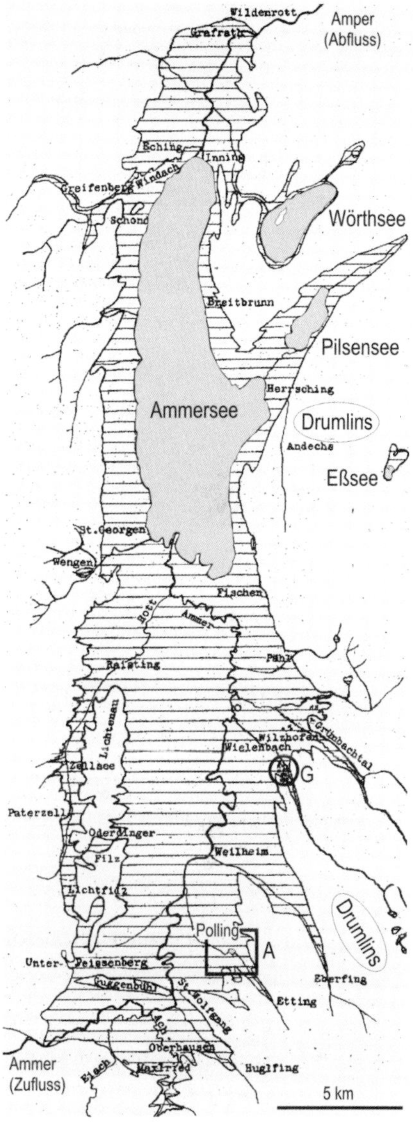

Abb. 8: **GESCHRUMPFTE SEEN**. Der Ammersee in seiner heutigen Ausdehnung (graue Fläche) und seiner maximalen Größe zur Zeit unserer keltischen Vorfahren (schraffierte Fläche). Interessant ist die Lage der Grabhügel (G) und Existenz von Drumlin-Feldern am Ammersee. Detailkarte A siehe Abb. 9. Skizze nach Gams/Nordhagen (1923, S. 19).

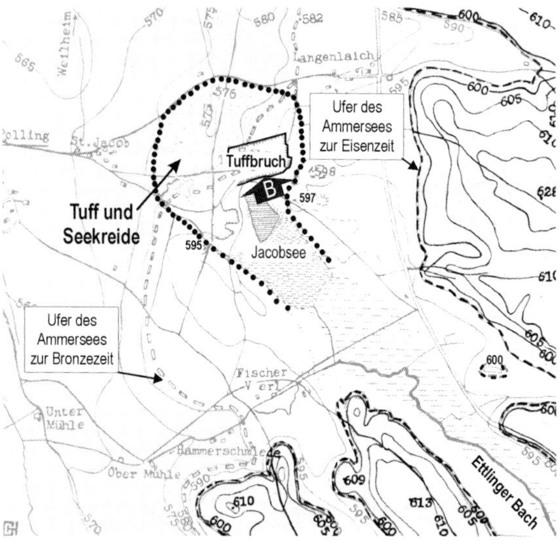

Abb. 9: **TUFFLAGER**. Der Lageplan als Detailkarte der Abb. 8 zeigt ältere Wasserstandslinien aus der Bronzezeit und jüngere, aber höher liegende (600 m über NN) aus der Eisenzeit. Der Ettlinger Bach floss früher nach Norden in den heutzutage verlandeten Jacobsee bzw. Ammersee und war für die Entstehung der Tufflager verantwortlich. Die das ganze Tufflager überdeckende, zwei bis drei Meter mächtige, bis in 596 m Höhe reichende Seekreide stammt nach den Untersuchungen von Gams und Nordhagen aus dem früheren Ammersee. Skizze (bearbeitet) und Foto aus Gams/Nordhagen, 1923.

hen hatte das Alpenvorland nicht nur in der Mittelsteinzeit, sondern auch während der Bronze- und Eisenzeit?

Aber die Uferlinien des alten Sees liegen heutzutage auf ungleicher Höhe. Während diese, wie beschrieben, am Südende bei 600 m liegen, so befinden sie sich am Nordende durchweg bei 560 m Höhe. Diese Höhendifferenz kann nicht anders als durch tektonische Bewegungen erklärt werden. Die Störung ereignete sich sicher erst nach dem Ende der »Eiszeit«, denn die schon vor dem maximalen Wasserstand gebildeten Tuffe enthalten eine der heutigen sehr ähnliche Waldflora. Darauf, dass die Senkung des Wasserspiegels erst in ganz junger Zeit erfolgte, deuten auch die Flurnamen hin. Einen »Wörth« (ein altes Wort für Insel) gibt es nicht nur südlich von Unterpeißenberg, sondern auf einer solchen Insel wurde auch das angeblich aus dem 8. Jahrhundert stammende Kloster Grafrath errichtet (Gams/Nordhagen, 1923, S. 32). Ähnliche Beobachtungen können auch bei anderen Seen im Voralpengebiet gemacht werden. In diesem Zusammenhang ist die »schiefe Ebene von München« zu sehen, mit einer Länge von 70 km und einer Breite von 10 bis 40 km. Das nördliche Drittel dieser Ebene wird größtenteils von Mooren eingenommen, während im übrigen Bereich neben Schotter auch ältere Bildungen wie Löss oder Flinz (Sandstein) anstehen.

Interessant ist aber, dass es sich, abgesehen von Flusseinschnitten oder älteren Riedeln (schmale, niedrige Landrücken zwischen zwei Tälern), um eine vollkommen ebene Fläche handelt, die um München ein Gefälle von 0,6 bis 0,7 % aufweist. Die Ebene senkt sich von 700 m bei Holzkirchen bis auf 415 m bei Moosburg. Schon früh sind Geologen auf die Idee gekommen, dass hier eine nachträgliche Schiefstellung stattgefunden hat, wofür auch die auffallende Differenz im Gefälle der Erdoberfläche und des Grundwasserspiegels spricht (Gams/Nordhagen, 1923, S. 44).

Nasse Gesteinsströme

Interessant ist, dass am Ammersee, wie im gesamten Voralpengebiet, Drumlin-Felder (siehe Abb. 8) existieren, die als glaziale Relikte der »Eiszeit« gelten. Es handelt sich um längliche Hügel von tropfenförmigem Grundriss, die bis zu 1000 m lang und 100 m hoch sein können. Der stromlinienförmige Körper der Hügel soll unter einem sich bewegenden Gletscher geformt worden sein. Diese Landschaftsform wird als typischer Bestandteil einer »eiszeitlichen« Grundmoränen-Landschaft angesehen. Die Längsachsen von Drumlins liegen angeblich immer in der Bewegungsrichtung eines Gletschers. Ist das aber wirklich so?

Nordwestlich von Friedrichshafen befindet sich der Ortsteil Friedrichshafen-Raderach, der auf einem Drumlin errichtet wurde. Dieser Hügel ist quasi kreisförmig umschlossen von weiteren Drumlins. Solche sind auch weiter nordwestlich zu finden, die jedoch selten parallel zueinander liegen – vergleiche u. a. Hügel A und X auf der Abbildung 10. Tatsächlich sind Drumlins im süddeutschen Raum hinsichtlich des inneren sedimentären Aufbaus und der Erscheinungsform sehr verschiedenartig (»Zeitschrift für Geomorphologie«, Ausg. 47/3, 2003, S. 373–392): Beliebig steile Böschungswinkel, oft ein in der Fließrichtung ansteigender »Sporn«, zwei oder drei Kulminationspunkte und nach vorn gestreckte »Finger«, alles Eigenschaften, die für echte Drumlins unwahrscheinlich sind.

Vorhandene Erhebungen oder Sedimente, wie ältere Geschiebemergel, sollen nach konventioneller Ansicht durch sich bewegende Gletschermassen »überfahren« und stromlinienförmig verformt worden sein. Können derart ganze, systematisch angelegt erscheinende Rückenlandschaften entstehen?

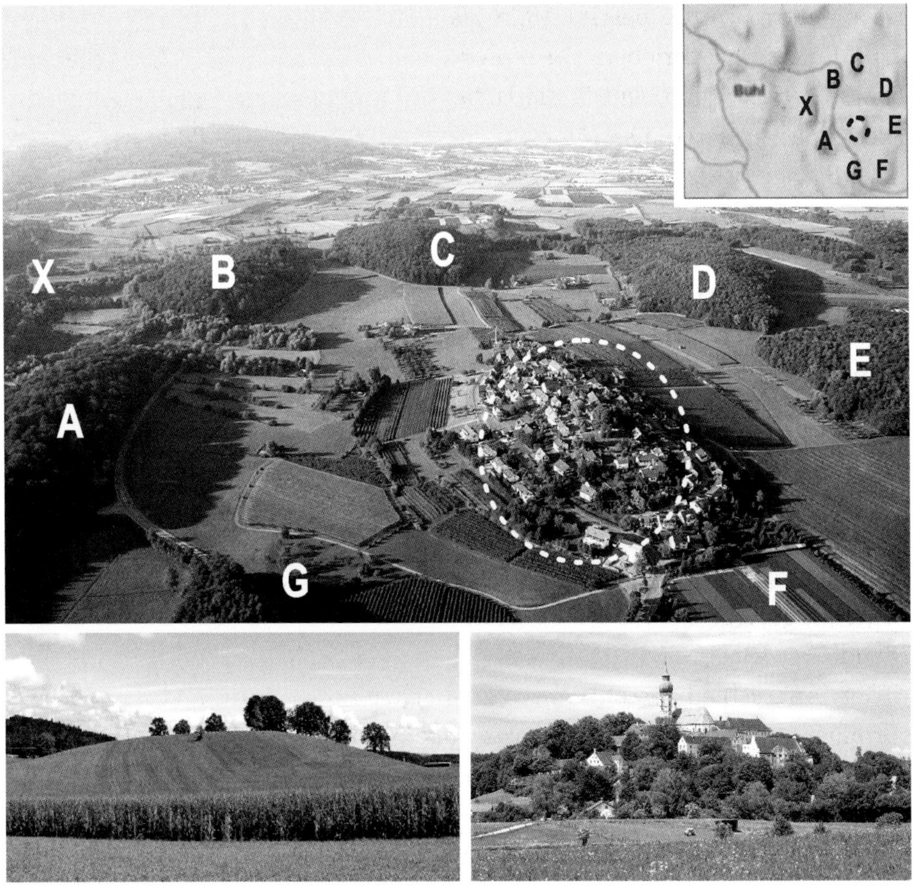

Abb. 10: **DRUMLINS**. Oberes Bild: Der auf einem Drumlin gelegene Ortsteil Friedrichshafen-Raderach ist kreisförmig umgeben von weiteren Drumlins, die bewaldet sind. Die Übersichtskarte zeigt, dass im Umkreis noch mehrere Drumlins existieren, ohne dass diese parallel zueinander angeordnet sind. Bild unten links: Ein Drumlin bei Polling). Bild unten rechts: Das Benediktiner-Kloster Andechs wurde auf einem Drumlin errichtet.

Woher kommen die schwarmartig verteilten, punktförmigen Einlagerungen von Sedimenten an der Erdoberfläche? Man glaubt an moränenartige Ablagerungen noch älterer Eisvorstöße, die durch Gletscherströme hinterlassen wurden. Kann so die relativ gleichmäßige Anordnung in regelrechten Feldern erklärt werden?

Tatsächlich findet man Drumlin-Felder auch in Gebieten, die nie vergletschert waren. In der Nähe von Tasikmalaya im Westen der indonesischen Insel Java befindet sich die sogenannte *10 000-Hügel-Landschaft*. Diese

Geländeform wurde bereits 1925 als drumlinartig beschrieben. Da es dort keine Gletscher gab, wurde die Ursache in nassen Gesteinsströmen gesehen (Escher, 1925). Offiziell wird die Deutung als Drumlins abgelehnt, weil die Hügel nicht in der Strömungsrichtung lang gestreckt sind, obwohl ansonsten alle Eigenschaften eines Drumlins gegeben sind, insbesondere die innere Zusammensetzung der Hügel, die sich von derjenigen der umliegenden Fläche unterscheidet: »Es kann daher über die Drumlinnatur des 10 000-Hügel-Vorkommens nicht der geringste Zweifel herrschen« (Sandberg, 1937, S. 14).

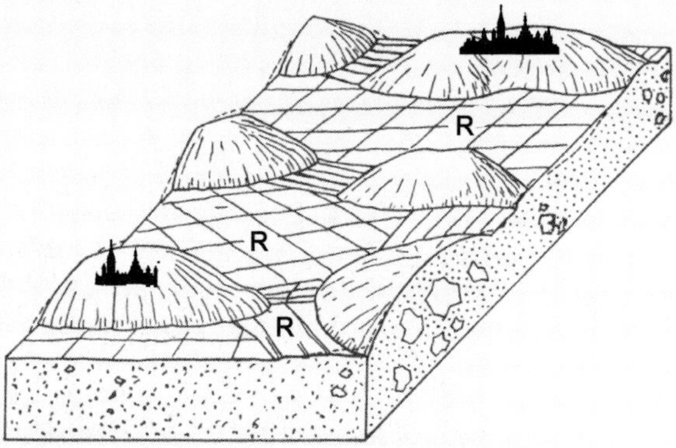

Abb. 11: **RUNDE FORMEN**. Die Drumlins von Tasikmalaya im Südwesten von Westjava, Indonesien, weisen rundliche Formen auf, weil keine Bewegung des Untergrundes erfolgte. Diese Buckel werden von den Einheimischen zur Errichtung ihrer Dörfer benutzt. In der ursprünglichen Ebene befinden sich die Reisfelder (R). Ergänztes Blockdiagramm aus Sandberg (1937) nach B. G. Escher.

Der Unterschied besteht also nur zwischen kreisrunder und stromlinienförmiger Gestalt, während ansonsten alle Eigenschaften denen eines Drumlins entsprechen. Der Streit hat einen handfesten Grund, denn runde Drumlins können nicht von Gletschern erzeugt werden, womit ein Beweis für die »Eiszeit« entfallen würde, da Drumlins auch ohne »rasende« Gletscher entstehen.

Könnten auch im Voralpengebiet Drumlins ganz anders, also ohne glaziale Wirkungen entstanden sein? Der niederländische Geologe Dr. Christoph Sandberg stellt fest:

»Untersucht man die Drumlin-Erscheinung, so muss man zu dem Ergebnis kommen, dass ihre bezeichnenden Eigenschaften im Einzelnen und als Ganzes genommen nicht auf glazialen Ursprung hinweisen, sondern auf ein Ablagerungsprodukt von wasser- und gasgesättigten Gesteinsströmen, welche kurz vor der Gestaltung der Erscheinung in ziemlich schneller Bewegung begriffen sein mussten« (Sandberg, 1937, S. 14 f.). Sandberg bestätigt also, dass es sich nicht um Eiszeit-Relikte handelt. Obwohl im Gegensatz dazu der glaziale Ursprung dieser Hügel allgemein immer wieder als bewiesen angeführt wird, lesen wir im »Geologischen Wörterbuch«: »Die eigentliche Entstehungsursache ist noch umstritten« (Murawski/Meyer, 1998, S. 43).

Wenn Sandberg auf eine »ziemlich schnelle Bewegung kurz vor der Gestaltung« hinweist, dann fragen wir uns, was sich hier bewegen soll, ein »rasender« Gletscher oder vielleicht der Untergrund selbst? Da es heftige Erdkrustenbewegungen im Alpengebiet vor wenigen Jahrtausenden gab, ist diese Voraussetzung gegeben. Zu Zeiten unserer Vorfahren setzte eine Klimaverschlechterung ein. Diese von einer wissenschaftlichen Untersuchung bestätigten Erdkrustenbewegungen im Alpengebiet ereigneten sich zur Zeit der Kelten etwa 450 Jahre vor unserer Zeitrechnung (Gams/Nordhagen, 1923, S. 304 f.).

Aber auch schon während der Jungsteinzeit in der Klimastufe Atlantikum gab es Krustenbewegungen, wie die Senkungen des Baltikums, der Ostsee sowie der norwegischen Küste. Dies wird bewiesen durch einen Anstieg vieler Seen, starkem Moorwachstum und starker Tuffbildung (ebd., S. 294). In der folgenden subborealen Zeit, beginnend vor knapp 6000 Jahren, gab es ein Absinken der Grundwasserspiegel und einhergehend der Wasserspiegel der Seen, die teils verlandeten. Die Tuffquellen versiegten, und es entstanden Verwitterungsschichten wie auf den Tufflagern von Polling. Ein Klimaoptimum fällt im Alpengebiet sicher in die ältere Bronzezeit und früheste Hallstattzeit vor ungefähr 3000 Jahren (ebd., S. 301).

Bereits im Atlantikum vor etwa 9300 bis 5700 Jahren war es sehr viel wärmer als heutzutage (vgl. Abb. 2, S. 13). Damals herrschten bis zu 2,5 °C höhere Temperaturen, ganz ohne Autos oder Kraftwerke. Im Gegensatz zur Zeit unserer Vorfahren leben wir heutzutage in einer klimatisch normalen und geologisch eher ereignislosen Zeit. Die hohen Durchschnittstemperaturen sanken dann in der folgenden Klimastufe Subboreal vor 6000 Jahren für 1000 Jahre wieder kräftig, bevor ein erneutes Klimaoptimum einsetzte, das nach Gams und Nordhagen durch einen Klimasturz um 850 v. u. Z. endete.

Diese, früher als »Postglazialer Klimasturz« bezeichnete drastische Klimaverschlechterung wird von mir jedoch etwa 400 Jahre später am Ende der Klimastufe *Subboreal* gesehen, die vor etwa 2450 Jahren endete, als die bis heutzutage andauernde Subatlantische Zeit einsetzte:

»Diese beginnt nach Sernander und seinen Schülern ungefähr am Übergang von der nordischen Bronzezeit zur Eisenzeit mit einer plötzlichen Klimaverschlechterung, die ein rasches Ansteigen des Grundwassers und Wachsen der Moore, eine Ausbreitung von Fichte und Buche und einen starken Rückgang vieler Tiere und Pflanzen zur Folge hatte. In der Neuzeit ist eine Zunahme der Wärme und Abnahme der Niederschläge allgemein festzustellen. Die neueren

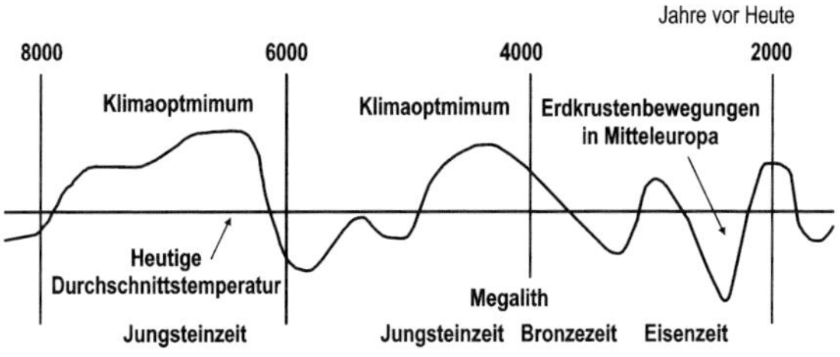

Abb. 12: **MEHRFACHES KLIMAOPTIMUM**. Die nach Dansgaard (et al., 1969) und Schönwiese (1995) – Abbildung 1 (S. 15) – analog neuerer Untersuchungen modifizierte Klimakurve weist die Lufttemperaturen in Bodennähe für die nördliche Hemisphäre aus. So waren die Klimaoptima in der *Postglazialen Wärmezeit* während der Jungsteinzeit nicht nur bis zu 2,5 °C wärmer als heute, sondern auch feuchter.

Beobachtungen in Mitteleuropa ergeben nicht nur im Ganzen eine Bestätigung dieser Anschauungen (...) auch im Verein mit der mittel- und südeuropäischen Geschichte« wird in einem Bericht (S. 24) in der *Zoologisch-Botanischen Datenbank* ZOBAT bestätigt (Internetlink 1).

Vor etwa 3000 Jahren gab es eine verheerende Dürrezeit, die auch in den Texten des alten Ägypten beschrieben wird, als der Nil trocken fiel. In Europa nördlich der Alpen wurde es zu dieser Zeit immer kälter und feuchter. In den Gebirgen dehnten sich wieder die Gletscher aus, Wälder verwandelten sich in Sümpfe, und es entstanden Moore. In Nordamerika verließen die Paläo-Eskimos ihre Jagdgebiete im hohen Norden bis hinauf in den Nordosten Grönlands und wanderten südwärts bis in das Gebiet der Bucht *Hudson Bay*. Erstmals nach dem Ende der (angeblichen) Eiszeit bildeten sich südlich der heutigen kanadischen Grenze in den Rocky Mountains wieder Gletscher.

Der »Postglaziale Klimasturz« vor knapp 2500 Jahren war kein räumlich beschränktes Phänomen! Nicht nur in Mitteleuropa führten Erdkrustenbewegungen zur Schiefstellung von vorhandenen und zur Bildung von neuen Seen wie in den Alpen. Zu dieser Zeit sollten sich viele der am Rande dieser Seen befindlichen Drumlin-Felder gebildet haben, als heftige geologische Tätigkeit herrschte. Andernfalls müssten diese Drumlins seit der »Eiszeit« mehrere tausend Jahre ohne größere Verwitterungsspuren überdauert haben, um dann auch noch die Schiefstellung des Voralpengebiets mit der Verlandung vorhandener und Bildung neuer Seen zu überstehen. Sieht man die Bildung von Drumlins als eine Begleiterscheinung der Erdkrustenbewegungen an, nicht nur im Alpengebiet, sondern in ganz Mitteleuropa und Skandinavien sowie in arktischen Gebieten wie Kanada und Alaska, dann ergibt sich ein einheitliches Bild.

Das Alter der heutzutage sichtbaren Gestaltung der Geländeoberfläche ist wesentlich geringer, als man allgemein annimmt, und unsere Vorfahren waren Zeugen der Umgestaltung.

Sehen wir uns noch einen angeblichen Beweis für die »Eiszeit« an, und zwar die sogenannten Eiskeile. Es handelt sich um keilförmige Spalten, oft trichterförmige Brunnen, die bei fossilen Eiskeilen mit feinen Sedimenten gefüllt sind. Diese Struktur ähnelt wiederum derjenigen von Drumlins-Kernfüllungen.

Entsprechende Strukturen, die von »prähistorischen« Katastrophen stammen, sind außerhalb von ehemals als eiszeitlich angesehenen Gebieten in Steinbruch-Aufschlüssen gefunden worden. Der amerikanische Geologe Robert M. Thorson (1986, Seite 464 f.) und sein Team haben im US-Bundesstaat Connecticut sowohl das brunnenförmige Aufbrechen des Materials als auch die hierfür erforderliche Bodenverflüssigung in früher einmal wassergetränkten Flusssanden und -kiesen an ihren gekräuselten Lagen im Untergrund *von ehemals nicht vergletscherten Gebieten* erkennen können (Abb. 14, S. 26).

Die Eiskeile können also statt propagierter »Eiszeitrelikte« das Ergebnis von gewaltigen Beben-Katastrophen sein und werden daher auch »Erdbebenbrunnen« genannt, bestätigt der bekannte österreichische Geologe Professor Dr. Alexander Tollmann (1993, Seite 148 f.).

Bei der Entstehung der beschriebenen geologischen Formationen spielt das plötzliche Auftreten von Wasser bzw. einer einsetzenden Bodenverflüssigung eine wichtige Rolle. Tatsächlich können Erdbeben förmlich Wasser in großen Mengen wie scheinbar förmlich aus dem Nichts hervorquellen lassen. So kam es im Januar 2001 durch starke Erschütterungen in Westindien lokal zu Bodenverflüssigungen. An vorher trockenen Stellen ließ das Erdbeben plötzlich Wasser hervorquellen, das aus feinen Sedimenten freigesetzt wurde (»SpW«, online, 27.4.2001).

Die Frage ist auch, wie sich überhaupt Seen bilden. Nur indem sich eine »alte« Mulde mit Regenwasser füllt? Anders gefragt, entstehen solche geologische Formationen auch durch Verschiebungen der Erdkruste und/oder heftige Erdbeben sowie auch Bodenverflüssigung, wodurch ganze Landstriche plötzlich absacken und sich hernach genauso schnell mit Wasser füllen?

Am 16. Dezember 1811 ereignete sich ein Großbeben in New Madrid im US-Bundesstaat Mississippi. Der Boden vibrierte und schwankte so heftig, dass sich die Menschen festen Halt suchen mussten, um nicht umzufallen. Große Spalten oder Risse brachen auf, aus denen schlammiges Wasser, große Klumpen von blauem Lehm, Kohle und Sand ausgeworfen wurden. Die Erdoberfläche wälzte sich wie Wellen im Meer, mit sichtbaren Vertiefungen von

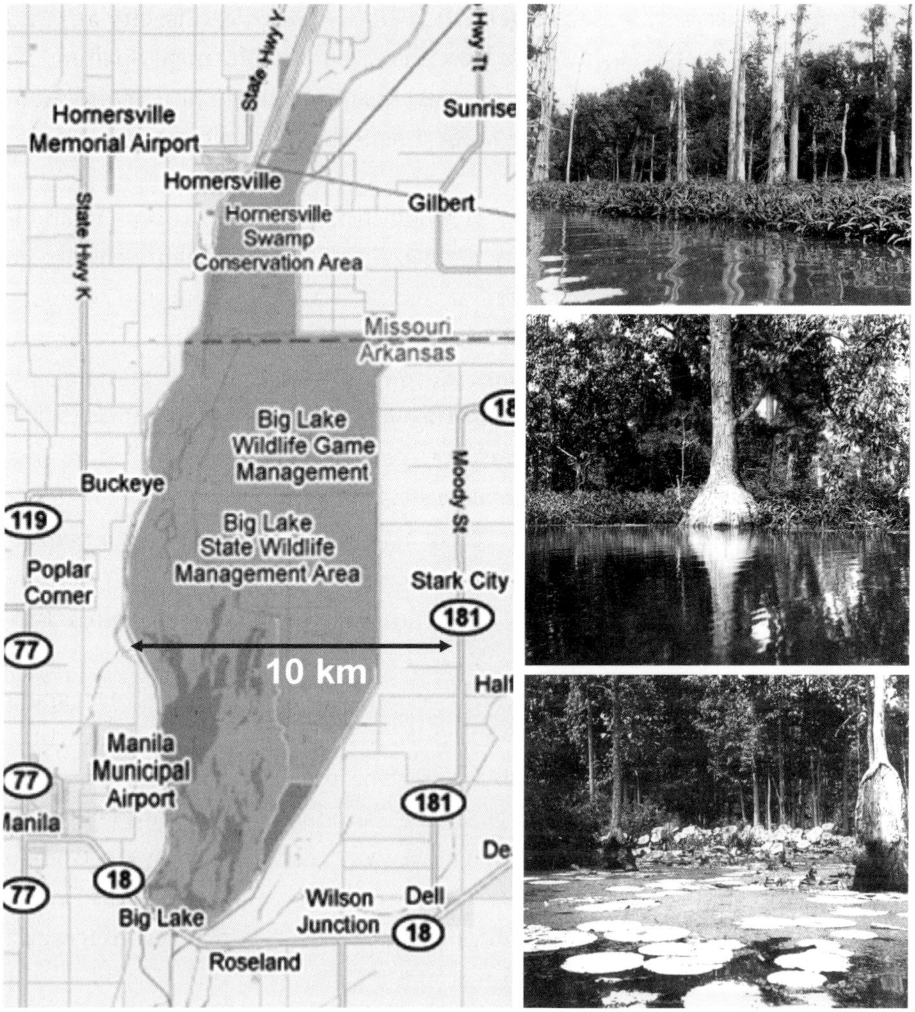

Abb. 13: **SEENBILDUNG**. Während der New Madrid-Erdbeben 1811 bis 1812 entstand wie aus dem Nichts eine riesige Sumpflandlandschaft, deren Größe die linke Abbildung zeigt, weil die Landflächen plötzlich absanken. Die Fotos wurden 1904 aufgenommen und zeigen Bäume und Wasserpflanzen, die seit dieser Zeit ein Panorama entstehen lassen, als wenn es sich um uralte Sümpfe handeln würde.

mehreren Fuß (= 0,3048 m) dazwischen (Fuller, 1912). Für uns ist interessant und erstaunlich, dass wie aus dem Nichts eine riesige Sumpflandschaft entstand. Die plötzlich abgesunkenen Landflächen füllten sich sofort mit Wasser. Die Fotos der Abbildung 13 wurden 1904 aufgenommen und zeigen Bäume und Wasserpflanzen, die seit dieser Zeit ein Panorama anscheinend *uralter* Sümpfe entstehen ließen.

Bei diesem *New Madrid-Großbeben* wurden über eine Strecke von 500 km »Sandblasen« in Form kleiner, trichterförmiger Krater aufgeworfen, die mit Sand gefüllt waren und die in »Eiszeit-Gebieten« wohl als Eiskeile fehlgedeutet würden. Die Augenzeugenberichte dieser Gaseruptions-Phänomene bestätigen, dass sich »Erdbebenbrunnen« bildeten, die noch heute zu sehen sind, und es entstanden unzählige kleine Erdhügel. Berichte von brennenden Ästen auf einzelnen Hügeln lassen auf Flammenbildung infolge von elektrischen Entladungen bei Gasausbrüchen schließen, und aus dem Boden kommende Lichtblitze bestätigen diesen Sachverhalt.

Bei starken, durch heftige Beben begleitete Erdkrustenbewegungen, wie für Mitteleuropa vor wenigen tausend Jahren nachgewiesen, wurden nicht nur u. a. Alpengebiete schief gestellt, sondern durch begleitende Bodenverflüssigung trat auch Wasser aus dem Untergrund aus, was zur Bildung neuer Seen und teils zur Erhöhung der Wasserspiegel vorhandener Seen führte. Die Uferlinien des Ammersees zur Bronzezeit erhöhten sich in der Eisenzeit

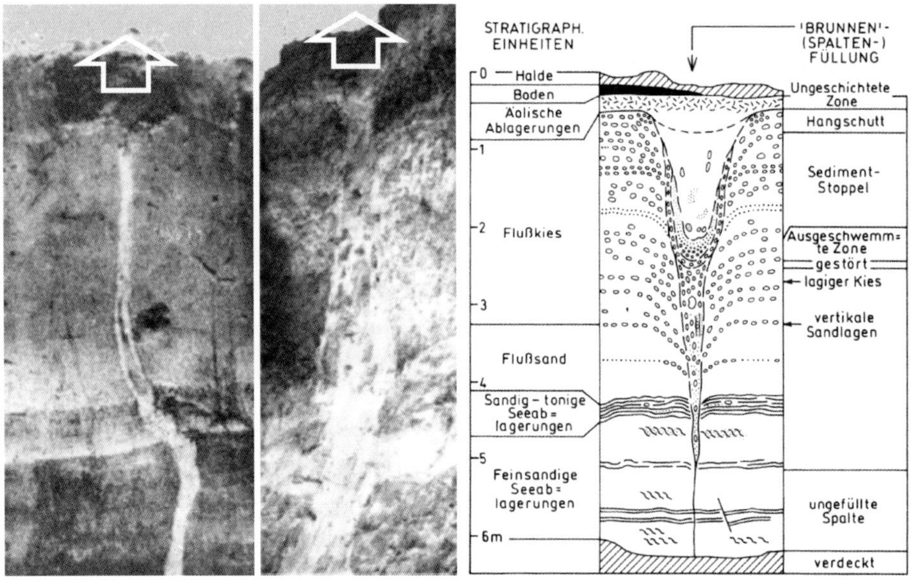

Abb. 14: **PSEUDO-EISKEILE**. Das linke Bild zeigt einen Sandvulkan, dessen Schlot mit Sand gefüllt ist und der 1811 bis 1812 während gewaltiger Erdbeben entstand. Das mittlere Bild zeigt ein Bodenprofil in *New Madrid*, anscheinend einen Eiskeil darstellend. Es handelt sich aber um einen jüngst bei Erdbeben entstandenen Sandvulkan. Das rechte Bild scheint einen typischen Eiskeil als Beweis einer Eiszeit zu zeigen. Es handelt sich aber um den Querschnitt eines Erdbebenbrunnens mit Erdverflüssigung im ehemals nicht vergletscherten Gebiet des US-Bundesstaates Connecticut (nach Thorson, 1986).

(s. Abb. 8, S. 17). Gleichzeitig bildeten sich durch die Erdbeben und infolge einsetzender punktueller Bodenverflüssigung u. a. Drumlins und Eiskeile, aber auch als Pingo bekannte rundliche Bodenerhebungen in Permafrost-Gebieten, die durch die gleiche Ursache hervorgerufen wurden, also nach einem einheitlichen Prinzip entstehen – ausführlich beschrieben in meinem Buch »Der Energie-Irrtum«.

Für unsere Betrachtungen reicht die Zusammenfassung, dass sich im bayerischen Voralpenland nacheiszeitlich Hebungen und Senkungen der Erdkruste zu verschiedenen Zeiten unserer Vorfahren ereigneten, die zu einer gravierenden Umgestaltung der Geländeoberfläche führten. Tektonische Störungen gingen einher mit gravierenden klimatischen Veränderungen, während die stärksten Senkungen der Erdkruste in den nasskalten Perioden einzutreten pflegten.

Falls trockene Sedimente, wie kiesige Sandböden, mit Wasser gesättigt werden und dann ein Erdbeben und damit eine Rüttelung der Sedimente erfolgt, wird das Volumen geringer, und der Boden setzt bzw. senkt sich. Handwerker kennen dies, wenn man zum Beispiel eine Mischmaschine mit trockenen Baustoffen füllt und dann Wasser füllt und in Drehung versetzt: Das nasse Gemisch nimmt dann wesentlich weniger Volumen ein. Entsprechend erfährt ein Erdbebenbrunnen an der Erdoberfläche eine muldenförmige Absenkung (Abb. 13).

Steinzeit im Gletschereis?

Heutzutage werden die Alpen nur noch etwa einen Millimeter pro Jahr gehoben. Aber zur Zeit der Kelten erfolgten Erdkrustenbewegungen und Schiefstellungen der Berghänge in den Alpen; also neben Senkungen sind auch Hebungen dokumentiert. Da dies zu Lebzeiten unserer Vorfahren geschah, sollte es menschliche Relikte in großen Höhen der Alpen geben, die dort eigentlich nicht hingehören.

Tatsächlich sind in den Alpen menschliche Stein- und Knochenartefakte in bemerkenswerter Höhe gefunden worden. Diese sollen aus dem Pleistozän, also aus der Zeit des »Großen Eiszeitalters« stammen. Während dieses Zeitabschnitts sollen die Berghänge und Täler der Alpen von kilometerhohen Gletschern bedeckt gewesen sein. Es erscheint deshalb kaum möglich, dass Menschen der Altsteinzeit, die während der letzten Eiszeit geendet haben soll, in großen Höhen inmitten der Alpen lebten.

Unterhalb der in 1644 m über Normalnull liegenden Ebenalp im schweizerischen Kanton Appenzell Innerrhoden befindet sich das aus drei Höhlen bestehende Wildkirchli. Hierin entdeckte der Konservator Emil Bächler im Jahr 1904 prähistorische Relikte von Höhlenmenschen, wie bearbeitete Steine, Werkzeuge und Knochen. Die Höhlen müssten während der »Eiszeit« bewohnt gewesen sein, falls die Datierung der Knochen mit 50 000 bis 30 000 Jahren stimmt. Die Anwesenheit von Höhlenbären in dieser Höhe wird sogar auf einen Zeithorizont von vor 90 000 Jahren zurückverlegt.

Aber es geht noch höher hinauf in die ehemalige Gletscherwelt. Das Drachenloch liegt auf 2427 m Höhe am Drachenberg und ist als höchstgelegene prähistorische Höhle Europas bekannt. Am 7. Juli 1917 wurden in dieser Höhle Knochen entdeckt und von Emil Bächler als Höhlenbären-Knochen identifiziert.

Allerdings fand man in dem an einem steilen Berghang gelegenen Drachenloch, oberhalb der im Taminatal gelegenen Ortschaft Vättis, keine menschlichen Knochen. Aber es wird der Fund eines Bärenschädels beschrieben, bei dem durch den linken Jochbogen ein großer Oberschenkelknochen durchgesteckt war. Dieser kann nur durch eine Vierteldrehung in der Längsachse aus dieser Position entfernt werden. Außerdem wurde bei einer Nachuntersuchung des Knochenmaterials eine Knochenflöte entdeckt, die aus dem Unterkiefer eines Höhlenbären angefertigt wurde. Experimentell kann mit diesem Instrument eine einfache Zweiertonsequenz erzeugt werden. Außerdem wurden bei den von 1917 bis 1923 durchgeführten Ausgrabungen zwei Feuerstätten entdeckt, und man legte eine verschlossene Steinkiste mit Holzkohle frei. Wie 1982 in dem »Jahrbuch der Schweizerischen Gesellschaft für Ur- und Frühgeschichte« (82, 1999, S. 227–229) publiziert, soll diese auf ein eiszeitliches Alter von 53 000 Jahren datiert worden sein.

Derartige Radiokarbon-Datierungen sind zweifelhaft und meist falsch, da insbesondere Radiokarbon-Datierungen theoretisch nur bis zu einem Alter von 30 000 Jahren richtige Ergebnisse erbringen, da spätestens nach 50 000 Jahren gar kein datierungsfähiger radioaktiver Kohlenstoff C-14 mehr vorhanden ist. Statistisch gesehen zerfällt die Hälfte solcher Atome jeweils in 5730 Jahren, sodass nach 51 570 Jahren nur noch 0,003 % der ursprünglichen C-14-Atome vorhanden sind.

Außerdem war der Gehalt des Isotops in der Atmosphäre in der Vergangenheit nicht immer gleich, da dieser von der Stärke der kosmischen Strahlung in der Vergangenheit abhängt. Aber auch andere Phänomene können zu Veränderungen in der kosmischen Strahlung führen, wie etwa eine Supernova oder Änderungen der Erdmagnetfeldstärke. Vieler dieser die Radiokarbondatierung beeinflussende Faktoren sind nicht oder nicht vollumfänglich bekannt.

So sind alle Schädel, die jahrzehntelang Neandertalern und frühmodernen Cro-Magnon-Menschen zugeordnet wurden, nach neueren, an der britischen Universität Oxford 2004 vorgenommenen Untersuchungen höchstens noch ein paar tausend Jahre alt (wie bereits 1998 in meinem Bestseller »Darwins Irrtum« dargelegt) und rutschen damit um rund 30 000 Jahre von der Alt- in die Jungsteinzeit, oder anders gesagt, aus dem Eiszeitalter in die vor 10 000 Jahren beginnende Klimastufe *Atlantikum* hinein, also in ein Klimaoptimum mit höheren Temperaturen als heutzutage, oder auch in die Bronzezeit sowie sogar in noch wesentlich jüngere Zeiten bis hin zur Neuzeit.

Der berühmte Neandertaler vom Hahnöfersand ist jetzt seit der neuen Datierung im Jahr 2004 nur noch 7500 Jahre alt, nachdem dieser vorher mit einem Alter von 36 300 Jahren ausgewiesen wurde. Diese Datierung wird seit 1980 in allen Fachbüchern geführt, und deshalb galt dieser Fund unbestritten als Beweis für die Existenz von Neandertalern während der »Eiszeit« in Deutschland.

Der sogenannte älteste Westfale wurde über Nacht fast zum »jüngsten« Westfalen. Sein Alter wurde von 27 400 Jahren auf nur etwa 250 Jahre reduziert. Der älteste Westfale lebte anstatt in der Altsteinzeit tatsächlich erst vor kurzer Zeit im 18. Jahrhundert.

Auch die 1931 in der berühmten Vogelherdhöhle im Lonetal östlich von Stuttgart ausgegrabenen Knochenfragmente, die über 70 Jahre als Beweis für die Existenz von frühmodernen Menschen während der »Eiszeit« in Deutschland in Fachbüchern, Museen und Ausstellungen gefeiert wurden, sind gerade einmal 5000 bis 3900 Jahre alt, gehören also in die Jungstein- oder sogar in die Bronzezeit!

Diese inszenierten Falschdatierungen führten zur Auflösung des *Instituts für Anthropologie* an der Universität Frankfurt, nachdem einige Jahrzehnte lang von Professor Reiner Protsch Menschheitsgeschichte frei erfunden wurde: Der Zweck heiligt angeblich die Mittel, wurde mitgeteilt. Verdrängt wird die Rolle seiner Helfer, Koautoren sowie Mitarbeiter, und da es nicht um politische Macht ging, regte sich keiner über einen beschädigten Ruf der Wissenschaft auf. Man ging einfach zur Tagesordnung über.

»Der älteste Knochenfund in Deutschland (...) ist nun ein Skelett aus der mittleren Klausenhöhle in Bayern mit 18590 Jahren« (»dpa«, 16.8.2004, 17:59 Uhr). Allerdings wurden diese Knochen noch nicht neu datiert!

Etwa 20 Jahre später wurde im August 2024 bekannt, dass im Raum Koblenz gefundene Schädel oder Schädelfragmente falsch datiert wurden, wie Überprüfungen eines externen Instituts in Mannheim ergeben hätten und seien erheblich jünger gewesen, sie stammten entweder aus dem Mittelalter oder aus der Neuzeit (Deutschlandfunk, Internetlink 2).

Inzwischen geht es um 39 Schädel, u.a. auch um den Neandertaler von Ochtendung, ein Schädelfragment, das auf die Altsteinzeit (Paläolithikum) datiert wurde. Offenbar stammt es aus dem Frühmittelalter und soll bis zu 170000 Jahre jünger sein als angenommen (Spiegel online, Wissenschaft, 26.11.2024).

Da es quasi nur noch nacheiszeitliche Knochen mit einem Alter von wenigen tausend Jahren in Deutschland gibt, ist die Geschichte der Menschheit in der Zeit vor 40000 bis 10000 Jahren, also in der letzten »Eiszeit«, förmlich abhanden gekommen.

Bereits in meinem ersten Buch »Darwins Irrtum« wurde 1998 die Altsteinzeit mit Neandertalern als falsch interpretierte Epoche und in »Irrtümer der Erdgeschichte« als eine sehr kurze Phase *vor höchstens* 5000 Jahren dargestellt. Damals bezeichnete man diese Darstellung als ignorant in Bezug auf die durch radiometrische Messungen bewiesenen Alter der Altsteinzeitschädel. Zweifel ausgeschlossen, da angeblich alles wissenschaftlich bewiesen war! Mein damaliger Standpunkt, dass die Datierungen nicht richtig sein können, wurde bestätigt, da Professor Protsch selbst, aber erst nach Aufdeckung des Skandals, nur noch von Gedankenexperimenten bei den angeblichen Radiokarbon-Datierungen sprach. Also rein phantastische Spekulationen!

Denn es erscheint absurd, dass organisches Material nach 40000 Jahren erhalten geblieben sein soll. Um etwas mit der Radiokarbon-Methode messen zu können, dürfen die Knochen nicht total versteinert sein, da man sonst überhaupt nichts messen kann! Organisches Material überdauert in der Natur kaum länger als einen Zeithorizont von wenigen tausend Jahren. Sollte doch eine sehr geringe Menge an Knochen- oder Erbsubstanz erhalten geblieben sein, ist die Menge des darin enthaltenen Kohlenstoffs C-14 auch sehr gering, und diese wird durch die nicht konstanten atmosphärischen Rahmenbedingungen während der Vergangenheit beeinflusst, die nicht vollständig bekannt sind.

Wenn wir jetzt noch einmal den Schädel aus der Vogelherdhöhle betrachten, dann lag dieser in derselben Fundschicht wie die sogenannte Eiszeitkunst. Es handelt sich um figürliche Darstellungen von eigentümlicher Perfektion, die vor angeblich 40 000 bis 30 000 Jahren aus Elfenbein geschnitzt worden sein sollen – weltweit in Ausstellungen gefeiert als »Eiszeitkunst«. Derartige Kunstwerke traute man dem angeblich plumpen Neandertaler nicht zu, und so wurde die Anwesenheit von frühmodernen Menschen in der »Eiszeit« als »bewiesen« betrachtet.

Welche Tiere wurden aber während der bitterkalten »Eiszeit« von unseren Vorfahren dargestellt? Wärmeliebende Tiere wie Pferd, Bison und Raubkatzen, angeblich auch ein Höhlenlöwe und ein elefantenartiges Tier. Dieses wird als Mammut angesehen, obwohl kein Fell dargestellt wurde. Aber haben diese Tiere überhaupt im Eis gelebt? Nein, denn das zottelig herabhängende lange Fell ist für das Durchwandern von Eisflächen ungeeignet und außerdem wäre der Nahrungsbedarf von 150 bis 200 kg Futter am Tag pro Mammut nicht gewährleistet. Diese Tiere lebten in Eurasien in einer fruchtbaren Savanne, auch in Amerika bis hinunter in die Breiten von Mexiko.

Im November 2024 wurde ein mehr als 1,80 m langer, mindestens 30 000 Jahre alter Stoßzahn im Burgenland, Österreich, entdeckt. Es soll sich hier um einen über vier Meter hohen europäischen Waldelefanten handeln, aber »Fachleute von der Paläontologie an der Universität Wien (...) gehen eher davon aus, dass der Stoßzahn zu einem frühen Steppenelefanten gehört hat«, berichtet »derStandard« (online, 5. November 2024) in Österreich. Also geschah dies während der letzten Kaltzeit als angeblich die »Eiszeitkunst« während eiskalter Temperaturen gefertigt wurde? Gab es zu dieser Zeit, ja bis vor wenigen tausend Jahren in nördliche Gebieten von Alaska über Beringia und Sibirien hinweg bis nach Europa (Eurasien) ein warmes Klima mit wärmeliebenden Tieren, die heutzutage eher in Zentralafrika zuhause sind, bevor ein abrupter Klimawandel ggf. mit geologischen Umwälzungen alles grundsätzlich änderte?

Betrachten wir jetzt noch einmal den Schädel und die Knochenfragmente aus der Vogelherdhöhle, die über 70 Jahre lang als wissenschaftlicher Beweis für die Existenz von modernen Frühmenschen galten. Diese wurden ja auf ein Alter von 5000 bis 3900 Jahren, also um mindestens 27000 Jahre verjüngt. Deshalb müsste die Eiszeitkunst auch in diesem Zeitrahmen neu gesehen werden, rein aus logischen Überlegungen heraus. Derart wäre auch verständlich, warum unsere Vorfahren wärmeliebende Tiere darstellten, denn während dieser Zeitperiode, in die der Vogelherd-Schädel neu datiert wurde, gab es ein Klimaoptimum mit wesentlich höheren Temperaturen als heutzutage (s. Abb. 12, S. 23).

Aber für diesen Fall hätte man alle bereits organisierten Ausstellungen über die Eiszeitkunst absagen müssen, denn es ist ja keine Kunst der »Eiszeit«, sondern sie stammt aus einer Warmzeit. Deshalb, und um nicht alle Bücher über Menschheitsgeschichte umschreiben zu müssen, mussten die weltberühmten rund zwanzig Skulpturen der »Eiszeitkunst« nach wie vor ihr Alter behalten, denn sie sollen ja die ältesten bekannten echten Kunstwerke von Menschenhand sein. Nach über 70 Jahren unterstellt man dem professionellen Ausgräber Professor Gustav Riek jetzt, dass entgegen seiner eindeutigen Aussage damals wohl etwas durcheinander geraten sein müsse: Angeblich irrte der Fachmann Riek, und deshalb müssen die Knochenfragmente bei einer jungsteinzeitlichen Bestattung in die wesentlich älteren Aurignacien-Schichten geraten, also nachträglich vergraben worden sein, so Nicholas Conard, Nachfolger Rieks auf dem Lehrstuhl für Ur- und Frühgeschichte in Tübingen. Das ist eine reine Behauptung und verlangt einen Glaubensakt, da die betreffenden Schichten damals natürlich entfernt wurden und man sie heute nicht rekonstruieren und prüfen kann. Fazit: Was nicht sein darf, das nicht sein kann!

Erkennt man das jüngere Alter der Eiszeitkunst aber an, hat dies gravierende Folgen auch für die Geologie. Denn, falls man jetzt die Schicht V, in der sich der Schädel befand, von 32000 Jahren auf ein Alter von 5000 bis 3900 Jahren reduziert, werden auch die darüber liegenden geologischen Schichten entsprechend jünger. Eigentlich sollte die oberste Schicht (Schicht I) bereits 4500 Jahre alt sein und zur Jungsteinzeit gehören. Die Schichten II bis IV müssten entsprechend auch als wesentlich jünger angegeben werden.

Es stellt sich die Frage, wie die geologischen Schichten in der Vogelherdhöhle entstehen konnten? Ist das Material dort hineingeweht oder hineingeschwemmt worden? Falls Fluten verantwortlich waren, dann entstanden die geologischen Schichten zu einzelnen Zeitpunkten, und das gesamte Entstehungsalter wird quasi katastrophisch verjüngt, passend zum jungsteinzeitlichen Schädel und der dann zeitlich dazu passenden Eiszeit- bzw. richtiger Jungsteinzeitkunst.

Betrachten wir jetzt noch einmal das in 2427 m Höhe befindliche Drachenloch im Drachenberg, Schweiz, in dem angeblich 53 000 Jahre alte Relikte von Menschen und Bären gefunden wurden. Zu dieser Zeit soll es aber hohe Gletscher während der Eiszeit in den Alpen gegeben haben. Handelt es sich auch hier um falsche Datierungen, und die Höhle war während einer wärmeren Zeit nach der Eiszeit bewohnt? Was wollten Bären jenseits der Baumgrenze, die heutzutage in den Schweizer Alpen (46° N) bei 2100 m Höhe liegt, und wovon ernährten sie sich dort oben?

Abb. 15: **DRACHENLOCH**. Diese Höhle, in der Knochen von Bären und menschliche Relikte entdeckt wurden, befindet sich an einem steilen Hang in 2427 m Höhe, also jenseits der heutigen Baumgrenze.

Gab es vor 24 000 Jahren während stark gesunkener Temperaturen überhaupt ausgestorbene *Höhlen*bären? Haben sich diese bis zu 3,5 m langen Bären während dieser eiskalten Zeit nicht einfach zum Schutz in Höhlen zurückgezogen, wie auch andere Tiere und Menschen? Analog war früher das Märchen von in Höhlen lebenden Neandertalern erfunden worden, obwohl vereinzelt nicht nur unsere Vorfahren in Höhlen gelebt haben können. Wann starben Höhlenbären aber tatsächlich aus, denn diese trugen Braunbär-DNA (!), wie auch umgekehrt, in sich? *Aber diese Braunbären sollen sich erst nach Ende der letzten Kaltzeit ausgebreitet haben.*

Aber vor 50 000 Jahren herrschte in den Alpen angeblich die Würm-Kaltzeit mit eisigen Temperaturen, die auf den Zeitraum von etwa 70 000 bis vor etwa 11 000 bis 10 000 Jahren vor heute datiert wird. Der Drachenberg befindet sich im Zentrum des eiszeitlichen Vergletscherungsgebietes. Eine tausend und mehr Meter mächtige Eisdecke füllte angeblich das ganze Mittelland zwischen den Alpen und dem Jura aus. Auch falls sich die Gletscher während einer Zeit mit höheren Temperaturen kurzfristig etwas zurückgebildet haben sollten, ist ein Lebensraum für Menschen und Bären in 2400 m Höhe während der Altsteinzeit keine zufriedenstellende Erklärung.

Man könnte ja noch einwenden, dass auch die angeblich altsteinzeitliche Besiedlung der Drachenloch-Höhle viel später, nämlich nach der »Eiszeit« während eines Klimaoptimums erfolgte, also entweder im ersten Klimaoptimum vor über 6000 Jahren oder im zweiten vor gut 4000 Jahren. Auch die Knochen aus der Vogelherdhöhle wurden in diesen Zeithorizont datiert. Trotzdem befriedigt als Erklärung auch eine Besiedlung von nur über Steilhänge zugänglichen Höhlen und dazu in alpinen Höhenlagen nicht wirklich.

Wir hatten ja bereits tektonische Erdkrustenbewegungen beschrieben, die vor nur etwa 2500 Jahren zur Schiefstellung der Uferlinien von nacheiszeitlichen Seen führten. Wuchsen die Alpen zu Lebzeiten von Menschen schnell in die Höhe?

Heutzutage handelt es sich anscheinend um eine »Selbstverständlichkeit« und eherne Tatsache, dass die Berge über Jahrmillionen hinweg unmerklich langsam, gegebenenfalls bis zum heutigen Tag emporwachsen, obwohl manche Gebirge umgekehrt auch zu versinken scheinen. Aber wie Helmut Gams und Rolf Nordhagen zeigten, wurden Gebirge zur Zeit des historischen Menschen emporgehoben.

Der amerikanische Geologe Bailey Willis schrieb von Gebirgshebungen um viele tausend Fuß während des »Großen Eiszeitalters«, neben anderen auch beim Gebirgssystem im Bereich Alpen-Kaukasus-Zentralasien und der Kordilleren in Nord- wie auch in Südamerika (Bailey Willis, »Research in Asia II«, S. 24). Der Verfasser dieser Feststellungen war Professor an der Stanford-Universität, 1921 bis 1926 Präsident der Seismologischen und 1928 der Geologischen Gesellschaft von Amerika. Willis stellte fest, dass die großen Gebirgszüge die Wissenschaft durch ihre extreme Jugendlichkeit herausfordern. Dies trifft auch für die Anden in Südamerika zu, denn wie mir ein deutscher Professor für Geophysik bestätigte – wie schon eingangs dieses Buches beschrieben – gibt es versteinerte Korallen rezenter, also noch heute existierender Arten hoch oben in den Anden, unzerstört bis zum heutigen Tag.

Plötzlich ganz oben

In 3653 m über dem Meeresspiegel liegt die *Salar de Uyuni* (auch: Salar de Tunupa), der größte Salzsee der Welt, eigentlich eine 12 000 km² große Salzpfanne mit einer bis 30 m mächtigen, steinharten Salzkruste. In dieser Salzebene befinden sich einige Erhebungen als steinige »Inseln«, wie die fischförmige *Isla del Pescado*. Genau genommen handelt es sich nicht um Inseln, sondern um Berge aus Korallen, die aus der Salzpfanne herausragen. Auf ihnen wachsen riesige Kakteen, die teils über 1000 Jahre alt sind, und es gibt viel Lava, die sicher von Vulkanausbrüchen des am Rande der Salzpfanne gelegenen, 5432 m hohen Vulkans Tunupa stammt (Foto 37). Interessant ist, dass diese Lava nicht verwittert erscheint und teils unzerstört aussehende, jedoch versteinerte Korallen teilweise umschließt. Noch rätselhafter ist jedoch, dass diese in Gruppen angeordnete Korallenbänke sich in einer derart extremen Höhenlage befinden; also dort, wo bis zu 30 °C eisige Kälte herrscht. Allein der Frost-Tau-Wechsel müsste diese aus festem Kalkstein bestehenden Korallen längst zerstört haben! Die Anden als südlicher Teil der Kordilleren erstrecken sich 7500 km entlang der Westküste Südamerikas und sind damit das längste Gebirge der Erde. Dieses Gebirge soll nach älterer Meinung vor über 150 Mio. Jahren zu Zeiten der Dinosaurier gehoben worden sein. Jedoch sind die amerikanischen Kordilleren nach aktueller Meinung nur noch 30 bis 70 Mio. Jahre alt. Zur Zeit der Dinosaurier gab es gemäß herrschender Ansicht dieses Gebirge, wie auch die Alpen oder den Himalaya, noch nicht, obwohl man sogar – wie in den Anden – Dinosaurier-Trittsiegel an steilen Gebirgshängen gefunden hat, die jedoch erst nachträglich aus horizontaler Lage schiefgestellt wurden. Nach meiner in meinem Buch »Die Evolutions-Lüge« dargestellten Meinung gab es während der Dinosaurier-Ära überhaupt keine hohen Gebirge auf der Erde.

Abb. 16: **ZU STEIL**. Auf diesem schräg aufgefalteten Hang befinden sich angeblich 70 Mio. Jahre alte von zwei Tyrannosauriern hinterlassene Trittsiegel-Pfade, die hinterlassen wurden, als es die Anden noch nicht gab.

Abb. 17: **ZELTGRÄBER**. In zeltartigen Höhlen kauern mumifizierte Indianer, umgeben von Gerätschaften des Alltaggebrauchs, die teils von der Decke herabhängen.

Wie auch immer, betrachten wir jetzt die in fast 4000 m Höhe unzerstört aufrecht stehenden Korallen im Salzsee *Salar de Uyuni*. Diese lebten nach geologischer Zeitskala also vor zig Millionen Jahren im damaligen Ur-Pazifik. Falls die herrschende geologische und geophysikalische Lehrmeinung richtig sein soll, müssten diese Korallen millimeterweise kaum merklich langsam über diesen langen Zeitraum von vielleicht knapp 60 Mio. Jahre hinweg mit der Auffaltung der Anden in die Höhe geschoben worden sein. Da die Zeitstränge von Evolution und Geologie ja untrennbar miteinander verbunden sind, werden katastrophische Szenarien abgelehnt. Deshalb dürfen Gebirge auch nicht schnell in die Höhe wachsen. Bei den Anden handelt es sich um ein vulkanisches Gebirge. Die höchsten Vulkane der Welt befinden sich hier, und 54 Gebirgsgipfel erreichen Höhen von über 6100 m. Vulkane können aber im Extremfall quasi auf einen Schlag rasant in die Höhe wachsen, wie noch beschrieben werden soll, ohne lang andauernde Prozesse.

Die Korallen hoch oben in den Anden müssten nach diesem Dogma der Geologie uralt sein, also aus der Zeit stammen, als die Anden begannen, sich aus dem Meer zu heben. Aber wie an der *Technischen Universität Berlin* ermittelt wurde, handelt es sich bei den versteinerten Korallen um rezente, also heutzutage in der pazifischen Südsee wachsende Korallen. Hoch oben in den Anden sind also erdgeschichtlich junge Korallenarten auf der Erdoberfläche stehend, vorhanden, die zudem auch noch unzerstört sind. Welchen Schluss können wir daraus ziehen? Nur einen einzigen: Die Anden haben sich höchstens vor wenigen tausend, aber nicht vor etlichen Millionen von Jahren zu einem Hochgebirge erhoben. Da gibt es kein Wenn und kein Aber! Ansonsten wären die versteinerten Korallen schon längst zerstört, in den Mühlen der Zeit zermahlen. Hinzu kommt der wichtige Gesichtspunkt, dass es sich um »moderne« Korallen des Pazifiks handelt.

Dieser Eindruck wird untermauert durch Funde menschlichen Ursprungs, die in der Nähe der Salzpfanne mehrere Meter unter Schlammlawinen begraben liegen. In diesem Gebiet gibt es auch archäologisch ungesicherte Gräber, die wie Hütten bzw. Zelte aussehen und in Form eines kleinen Dorfes angeordnet sind. In den zeltähnlichen Behausungen befinden sich Mumien in sitzend-kauernder Haltung. Aber handelt es sich überhaupt um willkürlich angelegte Gräber? Von den Wänden der »Zelte« hängen noch heute Gerätschaften herunter, wie Garnrollen oder Teppichreste. Wurden diese Behausungen vielleicht durch einen Ausbruch des in der Nähe gelegenen Vulkans mit einer Schlammschicht bedeckt, die dann in Form eines Zeltes erstarrten? Kauern diese Menschen zum Schutz vor plötzlich auftretender Kälte infolge des Emporwachsens des Vulkans in eiskalte Höhenlagen?

Küstenstreifen im Gebirge

Der Forschungsreisende Alexander von Humboldt (1769–1859) führte von 1799 bis 1804 genaue Ortsbestimmungen und Höhenmessungen durch und beschrieb einen kreideweißen Streifen an den Küstenfelsen der Anden bzw. amerikanischen Kordilleren. Diese Strandlinie, die sich früher in Meereshöhe befand, liegt heute in einer Höhe von 2500 bis 3000 m. Wuchs der gesamte Küstenstreifen *unmerklich langsam* in die Höhe, oder wurde er schnell in diese Höhe gehoben?

Auf seiner Reise von 1834 bis 1835 durch Südamerika schrieb Charles Darwin in sein Tagebuch (Darwin, 1845): »(...) aber die unterirdischen Kräfte traten wieder in Tätigkeit, und ich sah nun das Bett dieses Meeres eine Kette von Bergen bilden, die über 7000 Fuß hoch waren. (...)« So ungeheuer und kaum begreiflich derartige Veränderungen auch erscheinen müssen, so sind sie doch alle in einer Periode aufgetreten, welche mit der Geschichte der Kordillere verglichen als neu erscheinen muss; und die Kordillere selbst wieder ist absolut modern zu nennen, wenn man sie mit vielen der fossilführenden Schichten von Europa und Amerika vergleicht.

Darwin bezeugte die aus seiner Sicht jungen Prozesse der Gebirgsauffaltung, und er war überrascht, in 400 m Höhe, im Bereich einer der früheren

Abb. 18: **MEGALITHISCH**.

Bild 1 und 2: In *Pumapunku* liegen zerstreut schwere, sehr präzise bearbeitete Steinblöcke ohne Systematik herum.

Bild 3: Zwei massive, gegenseitig an einer gemeinsamen Fuge angepasste Steinplatten, die in regelmäßigen Abständen aneinandergrenzende Aushöhlungen, anscheinend für (metallische?) Verbindungselemente in Doppel-T-Form aufweisen.

Bild 4: Der Autor zeigt auf eine von ihm entdeckte präzise gefräste Nut, die in exakt regelmäßigen Abständen kreisrunde Löcher aufweist – zu vergleichen mit Bohrlöchern zur Fixierung einer modernen Schiene mit Dübeln. Die angewendete Bautechnik ist hochmodern!

Strandlinien am Fuße der Anden in Valparaíso (Chile), Meeresmuscheln zu finden, die noch nicht verwittert waren. Diese Funde zeugen jedoch davon, dass das Land erst vor sehr kurzer Zeit aus dem Pazifischen Ozean empor gestiegen sein kann, und zwar »innerhalb der Periode, während welcher hochgehobene Muscheln unverwittert auf der Oberfläche bleiben« (Darwin, Charles: »Geological Observations on the Volcanic Islands and Parts of South America«, Teil II, Kap. 15).

Wie lange aber benötigen Muscheln bis zur endgültigen Verwitterung? Jahrmillionen oder realistischer vielleicht doch nur Jahrtausende oder noch weniger? Das Emporsteigen des Meeresspiegels konnte auch nicht langsam nach und nach erfolgt sein, da nur einige wenige Brandungslinien zwischen dem heutigen Meeresspiegel und der in 400 m Höhe liegenden Linie festzustellen sind.

Das letzte Ansteigen der Anden soll vielleicht vor einer Million Jahren erfolgt sein. Die Ruinen der Festung *Tiwanaku* (auch *Tiahuanaco* genannt) an der Südseite des Titicaca-Sees, unweit der Grenze zwischen Bolivien und Peru, liegen 3810 m hoch und sind nur ein paar tausend Jahre alt. Die Stadt nahm eine weiträumige Fläche ein und ist aus enorm großen Steinblöcken errichtet worden. Es scheint sich, vom Erscheinungsbild her gesehen, um eine megalithische Stätte zu handeln, so wie die auch auf diesem Gebiet liegende archäologische Stätte *Pumapunku*. Hier befinden sich bearbeitete Megalith-Blöcke auf einem terrassierten Plattformhügel, der ein labyrinthisches System von Monumental-Kanälen beherbergt und auf dem sich unter anderem eine in Ruinen liegende monumentale Struktur befindet, die aus großen, präzise geschnittenen, mörtellos gefügten Blöcken besteht.

Wie ich bei meinem Besuch dieser Ruinenstätten 2017 feststellen konnte und worüber kaum berichtet wird, sind zwei schwalbenschwanzförmige Vertiefungen in den gegenüberliegenden Seiten der Steinplatten hier in Bolivien (Abb. 18, Bild 4). Derartige Aushöhlungen sind von verschiedenen megalithischen Bauwerken auf der anderen Seite des Atlantiks in der Alten wie in Baalbek (Libanon) oder in der Akropolis von Athen (Griechenland) sowie auch Asien bekannt.

Die Erbauer, in Europa würde man diese als Megalithiker bezeichnen, sind jedoch offiziell unbekannt. Oder sind hier alteuropäische Megalithiker eingewandert mit Schiffen über die Ozeane hinweg und/oder auf dem Landweg, als der Meeresspiegel vor wenigen tausend Jahren noch 130 m tiefer lag und es viele Landbrücken über heutzutage arktische Gebiete hinweg gab? Die Megalithkultur soll in Westeuropa und im Mittelmeerraum erst vor etwa 6500 Jahren begonnen haben.

Aber ein nicht diskutiertes Rätsel liegt in der gegenwärtigen Kargheit dieser zwischen den westlichen und östlichen Kordilleren gelegenen Hochebene: Wie konnten die Einwohner einer großen Stadt oder sogar ein ganzes Volk unter diesen recht ungünstigen klimatischen Gegebenheiten in dieser Höhenlage überhaupt existieren? In diesem Sinn merkte Sir Clements Markham (1912, S. 21) an: »Eine solche Region ist nur fähig, eine spärliche Bevölkerung (...) zu unterhalten.« Auch Arthur Posnansky (1945, S. 15) ist dieser Ansicht: »In der heutigen Zeit ist das Plateau der Anden ungastlich und fast unfruchtbar. Mit dem heutigen Klima wäre es während keiner Periode als Zufluchtsort großer Menschenmassen geeignet gewesen.«

Es gibt zwar noch viele alte, künstlich angelegte Terrassen, die die Urbevölkerung anlegte, aber sie liegen 5600 m über dem Meer und sogar noch höher. Mais beispielsweise reift aber nicht in dieser Höhe. Aus diesem Grund bot der damalige Präsident der Gesellschaft *Royal Geographical Society*, Leonard Darwin, die Vermutung an, dass das Gebirge nach dem Bau der Stadt maßgeblich emporgestiegen sei. Ich unterstreiche die Feststellung: *Nach dem Bau der Stadt* erhoben sich vielleicht erst die Anden. Unter der Annahme, dass die Anden vor wenigen tausend Jahren zum Zeitpunkt der Errichtung Tiahuanacos wesentlich tiefer gelegen haben, ergeben die Terrassen einen Sinn, denn unter den dann herrschenden besseren klimatischen Bedingungen hätte auch Mais reifen können.

Die Existenz einer Krustentier-Meeresfauna im nahe gelegenen Titicaca-See dokumentierte bereits Alexander Agassiz (»Proceedings of the American Academy of Arts and Sciences«, 1876). Wie aber kommen Meerestiere, die im Pazifik leben, in eine Höhe von etwa 4000 m? Einfachste Lösung: Die Hochebene muss einmal auf Meereshöhe gelegen haben. Außerdem fand man Überreste des Cuvieronius und Toxodons am Südufer des Titicaca-Sees. Diese Elefanten und Flusspferden ähnlichen Tiere lebten aber nicht in Höhen, die 2000 bis 3000 m über ihrem normalen Lebensraum lagen, sondern eher auf Meeresniveau.

Das Sediment eines höher gelegenen, heutzutage ausgetrockneten Sees beinhaltete charakteristische Mollusken, »was geologisch gesehen einen relativ modernen Ursprung nachweist« (Posnansky, 1945, S. 23). Aufgrund dieser Funde, weiterer Untersuchungen und chemischer Analysen kommt er zu dem Schluss: »Titicaca und Poopó, der See und das Salzbett von Coipasa, die Salzlager von Uyuni: Mehrere dieser Seen und Salzlager sind in ihren chemischen Eigenschaften ähnlich wie der des Ozeans«, was für die Salzlager bzw. den Salzsee von Uyuni bereits ermittelt wurde.

Die Stadt Tiahuanaco wurde nach ihrer Erbauung anscheinend mit den Seen und dem Gebirge in ihre heutige Höhe gehoben, und das in geschichtlicher Zeit, nicht vor Millionen von Jahren. Die vorherrschende Meinung der Geologen im Sinne der Lyell-Hypothese ist, dass die Gebirgsbildung ein langsamer, kontinuierlicher Prozess sei, mit einer Hebungsrate von einem Zentimeter pro Jahr. Offenbar kann die drastische Höhenveränderung im Fall von Tiahuanaco aber kein Ergebnis eines lang andauernden und urzeitlichen Prozesses gewesen sein, da Menschen diesen Prozess offensichtlich miterlebten. Natürlich spielte sich alles in mehreren Phasen ab. Zu sehen sind heute alte Strandlinien, die sich teils 30 m und an anderer Stelle 120 m über der gegenwärtigen Seeoberfläche des Titicaca-Sees befinden. Das ursprünglich horizontale Plateau wurde also schief gestellt, ein Szenario, das wir bereits von den Alpenseen her kennen.

Aber in den Anden gibt es viele gehobene Strandlinien, die sehr frisch aussehen und ihr geringes Alter durch die darin vorkommenden Fossilien beweisen (Moon, 1939, S. 32).

Wahre Überlieferungen?

Weit vom Ozean entfernt fangen Eingeborene im Oberlauf des Amazonas Pfauenaugen-Stachelrochen. Es handelt sich eigentlich um Bewohner salzigen und nicht süßen Wassers. Jetzt leben diese Tiere 4000 km von der Küste entfernt mitten im südamerikanischen Kontinent. Wie kommen sie dorthin? Stellen diese und auch andere Fische in diesem Gebiet stumme Zeugen einer gewaltigen Katastrophe dar und wurden diese in einer eigentlich für sie lebensfeindlichen Umwelt in neuen Habitaten isoliert? Die Existenz der eigentlich im Salzwasser lebenden Rochen weit im Inland Südamerikas zeugt von einer gewaltigen geologischen Umgestaltung. Hätte dieses Gebiet inmitten und nicht am Rand des Hebungsgebietes der Anden gelegen, so wäre diese Meeresfauna plötzlich in große Höhen verfrachtet worden, wie die

Krustentierfauna des Titicaca-Sees. Mit anderen Worten, ein Teil der Meeresfauna wurde wie mit einem Lift in die Höhe gehoben, während am Rand dieser Hebungsprozesse andere Meerestiere quasi etwas über Meeresniveau verharren mussten, jedoch in einem für diese biologisch nicht ideal geeignetem bzw. hinsichtlich der plötzlich veränderten Umwelt in »feindlichem« Gebiet. Die Hypothese, dass Tiahuanaco durch die Anden-Hebung in seine heutige Höhe gelangte, legt nahe, dass es zu Lebzeiten von Menschen existierte und somit Überlieferungen darüber bestehen müssten. Und diese existieren in Südamerika: »Die erste Große Katastrophe gab dem Antlitz der Erde eine neue Gestalt. In einem Geschehen, das für immer unbegreiflich bleibt, veränderten sich der Lauf der Flüsse, die Höhe der Berge und die Kraft der Sonne. Kontinente wurden überflutet. Die Wasser des großen Sees flossen in die Meere zurück. Der große Fluss wurde durch eine neue Bergkette zerrissen. In einem breiten Strom trieb er jetzt nach Osten. An seinen Ufern entstanden riesige Wälder. In den östlichen Gebieten des Reiches breitete sich eine schwüle Hitze aus. Im Westen, wo sich gewaltige Berge aufgetürmt hatten, erfroren die Menschen in der bitteren Kälte der Höhen« (Brugger, 1976, S. 52 f.).

Eigentlich ist diese Beschreibung unglaubwürdig. Die Bergkette im Westen, also die Anden, soll erst zu Lebzeiten von Menschen entstanden sein? Der große Fluss – der Amazonas? – soll geteilt worden sein und seine Fließrichtung geändert haben? Änderte sich das Gefälle des Flussbettes gravierend, und zwar in entgegengesetzte Richtung? Ja, wie eingangs beschrieben, hat dies grundsätzlich auch der Geophysiker Hillmer in der ZDF-Fernseh-Dokumentation beschrieben, allerdings weit in die Vergangenheit zurückverlegt. Die Überlieferungen bestätigen aber einerseits auch die bereits beschriebene Kippung des südamerikanischen Kontinentalsockels und andererseits die von Menschen miterlebte schnelle und heftige Hebung der Anden. Dieses Ereignis hat sich anscheinend tief in das Bewusstsein der vorzeitlichen Menschen eingegraben.

Auch die Beschreibung, dass die Menschen erfroren, da sie sich plötzlich in zu großen Höhen befanden, erscheint auf den ersten Blick unglaubwürdig. Aber diese Aussage wurde erst in den letzten Jahren durch mehrere Funde bestätigt.

Im September 1995 stapfte der US-Anthropologe Johan Reinhard und ein Begleiter im Süden von Peru über gefrorenes Geröll auf dem Gipfel

Abb. 19: **AMPATO**. Es handelt sich um einen Schichtvulkan (auch Stratovulkan genannt), der Teil einer 20 km langen Nord-Süd-Kette mit drei derartigen Vulkanen ist. Aufgrund der nicht glühenden Förderprodukte von Schlamm und Geröll werden sie gelegentlich auch als graue Vulkane bezeichnet. Bei einem erstmaligen Ausbruch können horizontal liegende Schichtpakete von Sedimenten plötzlich kegelförmig steil nach oben geschoben werden, und es kann bei entsprechender Höhe *unmittelbar* eine Eisbedeckung entstehen.

des 6288 m hohen Vulkans *Ampato* (Abb. 19). Als sie den Gipfelkamm erreichten, machten sie in der zu Eis erstarrten Mondlandschaft einen sensationellen Fund: die Permafrost-Mumie *Juanita* (Foto 54 und Abb. 20, S. 46).

Dieses Mädchen war etwa 13 Jahre alt und soll ein Menschenopfer der Inkas gewesen sein, angeblich ein üblicher Brauch. Tatsächlich wird von den Spaniern berichtet, dass es während Dürreperioden oder Seuchen sowie zur Genesung des Inka-Herrschers Menschenopfer gegeben haben soll. Gemessen an den angeblichen Gewohnheiten der Azteken war die Zahl der Menschenopfer bei den Inkas jedoch gering.

Es sollen auch Kinder geopfert worden sein, die im Augenblick nach dem Tod zu Göttern werden sollten. Sie wurden bei lebendigem Leib begraben, nachdem alkoholische Getränke oder vielleicht Drogen ihre Sinneswahrnehmung herabgesetzt hatten. Aber trug man Kinder tatsächlich bis in 7000 m Höhe und ließ diese dort zu Eis erstarren, um die Götter gnädig zu stimmen? Getragen werden hätte sie müssen, denn dieses Mädchen war barfuß mit Sandalen unterwegs, im Hochgebirge. Die für eine Tote seltsam ausgeglichenen Gesichtszüge zeugen anscheinend von einem friedlichen und schnellen Tod. Aber es wird allgemein von einem Opfertod berichtet, da ein Riss im Schädelknochen und eine seltsam asymmetrische Position des Gehirns lokalisiert wurden. Angeblich wurde das Mädchen durch einen von hinten ausgeführten Keulenschlag getötet, um ihren Göttern entgegenzutreten. Aber im

Gegensatz dazu wurde von Konquistadoren berichtet, dass man Kinder lebend begrub bzw. opferte.

Da die ausgeglichenen Gesichtszüge und die äußerlich unverletzte Stirn gegen einen gewaltsamen Tod sprechen, kann die Fraktur des Schädelknochens auch von einem späteren Sturz herrühren, denn einige Tage vor ihrer Bergung ist die Permafrost-Mumie aus ihrer ursprünglichen Position 60 m in die Tiefe gepurzelt, weil der Gletscher abschmolz. Und das Gehirn Juanitas war schon bei der Gefriertrocknung zu einem Klumpen von der Größe eines Pfirsichs geschrumpft. Erinnern wir uns an die Überlieferungen der Indianer, dann wurde das barfüßige Kind vielleicht mit der Hebung der Anden aus Höhen mit mindestens gemäßigtem Klima plötzlich in eisige Höhen gehoben und erfror schockartig.

Bei anderen Mumien sind sogar die inneren Organe perfekt erhalten. So wurden zwei Mädchen und ein Junge am Gipfel des 6739 m hohen Llullaillaco gefunden, dem dritthöchsten Vulkan der Welt an der Grenze zwischen Argentinien und Peru. Es handelt sich angeblich auch um Opfergeschenke der Inkas an die Götter. Man bemerkt sofort die in Sandalen steckenden nackten Füße, hier in Eis und Schnee (Foto 50).

Wie kommt man mit diesem Schuhwerk in diese Gipfellagen der Hochanden? Auf jeden Fall wurden die Kinder bei großer Kälte schnell tiefgefroren, und es gibt bei den Mädchen kein Anzeichen eines gewaltsamen Todes. Nur der etwa siebenjährige Junge war mumienartig gebunden, und ein Stück Stoff war angeblich absichtlich so straff um ihn herumgezogen, um seine Rippen und das Becken zu brechen. Sollte der Junge sich nicht ganz einfach bei einer Naturkatastrophe oder einem Sturz Brüche zugezogen haben, während die Mädchen unversehrt blieben?

Die Kinder hatten Gerätschaften für den täglichen Bedarf bei sich, u. a. mehrere Teller und einen Topf. Es soll sich um Opfergaben bzw. zeremonielle Gegenstände handeln. Wählt man nicht Edleres für derartige Anlässe aus?

Eines der beiden Mädchen wird »Blitz-Mädchen« genannt, weil sie nach dem Tod durch einen Blitzschlag getroffen wurde. Sie hatte zum Todeszeitpunkt den Blick emporgerichtet und trug eine Kopfbedeckung mit einer Metallplatte über der Stirn.

Gehen wir zurück zum Vulkan Ampato. Dort wurden bei einer Nachgrabung ungefähr 600 m unterhalb des Juanita-Fundortes zwei weitere Leichen gefunden, die inmitten rund aufgeschichteter Steine lagen. Jedoch

Abb. 20: **KONSERVIERT**. Bild links: In fast 6300 m Höhe wurde die gut erhaltene Permafrost-Mumie Juanita entdeckt. Bild rechts: Diese Gerätschaften befanden sich bei den drei erfrorenen Kindern in noch größerer Höhe am Gipfel des Vulkans *Llullaillaco*.

waren sie nicht gefroren, sondern skelettiert und gänzlich verkohlt. Handelt es sich um verschiedene Opferriten? Aus diesen Funden schloss man auf einen viel benutzten Opferberg. Aber man lässt kaum einige Menschen zu Mumien erfrieren und verbrennt andere. Die aufgeschichteten Steine deuten vielleicht nur auf eine Nachbestattung hin. Interpretieren wir jetzt diese Funde einmal aus der Sichtweise der Mythen. Dann erhoben sich diese Schichtvulkane schnell in die Höhe, aus Lagen mit zumindest gemäßigt warmem Klima in große Höhen mit eisiger Kälte. Die Menschen kauerten in Hockstellung, allerdings vielleicht hier eher eine Art Kauerstellung, um dem Frost eine möglichst kleine Angriffsfläche zu bieten. Aber der Vulkankegel wuchs derart schnell in die Höhe, dass sie teils schockgefroren ihre intakten Organe behielten und äußerlich den Eindruck erweckten, als wenn sie nur vorübergehend schlafen.

Bei derartigen Vulkanausbrüchen sind nicht selten Blitze als elektrostatische Entladungen zu sehen – ein konventionell ungelöstes Rätsel, da ein reiner Lava-Ausstoß keine Blitze erzeugt. Durch solche elektrostatischen Entladungen könnten einerseits das »Blitz-Mädchen« mit der Metallplatte an der Stirn kurz nach ihrem Tod getroffen und andererseits die beiden anderen Indianer verkohlt worden sein.

Bei Flügen über Südamerika konnte ich beobachten, dass die über 6000 m hohen Vulkane meist über die Wolkendecke hinausragen, sodass die Eismumien oberhalb der »normalen« Höhe der Wolkendecke entdeckt wurden. In Äquatornähe in Südamerika sind Gewitter in der Nähe der Küsten häufiger als am Rande hoher Gebirge. Die durchschnittliche Länge eines Erdblitzes (Negativblitz) beträgt in den Tropen bis zu drei Kilometer, während Positivblitze von den oberen Regionen der Gewitterwolke bis zum Erdboden auf Längen von deutlich über zehn Kilometer kommen. Da sich die Kinder in über 6700 m Höhe nur wenige Meter unterhalb des 6739 m hohen Llullaillaco-Vulkangipfels befanden, ist die Wahrscheinlichkeit, dort oben von einem Blitz getroffen zu werden, nicht sehr groß. Geschah dies während der Hebung?

Gibt es nur bei den Inkas Mumien? Nein, ebenso eindrucksvoll sind Mumien der Chachapoya-Kultur im Norden Perus, die mit den Inkas ver-

Abb. 21: **CHIMBORAZO-VULKAN**. Dieser heute inaktive Vulkan ragt mit einer Höhe von 6267 m aus der Wolkendecke heraus, während Wasserdampfwolken aus dem Berggipfel entweichen.

Abb. 22: **VULKANBLITZE**. Bild links: Während der im Jahr 2008 durch Erdbeben begleiteten Eruptionen des chilenischen Vulkans *Chaitén* zuckten Vulkanblitze über dem Schlot und in den Aschewolken. Mit dem letzten Ausbruch wuchs der Lava-Dom um 120 m in die Höhe. Bild rechts: Vulkanblitze am Mount Rinjani in Indonesien 1995.

Abb. 23: **HOCH OBEN**. Die Festung Kuélap ist der Hauptattraktionen der Chachapoyas Region, auch »Machu Picchu des Nordens« genannt, ist jedoch größer als die Inka-Zitadelle *Machu Picchu*. Beide Anlagen befinden sich mit Höhenlagen von über 2330 m in fast unzugänglichen Gebirgsregionen, wie der Autor bei seiner Südamerikareise feststellen konnte (Abb. 24).

Abb. 24: **MACHU PICCHU**. Nach einer über einstündigen Zugfahrt meist haarscharf an schwindelanregenden Steilhängen entlang erreichte der Autor die auf 2430 m Höhe gelegene faszinierende Ruinenstadt mit 216 steinernen Bauten, die terrassenförmig angelegt sind. Es wurden 50 Grabstätten mit mehr als 100 Skeletten gefunden.

feindet waren und gegen diese zusammen mit den spanischen Konquistadoren kämpften.

Dieses prähistorische, angeblich um 800, gemäß neuerer Radiokarbondatierungen vielleicht schon im Jahr 500 oder eventuell bereits 400 (Narváez, 2014) am Ostrand der Anden aufgetauchte Andenvolk wurde von den Inkas als große, teils mit hellen Haaren ausgestattete hellhäutige »Wolkenmenschen« bezeichnet. Der spanische Chronist *Pedro de Cieza de León* beschrieb die Chachapoyas als »die weißesten und ansehnlichsten Menschen«, die er in Südamerika gesehen habe.

»Mehr noch: In uralten Mumien der Chachapoya konnte die aus der Alten Welt stammende Tuberkulose nachgewiesen werden, und neue genetische Untersuchungen ergaben Indizien für eine Verwandtschaft von Nachkommen der Chachapoya mit spanischen Kelten.« Hans Giffhorn weist nach, dass es keltischen Kriegern durchaus möglich war, nach Peru zu gelangen. (Internetlink 3; vgl. Giffhorn, 2013, S. 249 ff.)

Im Jahr 2004 wurde eine zerstörte riesige Stadtanlage entdeckt, die sich über mindestens 65 km^2 erstreckt. Sie war umgeben von einer mit Wachtürmen bestückten Mauer. Insgesamt bestand die *Gran Saposoa* benannte Stadt

Abb. 25: **CUMBEMAYO**. In 3500 m Höhe befindet sich südwestlich der Stadt *Cajamarca* in Peru eine angeblich mehr als 3000 Jahre alte Wasserleitung mit gleichmäßigem geringem Gefälle über eine Länge von etwa 9 km, sorgfältig in vulkanisches Gestein eingeschnitten. Das Gebiet befindet sich auf der Wasserscheide zwischen Atlantik und Pazifik. Die bekannt alteuropäischen, angeblich römischen Aquädukte sollen gemäß archäologischer Datierung erst später errichtet worden sein.

aus mindestens sechs Anlagen, die auf den Hügeln längs des Flusses Huabayacu errichtet wurden und mit gepflasterten Wegen miteinander verbunden waren.

Die Chachapoya, so glaubt man, müssen im 16. Jahrhundert ihr »Wolkenreich« verlassen haben. Angeblich sollen zu einem Teil von den Inkas in andere Teile ihres Reiches umgesiedelt worden sein. Allerdings wurden die Chachapoya erst 1475 von den Inkas besiegt, also erst kurz vor dem Eintreffen der Spanier unterworfen. Oder haben einige der Chachapoya diese Gegend wegen Naturkatastrophen schon zuvor verlassen, da andere zurückblieben? Nach Eintreffen der Spanier sank die Bevölkerungszahl wegen eingeschleppter Krankheiten drastisch, und Mitte des 16. Jahrhunderts starben sie angeblich ganz aus. Von diesem geheimnisvollen Volk weiß man sehr wenig.

Eine interessante Beobachtung von Hans Giffhorn (2013, S. 256 ff.) ist die Existenz von Chachapoya-Nachkommen in abgelegenen Dörfern, die er durch ihre helleren Haare und braunen Augen identifizierte. Anschließend vorgenommene Genuntersuchungen ergaben, »dass die Begegnungen zwischen Indianerfrauen und europäischen Einwanderern, (...) schon in präkolumbischer Zeit stattgefunden haben müssen« (ebd., S. 264).

Im Nationalmuseum von Peru in Lima konnte ich bei meinen Recherchen für mein Buch (»Kolumbus kam als Letzter«) u. a. eine Mumie aus Paracas, Peru, mit einer Perücke samt Zöpfen aus echten rot-blonden *menschlichen* (!) Haaren fotografieren (Zillmer, 2012, Foto 15, S. 16).

Wie auch immer, in Bezug auf vor kurzer Zeit stattgefundene Kataklysmen sind diverse Chachapoya-Mumien interessant, die während eines grauenvollen Erlebnisses plötzlich starben (Fotos 44–54). Handelte es sich um gewaltige Naturkatastrophen, als sich die Berge in den Anden in die Höhe schoben?

Unter Schlamm begraben

In Ica, Peru, besuchten wir 2001 den inzwischen verstorbenen Dr. Javier Cabrera und sein Museum, das durch die sogenannten Ica-Steine bekannt wurde. Auf diesen sind umstrittene Ritzzeichnungen vorhanden, die u. a. Dinosaurier und Menschen gemeinsam darstellen. Einen solchen Stein, der in einem Grab entdeckt wurde, schenkte er mir.

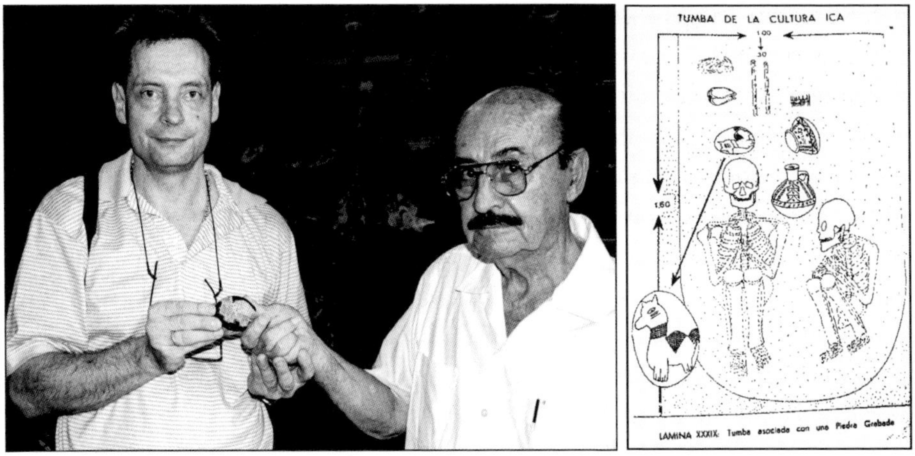

Abb. 26: **DINOSAURIER-DARSTELLUNGEN**. Dr. Javier Cabrera schenkt dem Autor einen originalen Ica-Stein mit einem stilisierten Sauropoden. In dem in der Nähe gelegenen Regionalmuseum wurden ähnliche Steine mit stilisierten Tieren ausgestellt, die bei offiziellen Ausgrabungen in Gräbern gefunden wurden. Abbildung aus Assereto (1968, S. 216).

Nach dem Treffen mit Cabrera besuchten wir das Regionalmuseum in Ica. Dort waren Mumien mit vor Entsetzen erstarrten Gesichtern ausgestellt (Foto 44). Was war diesen Menschen Schreckliches zugestoßen? Danach überflogen wir die Nazca-Ebene mit den berühmten, teils riesigen Scharrzeichnungen. Ohne auf das Problem von deren Entstehung näher einzugehen, fiel mir direkt auf, dass die Scharrbilder sich auf einer ehemaligen Schlammschicht befinden. Mein Blick ging daher beim Überfliegen der Nazca-Ebene auf die Ränder der ehemaligen Schlammflut. Schlagartig wurde mir klar, warum man derartig viele Indianer-Mumien in einem chaotischen Durcheinander in geröllhaltigen Lehmschichten findet. Es handelt sich um ehemalige Schlammfluten, die wahrscheinlich eine präinkaische Kultur vernichteten. Die Schlammfluten rollten damals aus den Bergen bis in die grünen Täler hinein, wie ich deutlich dokumentieren konnte (Fotos 18 ff.). Warum, so stellte sich mir die Frage, kamen diese Schlammfluten aus den Bergen? Wo kam der ganze Schlamm dort oben her?

Meine Nachforschungen ergaben, dass ein ehemaliges Kulturzentrum der indigenen Nazca-Kultur vor angeblich 1500 Jahren unter Schlammlawinen begraben wurde. Diese Cahuáchi genannte Stätte liegt 28 km westlich der heutigen Stadt Nazca und umfasste ein Areal von 24 km^2 und war angeblich 500 Jahre lang besiedelt. Insgesamt entdeckte man seit 1984 sechs aus luftgetrockneten Ziegeln errichtete Stufenpyramiden. Die größte weist eine Höhe von rund 30 m auf. Außerdem kennt man noch rund 40 weitere Gebäude. Es handelt sich um eine der größten Kulturzentren, die aus der präkolumbischen Zeit bekannt sind (Fotos 9–14). Wo liegt jetzt Cahuáchi, die größte Schlammstadt der Welt, ganz genau? Unmittelbar am Rande der Scharrbild-Ebene von Nazca, aber auf der anderen Seite des grünen Tals, in dem auch Nazca weiter flussaufwärts liegt. Es handelt sich aber um dieselbe Schlammflut, die heutzutage auf der anderen Seite des Tals die Scharrbild-Ebene von Nazca bildet! Diese auch Geoglyphen genannten Scharrbilder befinden sich an der Oberfläche der ehemaligen Schlammflut, die die Kultur von Cahuáchi unter sich begrub!

Aber die Scharrbilder sollen 2600 bis 1900 Jahre alt sein, während Cahuáchi vor 1500 Jahren in den Schlammfluten untergegangen sein soll. Das passt natürlich zeitlich nicht zusammen. Die Scharrbilder müssen wesentlich jünger sein! Ein Sachverhalt, der nicht diskutiert wird, da man unter Beachtung dieses Sachverhalts keine Kultur für die Erschaffung der Scharrbilder vorweisen kann.

Zu beachten ist auch, dass zwar über 1500 Geoglyphen auf einer relativ kleinen Fläche entdeckt wurden, aber in einem vielleicht rund 500 km² großen überregionalen Gebiet befinden sich neben gigantischen Scharrbildern insbesondere Flächen und Linien, die über viele Kilometer geradeaus laufen und sich mit anderen Linien kreuzen. Wir haben es also mit einem großräumig existierenden Phänomen zu tun. Die Erstellung dieser Bilder mit ihrer komplexen künstlerischen und technischen Ausführung setzt ein großes Kulturvolk voraus, für das es in dieser Region kaum bauliche Zeugnisse gibt.

Allerdings gibt es in der Nazca-Ebene auch kaum beachtete Bauwerke, nämlich alte Bewässerungssysteme. Bisher konnten zwei verschiedene Arten festgestellt werden. Einige beziehen ihr Wasser aus dem Uferfiltrat und dem Bett des Rio Grande, während andere mit Kanälen im Hangbereich des Gebirges verbunden sind und wasserführende Schichten, eventuell Quellen im Sedimentgestein anzapfen (Fotos 4–8). Diese werden Puquios genannt (Quechua für Wasserquellen).

Die erste genannte Art von Bewässerungsanlagen wurde in Form von Brunnen, die Ojos (Augen) genannt werden, gebaut und zwar nach dem Herabwälzen der Schlammflut, also nach der Zerstörung von Cahuáchi. Interessanter sind ähnlich angelegte brunnenartige, mit Natursteinen befestigte

Schächte, die zu bisher 50 bekannten Untergrundkanälen (Aquädukten) führen, von denen noch 36 wasserführend sein sollen. Als David Johnson die Lage der bisher kaum kartografierten Wasserquellen, die Breite der Grundwasserleiter und die in die Täler führenden geologischen Störungen (Verwerfungsgräben) identifizierte, entdeckte er an der Geländeoberfläche dreieckige Muster, die auf wasserführende geologische Verwerfungen oder Grundwassersysteme hinweisen sollen, während zickzackförmige Geoglyphen deren Ränder markieren (Johnson, 1997).

Die unterirdischen Aquädukte sind noch heute in Gebrauch, allerdings teilweise aufgrund ihres hohen Alters baufällig und nicht mehr zugänglich. Sie wurden ohne Mörtel mit Trockenmauerwerk aus abgerundeten Steinen errichtet und sind manchmal so schmal, dass ein Mensch kaum hindurchkriechen kann. Andere hingegen weisen eine Höhe von bis zu zwei Meter auf. Diese Wasserkanäle sind entweder mit Steinplatten oder Holzplanken abgedeckt.

Wie alt sind die unterirdischen Aquädukte? Teilweise wurden diese zusammen mit den Zugängen (Ojos) nach der Schlammflut errichtet. Tatsächlich kann die Leitungsführung von manchen Wasserkanälen an der Erdoberfläche verfolgt werden, vielleicht weil diese Gräben ausgeschachtet und später wieder verfüllt wurden oder die alten Kanäle zusammengefallen sind. Für manche Leitungen trifft dies aber nicht zu.

Vielleicht wurden einige Kanäle in Form eines Tunnelvortriebs erstellt? Aber gerade diese alten Tunnel erscheinen als zu eng, um diese ausschachten, das Aushubmaterial entsorgen, die Wände mit Trockenmauerwerk auskleiden und dann noch Steinplatten oder Holzplanken als Tunneldecke einbauen zu können.

Waren diese Wasserleitungen vielleicht schon vor der Schlammflut vorhanden? Also zu einer Zeit, als die heutige Wüste eine fruchtbare Ebene war? Später könnte dieses vorhandene System erweitert und durch neue Zugänge (Ojos) ergänzt worden sein. Die heutigen fruchtbaren Flusstäler, die die Schlammflutablagerungen durchschneiden, wurden durch große Wassermassen ausgespült.

Schlammflut in der Wüste

Die Nazca-Kultur begann angeblich vor etwa 2200 Jahren und endete wegen eines gewaltigen Klimawandels vor etwa 1400 Jahren, als die Bevölkerung dieses Land in langen Trecks verlassen haben soll. Aber einige Wissenschaftler sehen einen Zusammenhang mit heftigen Regenfluten sowie dadurch ausgelösten Bergrutschen und Schlammfluten, die diese Kultur beendeten. Die aus Lehmziegeln errichteten Bauten von Cahuáchi wurden unter Schlammfluten begraben. In den Pyramiden fand man Menschen, die angeblich geopfert wurden. Oder wurden diese durch die Schlammfluten einfach nur in den Pyramiden eingeschlossen und lebendig begraben?

Wie alt sind die Scharrbilder an der Oberfläche der Geröllwüste? Sie müssen nach dieser Serie von Naturkatastrophen auf der neu geschütteten Geröllwüste entstanden sein.

Diese verheerende Schlammflut ereignete sich tatsächlich, denn jeder, der diese Landschaft aus dem Flugzeug betrachtet, sieht die sich bis in die grünen Täler erstreckende Wüste, die teils erst an der 60 km entfernten Brandung des Pazifiks endet (Foto 27). Aber bisher sind keine Konsequenzen aus der Tatsache gezogen worden, dass die Siedlungen der Nazca-Kultur unter Schlammfluten begraben wurden. Woher stammt der ganze Schlamm? Nur von Regenfällen her? Verfolgt man die Schlammschicht bis in die bis zu über 4000 m hohen Gebirgsregionen, die sich im Hinterland entlang der Küste erstrecken, dann sieht man, dass der Schlamm bis in die höchsten Gebirgsspitzen reicht, ja diese manchmal sogar komplett überdeckt. Regen transportiert nur wenige Feststoffe. Woher stammt der Schlamm im Hochgebirge? Handelt sich um empor gehobenen Meeresboden?

Man behauptet, dass die Nazca-Kultur in einer der trockensten Gegenden der Welt existierte, in der es jahrzehntelang nicht regnet. Allerdings, so der Geograf Professor Dr. Bernhard Eitel am 27. Dezember 2009 in einer »Terra X«-Sendung im ZDF-Fernsehen, gab es hier vor 13 000 bis vor 4000 Jahren eine Graslandschaft, bevor es trockener wurde. Erst danach soll die Nazca-Kultur entstanden sein. Aber die aus der Geröllwüste ausgewaschenen Flusstäler sind auch heutzutage fruchtbar und grün. Vor der Schlammflut sollte hier eine fruchtbare Ebene existiert haben, in der die Nazca-Bevölkerung Mais, Maniok, Kartoffeln, Avocados, Erdnüsse und vieles mehr anbaute. War es vielleicht nicht nur bis vor 4000 Jahren hier grün, sondern sogar noch bis zu der Zeit des Klimawandels vor 1400 Jahren, als vielleicht zu dieser Zeit Schlammfluten dieses Land überrollten und Cahuáchi verschütteten?

Man hat im Leibniz-Labor für Altersbestimmung an der Christian-Albrechts-Universität in Kiel die Mumie eine Webers untersucht und diese auf ein Alter von 1750 Jahren datiert (»Terra X«, ZDF). Wäre diese Altersbestimmung mit einem Massenspektrometer richtig, stammt die Mumie aus der mittleren Nazca-Periode. Interessanter ist, welche Lebensmittel dieser Weber zur Verfügung hatte. Man ermittelte, dass er sich hauptsächlich von Mais und Maniok ernährte – in einer staubtrockenen Wüste!?

So weit so gut, aber zur Überraschung der Wissenschaftler ernährte er sich auch von Fischen und Meeresfrüchten. Nazca liegt heutzutage aber 60 km vom Meer entfernt. Wie ernährt man sich zu einem großen Teil von Erzeugnissen des Meeres, wenn man weit ab von der Küste in einer Wüste lebt, die auch noch bis zum Ozean reichte? Ab und zu etwas Fisch kann man durch Handel oder ganz einfach über einen langen Transport auf den Essenstisch bringen, aber eine Ernährungsgrundlage kann so für die normale Bevölkerung aus Kostengründen kaum geschaffen und aufrecht erhalten werden.

Der Mann war gemäß dieser Untersuchung gesund und litt unter keiner körperlichen Mangelerscheinung. Kann man daraus den Schluss ziehen, dass es zu dieser Zeit viel wärmer und feuchter, also das Land fruchtbarer war, vielleicht so wie angeblich endend vor 4000 Jahren? Vielleicht endete diese fruchtbare Periode erst mit dem gewaltigen Klimawandel vor 1400 Jahren. Aber das Mysterium der Nazca-Kultur besteht darin, dass sie angeblich in einer staubtrockenen Wüste erblüht sein soll.

Man fand *eingeschlossen in* (!) den Schlammflut-Schichten jedoch leuchtend weiße Scheiben. Es handelt sich um Spondylus-Muscheln. Diese auch Stachelaustern genannten Klappmuscheln kommen heutzutage im Ozean vor Nazca aber gar nicht vor, da das Wasser nicht warm genug ist. Man vermutet eine Klimaänderung in diesem Gebiet, da Spondylus heutzutage am Äquator heimisch ist. Herrschte während der Nazca-Kultur hier ein viel wärmeres Klima als heutzutage? Da verzierte Spondylus-Muscheln auch in Gräbern gefunden wurden, glauben Archäologen an einen Regenkult, zur Beschwörung von Regenfällen in der Wüste. Warum stellten viele Bildnisse und Töpfererzeugnisse Fische und Wale dar? Angeblich eine Fixierung sehnsüchtiger Träume vom Meer ...

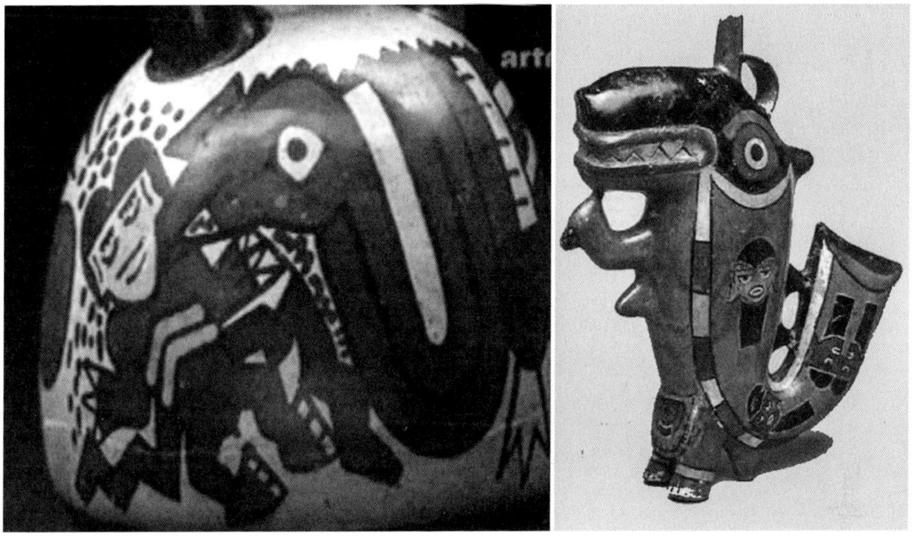

Abb. 27: **NAZCA-MEER**. Linkes Bild: Ein Taucher mit Schwimmflossen an Händen und Füßen mit einer Seeschlange. Rechtes Bild: Wale dienten in der Nazca-Kultur als eine beliebte Vorlage für Dekorationen und Töpferwaren.

Eine Vase der Nazca-Kultur zeigt aber sogar einen Taucher, der mit Schwimmflossen an Armen und Beinen ausgestattet ist, zusammen mit einer großen Seeschlange. Da Fisch ein wichtiger Eiweiß-Lieferant der Nazca-Kultur war, stellt sich die Frage, ob Nazca früher viel näher am Pazifik lag.

Gestrandete Wale

Etwa 350 km südlich von Lima, in der Küstenwüste südlich von Nazca, erstreckt sich ein ungewöhnlich fossilienreiches Gebiet, geologisch als Pisco-Formation bekannt. In diesen bis zu mehreren hundert Metern mächtigen Sedimentschichten wurden tausende Fossilien von verschiedenen Meerestieren gefunden, einschließlich Delfinen, Seelöwen, Pinguinen und Seeschildkröten.

Dort gibt es ein Gebiet mit einer Fläche von nur 1,5 km², in dem sage und schreibe 346 Wale entdeckt wurden, die in einer 80 m dicken Sedimentschicht begraben liegen. Insgesamt sind 145 komplette Skelette erhalten, die im Wüstensand den glühenden Sonnenstrahlen ausgesetzt sind. Wie

Abb. 28: **AUF DEM TROCKENEN**. Fossile Wale in der Pisco-Formation in Peru, komplett erhalten mit ehemals weichen Barten.

lange können diese Wale der Zerstörung durch Erosion, Wind und Wetter widerstehen? Immerhin soll die Pisco-Formation mit den darin enthaltenen Fossilien mehrere Millionen Jahre alt sein. Solche Wale scheinen die Nazca-Leute aber mit ihren Darstellungen verewigt zu haben.

Liegen die Wale hier tatsächlich mehrere Millionen Jahre herum? Dagegen spricht, dass man auch viele Reste von versteinerten Bartenwalen fand, einschließlich der bis zu 400 federartig gefaserten Barten. Mit diesen filterten die Bartenwale in der Hauptsache tierisches Plankton beziehungsweise kleinere Meerestiere, wie zum Beispiel Krill, aus dem Meerwasser. Diese Barten waren aber so weich wie das Horn unserer Fingernägel. Sie trotzen daher kaum den Temperatur- und Umwelteinflüssen und bleiben deshalb auch kaum fossil erhalten – in Peru befinden sich in der heißen Wüste allerdings jedoch einige zwar versteinerte, jedoch vollständig erhaltene, ehemals weiche Barten noch immer im Maul der gestrandeten Wale (Fotos 28–33)!

Man findet in der Pisco-Formation neben vielen verschiedenen Walarten auch neue Tierarten, wie den erst 1993 beschriebenen Odobenocetops (griechisch *Wal, der gleichsam auf seinen Zähnen geht*), ähnlich einem delfingroßen Walross, der bis vor 3,6 Mio. Jahren existiert haben soll. Zu dieser Zeit lebten hier auch weiße Haie (Muizon/Devries, 1985). In der Pisco-Formation wurde der weltweit am Vollständigsten erhaltene fossilierte weiße Hai gefunden, angeblich vier Millionen Jahre alt. Jedoch waren diese Exemplare größer als die heutzutage lebenden.

Auch der größte bekannte Hai war bei Nazca heimisch. Es handelt sich um den angeblich vor 3,6 oder 2,6 Mio. Jahren (Pimiento/Clements, 2014) ausgestorbenen Megalodon, der eine durchschnittliche Länge von 12 bis 14 m erreichte, wobei die größten gefundenen Zähne sogar auf ein Individuum von knapp 18 m schließen lassen. Das Gebiss eines Megalodon war groß genug, um einen aufrecht stehenden Menschen zu verschlingen. Man glaubt, dass sich der Megalodon von Walen ernährte, da man bei solchen große Wunden im Rippenbereich entdeckte. In der Wüste, an deren Oberfläche die Walskelette liegen, kann man riesige, bis zu 18 cm lange Megalodon-Zähne aufsammeln.

»Allerdings gibt es die Regel, dass Haie nicht besonders gut versteinern, da deren Körper derart schnell zersetzt werden, dass keine chemischen Prozesse für eine Konservierung ablaufen können«, gibt der bekannte Hai-Spezialist Bruce MacFadden vom naturhistorischen Museum von Florida zu bedenken. Außerdem fragt er, warum dieser Hai damals derart groß werden konnte.

MacFadden ist davon überzeugt, dass sich hier früher das Sacaco-Bassin befand, ein flaches Meer, in dem vor drei bis fünf Millionen Jahren Wale, Haie, riesige Pinguine, Muscheln und Fische heimisch waren (Universität von Florida: »Explore Magazine«, Sommer 2008).

Sind nun die Wale und anderen Meerestiere einfach nur gestorben, zum Meeresgrund gesunken und dann von Sand überdeckt worden? Für diesen Fall hätten die Kadaver sicher anderen Tieren als Futterquelle gedient, und auch wenige Meter tief im Meeresboden gibt es genügend Sauerstoff, um tote Tiere zu zersetzen.

Die Pisco-Formation besteht aus einer Geröll- und Sandwüste. Man erkennt hier aber nichts, was auf einen ehemaligen Meeresboden schließen ließe. Wurden die Wale durch Superfluten hier abgelagert und schnell verschüttet? Fließen große Wassermassen und Schlammfluten, zum Beispiel beim Emporwachsen eines Vulkans die sich bildenden Gebirgshänge herunter, dann findet eine *hydromechanische Sortierung* von zum Meer hin mitgerissenen Gegenständen statt, die in bestimmten Schichten die Tiere nach Größe und Gewicht sortiert verschüttet. Große und schwere Tiere sind deshalb in anderen Flutschichten zu finden als kleinere und leichtere, allein aufgrund der unterschiedlich erforderlichen Energie für den Transportweg.

Deshalb findet man auch nicht nur Wassertiere in diesen Schichten. Die riesigen Pinguine, die ja an Land leben, werden durch Funde von bis zu elefantengroßen Riesenfaultieren ergänzt. Solche Tiere lebten vor wenigen tausend Jahren noch in Florida, in arktischen Breiten Alaskas wie im ehemaligen Beringia-Gebiet von Ostsibirien bis Alaska und den großen Ebenen Amerikas (heutzutage teils geflutet: Beringstraße), aber weiter südlich auch in der Sierra Nevada in Kalifornien.

All diese Gebiete glichen der heutigen afrikanischen Serengeti. Eine ähnliche Graslandschaft, in der wärmeliebende prähistorische Tiere lebten, soll es im Gebiet von Nazca gegeben haben. Diese klimatisch warme und regnerische Phase soll etwa vor 4000 Jahren geendet haben, um langsam der Wüste Platz zu machen.

Liegt den beschriebenen Szenarien und Funden, wie auch die indigenen Mythen berichten, nicht eine Ursache zugrunde: die Gebirgsbildung zu Zeiten von hochentwickelten Kulturen – vor vielleicht nur etwa 2500 Jahren? Vollzog sich gleichzeitig eine Gebirgshebungsphase, während dieser auch die megalithisch gestalteten Küstenstadt Tiahuanaco in die Höhe gerissen wurde und Meeresfauna sowie ausgestorbene Küstentiere am und im Titicaca teils bis heutzutage erhalten blieben? Begruben einerseits die emporgerissenen, von den Bergen hin zur Meeresküste abfließenden Schlamm- und Sandmassen mit darin enthaltenen Spondylus-Muscheln die Kulturen und deren Bauten samt Pyramiden mit darin isolierten Menschen unter sich? Die vormals flache Meeresbucht mit im tropisch warmen Wasser lebenden kleinen und großen Meerestieren wurde mit der Gebirgshebung über Meeresniveau angehoben und schief gestellt? Die im abfließenden Meerwasser enthaltene Meeresfauna wurde hydrodynamisch von groß nach klein zur Meeresküste hin sortiert? Entstanden andererseits Schlammfluten durch Vulkanausbrüche, wie beim Vulkanausbruch des *Mount St. Helens* dokumentiert, da abgelagerte Schlamm- und Sandmassen keine Meeresfossilien enthalten?

Einhergehend mit diesem Kataklysmus ereignete sich ein extremer globaler Klimawandel mit drastisch fallenden Temperaturen in der Atmosphäre sowie in den vormals tropisch warmen Ozeanen? Ein einzigartiges Massensterben setzte ein, mit einer in der Folge sich entwickelnden andersartigen Tierwelt an Land und im Meer?

Klimasturz in Nordamerika

Dr. Albert Kochs entdeckte im Mai des Jahres 1839 verkohlte Mastodon-ten-Knochen zusammen mit Steinäxten und Pfeilspitzen entlang des Mississippi in Missouri. Menschen lebten anscheinend mit Tieren gemeinsam, die lange Zeit als ausgestorben galten.

In den natürlichen Asphalt-Gruben bei La Brea im Süden Kaliforniens, dort wo Anfang des 19. Jahrhunderts außerhalb von Los Angeles noch viele Ölbohrtürme standen, versanken tausende Säugetiere aus 60 Arten, allein über 2500 Säbelzahnkatzen, neben anderen Großkatzen auch Mammuts, Mastodonten, wolfsähnliche Riesenhunde, Amerikanische Löwen (*Panthera leo atrox*), Jaguare, Pumas, Luchse, Kojoten, Zwergantilopen, Truthähne, elefantengroße Riesenfaultiere oder die in Amerika ausgestorbenen Kamele und Pferde (Equus occidentalis), auch Vögel, einschließlich Pfauen; aber seltsamerweise auch Fische, Amphibien und Reptilien. Insgesamt wurden bisher etwa vier Millionen Schädel, Knochen oder Krallen aus sumpfigen Teervorkommen zu Tage befördert, jedoch keine Dinosaurier-Fossilien.

Abb. 29: **IM TEER VERSUNKEN**. Bild links: Frühe Ausgrabungen etwa 1913–1915 im Bereich der Erdölförderung.

Außerdem wurden auch 17 Knochen einer Frau gefunden, die auf ein Alter von 9000 Jahren datiert wurden (Merriam, 1914). Der Schädel zeigt keine Unterschiede zu denen heutiger (moderner) Indigenen. Ein einzelnes Skelett eines Haushundes (Canis lupus familiaris) aus der gleichen Grube wurde auf ein geologisch deutlich geringeres Alter von nur etwa 3300 Jahren datiert. Diese Datierung soll die populäre Hypothese widerlegen, dass der Hund zusammen mit der Frau im Asphalt bestattet wurde (Fuller, 2016).

Die Entdeckung menschlicher Einzelknochen unterhalb der Überreste einer ausgestorbenen Geierart im Asphalt lässt die Vermutung zu, dass

Menschen vor oder kurz nach dem Verschwinden dieser Geierart bestattet wurden. Die gleichzeitige Präsenz von Menschen, Geiern, Säbelzahnkatzen und anderer Megafauna am Fundort belegt deren zeitnahes Ableben. Trotz einiger Artefaktfunde werden diese nicht als Beleg für Interaktionen zwischen Menschen und der Megafauna gewertet.

Aber wie ist dieses Massengrab zu erklären? Indem man sich vorstellt, dass Kohlenwasserstoffe in Form von Erdöl und Methan als riesige Schlammfontänen mehrere hundert Meter hoch in die Luft schossen. Dabei wurden große Rudel verängstigter Tiere, vor allem Fleischfresser, im Zuge der Naturkatastrophe überwältigt und vom niederprasselnden Öl überschüttet, in dem diese auch versanken. Währenddessen verwüsteten Stürme die Landschaft, und Steine flogen durch die Luft, die zu fallenden Geschossen wurden. Tierische Überreste sind in den Asphaltgruben in unglaublichen Haufen zusammengedrängt und vermengt.

Bei der ersten Ausgrabung entdeckte man durchschnittlich 20 Säbelzahnkatzen- und Wolfsschädel pro Kubikmeter (Merriam, 1911). Bis heute entdeckte man mehr als 166 000 Knochen, die zwar gut erhalten, jedoch meist zersplittert und zu einer höchst heterogenen Masse vermengt sind, so wie diese niemals durch zufälliges Versinken von umherstreichenden Tieren hätte entstehen können.

Will man hingegen annehmen, dass die Mehrzahl der Tiere in den *Rancho La Brea-Gruben* nach und nach im Teer einsanken und starben, müssten in der Mehrzahl der Fälle relativ größere Skelettteile erhalten geblieben sein. Jedoch werden gegliederte Skelette in der Regel nicht gefunden.

In Kalifornien gibt es noch zwei Orte, in denen ähnliche Asphaltfunde gemacht wurden. Die Ablagerungen in Carpinteria und McKittrick erfolgten unter vergleichbaren Umständen wie in La Brea. Interessant erscheint, dass die Pflanzen der Carpinteria-Teergruben zur neuzeitlichen Flora gehören, wie diese jetzt *300 km weiter nördlich wächst* (Chaney/Mason, 1934).

Als der Westen Amerikas durch europäische Auswanderer besiedelt wurde, war diese Küstenregion eher spärlich mit Tieren wie Klapperschlangen und Kojoten bevölkert. Was war in dieser Gegend geschehen? Warum starben derart viele Tiere aus und warum wurden deren Reste teils als komplexes Knochengemisch zu Lebzeiten von Menschen begraben? Aber dies war kein regional begrenztes Ereignis, sondern viele Tierarten starben zu einem bestimmten Zeitpunkt nicht nur im Westen Amerikas aus, zu Lebzeiten von

Abb. 30: **MASSENGRAB**. Bild links: Dieses vom Autor 1987 aufgenommene Foto zeigt einen Block mit einem Wirrwarr von Knochen aus der Asphalt-Grube »Pit 8« in La Brea aus dem Jahr 1914. Bild rechts: Ein Block mit zersplitterten Knochen angeblich aus dem späten Quartär (endend vor 12 000 Jahren), der bei Ausgrabungen im Jahr 2017 in den La-Brea-Teergruben freigelegt wurde.

Menschen vor wenigen tausend Jahren. Neben gewaltigen Naturkatastrophen muss sich eine Klimaveränderung vollzogen haben, wie die vernichtete Flora und Fauna bezeugten.

Ein radikaler Wandel ist eingetreten. »Am Ende der Eiszeit geschah etwas, das das obere Ende der Körpergrößenverteilung überall außer in Afrika auslöschte (...). Dies ist das größte Aussterbeereignis seit dem Aussterben der Dinosaurier vor 66 Mio. Jahren«, sagte Emily Lindsay, Leiter der Ausgrabungsstätte (»Los Angeles Times«, Internetlink 4).

Das Gebiet der Sierra Nevada, ein Hochgebirge im Westen der Vereinigten Staaten (hauptsächlich im US-Bundesstaat Kalifornien), liegt im Bereich eines sehr aktiven *Hot Spot*, zu vergleichen mit dem im Gebiet des Ostafrikanischen Grabens. Heftige Vulkantätigkeit bewirkte in Ostafrika und im Westen Nordamerikas die Vernichtung von Flora und Fauna, ein zertrümmertes, von riesigen Wassermassen verschwemmtes Gemisch mit Lava- und Andesitbrocken hinterlassend. Diese mehrfach geschichteten Schwemmlandschaften wurden unmittelbar anschließend von reißenden Flüssen durchschnitten und mit Lavafeldern bedeckt, die zu mächtigen Basalthauben aushärteten und heute als charakteristische Tafelberge landschaftsbildend wirken. Unter solchen wurden im Gebiet der Sierra Nevada nicht rein zufällig anscheinend sehr alte, gemäß geologischer Zeitskala *viel zu alte* Funde entdeckt.

Die hierfür verantwortlichen Vulkane gehören zur *Cascade Range*, einem Gebirge mit vielen Vulkanen (u. a. Glacier Peak, Mount Rainier), das sich

Abb. 31: **KATAKLYSMUS**. Bei dem Ausbruch des Vulkans *Mount St. Helens* im US-Bundesstaat Washington wälzten sich mächtige Schlammmassen zu Tal und erzeugten bis 50 m dicke Schichten mit darin eingeschlossenen Baumstämmen (Oval). Foto: *Mount St Helens Visitor Center*, ergänzt: Zillmer. Insert: In einem Tafelberg verschüttetes Auto.

entlang der Pazifikküste von Kalifornien bis hin nach British Columbia in Westkanada erstreckt. Im Süden dieses 50 bis 80 km breiten Vulkangürtels brach in Nord-Kalifornien noch 1911 der *Lassen Peak* aus. Im nördlichen Bereich, etwas südlich von Seattle, liegt der Vulkan *Mount St. Helens*, dessen Ausbrüche in den Jahren 1980 und 1983 geologisch eingehend studiert und untersucht werden konnten. Innerhalb von Stunden wurde 1980 die blühende, mit Bäumen bestandene Gegend in eine Mondlandschaft verwandelt. Es entstanden bis zu 50 m hohe Tafelberge, in denen ein Mix von Baumstämmen, Hausresten, Autoteilen und technischen Geräten verwirbelt wurde. Dabei wurde altes und neues vulkanisches Material mit jeweils darin enthaltenen Artefakten vermischt.

Wassermassen schossen über die abgelagerten Schlammschichten hinweg und rasierten die Oberfläche der Schlammschichten glatt. Es entstanden bis zu 50 m und höher aufgeschüttete Schlammschichten, die wie mit einem Messer oben glatt gekappt waren. In diese frischen Schlammschichten wiederum fraßen sich dann die nachfolgenden, aus dem Vulkan ausgetretenen Wassermassen. Es bildeten sich neue Flusstäler, und diese wiederum trennten die Schlammschicht in voneinander isoliert liegende Bereiche: Tafelberge waren entstanden. In wenigen Stunden verwandelte sich eine grüne, bewaldete Landschaft in eine verwüstete Schlammlandschaft. In diesen neuzeitlichen Tafelbergen verschüttete und in den neu gebildeten Flusstälern frei liegende Artefakte sind gleich alt. Diese Landschaft wurde nach dem Ausbruch dokumentiert – siehe die Filmdokumentation »Kontra Evolution« (Zillmer, 2007). Diese plötzliche Landschaftsumbildung, die mich vor Ort äußerst fasziniert hat (Fotos 55–60), haben unsere Geologen beim Vulkan *Mount St. Helens* detailliert studieren können, obwohl sich dafür nur wenige Fachleute wirklich interessierten und noch weniger vor Ort waren. Nur, als in der Sierra Nevada vor wenigen tausend Jahren ein ähnliches Szenario ablief und plötzlich Tafelberge entstanden, waren keine Geologen zugegen, sondern nur Eingeborene, die diese Ereignisse in ihren Mythen am Leben erhielten, von Geologen lapidar als fantasievolle Geschichten abgetan.

Meine seit 1987 kontinuierlich vorgenommenen geologischen Beobachtungen hinsichtlich der Superfluten in diesem Gebiet wurden durch eine wissenschaftliche Untersuchung bestätigt. Im südlichen Bereich der *Sierra Nevada* wurde der Nachweis für alluviale (angeschwemmte) Sedimentation durch Sturzfluten aus den Gebirgen der *Sierra Nevada* bestätigt, und zwar im Bereich des Gebirges *Mount Whitney* und der Stadt *Lone Pine* (Blair, 2002, S. 113–140).

Da die angeblich seit 55 Mio. Jahren über dem gewachsenen Felsniveau (Primärgestein) gebildeten Landschaften der *Sierra Nevada* katastrophisch in einem kurzen Zeitraum gebildet wurden, kann man folglich den Millionen Jahre andauernden Zeitraum, der laut geologischer Zeitskala für eine langsame Bildung der tertiären Schichten erforderlich wäre, auf höchstens wenige tausend Jahre reduzieren: Das Tertiär-Zeitalter der *Sierra Nevada* ist folglich ein Phantomzeitalter. Andernfalls scheint unter Beibehaltung der offiziellen geologischen Zeitskala die Existenz von Menschen schon vor zig Millionen von Jahren bewiesen zu sein – oder man muss entsprechende Funde kategorisch als falsch bzw. gefälscht bezeichnen!

Im Jahr 1869 stieß der renommierte amerikanische Geologe Clarence King im Tuolomne-Tafelberg auf ein aufschlussreiches Artefakt: einen zylindrischen Steinstößel, der in situ in kompaktem, hartem, goldführendem Kies eingebettet war. Dessen Entfernung offenbarte einen präzisen Abdruck seiner Form im umgebenden Gestein (Becker, 1891, S. 193 f.).

Die beschriebenen Fakten schließen eine sekundäre bzw. nachträgliche Einbettung aus. Der King'sche Stößel befindet sich heute in der Sammlung der US-amerikanische Forschungs- und Bildungseinrichtung *Smithsonian Institution* mit Sitz in Washington, D.C. Moderne Geologen diskreditierten diesen Fund, der aus einer angeblich neun Millionen Jahre alten Schicht ausgegraben wurde, mit dem Hinweis, dass man heutzutage die Matrix mit dem Abdruck des Stößels nicht mehr überprüfen kann, obwohl das Fundstück und der veröffentlichte Bericht vorhanden sind.

Im vorliegenden Fall war der Ausgräber ein anerkannter Wissenschaftler, und man kann kaum eine Fälschungsabsicht unterstellen. Aber falls dieser Fund schön ins Schema bzw. in das sakrosankte Zeitgefüge von Geologie und Evolution gepasst hätte, dann wäre eine fehlende Matrix natürlich kein Problem für die Experten. Tatsache ist, dass bei kaum einem anerkannten Fossilfund ein solcher Negativabdruck vorhanden ist.

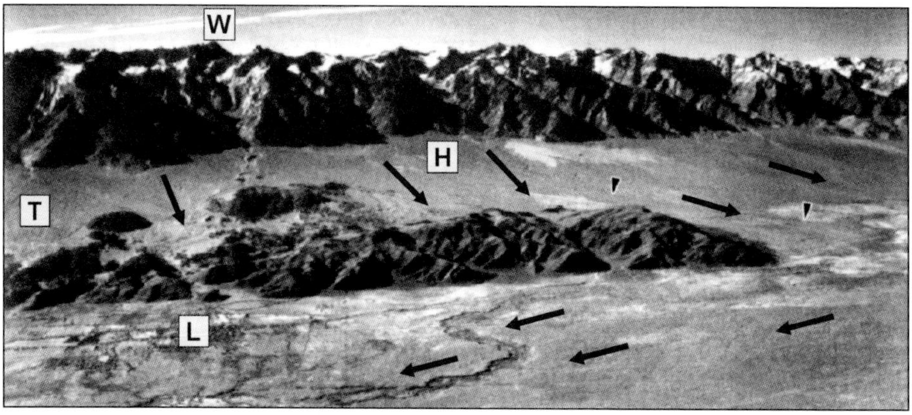

Abb. 32: **SCHLAMMFLUT**. Das Luftbild zeigt die Sierra Nevada (im Hintergrund) in Kalifornien. Dort wurden viele kontroverse, weil viel zu alte Artefakte innerhalb der Tafelberge gefunden. Der Mount Whitney (W) ist 4417 m hoch. Superfluten spülten große Schlammmassen aus den steilen Taleinschnitten Hogback Canyon (H) und Tuttle Canyon (T) in die Ebene Sierra Piedmont und um das Gebirge Alabama Hills (Vordergrund) herum (Pfeile) sowie durch Täler hindurch bis vor die Stadt Lone Pine (L). Foto: Überarbeitet aus Blair, 2002.

Das bekannteste Fossil wurde im Februar 1866 in 40 m Tiefe in einer Mine bei der kleinen Bergbaustadt Bald Hill in der Nähe des Angels Creek, einem Nebenfluss des Stanislaus River im Calaveras County in Kalifornien, entdeckt. Es handelt sich um den auf ein Alter von 55 bis 33 Mio. Jahre datierten Calaveras-Schädel (Whitney, 1880, S. 267–273).

Bis zum heutigen Tag besteht ein Streit, ob dieser Schädel echt oder ein Schwindel ist, also aus einer jüngeren indianischen Begräbnisstätte stammt. Dieser Fall soll hier nicht diskutiert werden, obwohl Sir Arthur Keith erklärte: »Die Geschichte des Calaveras-Schädels (...) kann nicht übergangen werden. Er ist das Schreckgespenst, das (...) die Überzeugungskraft eines jeden Experten fast bis zum Zerreißen strapaziert« (Keith, 1928, S. 471).

Immerhin »hatte Professor Wyman, der den Fund wissenschaftlich beschreiben sollte, große Mühe, den zementartigen Kies zu entfernen, mit dem der Schädel verschmolzen war« (»Journal of Transactions of the Victoria Institute«, 1880–1881, S. 191–220).

Aber der Calaveras-Schädel stellt keine isolierte, einzigartige Entdeckung dar. Ein nach Paul K. Hubbs benanntes Schädelfragment wurde in 25 m Tiefe in einem goldhaltigen Geschiebe in der Nähe eines Wirrwarrs von Mastodon-Knochen entdeckt. Der Fundort lag unter einer kompakten, harten Basalthaube, die von der damaligen vulkanischen Aktivität dieser Gegend zeugt. Dieses Knochenstück befindet sich in der Sammlung des Museums *Natural History Society* in Boston und ist wie folgt beschriftet: »Gefunden im Juli 1857. Überreicht an Rev. C. F. Winslow vom Ehrenw. Paul K. Hubbs, im August 1857.« Ein ähnlich beschriftetes Fragment vom selben Schädel befand sich auch im Museum der *Philadelphia Academy of Natural Sciences.* »Klar ist, dass wir nie etwas von dem Schädelfragment gehört hätten, wäre nicht Mr. Hubbs vor Ort gewesen, als das Bruchstück gefunden wurde« (Whitney, 1880, S. 265).

Nach Whitney waren alle menschlichen Fossilien, die in der Gold-Abbauregion zum Vorschein kamen, vom anatomisch modernen Typ. Hierzu gehörte auch ein menschlicher Kiefer aus dem Tuolomne-Tafelberg (Whitney, 1880, S. 264 ff.) und weitere Knochen, die 1855 bis 1856 auftauchten. Aus einem anderen Stollen, auf dem Höhenniveau von Mastodon-Zähnen und Elefanten-Knochen, wurde sogar das vollständige Skelett eines modernen Menschen ausgegraben (Winslow, 1873, S. 257–259). Aufgrund der Funde von Mastodon-Zähnen nahe dem primären Felsuntergrund müsste man anhand der geologischen Zeittafel darauf schließen, dass Menschen und Mastodons mit 55 bis 33 Mio. Jahren um ein Vielfaches älter sein müssten, als die offizielle Zeitleiter der Evolution angibt.

Sind diese geologischen Altersdatierungen richtig? Denn Mastodons existierten nach heutiger Überzeugung mindestens noch bis vor 10 000 Jahren in Amerika, und Menschen lebten mit diesen prähistorischen Tieren gemeinsam. Dies bedeutet, dass die großen Ebenen Amerikas, auch die *Sierra Nevada* in Kalifornien, *während der letzten Eiszeit* der heutigen afrikanischen Serengeti glichen. Unbestritten grasten hier riesige Bisonherden neben wilden Kamelen, Lamas und urzeitlichen Pferden. Die amerikanischen Löwen waren größer als ihre heute in Afrika lebenden Verwandten oder die legendären Säbelzahnkatzen. Aber es gab auch gigantische Biber, so groß wie Bären, die wiederum noch größer waren als jeder heute lebende Eisbär. Neben verschiedenen kleinen Faultierarten existierte damals auch ein Riesenfaultier von der Größe eines Elefanten. Es gibt auch Beweise für die Koexistenz von Menschen und Riesenfaultieren, das aus Südamerika stammen sollen.

Derartige prähistorische Tiere wurden auch in der schon beschriebenen, etwa 350 m mächtigen peruanischen Pisco-Formation entdeckt, die sehr fossilreich ist. Dort sind fünf Horizonte mit Wirbeltieren bekannt, die derjenigen Fauna der phosphatreichen Yorktown-Formation aus dem Unterpliozän-Zeitalter (vor 5,33 bis 3,6 Mio. Jahren) im US-Bundesstaat *North Carolina* ähneln sollen (Muizon/Devries, 1985), als die Jahresmitteltemperaturen etwa zwei Millionen Jahre lang rund 2 bis 3 °C über den Temperaturen der vorindustriellen Zeit gelegen haben sollen.

Interessant sind die Phosphatgesteine im US-Bundesstaat South Carolina, denn diese bergen ein riesiges Massengrab von an Land lebenden Säugetieren (u. a. Mammuts, Elefanten, Schweine, Hunde, Schafe), die Seite an Seite mit Vögeln und Meerestieren (u. a. Wale, Haie) gefunden wurden. Auch Relikte von Menschen wurden ausgegraben (Willis, 1881). Professor F. S. Holmes, Paläontologe und Kurator am Charleston Museum, dokumentiert in einem Report an das Naturkundemuseum *Academy of Natural Sciences* den Fund einer sechs Meter langen Echse. Er führt ergänzend aus, dass dieser Fund aus der späten Tertiärzeit stammt, »als Elefant, Mammut, Rhinozeros, Megatherium (Riesenfaultier), Hadrosaurus und andere riesige Vierbeiner die Wälder Süd-Karolinas durchstreiften« (Holmes, 1870, S. 31).

Mit anderen Worten, ein Fachmann beschreibt den Fund von angeblich vor 80 Mio. Jahren (nach heutiger Auffassung) existierenden Hadrosauriern zusammen mit jüngeren Säugetieren, wie das angeblich seit rund fünf Millionen Jahren existierende und vor etwa 11 000 Jahren ausgestorbene Riesenfaultier. Mit diesen zusammen in einem Massengrab wurden Menschen katastrophisch in den Phosphatgesteinen begraben. Auf dem Titelblatt (Abb. 33) seines Buches »The Phosphate Rocks of South Carolina« (Die Phosphatfelsen von Südkarolina) ist zur Dokumentation eindeutig ein Hadrosaurier-Skelett abgebildet. Auch Plesiosaurier sollen gefunden worden sein. Große Säugetiere, Menschen und Dinosaurier starben anscheinend gemeinsam bei einer großen Naturkatastrophe. Diese Phosphatlager sind heutzutage verschwunden, da ausgebeutet.

Abb. 33: **HADROSAURIER MIT MENSCH.** Die Koexistenz von Dinosaurier und Mensch, dargestellt auf dem Titelblatt einer wissenschaftlichen Dokumentation aus dem Jahr 1870.

Die letzten Riesenfaultiere verschwanden also am Ende des Pleistozäns etwa gleichzeitig mit einem Klimawandel, als die vorhandene Megafauna sich nicht schnell genug an die neuen Umweltbedingungen anpassen konnten. Dieser plötzliche Klimasturz vollzog sich angeblich, als erstmalig Menschen in Nordamerika erschienen, die durchaus noch Riesenfaultiere jagten. Aber die erst spät vorgebrachte Idee, ob – das lange Zeit bestrittene frühe Erscheinen von – Paläo-Indianern für das Verschwinden der Riesenfaultiere verantwortlich ist, bleibt umstritten – sehr zu Recht.

Nach geologischer Zeitskala fällt in diesen klimatisch warmen Zeitabschnitt der Erdgeschichte (Miozän: 23,03–5,33 Mio. Jahre) die stärkste Hebungsphase (Alpische Orogenese) eines Faltungsgürtels, der vom Atlas-Gebirge in Nordwestafrika über die Pyrenäen, Alpen und den Himalaya bis hin zu den Rocky Mountains in Amerika reicht. Im anschließenden Pliozän-Zeitalter (5,33–2,59 Mio. Jahre) soll dann das warme Klima zu Ende gegangen sein, und die Gebirgsbildungsphase kam zur Ruhe, obwohl ständige Hebungen der Gebirge noch heute zu verzeichnen sind.

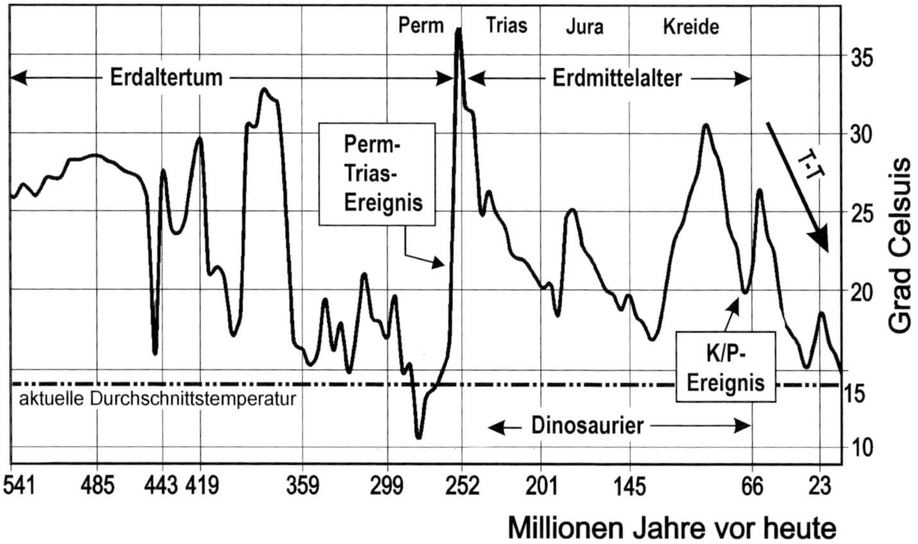

Abb. 34: **DURCHSCHNITTSTEMPERATUREN**. Nach neueren Schätzungen von Christopher Scotese (2021, vgl. Ogg et al. 2019) vollzog sich mit dem Perm-Trias-Ereignis eine gravierende Erhöhung der Oberflächentemperaturen von bis zu über 30 °C (Durchschnittstemperatur der Erde im Jahr 2023: um 15 °C = strichpunktierte Linie – in Deutschland 10,6 °C), bevor sich Dinosaurier zu Land und zu Wasser entwickelten. Mit dem *Kreide-Paläogen-Ereignis* (K/P-Ereignis: früher: *Kreide-Tertiär-Ereignis*) starben die Dinosaurier aus, als die Oberflächentemperatur stark zu fallen begannen. Der Temperatur-Trend (T-T) ist seit dieser Erdkatastrophe stark fallend bis zum heutigen Tag.

Das Pliozän-Zeitalter scheint ein geologisch unruhiges Zeitalter gewesen zu sein, in dem sich Massengräber bildeten, bevor das angebliche (von mir bestrittene) »Große Eiszeitalter« begann. An dieses glaubten Geologen bis Anfang des 19. Jahrhunderts nicht, da wiederholte Kataklysmen für den Klimawandel und Vernichtung eines Großteils der Lebewesen gemäß Katastrophentheorie von Georges Cuvier (1769–1832), die auch ich vertrete, verantwortlich gemacht wurden. Entsprechend wird das Große Eiszeitalter von mir als zeitrafferartig von etwa 2,6 Mio. Jahren auf höchstens Jahrhunderte verkürzte Kaltzeit mit massivem Schneefall angesehen und daher »Schneezeit« genannt – diskutiert und begründet in meinem Buch »Irrtümer der Erdgeschichte (Zillmer 2001/2023)«. In dieser schneereichen Zeit entstanden oder vergrößerten sich kleinere vorhandene Gletscher dann auch relativ schnell durch vermehrten Schneefall infolge der folgenden Klimaerwärmung, denn ohne Wärme kein Schneefall.

Gehobene Erdkrustenteile

Spielte die Gebirgsbildungsphase auch eine Rolle in Zusammenhang mit der schon zuvor beschriebenen (s. S. 57 ff.) peruanischen Pisco-Formation? In dieser Wüste strandeten irgendwann in dieser Zeit u. a. massenhaft Wale (Fotos 28–33) etwa 30 km von der heutigen Küste entfernt südlich von Nazca in Peru. Da die Sedimente keinen trocken gefallenen Meeresboden darstellen, könnte dann die gesamte, etwa 350 m mächtige, aus unverfestigten feinkörnigen Sedimenten und vulkanischer Asche bestehende Pisco-Formation durch die schnelle Hebung des vorgelagerten vulkanischen Gebirges entstanden sein.

Wie beim Ausbruch des Vulkans *Mount St. Helens* als Lehrstück für geologische Betrachtungen eindrucksvoll gezeigt wurde, entstanden nach dem, global gesehen kleineren Vulkanausbruch am 12. Juni 1980 bis zu 50 m mächtige geologische Schichten jungfräulich durch Schlammflut-Ablagerungen. Über solchen bildeten sich durch pyroklastische Ströme im *Eilzugtempo* von *mehreren Metern* dicke Schichten, die *fein gebändert* sind.

Infolge von Vulkanausbrüchen entstehen plötzlich neue geologische Schichten, für deren gleichförmige Bildung nach den Grundsätzen der Geologie (Lyell-Dogma bzw. Aktualismus) sehr lang andauernde Sedimentierungsprozesse benötigt werden. Die geologische Zeitskala stimmt nicht, falls geologische Schichten katastrophisch schnell entstehen bzw. geschüttet werden, wodurch ein geologischer und erdgeschichtlicher Zeitimpakt für

Abb. 35: **KATASTROPHISCH**. Dieses Schotterfeld mit einem verträumt bergab schlängelnden Bach wurde 1980 nach dem Ausbruch des Vulkans Mount St. Helens urplötzlich mit einer Geschwindigkeit von etwa 100 km/h als Gesamtes geschüttet.Vergleiche Fotos 55–60.

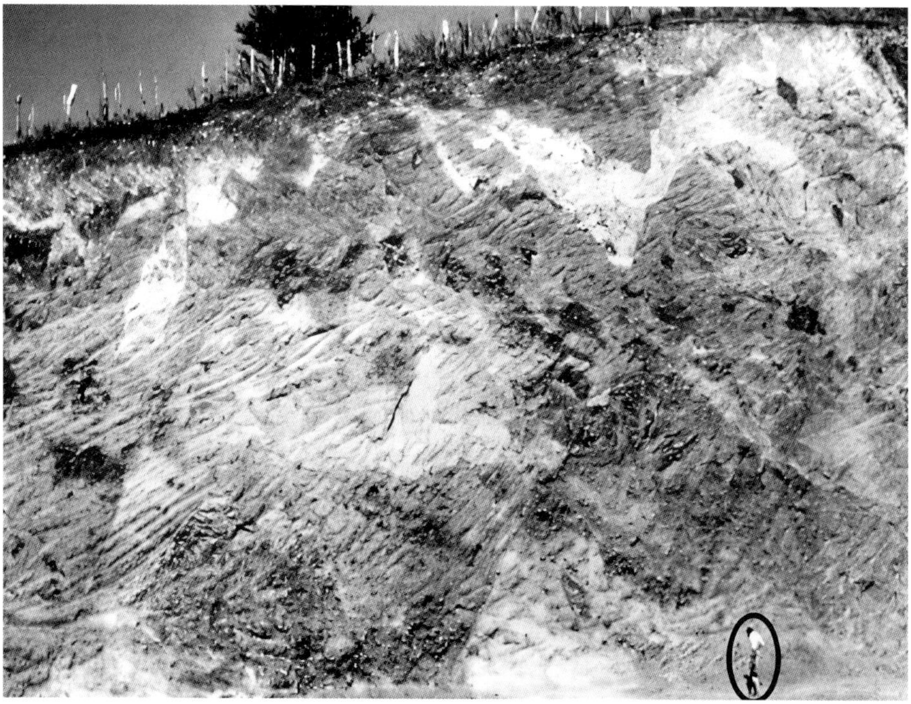

Abb. 36: **URPLÖTZLICH ENTSTANDEN**. Wie im Museum am *Mount St. Helens* dokumentiert wird, soll dieses Schichtpaket in Guatemala von einem Vulkan stammen, der dort 48 Kilometer entfernt liegt. Da sich die Struktur dieser Sedimente jedoch total von den durch Schlammfluten oder Lavaflüssen verursachten unterscheidet, ist es Fachleuten ein Rätsel, wie dieses gewaltige Schichtpaket hier abgelagert werden konnte. Der Größenvergleich mit dem Menschen (Oval) zeigt die gewaltigen Ausmaße dieser Sedimentierung. Wurde diese gewaltige Formation von durch die Luft fliegenden Sedimenten gebildet, wie es bei der Explosion des Vulkans *Mount St. Helens* geschah?

die betreffenden Gebiete entsteht. Dadurch werden lang andauernde, meist in Millionen von Jahren bemessene Zeiträume, die geologisch für die Bildung solcher Erd- und Gesteinsschichten veranschlagt werden, quasi auf »Nullzeit« verkürzt – ein von mir Zeitimpakt genannter Vorgang.

Auf diese Art und Weise entstanden an den Vulkanhängen des *Mount St. Helens* schlagartig auch zwei unterschiedliche, verträumt zwischen gerundeten Geröllen dahinfließende Gebirgsbäche. In den Alpen würde man auf das Walten einer Eiszeit scheinbar anschaulich verweisen, denn irgendwie müssen die Steine ja rund geschmirgelt worden sein. Aber am *Mount St. Helens* wurden derartige Bäche nachweislich mit einer Geschwindigkeit von etwa 100 km/Stunde jungfräulich wie aus heiterem Himmel einschließlich Fluss-

Abb. 37: **DREIPHASIG IM EILZUGTEMPO**. Die untere Sedimentschicht ist 8 m mächtig und entstand am 18. Mai 1980 nach dem Vulkanausbruch, als Flugsedimente förmlich vom Himmel herabregneten und mehrere Meter dicke geologische Schichten auftürmten. Die darüber liegende 8 m mächtige Schicht wurde nur drei Monate später am 12. Juni 1980 in wenigen Stunden durch turbulente Strömungen mit Orkan-Geschwindigkeit neu gebildet. Die darauf abgelagerte vier Meter mächtige Schicht (S) entstand dann am 19. März 1982, als große Schlammfluten aus dem Vulkankegel zu Tal schossen.

bett geschüttet, dort wo vorher dichter Wald wuchs. Auch die Gerölle waren vorher noch gar nicht vorhanden (Foto 55). Ein Zeitimpakt! Als ich diese Landschaft besichtigte, hätte ich glauben können, eine uralte Landschaftsszene vor mir zu haben, wie man sie in den Alpen häufig findet. Fand auch in den Alpen ein Zeitimpakt statt?

Auch glatt geschmirgelte Felsen (vgl. Fotos 68–71), die in den Alpen dem Walten der Eiszeit bzw. der Schiebetätigkeit der Gletscher zugeschrieben werden, entstanden am *Mount St. Helens* im Zuge der Gebirgsbach-Schüttung – ebenso schlagartig aber auch: Vorhandene Felsen wurden glatt gerundet, und es entstanden plötzlich sogar Strudellöcher und Wasserfälle.

Abb. 38: **EHEMALIGER SCHLAMM**. Im Westen von Amerika sind bei der Hebung der Gebirge, nach Durchstoßen der ehemals flach liegenden Meeresbecken, herabgeflossene Sediment- bzw. ehemalige Schlammfelder oft zu sehen.

Fand ein solcher Zeitimpakt in den gesamten Anden statt? Zeugen sind Küstenstreifen sowie nicht verwitterte Fossilien *hoch oben* in diesen Gebirgsregionen. Hinzu kommt, dass nicht erklärt werden kann, warum die in knapp 3700 m Höhe befindlichen Korallen solchen gleichen, die heutzutage in der Südsee wachsen, außer man berücksichtigt schnelle Hebungen – also einen geologischen Zeitimpakt.

Fragen wir also konsequenterweise, ob sich die Anden noch zur Zeit der Nazca-Kultur hoben, ebenso wie die Alpen vor etwas mehr als 2000 Jahren? Der Mix von diversen Meeres- und Landtieren wie u. a. Wale und Riesenfaultiere in der Pisco-Formation zeugt von einer gewaltigen Naturkatastrophe. Die in der heutigen Wüste gut erhaltenen Barten der Wale deuten darauf hin, dass diese Naturkatastrophe nicht vor Millionen Jahren, sondern vor relativ kurzer Zeit passierte.

Meine weltweiten Beobachtungen vom Flugzeug aus, u. a. über Australien hinweg, bestätigen, dass die Schlammmassen von den Bergspitzen herunter zu kommen scheinen, wenn man sich beispielsweise auch moderne Satellitenkarten von diesen Gebieten ansieht. Woher aber stammt der Schlamm? Nicht aus den Bergen selbst, *nachdem* sich diese schon erhoben hatten (Fotos 15–23). Wo sollte dort oben der ganze Schlamm herkommen, wenn dieser nicht mit in die Höhe transportiert oder/und während Vulkanausbrüchen jungfräulich ausgeworfen wurden?

Wir wissen, die Anden erhoben sich während gleichzeitig ablaufender vulkanischer Tätigkeit und durchstießen von unten die flachen Meeresbecken; beginnend vor etwa 65 bis 60 Mio. Jahren *nach* Ende der Dinosaurier-Ara gemäß derzeitiger Überzeugung. Die am Grund der Meere vorhandenen Sedimente wurden während des Wachsens der Berge mit emporgerissen, und erst dann strömten gewaltige Schlammfluten, wie auch beim Mount

St. Helens mit Vulkanausbrüchen geschehen, durch das entstandene Gefälle auf unterschiedlichen Wegen in Richtung Meer. Manche niedrigen Gebirge sind noch heute vom ehemaligen Meeresboden oder ausgeworfenen Schlamm- und Sandschichten überdeckt! Von einer solchen Schlammflut wurde Cahuáchi und damit die Nazca-Kultur vor 1400 Jahren vernichtet. Die Sedimente und Tiere wurden je nach Größe und Gewicht als Fossilien hydromechanisch sortiert und kamen daher in bestimmten Schichten zu liegen. Derart entstanden massige Sedimentschichten, wie die 350 m mächtige Pisco-Formation, quasi durch Umlagerung *und hydromechanischer Sortierung der Sedimente nach Größe und Gewicht*. So entstanden flächenmäßig verteilte Massengräber von diversen, der Größe bzw. Schwere nach sortierten Tieren, die auch zu unterschiedlichen Lebensräumen, sei es Land oder Meer, gehörten.

Erst seit dieser Zeit gibt es Wüsten am Fuße der Anden, in einem Gebiet, das vorher fruchtbar war. Gleichzeitig wurde Cahuáchi gehoben und war danach weiter vom Meer entfernt als zuvor, zu einer Zeit, als Fische und Meeresfrüchte die Ernährungsgrundlage der Nazca-Bevölkerung bildeten.

Bei dem erdgeschichtlich gesehen kleinen Erdbeben im Inselstaat Haiti am 12. Januar 2010 konnte beobachtet werden, dass Häuser, die weit weg vom Strand errichtet wurden, durch plötzliche Absenkung des Bodenniveaus nun unmittelbar am Strand liegen. Es hätte noch schlimmer kommen können.

Welche schweren Folgen Erdbeben und Vulkanausbrüche haben können, wurde am 21. Mai 1960 in Chile deutlich: »In mehreren Gebieten senkte sich die Erde um mehrere Meter, auf einer 40 km langen Strecke sogar um 300 m. Die Erde hat ihr Antlitz völlig verändert« (»Die Zeit«, 21.5.1960).

Am 1. September 1923 sackte beim Sagami-Beben südlich von Tokio der Meeresboden um 466 m ab, während sich andere Bereiche durch die Entlastung bis zu 250 m hoben. Beim Agadir-Beben vor der Küste von Marokko am 29. Februar 1960 senkte sich eine Zone von über 13 km Länge um ungefähr 1000 m auf eine Tiefe von 1350 m unter der Meeresoberfläche, während andere Teile um ungefähr 350 m an die Wasseroberfläche angehoben wurden.

Wie im Fachmagazin »Science« dokumentiert, entstand in Tibet am 14. November 2001 während eines Erdbebens mit einer Stärke von 8,1 auf der Richterskala eine 400 km lange Erdspalte. Es ist der längste Riss durch die Erdoberfläche, der sich seit Beginn der Aufzeichnungen von Erdbeben gebildet hat (Lin et al., 2002). Die chinesischen Forscher entdeckten Verwerfungen, die sich in einer fast endlos geschwungenen Linie über Berge und Täler des Landes winden. Entlang der Erdspalte müssen die Ränder des Risses während des Bebens teilweise über 16 m aneinander vorbeigeglitten (geschert) sein. Die Erdkruste ist fragiler und brüchiger, als man allgemein zu glauben bereit ist. Können sich auch Berge schnell erheben?

Plötzlich aufgetaucht

Höhepunkt einer sich von 1902 bis 1905 hinziehenden Aktivitätsphase war der heftige Ausbruch des Vulkans *Mont Pelée* (meist übersetzt, *französisch*: kahler Berg) auf der zu den Kleinen Antillen gehörenden Karibikinsel Martinique. Während der heftigen Eruption wurde die sieben Kilometer entfernt am Meer liegende Hauptstadt *Saint-Pierre* durch pyroklastische Ströme vollständig vernichtet, wobei zwischen 28 000 und 40 000 Menschen getötet wurden.

Im Oktober 1902 bildete sich eine Felsnadel als erstarrte Spitze einer emporgepressten Säule aus hochviskoser saurer Lava. Sie wuchs teilweise bis zu 15 m am Tag und erreichte eine Höhe von 211 m, nach manchen Aussagen bis zu 300 m. Diese Felsnadel brach dann innerhalb weniger Monate etappenweise zusammen. An ihrer statt wuchs an gleicher Stelle ein Lavadom, der von einem steilen Zacken gekrönt war, dessen Spitze im September 1904 *eine Höhe von 1479 m* über dem Meeresspiegel erreichte. Seine bis derzeit letzte Aktivitätsphase hatte der Vulkan in den Jahren 1929 bis 1932, in denen sich ein neuer Lavadom formte (Abb. 39).

Am 14. November 1963 brach vor der Südküste Islands ein 120 m unter der Wasseroberfläche liegender Vulkan aus. Starker Schwefelwasserstoff-Geruch lag in der Luft, Wolken aus Wasserdampf und Lavafontänen schossen empor. Die Eruptionen fanden zuerst an drei getrennten Öffnungen entlang einer Spalte statt, die sich jedoch zu einer einzigen großen Eruption vereinigten. Bereits in der ersten Nacht wuchs der Vulkan etwa 120 m in die Höhe und erreichte den Meeresspiegel. Die explosionsartigen Ausbrüche dauerten bis 1967 an, dann erlosch der Vulkan. Am Ende der Eruptionen befand sich der höchste Punkt der Surtsey getauften Insel 174 m über dem Meeresspiegel, und die entstandene Fläche war etwa 2,8 km^2 groß.

Abb. 39: **MONT PELÉE**. Oben links: Das obeliskenartige Lavagebilde, das sich aus einer Erdspalte auf der Karibikinsel Martinique gehoben hat. Oben rechts: Die durch einen pyroklastischen Strom am 30. August 1902 verwüstete Hauptstraße der Gemeinde *Le Morne-Rouge*. Unten rechts: Foto der zerstörten Hauptstadt *Saint-Pierre*.

Am 28. Mai erschien eine weitere Insel, die Syrtlingur genannt wurde. Nach Ende der vulkanischen Aktivität wurde sie durch Erosion verkleinert und verschwand am 24.Oktober wieder unter dem Meeresspiegel. Im Laufe des Dezembers bildete sich eine weitere Insel 0,9 km südwestlich von Surtsey. Diese wurde Jólnir benannt und wuchs in den folgenden acht Monaten auf eine Höhe von 70 m an, bei einer Fläche von 0,3 km^2. Wie Syrtlingur verschwand sie jedoch bis Oktober 1966 ebenfalls wieder in den Fluten, nachdem die Ausbrüche am 8. August 1966 aufgehört hatten.

Surtsey gehört zu den vor den Südgestaden Islands liegenden Westmänner-Inseln, die aus 15 vulkanischen Eilanden bestehen, allesamt vulkanischen Ursprungs. Die älteste dieser Inseln soll etwa 10 000 Jahre alt sein.

Island im Nordatlantik weist über 100 Vulkane und unzählige kleine und große Krater auf. Jedoch ist keiner dieser Vulkane geologisch alt. Hier ist einer der wenigen Orte, wo in moderner Zeit Lavaströme aus Erdspalten hervorbrachen, ohne dass dabei Krater gebildet wurden. Von hier weiter im Atlantik nach Süden folgend, sind die Azoren, die Kanarischen Inseln, die Kapverden und St. Helena reine Vulkaninseln, die aus dem Meeresboden emporwuchsen.

Ungefähr 500 km vor der Küste Afrikas in 3500 m Tiefe des Atlantiks wurde praktisch die Geburt einer Insel südwestlich der Kapverdischen Inseln untersucht, erklärt Expeditionsleiter Thor Hansteen vom Kieler *Leibniz-Institut für Meereswissenschaften* (IFM-GEOMAR). Zwei weitere Unterwasserberge im Bereich der Kapverden sind dagegen schon mehr als 1500 m emporgewachsen und werden wahrscheinlich in ferner Zukunft neue Kapverden-Inseln bilden. Man war überrascht, dass die drei untersuchten jungen Vulkane trotz diesen großen Wassertiefen sehr viel explosiver sein können, als bisher angenommen. »Die Aschelagen zeigen deutlich, dass auf den Kapverden in den vergangenen 300 000 Jahren mindestens alle 10 000 Jahre ein großer explosiver Vulkanausbruch stattgefunden hat – viel häufiger als bisher angenommen«, so Hansteen am 4. März 2010.

2 Gebirgshebung in antiker Zeit

Es ist eine allgemein kaum beachtete Tatsache, dass, so hoch man auch steigt, in den Gebirgen – wie im Himalaya, in den Anden oder Alpen – Meeresfossilien zu finden sind, die wie frisch hinterlassen wirken und aus warmen Flachmeeren stammen.

Junger Himalaya

Der bekannte Schweizer Geologe Arnold Heim untersuchte die im Westen Chinas an Tibet grenzenden Gebirgsketten und kam zu dem Schluss, dass diese *erst nach* der letzten »Eiszeit« gehoben wurden (Heim/Gansser, 1938). Das große Himalaya-Gebirgsmassiv wuchs *zur Zeit des historischen Menschen*: »Hat nicht Teilhard de Chardin am Internationalen Geologen-Kongress in Washington 1933 Bilder (...) gezeigt mit Felswänden von 60 Grad steiler Schichtung, die nicht Gneis, sondern aufgerichtete quartäre Schuttkegel sind? Haben nicht de Terra und Sahni in den Karewa-Schichten von Kaschmir in Sedimenten eines Seebodens, die stellenweise auf 30–40 Grad aufgerichtet und bis auf 1500 m Höhe gehoben sind, paläolithische Steinwerkzeuge neben Organismus-Resten gefunden, die ebenso ein quartäres Alter beweisen? Wer wagt es angesichts solcher Tatsachenbefunde, ihre kühne Ansicht zu widerrufen, dass seit dem Erscheinen des Menschen die Pässe nach Tibet schwieriger wurden, indem das Gebirge um 1000 oder mehr Meter gehoben wurde, Größenordnungen, die selbst dem modernen Tektoniker noch fantastisch erscheinen?« (ebd., S. 240).

Dies entspricht den bereits zuvor diskutierten geologischen Forschungsergebnissen von Gams und Nordhagen in Bezug auf die Alpen, die sich zur Zeit der Kelten gehoben haben, wodurch die Geländeoberfläche schief gestellt wurde. Aber es gibt Unterschiede:

Denn »eine herrliche Erscheinung fehlt dem Himalaya, nämlich die großen Randseen. Der Himalaya ist eben noch in Hebung, während der Alpenkörper (...) eingesunken ist, sodass seine Randtäler zu fjordartigen Seen ertranken. Dazu kommt noch im Himalaya die geringere Gletscherwirkung, sodass man dort nur hie und da kleine Moränenseen findet. Umgekehrt aber fanden wir junge Bergstürze, wie zu erwarten war, in großer Zahl. Stauen sie ein Tal, so ist der See aber von kurzer Dauer; denn bald ist er aufgefüllt und der Schlamm wieder ausgespült« (ebd., S. 242).

Professor Richard Finsterwalder (1899–1963) war Teilnehmer der Deutschen Himalaya-Expedition 1934, auch *Deutsche Nanga-Parbat-Expedition 1934* genannt, die nach dem ersten Misserfolg im Jahr 1932 gestartet wurde. Er umrundete mit zwei Kollegen acht Wochen lang das gesamte Massiv, um es topografisch, geologisch und geografisch zu erkunden. Er datierte ausgedehnte Bodenerhebungen und die Vereisung des Himalaya-Massivs in eine Phase *nach dem Ende* der letzten »Eiszeit« vor nur wenigen tausend Jahren, also zeitlich wesentlich näher zur Gegenwart hin, als vorher und auch heutzutage wieder angenommen (Finsterwalder, 1936).

Die vor Ort gewonnenen Erkenntnisse Finsterwalders von eisfreien Gebirgsregionen in Asien wurden in den 1990er-Jahren abgelöst von der Vorstellung eines dicken, sich wie in Grönland weit erstreckenden Eisschildes mit einem gewaltigen Netzwerk extensiver Gletscherströme, die während der »Eiszeit« zu Tal drifteten. In den letzten Jahren wiederum wird die Idee einer totalen Vereisung nicht mehr geteilt. Aufgrund archäologischer Funde, wie zum Beispiel einer buddhistischen Felsmalerei nahe Chalt im Industal, wird die Hebung dieses Gebiets bei 3,75 bis 7,50 m für die gesamten letzten 1500 Jahre gesehen. Vielleicht war dieser angesetzte Zeitraum ja auch kürzer, oder anders gefragt, wie bestimmt man diese Hebungsdauer? Außerdem kann durch Höhenvergleiche höchstens eine Differenz in den lokalen Hebungen bestimmt werden, nicht aber, ob sich ein Gebiet in größerem Umfang komplett gehoben hat.

Das Narmada-Gebiet wurde lange als *Alluvialboden* angesehen, also als junger Schwemmlandboden, in diesem Fall entlang des Flusses Narmada, der von Zentralindien in westlicher Richtung fließt und ins Arabische Meer mündet. Es handelt sich deshalb nicht von ungefähr zu den ältesten und reichsten Fossilienfundstätten Indiens.

Die ersten Fossilien wurden 1828 vom britischen Armeekapitän William Henry Sleeman entdeckt. Er fand zwei Rückgrate (Schwanzwirbel) aus der Lameta-Formation in Jabalpur, die später als die eines Dinosauriers, Titanosaurus, identifiziert wurden (Prasad, 2012). Seitdem wurden viele Fossilien von Wirbellosen und Wirbeltieren entdeckt (u. a. Turvey et al., 2021). Die Suche nach prähistorischen menschlichen Überresten in der Region wurde durch die Entdeckung eines Faustkeils aus der Steinzeit durch C.A. Hacket inspiriert, die 1873 gemeldet wurde (Khatri, 1963)

Am 5. Dezember wurde eine Schädelkalotte (Calvaria) entdeckt, die auf der Oberfläche eines Schwemmbodens am Nordufer des Flusses Narmada in der Nähe des Dorfes Hathnora lag (»Deccan Herald«, 12.9.2012). Das Fossil befand sich in einem Geröllfeld neben mehreren anderen Fossilien von Pferden, Schweinen und Stegodon, angeblich ausgestorben *am Ende* der »Eiszeit«, sowie verschiedenen Steinwerkzeugen. Nach sorgfältiger Analyse des fossilen Schädeldachs mit einem beachtlichen Gehirnvolumen von etwa 1280 cm^3 (Sonakia, 1984) soll diese von einem prähistorischen Menschen, *Narmada-Mensch* genannt, stammen. Es ist umstritten, ob es sich um *Homo erectus* oder *Homo sapiens* handeln soll (Kennedy et al., 1991) oder sogar zu den Denisova-Menschen gehört (Stringer, 2012). Nach einer

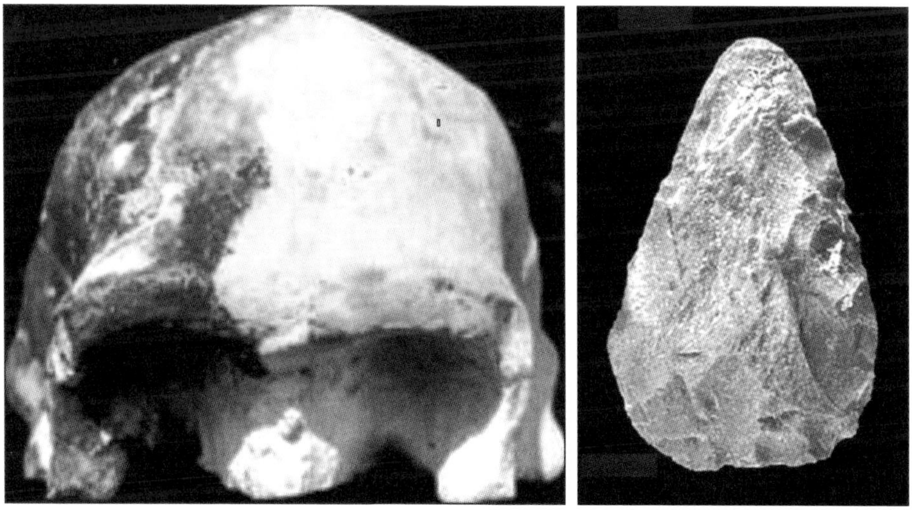

Abb. 40: **NARMADA-TAL**. Linkes Bild: Schädeldach des Narmada-Menschen mit stark ausgeprägten Überaugenwülsten. Bild rechts: Faustkeil aus der Zeit des Jungacheuléen, angeblich eine Kulturstufe der Altsteinzeit vor etwa 350 000 bis 150 000 Jahren.

Datierung eines in derselben Fundschicht aufgefundenen Rinder-Schulterblatts soll der *Narmada Mensch* vor mindestens 236 000 Jahren in Zentralindien gelebt haben (Cameron, 2004). Die Datierung ist jedoch umstritten.

Zu den in diesen angeschwemmten Schichten entdeckten Fossilien befanden sich interessanterweise einerseits ausgestorbene Tiere, neben Stegodon ein Flusspferd mit sechs Schneidezähnen, und andererseits jüngere bis hin zu noch lebenden Säugetieren, wie Reste von Wasserbüffel, Narmada-Rind, indischer Elefant, Sumpfhirsch, Panzernashorn, Gazelle oder Schwein beweisen. Unsere älteren Vorfahren lebten also schon während der angeblichen »Eiszeit« mit einer aus den Tropen bekannten Fauna in Indien, oder aber die Narmada-Schichten wurden vor wenigen tausend Jahren mit einer einzigen Superflut nach der »Eiszeit« angeschwemmt, als es warm war.

Die letzte globale Gebirgsbildungsphase, Alpidische Orogenese genannt, soll vor fünf Millionen Jahren und damit lange vor Beginn des »Großen Eiszeitalters« geendet haben. Als der Mensch erstmals erschien, sollen demzufolge die Gebirge schon vorhanden gewesen sein. Dies bedeutet, dass steinzeitliche Menschen die Mühen einer Gebirgsbesteigung auf sich genommen haben müssen. Aus welchen Gründen eigentlich, wenn es doch in den Tiefebenen genügend Nahrung und Tiere gab? Überbevölkerung war sicher kein Thema.

In Kaschmir, einem ehemaligen Fürstenstaat im Himalaya, entdeckte der 1900 in Deutschland geborene Helmut de Terra, der an der Harvard-Universität arbeitete, sedimentäre Ablagerungen eines alten Meeresbodens, der bis zu 1500 m emporgehoben und in einem Winkel von bis zu 40 Grad schief gestellt wurde. Durch die Hebung des Berges wurde das Becken an den Gebirgshängen mit hinaufgezogen. Diese Ablagerungen enthalten altsteinzeitliche Relikte! Dies bedeutet aber, dass die Regionen der Gebirgspässe im Himalaya zu Lebzeiten von Menschen um bis zu 1500 m gehoben wurden, da die Ablagerungen alten Meeresboden darstellen. De Terra beschreibt 1939 ausführlich die Hebung des Himalaya-Massivs, das seine gegenwärtige Höhe erst nach dem Ende der »Eiszeit« vor wenigen tausend Jahren in historischer Zeit erreichte (De Terra/Paterson, 1939).

Das Kaschmir-Tal lag vor dieser Zeit weniger hoch, und seine Südrampe, der *Pir Panjal* als derzeit größte Kette des *Vorderen Himalaya*, ließ die alpine

Erhabenheit vermissen, schreibt de Terra (ebd., S. 223), und weiter: »Der Hauptteil des Himalaya erfuhr eine starke Aufwölbung, als deren Folge die Seebecken im Kaschmir aufwärts geschoben wurden« (ebd. S. 225).

Eine Fülle von steinzeitlichen Stätten und »archäologische Zeugnisse beweisen, dass der frühsteinzeitliche Mensch die anschließenden Ebenen bewohnte«. Danach wuchs der Himalaya wiederum in die Höhe, und die Neigung der Terrassen und Seebecken zeigt eine »fortgesetzte Hebung des gesamten Himalaya-Systems« (ebd., S. 222). Wesentliche Hebungen fanden dann noch nach dem Ende der »Eiszeit« in der Zeit des modernen Menschen statt.

Meeresfossilien im Hochgebirge

Bereits im 19. Jahrhundert waren Wissenschaftler der Verzweiflung nahe, denn so hoch sie auch auf die Gebirge stiegen, waren Reste von Meerestieren und -pflanzen zu finden, die einstmals im Ozean lebten. In den Alpen geben eindrucksvoll vier GEO-Park-Lehrpfade am Wendelstein tiefe Einblicke in die Erdgeschichte. Es sind in den verschiedenen Gesteinsschichten bis hinauf in fast 1800 m über Meereshöhe noch Seeigel, Tintenfische und allerlei andere Fossilien zu finden. Außerdem befindet sich dort eine große Muschelkalkwand, auf der heutzutage die Wendelsteinkirche thront.

Meeresfossilien gelten auch als Beweis für ein Aufsteigen des fast 9 km hohen Himalaya-Gebirges aus den Tiefen des Meeres. Irgendwann in der Vergangenheit strömte Ozeanwasser über den Mount Everest, und Fische lebten dort, wo heutzutage nur wenige Menschen ihren Fuß hinsetzen.

Früher glaubte man, dass der Himalaya Hunderte von Millionen Jahren alt sein soll. Mit der Plattentektonik-Hypothese wurde dann ein Auffahr-Szenario entwickelt, denn der Himalaya soll durch den Aufprall der ehemaligen Insel Indien auf den asiatischen Kontinent vor ungefähr 56 Millionen Jahren entstanden sein (Abb. 42), also nach der Dinosaurier-Ära.

Inzwischen werden nur noch 50 bis 40 Mio. Jahre als Alter ausgegeben, denn Wissenschaftler der kanadischen Universität Calgary haben das Alter von Glimmerkörnchen aus Balakot im pakistanischen Vorland des Himalaya

Abb. 41: **WENDELSTEIN-GIPFEL**. Der Wettersteinkalk, ein über eintausend Meter mächtiges Karbonatgestein (regional auch als Kalkstein oder Dolomit bekannt), ist ein charakteristischer Bestandteil der Nördlichen Kalkalpen. Er entstand im Mitteltrias vor mehr als 235 Millionen Jahren in einem ausgedehnten Muschelkalkmeer, das weite Teile Mitteleuropas bedeckte. Das Trias-Zeitalter war von einem nahezu durchgängigen Warmklima geprägt, das als erdgeschichtlicher Normalzustand galt. Zu Beginn dieser Periode herrschten global durchschnittliche Jahrestemperaturen von über 35 °C – im Vergleich dazu betrugen die globalen Durchschnittstemperaturen im Jahr 2023 angeblich 15 °C und in Deutschland 10,6 °C. In dieser warmen Trias-Periode existierten keine polaren Eiskappen (vgl. Abb. 34, S. 70). Entsprechend reichhaltig war das marine Leben, das sich von Pol zu Pol in den damals flachen Ozeanen bei einem niedrigeren Meeresspiegel als heute ausbreitete. Im Muschelkalk der Nördlichen Kalkalpen finden sich massenhaft fossile Bauch- und Rückenschalen von Muscheln und Armfüßern (Brachiopoda), die übereinander geschichtet sind und heute hoch im Gebirge als versteinerte Zeugen dieser Zeit erhalten geblieben sind.

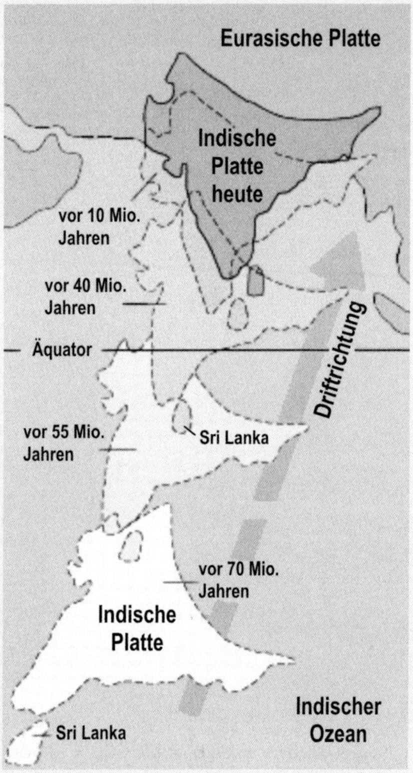

Abb. 42: **WEITE WEGE**. Vor ihrer Kollision mit der Eurasischen Platte soll die Indische Platte von weit südlich des Äquators mehr als 6000 km Driftweg Richtung Norden zurückgelegt haben, und die heutige Insel *Sri Lanka* blieb angeblich immer schön an ihrer Seite.

Setzen wir (entgegen der Wirklichkeit) voraus, dass die abtauchende ozeanische Platte schwerer ist als das Material, in das diese abzutauchen in der Lage sein soll. Unter Berücksichtigung des Gleichgewichts aller Kräfte muss die am Plattenende schiebende Kraftgröße N – Spannung (u) mal Fläche (D x B) –, zuzüglich des Anteils aus dem Gewicht der Platte (G), größer sein als die ihr unten am eintauchenden Plattenkopf entgegenwirkende Kraftgröße (W) zuzüglich der Reibungskräfte – resultierend aus der Auflast der Erdkruste und dem Eigengewicht der Platte. Der Reibungskoeffizient (μ) wird konstant angesetzt für Temperaturen kleiner als 350 °C (vgl. Kirby/McCormick, 1982), also der Temperatur, die am tiefsten Punkt der eintauchenden Platte herrschen soll (Subarya, 2006, S. 50).

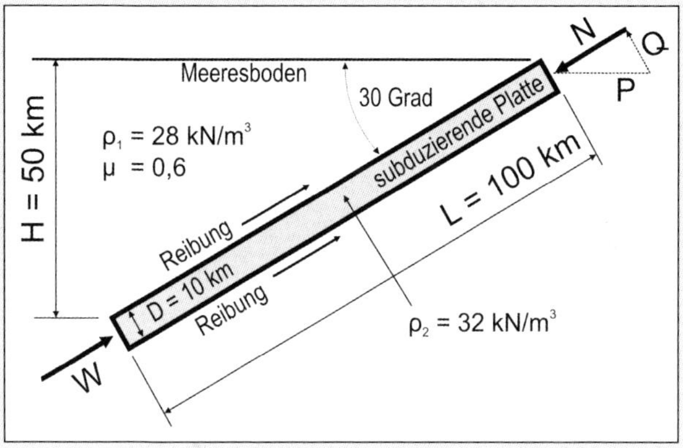

Abb. 43: **SYSTEMSKIZZE** der Gleichgewichtskräfte bei Subduktion.

$N + G > W + R$ (für Plattenbreite B = 1,00 m) $N + G = (u \times D) + (p_2 - p_1) \times L \times D \times \sin 30°$
$= (u \times 10\,000) + (32–28) \times 100\,000 \times 10\,000 \times 0{,}500$
$W + R = W + p_1 \times H/2 \times L \times \mu + p_2 \times D \times \cos 30° \times L \times \mu$
$= 0 + 28 \times 50\,000 / 2 \times 100\,000 \times 0{,}6 + 32 \times 10\,000 \times 0{,}866 \times 100\,000 \times 0{,}6$

Mit diesen Werten ergibt sich die Berechnung zu: $(u \times 10\,000) + 2 \times 10^9 > 4{,}2 \times 10^{10} + 1{,}67 \times 10^{10}$

$u > (4{,}2 \times 10^{10} + 1{,}67 \times 10^{10} - 2 \times 10^9) / 10\,000$
$u > 5{,}67 \times 10^6$ kN/m² = 5670 N/mm² > zulässig u bis zu 400 N/mm²

Fazit: Eine Subduktion ist nicht möglich, denn die Platte würde aus materialtechnischen Gründen zerreißen, bevor die erforderliche Kraft zum Eintauchen in den Mantel aufgewendet werden könnte. Oder kurz gesagt: Eine drückende oder ziehende Kraft kann keine Subduktion hervorrufen. Führt die sich aus der schiebenden Kraft P ergebende Querkraft (Q) bzw. die Umlenkkraft nicht bereits zum Bruch der Platte, bevor die Platte etwas gedrückt werden kann? Jede kleine »Ausbeulung« der skizzierten Platte führt zu zusätzlichen Beanspruchungen (Biegemomenten) in der Platte, durch die materialtechnisch nicht aufnehmbare Zugkräfte erzeugt werden

Hinweis: Die manchmal von Fachleuten vertretene Meinung, dass partielles Aufschmelzen und die Bildung von Feuchtigkeit die Reibung der Platte herabsetzen und damit Subduktion glaubhaft machen soll, ist falsch, da Reibungskräfte von der Stärke der Kraft und nicht von der Größe der Reibungsfläche abhängen. Dieser Einwand wäre nur richtig, falls die *gesamte* Platte keine Reibungsfläche aufweist.

neu bestimmt und auf 40 bis 36 Mio. Jahre datiert (»Nature«, 8.3.2001, Bd. 410, S. 194–197).

Ein langsames Driften von Kontinenten auf einem Untergrund, auch wenn dieser einen relativ geringen Reibungswiderstand aufweisen sollte, würde hohe Zugspannungen erzwingen, die zum Aufreißen oder sogar Zerbröseln von Kontinenten führen würden, da diese aus sprödem Granitgestein bestehen, das, wie Beton, nur geringe Zugspannungen aufzunehmen in der Lage ist, ohne dass Risse entstehen. Es ist aus materialtechnischen und statischen Gründen auch völlig ausgeschlossen, dass Indien als Kontinentalplatte in der Lage gewesen sein soll, sich nach dem proklamierten unmittelbaren Zusammenstoß weitere 2000 km in die *Eurasische Platte* hineinzuschieben (Abb. 42).

Aufgrund der bisher beschriebenen Fossilien-Funde muss sich der Himalaya, ebenso wie die nahezu ununterbrochene Kette von Kordilleren an der pazifischen Westküste des amerikanischen Doppelkontinentes, steil in die Höhe gehoben haben. Was war der Grund hierfür? Dies soll sich beim Himalaya-Gebirge aufgrund des Aufpralls der Indischen auf die Eurasische Platte vollzogen haben, wodurch die Gebirgsauffaltung entstanden sein soll. Jedoch fand *gar keine stoßartige* Beanspruchung statt, da die Kontinentalplatten sich angeblich kaum merklich langsam bewegen, wenige Zentimeter pro Jahr. Eine bis zu kilometerhohe Aufwölbung entlang der Kontaktzone beider Platen kann deshalb auch gar nicht erfolgen. Außerdem nimmt die Aufprallfestigkeit von Werkstoffen *mit zunehmender Festigkeit der aufprallenden Teile ab* (Internetlink 5).

Das zuvor beschriebene Szenario soll sich über zig Millionen Jahre hinweg vollzogen haben. Da auch menschliche Relikte hoch oben im Gebirge gefunden wurden, sollten sich diese Gebirge folglich schnell emporgehoben haben. Bricht beispielsweise ein stationärer größerer alter Kontinentalblock aufgrund auftretender Zugspannungen auseinander, also in zwei Lithosphäre-Teilplatten, können die Plattenränder gemäß dem Gesetz der Isostasie unter Beachtung der Erdrotation und unter Voraussetzung einer Erdexpansion (Volumenvergrößerung der Erde) eine schnelle Aufwärtsbewegung mit pendelnden Bewegungen erfahren – *ohne jedes Driften der Kontinente*, siehe Abbildung 44 (Hilgenberg, 1933).

Eine derartige Gesetzmäßigkeit erfolgt zwangsläufig, falls die Erdkugel infolge der vorhandenen Druckgefälles vom Erdkern zur -kruste bzw. zum

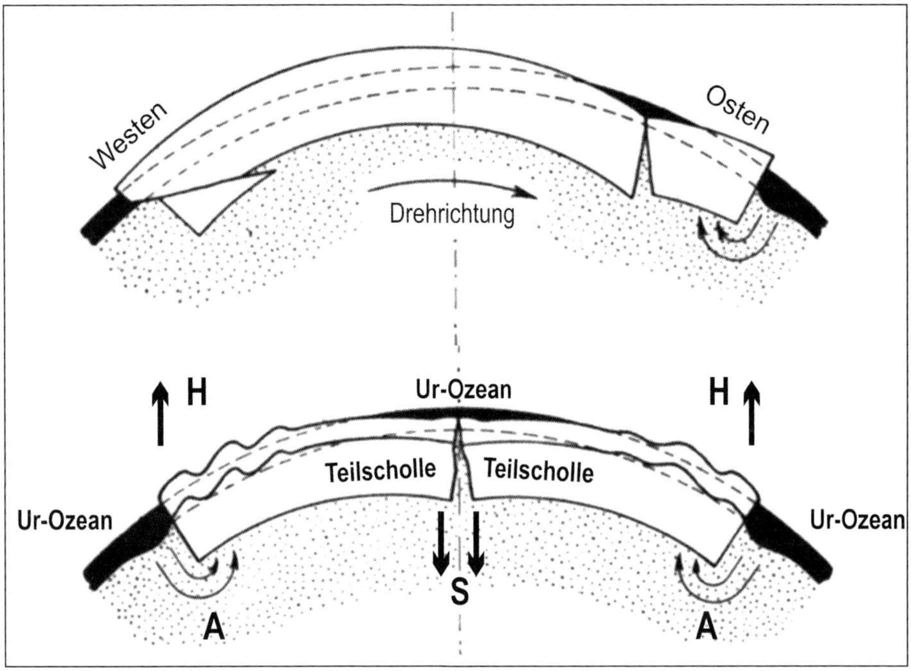

Abb. 44: **SCHNELLE HEBUNG**. Oben: Verdickung einer Scholle am Westrand infolge von Scherung, und bei einem Bruch am östlichen Rand Abspaltung sowie Hebung einer Teilscholle unter Berücksichtigung der Erdrotation. Unten: Nach einer Expansion der Erde erfolgt ein Festigkeitsbruch der Scholle in deren Mitte, da diese eine stärkere Krümmung aufweist. Aus isostatischen Gründen erfolgt ein Bruch dieser Scholle etwa in der Mitte. Infolge der dortigen, isostatisch bedingten Absenkung (S) der neu entstandenen Teilschollen wird die Entstehung eines Ur-Ozeans infolge Senkung der Teilschollen sowie die isostatische Hebung des Plattenrandes (H) ermöglicht. An den Schollenrändern der alten größeren Scholle werden außerdem Faltungen erzeugt und es entsteht eine Tiefseerinne am Rande der Scholle infolge »Verfüllung« des unter dem Schollenrand entstandenen Hohlraums (A) infolge der Hebung am Schollenrand – unter Berücksichtigung der Erdexpansion und der analog einer kleineren Erde stärker vorgekrümmten Scholle (Hilgenberg, 1933). Eine derartige Tiefseerinne befindet sich u. a. westlich der Anden in Südamerika, fälschlicherweise als Subduktionszone gemäß Plattentektonik-Theorie interpretiert, da sich hier die Ozeanplatte unter die Kontinentalplatte schieben bzw. abtauchen soll – s. Abb. 43.

Weltall hin als Ganzes in Richtung des geringeren herrschenden Drucks expandiert, also sich der Durchmesser und damit das *Volumen* der Erde vergrößert. Dies vollzieht sich jedoch, ohne dass die Masse der Erde insgesamt erhöht wird (ebd. 1933).

Sehen wir uns jetzt zuerst am Fuß des Himalaya-Gebirges nach dessen kurzzeitiger Hebung einmal genauer um, denn es sollten zusammengeschwemmte Massengräber zu finden sein. Genau dort befinden sich die

Siwaliks, ein 600 bis 1500 m hoher Faltengebirgszug im Vorland des südlichen Himalaya. Dieser weist eine Breite von 60 bis 80 km und eine Länge von etwa 1700 km im Norden von Delhi auf. Das Gestein der Siwaliks bildet eine Wechselfolge von oft kalkhaltigen Sand- und Tonsteinen, die intensiv verformt sein kann – die jüngste geologische Einheit des Himalaya. Bereits Alfred Russel Wallace (1823–1913), der gleichzeitig mit Darwin die Theorie von der natürlichen Auslese verkündete, lenkte selbst voll Verwunderung die Aufmerksamkeit auf die Siwalik-Berge am Fuß des Himalaya, die auf einer Länge von vielen hundert Kilometern mit Tierknochen buchstäblich übersät waren. Ähnlich wie im bereits beschriebenen Narmada-Schwemmland ist das Innere dieser Hügel bis zum Bersten gefüllt mit Resten von Flusspferden, Nashörnern, Affen oder Primaten, aber auch Schweinen und Rindern.

Eine Fülle von Arten verschiedener Gattungen wurde komplett ausgelöscht, nur wenige von ihnen sind noch heutzutage vertreten. So befinden sich Reste von beinahe 30 Elefanten-Arten in den Siwaliks, aber nur eine einzige hat überlebt. Hoch spezialisierte Huftiere, die geeignete Lebensräume im Pliozän, also vor dem »Großen Eiszeitalter« (Pleistozän) vorfanden, waren plötzlich nicht mehr vorhanden. Als Todesursache wurde früher der Beginn der »Eiszeit« gesehen.

In einem chinesischen Geologiebuch wird über eine Schildkröte berichtet, die einen fast 7 m langen Rückenschild aufwies (Lee, 1939, S. 207). Könnte sich dieses Tier in dem heutzutage hügeligen Gelände fortbewegen? Gab es die Hügellandschaft zu Lebzeiten dieser Tiere noch gar nicht, da ja diese Hügel mit Fossilien angefüllt sind? Frühere Geologen glaubten, dass die Siwaliks von ihrer Natur her Anschwemmungen von reißenden Himalaya-Flüssen darstellten. Aber die Ablagerungen weisen eine bemerkenswerte Homogenität auf, inklusive einer Vielzahl isolierter, weit voneinander verstreuter Einsenkungen (Wadia, 1939, S. 268). Langsame Sedimentierungen können auch nicht die Ursache sein, wenn einerseits die Reichhaltigkeit von Fossilien in den Siwalik-Hügeln und andererseits die völlige Ausrottung vieler Tierarten berücksichtigt wird, denn im Vergleich zu damaligen Zeiten macht die heutige Tierwelt einen ärmlichen Eindruck ohne die einstige Artenvielfalt.

Die Lösung des Problems könnte hier, wie in anderen Gebieten auf dieser Erde, in einer schnellen Hebung von Gebirgen gesehen werden, ein für

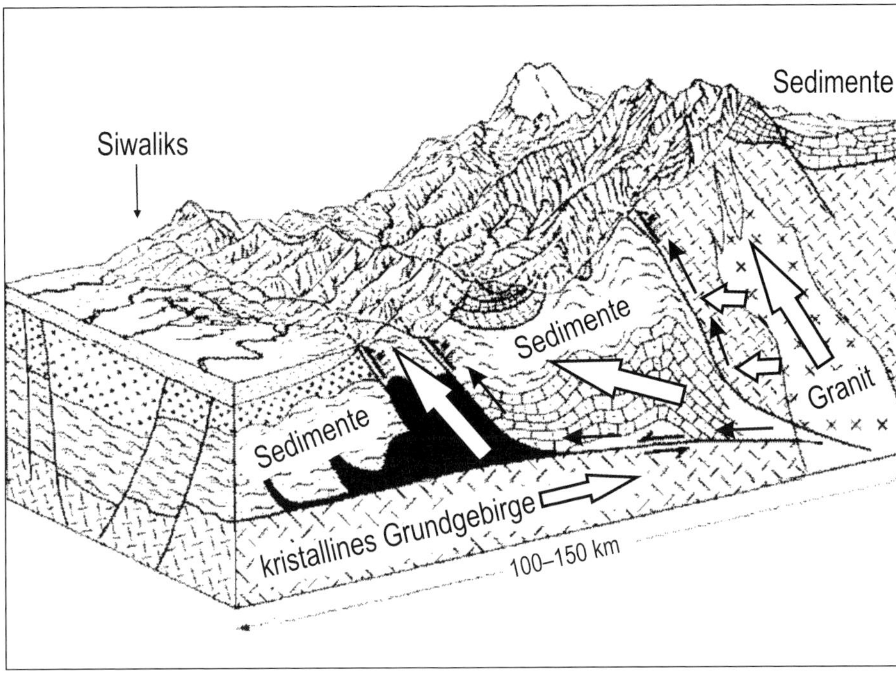

Abb. 45: **SCHNITT HIMALAYA-GEBIRGE**. Spaltenbildung und Scherung an der Unterseite am Rande der Scholle verursachen eine isostatische Hebung, also Gebirgsbildung. Der nachträglich mit Granit ausgefüllte ehemalige Spalt (rechts) entspricht demjenigen auf der rechten Seite in der Abbildung 44 (oben rechts).

moderne Geologen und Geophysiker unerträglicher Gedanke, weil tektonische Prozesse rein dogmen-gebunden unmerklich langsam ablaufen sollen. Lassen wir jedoch eine ursprünglich zusammenhängende Kontinentalplatte entlang des Himalaya-Südrandes aufreißen, könnte sich dieser Rand isostatisch relativ schnell emporheben, wie in der Abbildung 44 oben rechts dargestellt. Im Zuge dieses Szenarios wurden die Tiere zum Fuße des Himalaya hin transportiert bzw. mit Schlammfluten fortgeschwemmt und abgelagert. Der Hebungsprozess fand in mehreren Stufen bzw. als Schaukelbewegungen statt, wie bereits für die Alpen zur Zeit der Kelten festgestellt (s. S. 16 f.), da Spuren von mehr als nur einer Zerstörung im zersprengten Teil des Siwalik-Faltungsbereichs zu beobachten sind.

Die offizielle Sichtweise hingegen sagt aus, dass am Fuße des Gebirgsmassives durch ständige Erosion Sedimente abgelagert wurden, die dann danach, also unmerklich langsam, durch tektonische Faltung nach und nach zu den heutigen Siwalik-Hügeln aufgerichtet wurden. Bleiben die toten Tiere derart lange erhalten, um die so entstehenden Hügel randvoll zu füllen?

Dass es sich *nicht* um rein lokale Ereignisse handelte, kann viel weiter westlich in Burma beobachtet werden. Dort sind die Ablagerungen bis zu 3000 m mächtig. In diesen sind zwei Fossilien führende Schichten durch über 1000 m dicke Sandablagerungen getrennt. Die obere Schicht ähnelt hinsichtlich der enthaltenen Fossilien einer der Siwalik-Schichten. Außerdem fand man unzählige ganze Stämme von verkieselten Bäumen sowie in Sandstein liegende Baumstämme, die von ehemals dicht bewaldeten Gebieten zeugen (Wadia, 1939, S. 274–275). Durch die Naturgewalten kamen massenhaft Tiere zu Tode, wurden ganze Tierarten ausgerottet und Wälder entwurzelt. Entlang des Südrandes des Himalaya wurden ungeheure Mengen von Sedimenten über die Landschaft und die dort lebenden Tiere geschüttet sowie mit den aus den Gebirgen abfließenden Wassermassen überschwemmt, sodass es nur für wenige ein Entrinnen gab. Ursache war die schnelle Hebung des höchsten Bergmassivs der Welt, das immer noch ständig gehoben wird, wenn heutzutage auch unmerklich langsam.

Woher kommt das viele Wasser nicht nur im Himalaya-Gebirge? Aus dem damaligen Ozean wurde mit dem Hebungsprozess genügend Wasser mit hochgerissen, das aus den umliegenden Gebirgen in natürlich gebildete Becken floss und Seen bildete. Das Wasser floss dann aber auch wieder ab, teils sofort und teils nach weiteren Hebungen beziehungsweise Schiefstellungen des Geländes. Im Fall des Himalaya flossen Wassermassen nach Süden in Richtung in Richtung der Siwaliks, wie bereits beschrieben, aber auch nach Norden in Richtung Sibirien und Arktisches Meer.

Wasser im Tarim-Becken

Nach einer Untersuchung von P. A. Carling (et al., 2002, S. 5–6 und 17–35) wurden am Ende der »Eiszeit« mehrere heute nicht mehr existierende Seen in Sibirien von Megafluten aus den Gebirgen Asiens gefüllt. Das Wasser floss schließlich in die Kaspische Senke und darüber hinaus auch in das Schwarze Meer. Zugrunde gelegt wurde allerdings bei dieser Untersuchung, dass der Abfluss aus dem Kaspischen Meer in das Nordpolarmeer durch die wissenschaftlich propagierten Gletscher der »Eiszeit« in Sibirien versperrt war.

Berücksichtigt man jedoch das von mir vorgestellte Schneezeit-Modell anstelle des Eiszeit-Modells, hat es zwar starken Schneefall und Eisbildung innerhalb etlicher Jahrzehnte bis höchstens Jahrhunderte gegeben, aber keine mehrere Kilometer hohen Gletscher über einen Zeitraum von Dauer von 2,6 Mio. Jahre hinweg! Im Gegensatz dazu entstanden Eispanzer auf den hohen Gebirgen relativ schnell, sogar sehr schnell mit einem Hebungsprozess wie im Himalaya (vgl. »Irrtümer der Erdgeschichte«, 2001/2005, S. 212 ff. und 2023, S. 279 ff.).

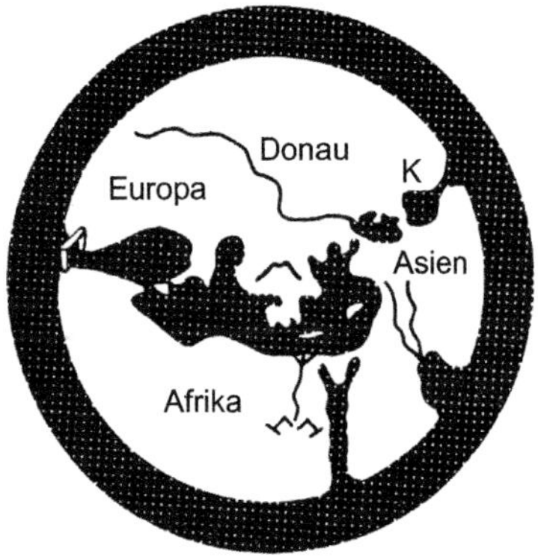

Abb. 46: **ERDSCHEIBE.** Das antike Weltbild zur Zeit Herodots (490 bis nach 430 v. u. Z.) zeigt einen die Erdscheibe umströmenden Okeanos, der wie Rotes Meer und Persischer Golf mit dem Kaspischen Meer (K) verbunden war.

Im Schneezeit-Modell war der Abfluss aus dem Kaspischen Meer nördlich in das Nordpolarmeer möglich, der heutzutage jedoch verlandet ist, da der Wasserspiegel großflächig nicht nur in Sibirien, wie im Kaspischen Meer, gesunken ist. Zu damaliger Zeit gab es noch mehrere Dutzend große Seen, die heute verlandet sind und deshalb nicht mehr existieren, wie der Obere-Dnjepr-See, der Obere-Wolga-See, der Tunguska-See, der Pur-See oder der Mansi-See (Grosswald, 1980, Abb. 7).

Die angeblich über 2200 Jahre alte Erdkarte des griechischen Kartografen Eratosthenes zeigt noch die ehemalige Verbindung zwischen Kaspischem Meer und Arktischem Ozean. Heute liegen 2200 km Festland dazwischen. Hat Eratosthenes hier seine Fantasie walten lassen? Aber auch der Geograf Pomponius Mela veröffentlichte in seiner Kosmografie eine Karte, auf welcher das im Land der Skythen liegende Kaspische Meer über einen breiten Strom mit dem Arktischen Ozean im Norden verbunden ist, der hier als Skythischer Ozean bezeichnet wird. Diese schon in der Antike existierenden Karten sollen möglicherweise auf die vorgriechische Kultur der Karthager zurückgehen (Hapgood, 1966, S. 113).

Im Baikalsee lebt die einzige nur im Süßwasser vorkommende, etwa 140 cm lange, endemische Robbenart, die regional als Nerpa oder Baikalrobbe bekannt ist. Aber es ist seit ihrer Entdeckung rätselhaft, wie diese Robbe den Baikalsee kolonisiert haben kann! Jedoch besteht eine enge Verwandtschaft mit der Eismeer-Ringelrobbe. Berücksichtigen wir die in den alten Landkarten gezeichnete Verbindung des Kaspischen Meeres mit dem

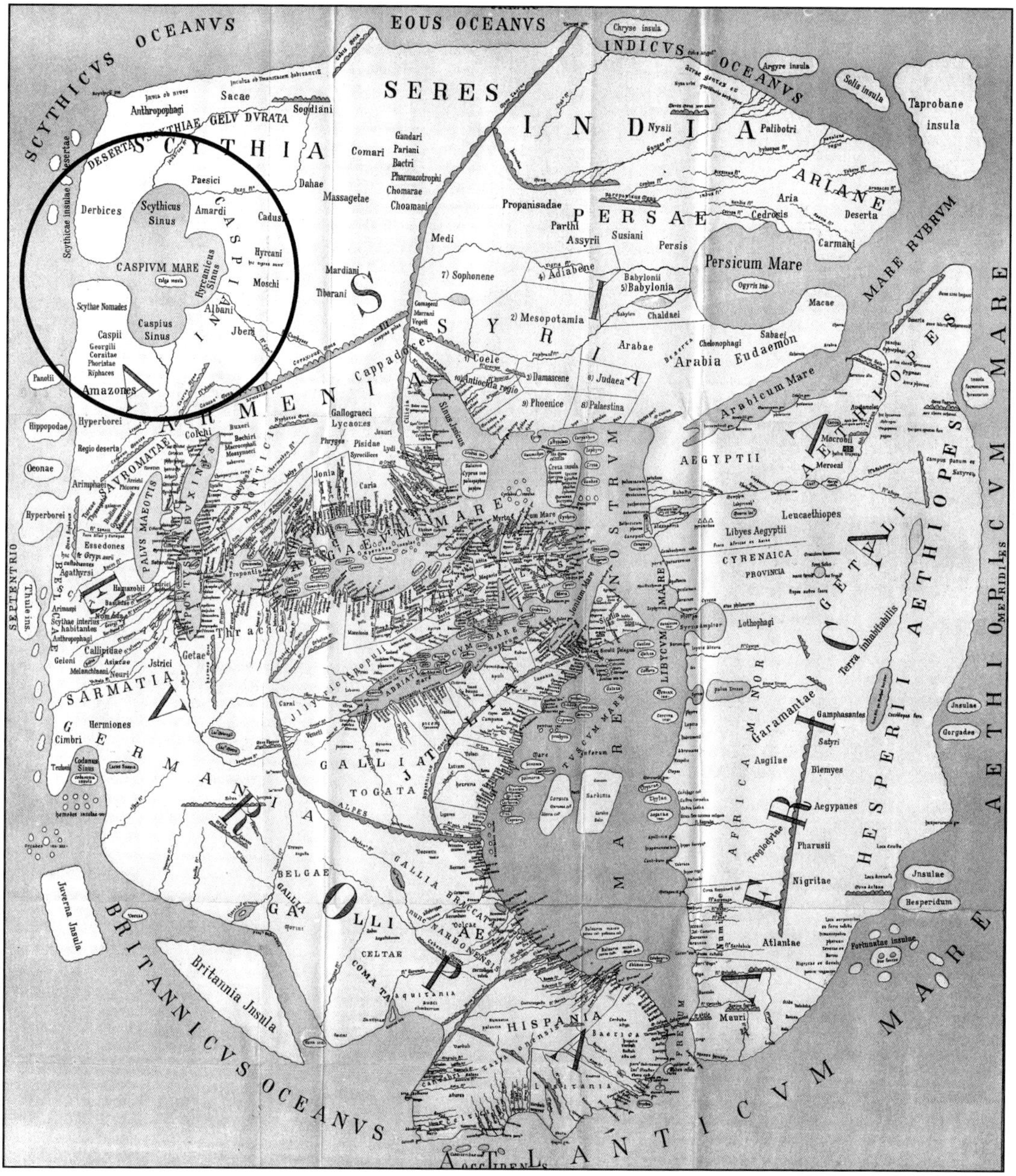

Abb. 47: **VERBUNDEN**. Weltkarte des Pomponius Mela in der Rekonstruktion von K. Miller (1898). Quelle: »Orbis habitabilis ad mentem Pomponii Melae«, Mappaemundi, Heft VI. »Rekonstruierte Karten«, Tafel 7. Kreis: Das Kaspische Meer war durch eine Wasserstraße mit dem Arktischen Ozean verbunden, bearbeitet Zillmer. Hinweis: Osten ist oben auf der Karte.

Abb. 48: **SUPERFLUTEN**. Nach Baker (2002) strömten Superfluten aus den asiatischen Gebirgen (schwarze Pfeile). Die gepunkteten Flächen zeigen kontroverse Interpretationen für die maximale Ausdehnung hypothetischer Gletscher. Die weißen Pfeile zeigen Wege für Superfluten, die durch glaziale Ströme verursacht worden sein sollen. Gab es keine Gletscher im Arktischen Meer, kann das Kaspische Meer eine Verbindung zum Arktischen Ozean besessen haben, und die Superfluten aus den Gebirgen Asiens füllten die sibirischen Seen, die teilweise nicht mehr existieren, mit Wasser. Auch das Kaspische und das Schwarze Meer wurden gefüllt, ebenso über Hochwasserüberläufe das Mittelmeer sowie die Ostsee über Urstromtäler. K = Kaspisches Meer. Karte ergänzt: Zillmer.

Nordpolarmeer, dann gab es eine Verbindung zwischen Eismeer-Ringelrobbe und Baikalrobbe. Diesen Tieren im Kaspischen Meer wurde mit dem fallenden Wasserspiegel der Zugang zum Arktischen Ozean abgeschnitten.

Auch die geologischen Tatsachen scheinen dies zu bestätigen. Ein großes Tiefland, die Kaspische Senke, mit einer Fläche von 200 000 km^2 und einem Gefälle in Richtung Barentssee (Nordpolarmeer) weist auf die einstige Verbindung hin. Das Kaspische Meer füllt die tiefste Stelle einer Senkung der Erdoberfläche aus, die bis zu 28 m unter dem heutigen Ozeanwasserspiegel liegt. Diese Kaspische Senke bildete nacheiszeitlich ein großes Meer mit wesentlich höherem Meeresspiegel und besaß eine Verbindung mit der Barentssee und damit dem Nordpolarmeer sowie mit Atlantik, Beringmeer und Pazifischem Ozean.

Voraussetzung für dieses Szenario sind die bis zur Erstauflage dieses Buches wissenschaftlich strikt abgelehnten Superfluten. Aber diese von mir seit 1998 diskutierte Sichtweise der schnellen Umformung von großen Bereichen der Erdoberfläche wird auch im Fachblatt »Science« (29.3.2002, Bd. 295, S. 2379–2380) ausdrücklich bestätigt: Die großen Becken mit »eiszeitlichen« Seen in Sibirien (u. a. Kaspisches Meer und Aralsee) sind Zeugnisse solcher Superfluten, die sogar im Weg liegende, Hunderte von Kilometern entfernte Hochländer überfluteten. Dabei wurden Rinnen in die Höhenzüge gefräst, die auf Satellitenbildern von Zentralasien deutlich zu

Abb. 49: **GEBIRGSFLUTEN**. Oben links: Eine aus dem Altai-Gebirge Richtung Kaspisches Meer schießende Superflut hinterließ in wenigen Stunden mehrere Meter hohe Kiesschüttungen am Kleinen Jaloman-Tal in Ost-Kasachstan. Oben rechts: Diese Luftaufnahme zeigt das zwischen zwei Gebirgsmassiven befindliche Kleine Jaloman-Tal und einen Teil des 688 km langen *Katun* – als linker Quellfluss des Ob – im Süden Westsibiriens (weiße Pfeile). Aus dem Altaigebirge nördlich in Richtung Kaspisches Meer schießende Superfluten hinterließen in wenigen Stunden eine als Talmäander bezeichnete Abfolge von Flussschlingen und entlang des Katun-Flussbettes mächtige Uferwälle. Diese wurden dann von links aus dem Gebirge strömenden Schlammfluten durchbrochen (schwarze Pfeile), die selbst wiederum Kiesbänke hinterließen. Bild Mitte: Aus Flutsedimenten bestehende Terrassierung im Chuja-Tal.

sehen sind. Heute befinden sich im westchinesischen Ursprungsgebiet von Superfluten die riesige Wüste Taklamakan bzw. das Tarim-Becken sowie das an der Grenze von Russland, Kasachstan, der Volksrepublik China und der Mongolei gelegene Altai-Gebirge, in dem viele eindeutige Spuren der Superfluten zu finden sind, seien es breite Flusstäler, Terrassenbildungen oder riesige, in wenigen Stunden geschüttete Kiesbänke (Abb. 49).

Diese Superflut wird als *Altai-Flut* bezeichnet, die sich vor 14 000 Jahren ereignet haben soll. Hierbei sollen sich kurz hintereinander insgesamt drei Megafluten zu Tal gewälzt haben, (Carling et al., 2010). Der Wasserabfluss folgte etwa dem Bett des Katun, der einen Ursprung an der russisch-kasachischen Grenze an der Südflanke der 4506 m hohen Berges *Belucha* hat. Die letzte Flut dauerte angeblich etwa zwei bis drei Tage und wies im Wasserabfluss Spitzenwerte von bis zu 18 Millionen Kubikmeter (!) pro Sekunde und erreichte Geschwindigkeiten von bis zu 45 Metern pro Sekunde (Herget, 2004). Die maximale Höhe der Flutwelle wurde mit 320 m (!) berechnet (Baker, 2009)

Betrachten wir jetzt das Tarim-Becken (Foto 61), nördlich der Hochebene von Tibet bzw. des Himalaya und südlich des Altaigebirges im äußersten Westen von China. Dieses ist mit etwa 530 000 km^2 Fläche die größte Beckenlandschaft in Zentralasien und – nach der das südliche Drittel der Arabischen Halbinsel bedeckende *Rub al-Chali* – die zweitgrößte Sandwüste der Erde. Sie erstreckt sich in West-Ost-Richtung etwa 1500 km lang und ist in Nord-Süd-Richtung etwa 600 km breit. Im Zentrum des Tarim-Beckens, das von dem Fluss Tarim in West-Ost-Richtung durchflossen wird und an dessen Rand der als Seidenstraße bekannte alte Handelsweg entlang verlief, erstreckt sich die Wüste Taklamakan (auch: Takla Makan) mit 100 bis 300 m hohen Dünen.

Die Taklamakan-Wüste soll, wie andere Wüsten auch, allmählich im Lauf der Jahrmillionen entstanden sein. Man nimmt ganz einfach die heutzutage geringen Niederschlagsmengen als Maßstab und rechnet dementsprechend gleichförmig zurück in die Vergangenheit. So entstanden Hunderttausende bis Millionen von Jahren in der geologischen Zeitskala, die für die Entstehung dieser Wüste veranschlagt werden. Aber hat sich in diesem Gebiet nicht etwas Wesentliches geändert? Gab es hier nicht noch vor relativ kurzer Zeit viel Wasser? Noch heute befinden sich in dieser Wüste einige Salzseen!

Wann entstand diese Wüste tatsächlich? Denn viele alte Städte sind unter dem Wüstensand der Taklamakan versunken, wie schon der bekannte schwedische Forscher Sven Hedin von seinen Forschungsreisen berichtete. Neben Städteruinen wurden bisher auch mehr als 100 Mumien gefunden, die bis zu 4000 Jahre alt sein sollen. Aber gerade die ältesten weisen erstaunlicherweise europide Merkmale auf, wie blonde und rotblonde Haare. Verschiedene Grabbeigaben und andere Artefakte weisen auf indoeuropäischen Ursprung hin. Führte die Seidenstraße früher nicht entlang einer riesigen Wüste, sondern befand sie sich am Rande einer bewaldeten Seenlandschaft? Wie lange existiert die heutige Wüste überhaupt? Obwohl hier heutzutage über tausende Quadratkilometer kein sichtbarer Pflanzenwuchs vorhanden ist, wiesen Bodenproben jedoch Tausende von Bakterien und Pilzsporen pro Gramm Boden nach (Martin, 2004).

Im Nordwesten Chinas wurden vor etwa 2200 Jahren die Flüsse zu breiten Strömen, und es entstanden große Feuchtgebiete, die landwirtschaftlich genutzt werden konnten. Der natürliche Klimawandel führte ab dieser Zeit zu zahlreichen Stadtgründungen, die aber teils bis zum 5. Jahrhundert wegen Wassermangels wieder aufgegeben werden mussten. Etwa fünf Kilometer südlich der Stadt Loulan, die an einem Flusslauf an der Seidenstraße lag, fand Christoph Baumer im Jahr 1994 einen großen ehemaligen Obstgarten mit mehr als 20 langen Reihen verdorrter Obstbäume! Sie sollen aus dem 4. Jahrhundert stammen. Wahrscheinlich handelt es sich um Aprikosenbäume. Nach dem Austrocknen des ehemaligen Sees *Lop Nor* wurde ab dem Jahr 330 dann anstatt der nördlichen die südliche Seidenstraße benutzt.

Die Bedeutung von »Taklamakan« war lange unbekannt, jedoch kam Qian Boquan nach eingehenden Studien des uigurischen Dialekts zu dem Ergebnis, dass Taklamakan eigentlich Land der Pappeln heißt. Laut historischen Dokumenten sollen Pappeln in den Jahren 420 bis 589 im Tarim-Becken noch sehr verbreitet gewesen sein.

Vor dieser Zeit, zu Beginn des »Großen Eiszeitalters«, soll fast das ganze Tarim-Becken von einem See bedeckt gewesen sein. Im Jahr 2003 wurden bei Bohrungen im Rahmen des *Lop Nor Environmental Science Drilling Project* im ehemaligen See *Lop Nor* Bohrkerne in 160 bis 250 m Tiefe entnommen, die zeigen, dass der *Lop Nor*, der sich weit in das Tarim-Becken hinein erstreckte, ein sehr tiefer Süßwassersee von gewaltiger Größe und von großer Tiefe gewesen ist, wie auch die bis zu 60 m hohen organischen Ablagerungen zeigen. Die Oberfläche dieses früheren Sees ist südlich und nördlich der Wüste *Lop Nor* an steilen und durchschnittlich 20 m hohen Seeterrassen zu erkennen, die seinerzeit durch das Seewasser aus der umgebenden Küste herausgeschnitten worden sind (Herrmann, 1931, S. 56–57).

Die Wassertiefe betrug von den höchsten Strandlinien gemessen immerhin etwa 120 m, und Pollen von Wasserpflanzen häuften eine biologische Ablagerungsschicht von 1,50 m Mächtigkeit an, die auf ein ehemaliges Biotop hinweist. Dies belegt, dass der *Lop* Nor während langer Zeiträume Wasser geführt hat.

1980 bis 1981 stellte ein Team der *Chinesischen Akademie der Wissenschaften* mithilfe der Radiokarbonmethode fest, dass der See *Lop Nor* seit über 20 000 Jahren andauernd in wechselnder Größe und Lage im *Lop-Nor-Becken* bestanden hat. Aber seit 1962 ist dieser See mit seinen Zuflüssen endgültig trocken gefallen und bildet eine Binnenwüste im östlichen Teil des Tarimbeckens.

Der Name *Lop Nor* stammt aus der oiratisch-mongolischen Sprache und heißt »der See, in den viele Wasserquellen zusammenströmen«, womit ein *Einzugsgebiet für den Zufluss verschiedener Flüsse* gemeint ist (Xuncheng, 1985). Seit der Austrocknung des Sees ist auf Satellitenbildern in dem ehemaligen Seebett ein Muster konzentrischer, ringförmiger Linien zu erkennen, ähnlich einer Ohrmuschel. Es handelt sich dabei um *historische* Uferlinien.

Hing das Verlassen der toten Wüstenstädte in der Taklamakan mit einer Verringerung der Niederschläge zusammen? »So, wie sich mit dem Steigen des Himalaya die Niederschläge im Hinterland verminderten, so vermehrten sie sich im Himalaya selbst. Und dazu kam noch die Erniedrigung der Temperaturen, sodass sich die Gletscher bildeten« (Heim/Gansser, 1938, S. 241).

Da der See im Tarim-Becken aber noch vor 20 000 Jahren bestanden hat und es vor 2200 Jahren breite Ströme gab, stellt sich die Frage, woher der damalige Wasserreichtum in diesem heutzutage hyperariden Gebiet, wo die Verdunstung den Niederschlag übersteigt, herstammt? Das Wasser kam sicher zu einem Teil aus den Bergen, aber diese Wassermenge reicht nicht für die Füllung eines riesigen Sees aus. Wurde einerseits Wasser und Schlamm aus dem Meer mit dem Gebirge gehoben, weshalb dort nicht verwitterte Meeresfossilien zu finden sind, und andererseits, sofern es sich um vulkanische Tätigkeiten handelt, wurden Massen von Wasser und Schlamm freigesetzt?

Dabei sind Schlammvulkane bzw. als Lahar bezeichnete Schlamm- und Schuttströme besonders gefährlich und können ganze Landschaften umformen und so quasi neu erstehen lassen, wie dies zum Beispiel beim Ausbruch des Vulkans *Mount St. Helens* im US-Bundesstaat Washington am 18. Mai 1980 geschah, als mit einer nachgewiesenen Geschwindigkeit von etwa 100 km pro Stunde zwei frisch geschüttete Flussbetten *jungfräulich* mit gerundeten Geröllen entstanden – dort, wo vorher ein dichter Wald stand und von einem Bach nichts zu sehen war (Abb. 35, S. 71).

Derartige Landschaftsformen werden beispielsweise in den Alpen dem langzeitigen Wirken von Gletschern zugeschrieben und ohne weitere Prüfung als glaziale Erscheinung des »Großen Eiszeitalters« deklariert. Vor etwa 5600 Jahren soll sich am Vulkan *Mount Rainier* (US-Bundesstaat Washington) ein riesiger Lahar – als Schlammstrom mit eruptivem Material und zum Teil metergroßen Brocken und Wasser – ereignet haben, mit einem Volumen von geschätzten 3,8 km^3. Er verfüllte Täler mit bis zu 200 m mächtigen Sedimenten und legte eine Strecke von über 100 km zurück. Am 13. November 1985 forderte ein Lahar des Vulkans *Nevado del Ruiz* in Kolumbien knapp 20000 Todesopfer, weil ein bis zu fünf Meter hoher Schlammstrom die 47 km entfernte Stadt Armero etwa zweieinhalb Stunden nach dem Ausbruch erreichte. Am 29. Dezember 1971 grub ein Lahar des 2847 m hohen Vulkans *Villarrica* in den südlichen Anden Chiles noch in einer Entfernung von fast 15 km eine Fließrinne, die 8 m tief und an ihrer Oberkante 128 m breit war.

In Abhängigkeit von ihrer Geschwindigkeit, Dichte und der Erosionsbereitschaft des Abflussweges können Täler ausgeschürft werden, die über 100 m tief sind (vgl. Neumann van Padang, 1933, S. 100). Dabei mischen sich eruptives Material mit metergroßen Blöcken und Lockersedimenten sowie Wasser. Je nach Neigung des Geländes können Schlammströme Geschwindigkeiten von bis zu 100 km/h erreichen und große Gebiete überschwemmen. Schlammströme oder Lahars fräsen U-förmige Täler aus!

Derartige Talformen werden in Europa als Beweis für eine »Eiszeit« angesehen, da Wasser angeblich immer nur V-förmige Täler ausfräst. Für kontinuierlich abfließende geringe Wassermassen mag dies stimmen, aber nicht für plötzlich auftretende größere Schlamm- und Gesteinsströme. Den üblichen Erklärungsversuchen, wonach Mulden- oder U-Täler das Ergebnis einer ehemaligen Gletschertätigkeit sein sollen, fehlt schlichtweg jede sich auf beobachtete Tatsachen stützende Begründung, da für gleichförmig lang-andauernde Prozesse der erforderliche Beobachtungszeitraum fehlt.

Dagegen konnte oft beobachtet werden, dass Schlamm- und Schuttströme unmittelbar unterschiedliche Grade der Verwitterung in den ausgefrästen Talprofilen hinterlassen. Jedenfalls geht die senkrechte Wand des neuen Tales nach oben hin mehr oder weniger abrupt in die vorher vorhandene Böschung über, weshalb das obere Ende des Talprofils bald einen stumpfen oder rechten Winkel bilden kann, mit mehr oder weniger abgerundeten Kanten je nach Verwitterungsgrad.

Während die spezifische Ausgestaltung der Täler von der Beschaffenheit des Stromes und seiner Umwelt abhängt, sind Verbreiterungen und Verengungen von Tälern durch das Gefälle, also die Böschungswinkel der Abflüsse bedingt. Derart entsteht eine Einengung, also ein schmaleres Tal, falls sich der Untergrund an der betreffenden Stelle dem größeren Erosionsvermögen des Stromes aufgrund steiler werdender Abflussböschungen nicht widersetzen kann. Es hat sich entsprechend gezeigt, dass Verengungen des Tals keine Verstopfung der Schlamm- und Gesteinsströme, sondern erneute Erosion zur Folge haben. Falls ein Schlamm- oder Gesteinsstrom abnormal schmal ist und ein besonders starkes Gefälle besitzt, ist mit kräftig erhöhter Erosion zu rechnen. Derart werden entsprechende Querprofile als eine Art stufenförmige Ausbildung des Gebirgshanges geformt. Bei normalen Fluss-Systemen kommt dies in der Gliederung in Ober-, Mittel- und Unterlauf zum Ausdruck. Für ausführlichere Beschreibungen der Ausformungen und Wirkungen von Schlamm- und Gesteinsströmen verweise ich auf die Ausführungen des Geologen Dr. C. Sandberg (1940).

Die Struktur der Tal-Systeme von sogenannten Faltengebirgen wie den Alpen ist ebenfalls gekennzeichnet durch eine Folge von schmalen und breiten Tälern, wie sie auch an Vulkanhängen auftritt. Derartige Tal-Formen und ihre gegenseitigen Beziehungen stellen also keine »glaziale« oder andere nachträgliche Erosionswirkung eines Stromes (Mäanderwirkungen usw.) dar, wie bis jetzt allgemein angenommen wird. Im Gegenteil, ihre Entstehungen sind ursächlich mit dem Aufbauprozess des Vulkankörpers verbunden (vgl. Maier, 1928).

Nehmen wir das Beispiel eines Molasse-Tals, wie solche aus den Alpen bekannt sind. Unter Molasse versteht man das Abtragungsmaterial eines

Gebirges in der Spätphase seiner Entstehung. Derartige Täler gelten als Beweis für eine »Eiszeit«.

Ersetzt man in der Erklärung die glazialen Wirkungen, die hypothetischen Charakter haben, durch die tatsächlich stattgefundenen Gesteinsstrom-Wirkungen, so stellt der gesamte Wort- und Formenschatz dieser Wirkungen exakt die Beschreibung von Gesteinsströmen dar. Der Unterschied besteht in der schnellen Bildung von Tälern durch Gesteinsströme zum Beispiel in Zusammenhang mit Vulkanausbrüchen und/oder Hebungen mit begleitenden Erdbeben, im Gegensatz zu sich angeblich gleichförmig-allmählich entwickelnden glazialen Wirkungen. Das Ergebnis von Schlamm- und Steinströmen ist somit ein regelrechter Zeitimpakt in der geologischen Zeitskala, denn derartige Naturkatastrophen sind Statthalter angeblich lang andauernder geologisch-gleichförmiger Prozesse.

Begriffe in Bezug auf Aufschüttungen, wie älterer oder jüngerer Deckenschotter, Hoch- oder Niederterrassenschotter, Alt- oder Jungmoräne, aber auch glazialer Stausee, Bergsee auf Terrasse durch Seitenmoränen gestaut, Grenze der Gletscherschliffe, Delta-Hinterfüllung oder aufgeschüttetes Alpental mit Trogprofil – Letzteres erzeugt durch Schuttkegelprofile – *sind eindeutig anwendbar auf die Wirkungen und Hinterlassenschaften von Gesteinsströmen*.

In Kiesschichten im Alpenvorland, die mindestens 20 000 Jahre alt sein sollen und damit während der letzten »Eiszeit« entstanden sein müssten, wurden römische Ziegel und nacheiszeitliche Baumstämme entdeckt. In einer anderen, bis dahin unangetasteten Kiesschicht, die aus der Eiszeit stammen soll, wurde ein verrostetes Fahrradteil gefunden, wie Windsor Chorlton in seinem Buch »Eiszeiten« ausführt (Chorlton, 1983).

Zum Erstaunen der Wissenschaftler wurde eine Wikingerfarm bei Nipaatsoq quasi *unter* dem Eis entdeckt: »Bodenuntersuchungen haben gezeigt, dass Mitte des 14. Jahrhunderts die *Kleine Eiszeit* ein Leben an Grönlands nördlicheren Küsten unmöglich machte«, bestätigte Charles Schweger, Archäologie-Professor der *Universität von Alberta*. Ausgrabungen unter Leitung von Jette Arneborg brachten Artefakte ans Tageslicht, die »an der Wikinger-Stätte im Permafrost eingefroren und unter mehreren Fuß Sand begraben waren« (»New York Times«, 8. Mai 2001, Sektion F, S. 5). Es scheint so, dass die Wikinger in Ruhe zusammengepackt und ihre Siedlung aufgegeben hatten. Archäologische Analysen sowie Bodenproben und Pollenuntersuchungen ergaben, dass nicht – wie lange vermutet – kriegerische Auseinandersetzungen zu einer Aufgabe der Siedlung geführt haben, sondern ein Klimawandel (»BdW«, 10.5.2001). Mit anderen Worten, die Wikinger sahen das Eis auf die Farm zukommen, die dann unter dem Gletschersand begraben wurde.

Immer mehr Entdeckungen unter den »ewigen« Eisschildern werden publik. Im Jahr 2020 wurde sensationell ein bisher vom Eis verborgener, von Wikingern genutzte Handelsplatz und ein Gebirgspass bei Lendbreen (Norwegen) frei sichtbar, der anscheinend von der Eisenzeit *bis zum Mittelalter* genutzt wurde, bevor alles unter dem sich neu bildenden Eis begraben wurde. Es ist die erste Fundstelle, *die die Existenz einer solchen Passroute durch angeblich eiszeitliche Gletscher hindurch in Nordeuropa belegt.* »Die Schmelze hat frische, flechtenfreie Gebiete von Geröll und Fels freigelegt, auf denen zahlreiche Artefakte entdeckt wurden, die meisten offen auf dem Untergrund liegend« (online *Cambridge University Press*: 16.4.2020).

»Konkret hat das zurückweichende Eis bislang rund 800 archäologische Artefakte enthüllt, außerdem rund 150 Knochen und Geweihe (...). Unter den Fundstücken sind typische Reiseutensilien wie Hufeisen, Reste von Schlitten und ein Wanderstab mit Runeninschrift. Aber auch Alltagsgegenstande (...), unter ihnen sind eine (angeblich) römische Tunika, ein Handschuh und Schuhe aus der Wikingerzeit und ein Messer mit hölzernem Griff. Den Datierungen zufolge stammen die ältesten Fundstücke aus der römischen Eisenzeit von der Zeitenwende bis zum Jahr 400, die jüngsten Artefakte wurden im späten Mittelalter deponiert« (»BdW«, 19.5.2020).

Auf jeden Fall beweisen auch die mehrere Jahrhunderte alten Karten (Portolan-Karten), dass unser *schulwissenschaftliches Weltbild definitiv falsch ist*, da Menschen heutzutage angeblich »dauervereiste« Gegenden wie Grönland oder die Antarktis eisfrei sahen, vermaßen, zeichneten und dort auch dauerhaft wohnten.

Derartig junge Funde unter dem »ewigen« Eis und/oder in angeblich zu alten geologischen Schichten bezeugen eindeutig, dass die Lehrmeinung über Entstehung und Datierung dieser geologischen Schichten schlichtweg falsch ist – ohne Wenn und Aber.

Berücksichtigt man alternativ Schlamm- bzw. Gesteinsströme, die plötzlich zu Tal rauschen, dann werden solche Funde in Kiesschichten verständlich. Die Konsequenz ist aber, dass dieses kataklysmische Ereignis zeitlich

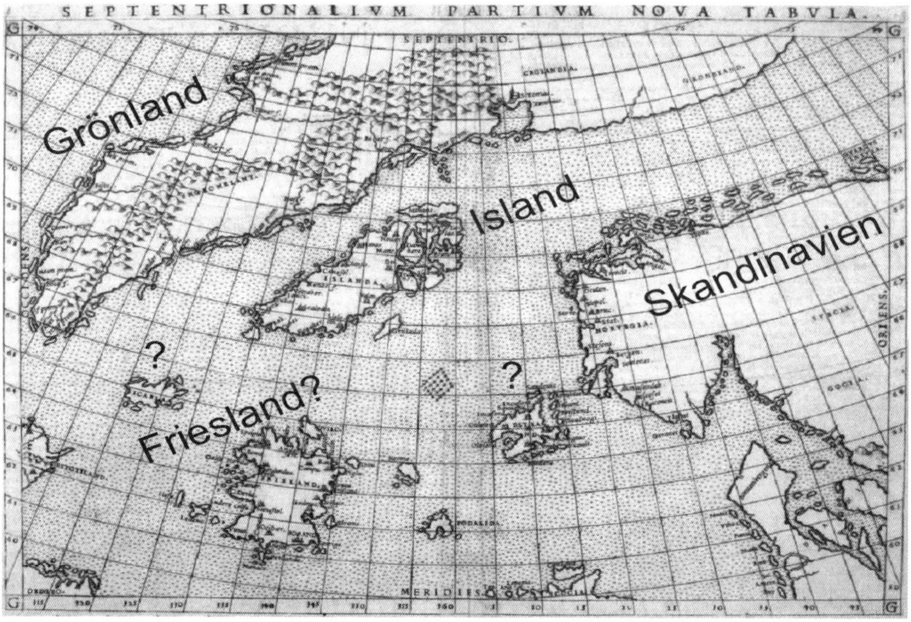

Abb. 50: **CARTA DE NAVEGAR.** Die 1558 publizierte Zeno-Karte zeigt Grönland (Engronelant) eisfrei mit topographischen Merkmalen.

weitaus näher zur Gegenwart verschoben werden muss. Außerdem verkürzen sich angeblich lang andauernde Sedimentierungsprozesse auf eventuell nur einen einzigen Zeithorizont eines zu Tal rauschenden Gesteinsstromes.

Derartige Lahars, Schlamm- und Gesteinsströme führen bei bestimmten Vulkantypen, insbesondere bei Schlammvulkanen, zu einer Umformung von Landschaften. Auch Lavavulkane sind dazu in der Lage, falls Lava in außerordentlich großer Masse ausgestoßen werden.

Supervulkane

Supervulkane – ein bis vor wenigen Jahren wissenschaftlich nicht anerkannter Vulkantyp – sind die größten bekannten Vulkane, die bei ihrem Ausbruch ein Auswurfvolumen an Lava, Pyroklastika, Steinmaterial und Staub von mindestens 1000 km^3 (Internetlink 6) aufwiesen, das mit Überschallgeschwindigkeit bis zu 50 km hoch in die Stratosphäre geschleudert wird, um dann im weiten Umkreis auf die Erde niederzufallen, während vulkanischer Staub rund um den ganzen Globus getragen wird.

Supervulkan-Explosionen werden je nach Lage des Vulkans begleitet von Erdbeben unbekannter Stärke und riesigen Flutwellen. Vorhersagemodelle über den Verlauf eines solchen Ausbruchs existieren nicht, da wissenschaftlich noch kein derartiger Ausbruch beobachtet werden konnte.

Eine derart gewaltige Eruption würde zweifellos eine globale Klimakatastrophe nach sich ziehen, bekannt als vulkanischer Winter. Schätzungen zufolge sanken die globalen Temperaturen für bis zu fünf Jahre um bis zu 18 °C, und selbst zehn Jahre nach dem Ausbruch lagen sie noch durchschnittlich 10 °C unter dem Normalwert. Begleitend traten verringerte Niederschläge auf, die in einigen Regionen jahrelange Dürren zur Folge hatten (Robock et al., 2009). Dies führte zu einer lang anhaltenden Nahrungsmittelknappheit. Es ist eine plausible und wissenschaftlich fundierte Annahme, dass diese extremen Umweltbedingungen zum Aussterben zahlreicher Pflanzen- und Tierarten führten. In der Nähe des Tambora-Supervulkans entdeckte ein Team von Vulkanologen um Haraldur Sigurðsson erst 2004 ein unter einer mehr als drei Meter mächtigen Ascheschicht begrabenes Dorf, das auch als Pompeji des Ostens bezeichnet wird (Internetlink 7).

Gemäß der Toba-Katastrophen-Theorie auf Sumatra könnte im Sinne eines genetischen Flaschenhalses die Menschheit weltweit auf 1000 bis 10 000 Individuen reduziert worden sein (Rampino/Self, 1993). Bei dieser Eruption sollen mehr als vier Gigatonnen Schwefel in die Atmosphäre geblasen worden sein. – eine Umweltkatastrophe! Es wurden geschätzte 2800 km^3 Material ausgeworfen und davon 800 km^3 Asche in die Atmosphäre verteilt, die im gesamten Indischen Ozean und in weiten Teilen Indiens zu finden ist. Falls man, als Gedankenmodell, diese Menge als 4 m hohe Schicht gleichmäßig verteilt, würden 700 000 km^2 bedeckt werden und neue Landschaften formen. Sumatra ist als sechstgrößte Insel jedoch nur 473 481 km^2 groß. Heutzutage kann der infolge der damaligen Explosion entstandene Einsturzkrater (Caldera) und hernach gebildete 87 km lange und 27 km breite Tobasee besichtigt werden, der mich bei meinen dortigen Nachforschungen sehr beeindruckte. Werden derartige Seen, wie in diesem Fall mit einem Volumen von 240 km^3, eigentlich nur durch Niederschläge gefüllt oder handelt es sich auch oder hauptsächlich um Wasser, das bei Vulkanausbrüchen austreten kann?

So wird offiziell nicht diskutiert, woher die 1000 km^3 Wasser stammen, die vom Vulkan Tambora beim Ausbruch im Jahr 1815 ausgestoßen wurden! Der derzeit noch immer aktive Vulkan *Schiwelutsch* auf der russischen Halbinsel Kamtschatka spie angeblich bisher 4500 km^3 Wasser in die Atmosphäre (Drujanow, 1984, S. 59). In der Nähe befinden sich mehrere Vulkane wie der *Kljutschewskaja Sopka* – Eurasiens größter Vulkan – und in einem Tal etwa 90 Geysire, aus denen Wasserfontänen bis zu einer Höhe von 40 m emporschießen!

Andere bekannte, von der Menschheit als signifikant gewertete Ausbrüche – wie die Krakatau-Eruption von 1883 zwischen den indonesischen Inseln Sumatra und Java mit einem Auswurfvermögen von 20 km^3 – gehören nicht zur Kategorie der Supervulkane, obwohl mehr als 36 000 Menschen um Leben kamen, zig Meter hohe Flutwellen erzeugt und viele Städte zerstört wurden. Außerdem wurden 1815 durch Flutwellen die umliegenden Küsten der Inseln Flores und Timor zerstört. In Europa folgten Ernteausfälle, Hungersnöte und Wirtschaftskrisen. In Frankreich und England kam es zu Aufständen, in der Schweiz musste sogar der Notstand ausgerufen werden. Die Flugasche verteilte sich in der Atmosphäre rund um die Welt, und die Sonnenuntergänge in Europa waren von nie gesehener Pracht.

Neben einigen weiteren heftigen Vulkanausbrüchen wie in Argentinien brach vor nur angeblich 26 500 Jahren ein Supervulkan mit 1170 km^3 Auswurfvolumen in Neuseeland aus. Übrig blieb ein 616 km^2 großer Tauposee, der 160 m tief ist. Kleinere Supervulkan-Ausbrüche gab es auch nach der angeblichen Eiszeit vor wenigen tausend Jahren in Russland (Kurilensee), Japan (Kikai-Caldera) und Oregon (Mount Mazama). In geschichtlicher Zeit ereigneten sich vor gut 3600 Jahren Ausbrüche in Griechenland (Santorin), im Jahr 181 nochmals in Neuseeland (Tauposee) und 1815 in Indonesien (Tambora) mit bis zu 100 km^3 Auswurfmaterial.

Das größte Vulkansystem im südwestlichen Teil von Colorado ist der seit angeblich 17 Mio. Jahren aktive Vulkan Yellowstone mit der 35 mal 75 km großen *La-Garita-Caldera*. Interessant ist das Vorkommen von schmalen Felsnadeln, sogenannte Hoodoos, im Bereich der Ablagerungen des *Yellowstone-Supervulkan*, wie solche als Touristenattraktion besonders vom *Bryce Canyon* her bekannt sind (Abb. 51), oder auch anscheinend »glazial« gerundete Felsen (Abb. 52). Diese Formationen entstanden jedoch nicht durch eine sehr langsame Erosionstätigkeit oder in anderen Gebieten durch das

Abb. 51: **HOODOOS KONTRÄR.** Bild links: Entstanden infolge eines Supervulkanausbruchs im Yellowstone-Nationalpark. Bild rechts: Derartige turmartige Gebilde aus Sedimentgesteinen im Westen Nordamerikas, wie hier im Bryce Canyon und relativ häufig auf dem Colorado-Plateau, sollen durch Erosion, infolge Verwitterung und Zerfall des Gesteins, ausgewaschen und geformt worden sein, über Millionen Jahre hinweg. Derartige Landschaftsformen entstanden jedoch in der Folge von Vulkanausbrüchen.

Abb. 52: **GERUNDET**. Derartige Felsen werden gerne als das Ergebnis der schmirgelnden Wirkung von Gletschern angesehen. Diese entstanden aber im Bereich der La-Garita-Caldera im San-Juan-Gebirge im südwestlichen Colorado, USA, mit dem gigantischen Ausbruch des Supervulkans im US-Bundesstaat Colorado, obwohl die wie glatt geschmirgelten Felsen kein Anzeichen einer Erosion aufweisen. Dieser Ausbruch soll doppelt so stark gewesen sein wie derjenige des Toba-Vulkans auf Sumatra.

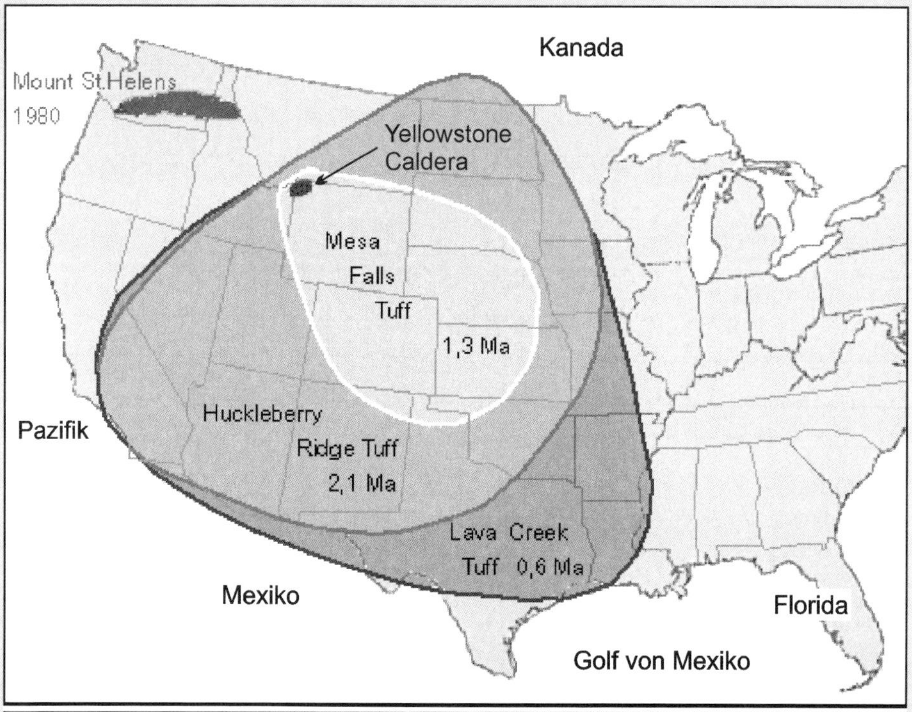

Abb. 53: **YELLOWSTONE-VULKAN**. Bild oben: Die (angeblich) *drei* großen Vulkanausbrüche erzeugten weitflächige Ablagerungen in Nordamerika. Nach Ansicht des Autors handelt es sich um eine einzige zeitlich aufgefächerte Supervulkan-Explosion, wie auch seit kurzer Zeit für den *Bishop-Tuff* nachgewiesen, der die vulkanische Tafelberg-Landschaft *Volcanic Tablelands* im Osten Kaliforniens südlich des Sees *Mono Lake* und nordwestlich der Stadt Bishop bildet (Abb. 54). Bild unten: Eine massive Lavaablagerung des *Lava Creek Tuffs* beim Wasserfall *Virginia Cascade* im *Yellowstone Nationalpark*, Wyoming, USA.

Walten der »Eiszeit«, sondern als Folgeerscheinung der Eruption dieses Yellowstone-Supervulkans.

Die älteste der drei letzten sehr großen Ausbrüche des Yellowstone-Hotspots fand statt vor 2,1 Millionen (Huckleberry-Ridge-Ausbruch) mit 2500 km^3 ausgeworfenen Materials, also mehr als doppelt so viel wie beim Toba-Supervulkan-Ausbruch. Zwei weitere größere Ausbrüche sollen mit 1,3 Millionen (Mesa-Falls-Ausbruch) und 0,64 Mio. Jahren (Lava-Creek-Ausbruch) erfolgt sein. Insgesamt betrug das Ausbruchvolumen mehr als 4000 km^3. Spuren der enormen Aschenmengen reichen bis nach Kalifornien. Außerdem wurden unter anderem zahlreiche pyroklastische Ströme produzierte. Hierzu zählt der *Lava Creek Tuff* mit einem Volumen von etwa 1000 km^3, der in den Klippen des *Madison Canyon* zu sehen ist.

Handelt es sich vielleicht nicht um drei Vulkanausbrüche, sondern um *eine einzige* eruptive Phase in einem bestimmten Zeitraum? Diese provokante Frage wurde für eine andere Ausbruchserie eines Vulkans gerade auch im Westen Amerikas *positiv beantwortet*! Zu den am besten untersuchten Überresten eines Supervulkanausbruchs gehören die Bishop-Tuff-Ablagerungen, welche die sogenannten Volcanic Tablelands im Osten Kaliforniens südlich des Sees *Mono Lake* und nordwestlich der Stadt Bishop bilden. Diese 2200 km^2 bedeckenden vulkanischen Ablagerungen sind durch pyroklastische Ströme entstanden und bilden heute 150 bis 200 m mächtige Schichten. Die gebildete Long Valley-Caldera gehört mit einer Länge von 32 km und 16 km Breite zu den größten der Erde.

Bis in die 1970er-Jahre hinein hielten viele Geologen den mächtigen Bishop-Tuff für das Ergebnis *einer ganzen Reihe von Eruptionen über Jahrmillionen hinweg*. Mit anderen Worten, in Abständen von Millionen Jahren soll der Vulkan immer wieder ausgebrochen sein, und die einzelnen hinterlassenen Ablagerungen bildeten angeblich eine quasi stufenförmige geologische Zeitskala für dieses Gebiet – über sehr lange Zeiträume hinweg. Dass ein einzelner Ausbruch eine derart mächtige Ablagerung schaffen könnte, schien absolut undenkbar, denn die in meinen Büchern propagierte Existenz von Supervulkanen wurde bis vor wenigen Jahren bestritten.

Doch akribische Laboruntersuchungen bewiesen genau das Gegenteil (Cameron, 1984). Aufgrund dieser sowie anderer Untersuchungen und Freilandbeobachtungen sind Geologen inzwischen zu der Überzeugung gelangt, dass nicht nur der Bishop-Tuff, sondern wahrscheinlich auch die meisten

Abb. 54: **BISHOP-TUFF**. Die Karte veranschaulicht die Mächtigkeit der Ablagerungen, die – neben Lava – allein durch vulkanische Flugasche eines einzigen Supervulkanausbruchs in Kalifornien vor etwa 760 000 Jahren entstanden sind. Dieser Ausbruch erzeugte gewaltige vulkanische Ablagerungen, die eine Fläche von 2200 km² bedeckten und als Bishop-Tuff bekannt sind. Obwohl innerhalb der *Long Valley Caldera* kein Bishop-Tuff sichtbar ist, belegen Kernbohrungen das Vorhandensein von bis zu 1500 Meter mächtigen Schichten unter der Oberfläche. Bis heute ist die *Long Valley Caldera* ein Gebiet erhöhter seismischer Aktivität. Bis in die 1970er-Jahre hinein interpretierten viele Geologen den mächtigen Bishop-Tuff fälschlicherweise als das Ergebnis zahlreicher Eruptionen, die sich über Jahrmillionen erstreckten. Sie nahmen an, dass der Vulkan in Abständen von Millionen Jahren wiederholt ausgebrochen sei und die einzelnen Ablagerungen eine Art stufenförmige geologische Zeitskala für dieses Gebiet bildeten – eine gravierende Fehleinschätzung.

ähnlichen Ablagerungen bei einem einzigen Ausbruch innerhalb von nur zehn bis hundert Stunden ausgestoßen wurden. Das Ereignis wird jetzt auf ein Alter von etwa 760 000 Jahren datiert. Derartige Datierungen sind jedoch meist völlig falsch, wie Messungen an Vulkangesteinen historischer Eruptionen ergaben. Fachleute behaupten, dass sie die falschen Ergebnisse korrigieren könnten. Richtig, denn das ist einfach, wenn man das Alter aus historischen Quellen kennt. Wie groß der Korrekturfaktor aber bei prähistorischen Ausbrüchen sein soll, weiß niemand. Und, wie beim *Mount St. Helens* geschehen, ergaben Untersuchungen an verschiedenen Mineralien derselben Lava, die vom Ausbruch des Vulkans im Jahr 1980 stammen, ein unterschiedliches Alter im Spektrum von 350 000 bis 2 800 000 Jahren. Die untersuchten Minerale waren zum Zeitpunkt der Untersuchung jedoch nur 12 Jahre alt!

Indem man wissenschaftlich mehrere Millionen Jahre Vulkantätigkeit zeitlich auf einen einzigen Zeitpunkt vereinigt, entfallen nicht nur die Zeiträume für die Ereignisse in diesem Gebiet, sondern auch alle geologisch begründeten Zeiträume, die dazwischen liegen. Mit anderen Worten, es werden Jahrmillionen von Erdgeschichte ausradiert – ohne jeden Ersatz.

Vulkanausbruch	Jahr	jüngste Datierung	Fehler in Jahren
Hualalai Basalt, Hawaii	1800–1801	1 330 000	1 328 000
Ätna Basalt, Sizilien	122 v. u. Z.	170 000	168 000
Ätna Basalt, Sizilien	1792	210 000	210 000
Sunset Crater Basalt	1064–1065	100 000	99 000
Mt. Lassen Plagioklase	1915	80 000	80 000

Abb. 55: **FEHLDATIERUNGEN**. Kalium-Argon-Datierungen der Lava von bekannten Vulkanausbrüchen in geschichtlicher Zeit ergaben ein viel zu hohes Alter. Nach Dalrymple, 1996.

Falls der Vulkanausbruch vielleicht erst vor kurzer Zeit gemäß geologischer Zeitskala ausbrach, wird dieser Zeitimpakt dramatisch. Denn sieht man sich die Bishop Tuff-Formationen genauer an, so sehen diese aus, als wären sie nicht sehr alt, da diese nur wenig erodiert sind, wie ich bei meinen Recherchen und Reisen durch diese Gebiete feststellen konnte. Vielleicht wurden, wegen der einschneidenden Konsequenzen, diese neuen geologischen Erkenntnisse kaum diskutiert und beschrieben.

Superfluten

Geologen behaupten, sie könnten in den Gesteinen lesen wie in einem Buch, und lachen, wenn man über *schnelle* Bildungen von Sedimentschichten berichtet. Denn aus feinkörnigen Sedimentgesteinen, die verfestigte Ablagerungen in Seen und Meeren sind, schloss man bisher auf eine Bildung in ruhigem Wasser. So ist zum Beispiel Tongestein versteinerter Matsch, und Fachleute waren bisher der Meinung, dass sich die Bildung nur in extrem ruhigem Wasser vollzieht. An der staatlichen Universität in Bloomington,

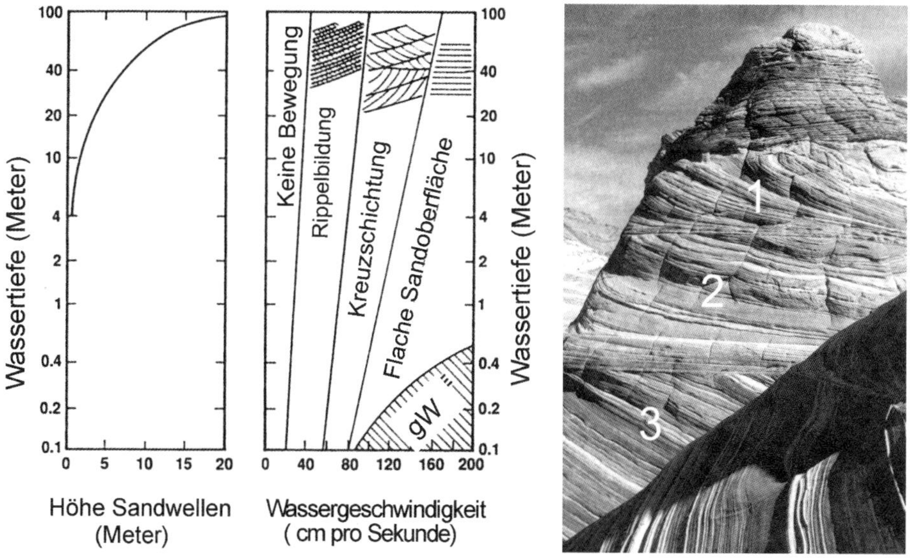

Abb. 56: **SANDSTEIN-STRUKTUREN**. Bild links: Diese Grafiken zeigen den Zusammenhang zwischen der Höhe von Sandwellen und der Wassertiefe (linke Grafik) einerseits sowie die Art der Oberflächenstruktur in Abhängigkeit von der Wassergeschwindigkeit und Wassertiefe andererseits (rechte Grafik). Je nach vorliegenden Verhältnissen ergeben sich Rippelbildung, Kreuzschichtung oder auch eine flache Lagerung des Sandbodens und damit des späteren Sandsteins – ggf. auch für gleichphasige Wellen (gW). Versteinerte Dünen sind daher im Normalfall leicht als früherer Seenboden zu identifizieren. Bild rechts: Ein anschauliches Beispiel aus der Sandstein-Formation *Coyote Butte Sandstone Wave* im US-Bundesstaat Utah zeigt drei übereinander abgelagerten, förmlich wie mit dem Messer getrennten Schichten, die bei unterschiedlicher Wassergeschwindigkeit schnell entstanden waren.

Indiana, wurde jedoch durch Laborexperimente 2007 festgestellt, dass sich die feinen Partikel auch bei relativ starker Wasserströmung am Boden absetzen können (Schieber et al., 2007). Schlammgesteine können sich unter stärkeren energetischen Bedingungen viel schneller bilden als bisher weithin angenommen. Dies erfordert eine Neubewertung von vielen geologischen Befunden (Sedimentschichten), bestätigt u. a. durch diese Untersuchung aus 2007 (vgl. Abb. 56).

In diesen eventuell schnell gebildeten Sedimentschicht-Paketen können durch Superfluten in wenigen Stunden oder Tagen komplette Canyon-Systeme eingeschnitten werden. Beim Ausbruch des Vulkans *Mount St. Helens* im Jahr 1980 im US-Bundesstaat Washington floss ein pyroklastischer Strom als flüssiger, turbulenter Schlamm aus feinem vulkanischem Staub mit der Geschwindigkeit eines Hurrikans den Vulkanhang herab, nachdem die mit Eis und Schnee bedeckte Bergspitze weggesprengt worden war. Man

Abb. 57: **RAPIDE EROSION**. Das bis zu 42 m tiefe Canyon-System *Little Canyon of the Toutle River* mit dem vorher nicht vorhandenen Toutle-Fluss am Talgrund entstand am *Mount St. Helens*, Washington, schnappschussartig durch schnell strömende Schlammfluten, die 1982 nach dem Vulkanausbruch aus der Caldera strömten. In wenigen Stunden entstand ein Taleinschnitt als *Grand Canyon* in kleinerem Format.

würde erwarten, dass diese Ablagerungen homogen und gut vermischt seien. Aber es bildeten sich aus dem mit hoher Geschwindigkeit fließenden Schlamm im Eiltempo vollkommen voneinander getrennte Schichten aus groben und feinen Partikeln.

Nach einem erneuten Ausbruch am 19. März 1982 bildeten sich dann einerseits neue Schichten über denjenigen aus 1980. Andererseits schoss wiederum eine Schlammflut den Vulkankegel hinunter (Abb. 37, S. 73) und es wurde ein System von Kanälen und drei Schluchten innerhalb von neun Stunden aus den 1980 aufgeschütteten Sedimentschichten ausgeschürft Eine derart entstandene Schlucht erhielt den Namen »Der kleine Grand Canyon vom Toutle-Fluss«, da diese wie ein Modell des Grand Canyon im Maßstab 1:40 aussieht. Und tatsächlich schlängelt sich – wie beim großen Bruder in Arizona – am Grund des kleinen Grand Canyon ein Bach entlang, den es vorher gar nicht gab. Außerdem entstand der 30 m tiefe *Loowit Canyon*, der in bereits vorhandene, feste Basaltschichten eingegraben wurde. Am Anfang des Canyons stürzt heute ein Wasserfall in die Tiefe, und ein Bach schlängelt sich jungfräulich im neu gebildeten Talgrund entlang. Fazit: Eine große Schlammmenge kann superschnell ein Ergebnis erzielen, für das eine kleine Menge Wasser eine Ewigkeit benötigt.

Auch für die Auswaschung des *Grand Canyon* war die Tätigkeit riesiger und nicht geringer Wassermassen verantwortlich. Genau diese Sichtweise wurde vom *Geologischen Dienst der USA* in Zusammenarbeit mit Geologen der Universität von Utah im Jahre 2002 bestätigt. »United Press International« verbreitete am 20. Juli 2002 eine entsprechende Meldung, die in den »VdI Nachrichten« am 4. Oktober 2002 unter der Überschrift »Steinalte Schlucht? Falsch!« ihren Niederschlag fand.

Robert H. Webb (*U.S. Geological Survey* in Tucson, Arizona) berichtet, dass das untere Drittel des Grand Canyon, die »Inner Gorge«, wahrscheinlich nur 770 000 Jahre alt ist: »Die Schlucht wurde durch eine Serie kurzer, aber heftiger Ereignisse ausgegraben.« Die Untersuchung galt vor allem einer Flutwelle vor angeblich 165 000 Jahren, die einen Teil des unteren Grand Canyon ausgegraben haben soll. Die Wassermassen waren laut Webb mit mehr als 400 000 km^2 pro Sekunde etwa 37-mal so groß wie die größte bekannte Mississippi-Flut (vgl. Fenton et al., 2002, S. 191–215). Webb bestätigt auch, dass ein Teil des Grand Canyon katastrophisch sogar vor nur 1300 Jahren entstanden sein soll, zu Lebzeiten der prähistorischen Indianer. Im *Yavapai*

Museum of Geology im *Grand Canyon-Nationalpark* steht geschrieben, was die eingeborenen Havasupai, die im Grand Canyon leben, glauben (Auszug):

»Der Gott des Bösen bedeckte die Erde mit einer großen Flut (...) Als schließlich das Hochwasser und die Berge sich in die Höhe drückten, entstanden Flüsse; einer davon schnitt den großen Graben ein, der zum Grand Canyon wurde ...«

Ich unterstreiche: *Berge sich in die Höhe drückten* zu Lebzeiten von modernen Menschen. Auch in den heutigen Wüsten im Westen Amerikas gab es Superfluten, als sich die Gebirge hoben, zu Lebzeiten von Menschen? Bisher galt als sicher, dass der Grand Canyon, wie andere Schluchten, schön langsam über einen Zeitraum von mehreren Millionen Jahren entstanden ist. Eine neue Untersuchung aus dem Jahr 2010 bestätigt jedoch die Ausführungen in meinem Buch »Irrtümer der Erdgeschichte« in Bezug auf die sich quasi im Stundentakt vollziehende Bildung von Schluchten. Ein Forscherteam untersuchte die 2002 bei einer Sturzflut entstandene Canyon *Lake Gorge* in Texas. Die Wassermassen hätten nur drei Tage benötigt, um sich sieben Meter tief in die Landschaft zu graben, berichten die Geoforscher vom Kalifornischen *Institut für Technologie* in Pasadena im Fachmagazin »Nature Geoscience«. Nach Ansicht der Wissenschaftler könnten nach dem Vorbild des Canyon Lake Gorge auch viele andere Schluchten entstanden sein, nicht nur der 1800 m tiefe und 450 km lange Grand Canyon im Südwesten der USA. Derartige Fluten größeren Ausmaßes sollen in der Frühgeschichte der Erde häufiger vorgekommen sein, so die amerikanischen Geologen. Doch wie solche Katastrophen ausgesehen haben, sei schwer nachvollziehbar. Das ändere sich nun: Die Bedingungen, unter denen der Canyon *Lake Gorge* entstand, seien bekannt. Faktoren wie Abflussmenge, Dauer der Sturzflut sowie die Topografie vor und nach dem Ereignis sollen den Wissenschaftlern helfen, bessere Modelle zur Rekonstruktion früherer Mega-Fluten zu entwickeln (Lamb/Fonstad, 2010).

Der geologische Aufzug

Die Sedimentschichten des heutigen Colorado-Plateaus, in das der Grand Canyon eingeschnitten wurde, sind im Meer entstanden. Dieses Gebiet begann sich nach Ansicht mancher Geologen vor etwa 65 Mio. Jahren, *nach* der Dinosaurier-Ära, zu heben, bis auf eine Höhenlage von ungefähr 2000 m.

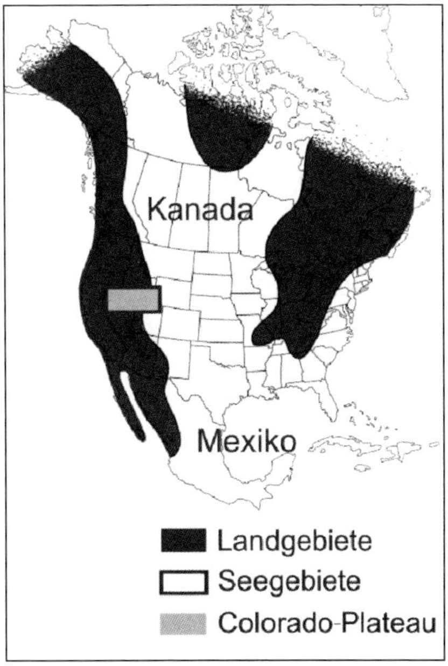

Abb. 58: **HEBUNG**. Als sich das Colorado-Plateau (graues Rechteck) mit den Rocky Mountains zu heben begann, gab es am Ende der Dinosaurier-Ära (Kreidezeit) noch einen Wasserweg zwischen den östlichen und westlichen Teilen Nordamerikas. Das Wasser des Ur-Ozeans wurde wie mit Wannen in die Höhe transportiert und schoss mit der Schiefstellung der Gebirgsflanken in Form von Superfluten Richtung Kalifornien. Auf diese Art entstanden mehrere Naturwunder wie der Grand Canyon.

Woher stammt das Wasser der Superfluten, die u. a. den Grand Canyon ausschürften, in der heutigen Wüste? Regenwasser? Wohl kaum.

Das Wasser der früheren Seen des Colorado-Plateaus stammt dann auch nicht vom Schmelzwasser fiktiver Gletscher, denn welche Eismassen sollen eine 37-fache Mississippi-Flut erzeugen? Im Gegenteil, das Wasser stammt zum Teil aus dem Erdinneren nach Vulkanausbrüchen (auch: Bodenverflüssigung), aber auch aus einem nordamerikanischen Binnenmeer, das angeblich in der Kreidezeit, also der Dinosaurier-Ära, den westlichen und östlichen Teil Amerikas quasi in zwei Kontinente aufspaltete.

Das Wasser wurde mit der Hebung des Plateaus aus dem Meer, wo die Sedimentschichten entstanden, in die Höhe geschoben und sammelte sich in großen Becken. Die Strandlinien der urzeitlichen Seen sind überall heutzutage gut zu sehen. Ähnlich verhält es sich anscheinend, wie bereits beschrieben, beim Tarim-Becken in Asien, denn in dieser Wüste gab es einst riesige Wassermassen, von denen Strandlinien und Kiesschüttungen zeugen. Zusätzlich wurde Wasser mit den Vulkanausbrüchen und/oder Erdbeben durch Bodenverflüssigung freigesetzt. Erdbeben verursachten Dammbrüche, und Wassermassen solcher Seen ergossen sich als Superfluten und schnitten das Colorado-Plateau ein. Die wie frisch hinterlassen wirkenden Wasserstandslinien in den trockenen Seen der heutigen Wüstengebiete im Gebiet des Colorado-Plateaus sind für jeden Besucher ein Mahnmal, wie schnell sich eine Landschaft verändern kann.

Deshalb findet man heutzutage Dinosaurierskelette am Rande dieser früheren Seen wie Ölsardinen in der Büchse, meist zusammen mit Krokodilen und Schildkröten in zusammengeschwemmten Massengräbern, die aus einem Knochenwirrwarr bestehen. Auch die deutsche Expedition 1909 nach Tansania (Ostafrika) fand Überreste von Barosaurus (vormals: Giganto-

Abb. 59: **ALTE WASSERSTANDSLINIEN,** im Bereich des Colorado-Plateaus.

saurus) zusammen mit Muscheln, Schnecken, Belemniten und Fischen am Tendaguru, in Ablagerungen eines küstennahen Meeres der Kreidezeit. Insgesamt liegen sogar drei vom Meer abgelagerte Schichten von je 20 bis 30 cm Stärke mit Saurierresten übereinander (»Deutsches Kolonial-Lexikon«, 1920, Band III, S. 475 f.; vgl. Fraas, 1909).

Wie in meinem »Dinosaurier Handbuch« ausführlich diskutiert, waren die meisten Dinosaurierarten auch keine Land-, sondern Wasserbewohner, weshalb man sie auch oft zusammen mit Fossilien von Krokodilen und Schildkröten findet. Diese Ansicht war früher auch vorherrschend, wurde jedoch vor relativ kurzer Zeit wissenschaftlich geändert. Sauropoden gelten jetzt als Landtiere, was aufgrund des immensen Gewichts, der Probleme mit der Blutversorgung und anderer Kriterien aber nicht richtig sein kann, wie ich u. a. auch im Fernsehen bei ProSieben im Programm »Welt der Wunder« im Jahr 2002 darlegen durfte.

Jeder Besucher der Navajos in Arizona kann vor Ort nach ihren Überlieferungen fragen, wie ich es getan habe: Die Mythen bezeugen, dass die Vorfahren der Navajos und Dinosaurier am Anfang der Welt gemeinsam lebten. Die Behausungen der Navajos in der Nähe von Tuba City (Arizona) liegen in

Abb. 60: **URZEITSEE**. Alte Wasserstandslinien des früheren Sees *Lake Bonneville* im Bereich des heutzutage wesentlich kleineren *Großen Salzsees* (Great Salt Lake), vom Autor fotografiert von der Autobahn 15 in östlicher Richtung zur Wasatch-Gebirgskette hin. In den alten Stränden des urzeitlichen Sees findet man noch heute etwa 1,20 m lange Stoßzähne von Mammuts oder Mastodons, wie 2004 in der Nähe von Fillmore in Utah. Diese Tiere brauchten angeblich etwa 300 kg Nahrung pro Tag. Als der See *Lake Bonneville* noch existierte, angeblich während der letzten »Eiszeit«, gab es hier viele Tiere wie Kamele oder langhornige Bisons, die viel Futter benötigten – *in einer heutzutage wüstenhaften Gegend*.

Abb. 61: **MONSTER**. In fast jedem größeren See sollen nach indianischen Überlieferungen Wassermonster gelebt haben: Hier eine Anasazi-Zeichnung aus dem Nationalpark *Bandelier National Monument*, Neumexiko, mit Wasserwellen. Das Insert zeigt einen Schädel von Psittacosaurus zum Vergleich. Lebten große Dinosaurier nicht allein schon wegen ihrer ungeheuren Größe in Seen oder Sümpfen, wovon man vor noch zu meiner Jugendzeit auch wissenschaftlich überzeugt war?

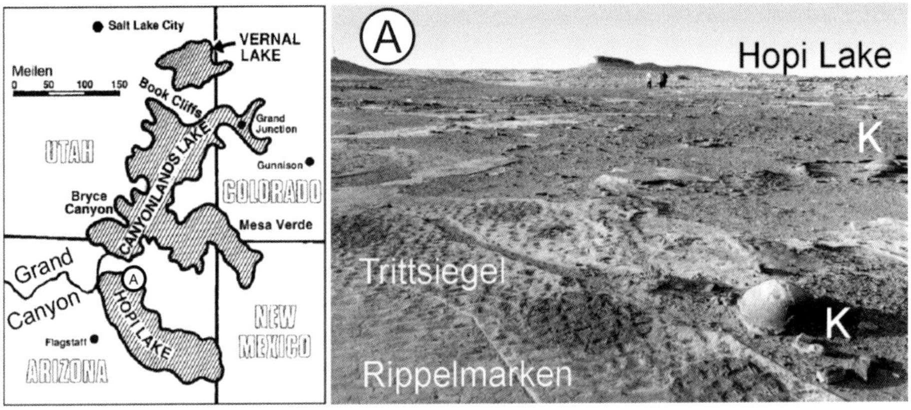

Abb. 62: **URZEITLICHE SEEN**: Die Karte zeigt urzeitliche Seen im Bereich des Colorado-Plateaus, die anhand alter Uferlinien rekonstruiert werden können. Am Rande des ehemaligen Sees *Hopi Lake* im Navajo-Gebiet (A) befinden sich Trittsiegel, Koprolithe (K) und Knochen von Dinosauriern im ehemaligen Seeboden, der samt Rippelmarken versteinerte. Im Hintergrund befindet sich die Familie des Autors inmitten des ehemaligen *Hopi Lakes*, in dem Dinosaurier schwammen.

unmittelbarer Nähe der alten Uferlinien des prähistorischen Sees *Hopi Lake*. In dem alten Seegrund sind viele Fußabdrücke, sogenannte Trittsiegel, von Dinosauriern verewigt. Dinosaurier lebten hier vor kurzer Zeit, bestätigen auch die Mythen der Navajos! Aber es wird eher von Wassermonstern berichtet, die fast alle größeren Seen nicht nur im Südwesten der USA bevölkert haben sollen, wenn die indianischen Überlieferungen recht haben. Es gibt sogar prähistorische Zeichnungen von solchen Dinosauriern.

Lebten Dinosaurier hier in der heutigen trostlosen Wüste Arizonas, wo es kaum etwas zu fressen gibt? Nein, denn dieses Gebiet lag früher am Rande eines alten Sees, dem *Hopi Lake*, wenige Kilometer westlich der Stadt *Tuba City*. Die Trittsiegel und der Kot wurden in seichten Uferbereichen dieses Sees hinterlassen, wie versteinerte, infolge fließenden Wassers verursachte Rippelmarken beweisen. Das Wasser des *Hopi Lake* wurde schlagartig in den Grand Canyon entwässert. Zurück blieben die weichen Kothaufen und die Spuren sowie Knochen im weichen Schlamm des ehemaligen Sees, heutzutage eine homogene Kalksteinschicht bildend. Durch die Hitze gedörrt, wurden der Schlamm zu Kalkgestein gebacken und die Hinterlassenschaften der Dinosaurier schnell konserviert. Diese Kalksteinschicht ist nur wenige Zentimeter dick und beinhaltet Trittsiegel, Koprolithe (versteinerte Kothaufen), Knochen und Rippelmarken unmittelbar nebeneinander. Dies passierte höchstens vor wenigen Tausenden, aber nicht vor Millionen von Jahren, da die Kothaufen ohne jedes Anzeichen einer Erosion oder Verwitterung herumliegen.

Die Überlieferungen der Ur-Indianer beschreiben Vulkanismus und Überflutungen bzw. Superfluten in diesem Gebiet. Robert H. Webb bestätigt, wie bereits beschrieben, dass der Grand Canyon zumindest zu einem größeren Teil noch zu Lebzeiten der prähistorischen Indianer vor nur 1300 Jahren durch Superfluten quasi »schnappschussartig unter katastrophischen Bedingungen entstand« (vgl. Fenton et al., 2002, S. 191–215).

Aber es ist doch alles genau datiert, und das Alter der Gesteine steht doch fest? Aber radiometrische Datierungsmethoden bringen nicht nur bei Anwendung verschiedener Verfahren unterschiedliche Ergebnisse für Granite und Basalte, sondern auch und sogar bei Anwendung ein- und derselben Methode! Gemäß einer wissenschaftlichen Veröffentlichung wurde anhand eines Kalium-Argon-Modells das Alter von Lava im nördlichen Gebiet des Flusses *Colorado River* u. a. auf nur 10 000 Jahre datiert (»Arizona Bureau of Geology and Mineral Technology Bulletin«, 197/1986, S. 1 ff.). Aus demselben Lava-Fluss wurde neben anderen eine Probe auf ein Alter von 117 Mio. Jahre bestimmt (»U.S. Atomic Energy Commission Annual Report«, No. C00-689-76, 1967).

Die Datierung auf dieses hohe Alter muss offensichtlich falsch sein, da es zu dieser Zeit noch gar keinen Grand Canyon gab. Die Überlieferungen der Indianer berichten scheinbar richtig, dass der Grand Canyon, zumindest teilweise, erst vor wenigen tausend Jahren entstand – vgl. Abb. 63 (1): 0,01 Ma = 10 000 Jahre – und demzufolge auch über die Koexistenz von Menschen und Dinosaurier, denn zu Zeiten der Urgiganten gab es das Colorado Plateau noch nicht. Aber dann sollte man mit etwas Glück sogar noch *nicht versteinerte* Saurierknochen finden.

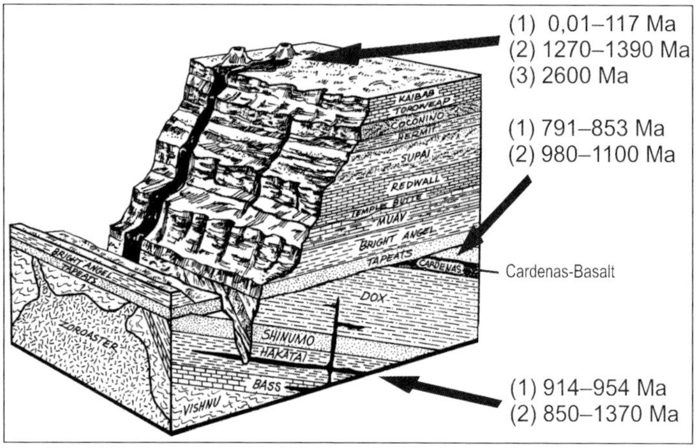

Abb. 63: **FALSCHE DATIERUNGEN**. Das Blockdiagramm zeigt unterschiedliche Ergebnisse der Datierungen im Bereich des Grand-Canyon-Nordrandes. Kalium-Argon-Methode (1), Rubidium-Strontium-Methode (2), Blei-Blei-Methode (3). Zeitangaben in Millionen Jahre (Ma).

Ewig frisch?

Nicht versteinerte Knochen von Dinosauriern sind inzwischen kein Einzelfall mehr, aber noch vor gar nicht so langer Zeit hätte man solche Funde als Hirngespinste deklariert, denn Knochen können keine 66 oder mehr Millionen Jahre unversteinert überstehen!

Im Nordwesten Alaskas wurde 1961 eine Ansammlung von Dinosaurier-Knochen in nicht versteinertem und nicht mineralisiertem Zustand gefunden. Es dauerte über 20 Jahre, bis sie als Knochen von Entenschnabel- und Horndinosauriern identifiziert wurden (»Journal of Paleontology«, Bd. 61/1, 1986, S. 198–200).

Im östlichen Kanada an der Bucht *Baffin Bay* befindet sich innerhalb des nördlichen Polarkreises die unbewohnte Bylot-Insel. Hier wurde 1987 der Unterkiefer eines Entenschnabel-Dinosauriers von einem jungen Eskimo entdeckt, der 1987 mit Wissenschaftlern von der *Memorial Universit*ät von *Neufundland* (Kanada) auf der Bylot-Insel arbeitete: Der Dinosaurier-Knochen war unversteinert und befand sich in »frischem« Zustand. Berichtet wurde von diesem Fund im »Edmonton Journal« vom 26. Oktober 1987.

Sensationell frische Entenschnabel-Dinosaurier-Knochen wurden auch in Montana entdeckt. Unter dem Mikroskop konnten die wohlerhaltenen Strukturen der Knochen mit solchen von Hühnerknochen verglichen werden (»Science«, 24.12.1993, S. 2020–2023).

Aber es gibt noch erstaunlichere Funde, denn man entdeckte Biomoleküle (DNA) von Dinosauriern. Knapp unter der Oberfläche eines Kohleflözes in Price (Utah) wurde ein angeblich 80 Mio. Jahre alter Dinosaurier-Knochen gefunden, aus dem Reste von DNA gewonnen wurden (»Science«, Bd. 266, 18.11.1994, S. 1229 ff.).

Wie lange kann DNA überhaupt erhalten bleiben? Eiweiß verdirbt innerhalb weniger Tage, aber genetisches Material soll Millionen von Jahren überstehen? Auf Grund dieses Fundes hatte Professor Dr. Gunnar Heinsohn bereits 1995 (S. 381) zu Recht gefragt, ob »man doch lieber auf simple Jahrtausende pochen (sollte), wo jetzt noch mit 80 Mio. Jahren Eindruck gemacht wird«.

Man kritisierte diesen Fund von DNA und vermutete Verunreinigungen bei der Untersuchung. Jedoch im April des Jahres 2000 veröffentlichten Wissenschaftler der *Universität Alabama*, dass es ihnen gelungen war, Erbgut aus einem angeblich 65 Mio. Jahre alten Triceratops-Knochen aus Nord-Dakota zu isolieren. Interessant ist der Erhaltungszustand der Knochen: *nicht stark mineralisiert*.

Das Alter versteinerter Knochen kann nicht gemessen werden, aber dasjenige von organischen Resten im Prinzip schon, wenn diese nicht älter als 50 000 Jahre sind. Zwei verschiedene Wissenschaftlerteams aus Amerika unter Leitung von H. R. Miller bestimmten das Alter von fossilen Knochen eines Acrocanthosaurus aus der Gegend des Paluxy River in Texas anhand von Radiokarbon-Datierungen und Messungen mit einem Massenspektrometer (Ivanov et al., 1993). Das Ergebnis widerspricht den gängigen Vorstellungen der Evolution, denn für die Knochen wurde ein Alter von nur 36 500 bzw. 32 000 Jahren ermittelt. Nachmessungen mit zwei verschiedenen Massenspektrometern ergaben sogar ein noch geringeres Alter von 23 700 bzw. 25 750 Jahren (»Factum«, 2/1993, S. 46).

Um Zweifel auszuschalten, wurden in einem Projekt gemeinsam mit einer russischen Forschergruppe weitere Altersbestimmungen vorgenommen. Anhand einer anderen Methode datierte man fossile Dinosaurier-Knochen aus Nordwestsibirien, Knochen von modernen Schildkröten, von Cro-Magnon-Menschen aus Ostkasachstan und die beschriebenen Dinosaurier-Knochen aus Texas. Die Koexistenz von Sauriern und Menschen wäre demnach erneut bestätigt, denn »die auf Grund der Isotopenverhältnisse ermittelten Werte der beiden Saurierfossilien lassen sich praktisch nicht von denen eines Cro-Magnon-Kiefers unterscheiden. Das bedeutet, dass beide mit hoher Wahrscheinlichkeit zur selben Zeit gelebt haben« (»Factum«, 2/1993, S. 48). Grundsätzlich lehne ich derartige Altersbestimmungen ab, da viele Messfehler und völlig falsche Datierungen nachgewiesen wurden. Aber, falls man mit der Radiokarbon-Methode überhaupt etwas misst, bedeutet dies definitiv, dass die untersuchten organischen Reste jünger als 50 000 Jahre alt sind, weil sonst kein messbarer radioaktiver Kohlenstoff mehr vorhanden ist. Das bedeutet aber, diese Dinosaurier sind nicht Hunderttausende und schon gar nicht Millionen von Jahre alt.

Deshalb überrascht es schon nicht mehr, dass bereits 1997 Blutspuren von einem Tyrannosaurus Rex der Hell-Creek-Formation untersucht wurden, ohne jedoch Erbgut nachweisen zu können. Entsprechendes wurde jedoch am 25. März 2005 im Wissenschaftsjournal »Science« (Bd. 307, S. 1952–1955) nachgewiesen: Ein Tyrannosaurus-Fossil aus den Rocky

Abb. 64: **ERINNERUNGEN UND ÜBERBLEIBSEL**. Oben: Römisches Mosaik um das Jahr 200 mit zwei langhalsigen Wassermonstern und rechts ein Schlangenhalssaurier gemäß aktueller Rekonstruktion. Bild Mitte oben: Anscheinend wurde ein Mosasaurier auf einer altgriechischen Urne abgebildet (links). In der Sahara bleichen unzählige Skelette von Schwimmsauriern, u. a. Mosasauriern, und Ur-Krokodilen an der Wüstenoberfläche (Foto in der Mitte), ebenso wie versteinerte Knochen von Kühen und Menschen (rechts). Bild Mitte unten: Realistische Darstellung eines Stegosauriers im *Ta-Prohm-Tempel* in Kambodscha aus dem 12. Jahrhundert. Rekonstruktionen von Dinosauriern starteten erst Mitte des 19. Jahrhunderts. Rechts: Der Autor fotografierte einen Präkolumbischer Gegenstand, anscheinend in Form eines Sauropoden (Dinosaurier), im *Archäologischen Nationalmuseum* in La Paz, Bolivien. Bild unten: Im Museumskeller der Gesellschaft *Arizona Historical Society* auf dem Gelände der Universität in Tucson öffnet der Autor die im Museumskeller verstaubende Kiste mit verpackten sogenannten *Silverbell-Artefakten*, die von Wissenschaftlern dieser Universität 1924 offiziell ausgegraben wurden. Auf einem der ausgegrabenen Schwerter ist ein Sauropode nicht in Känguru-Haltung, sondern in »moderner«, erst seit wenigen Jahren wissenschaftlich anerkannter *horizontaler* Körperhaltung dargestellt. Insert: Nachzeichnung des Umrisses (Zillmer, 2024, S. 7 ff.).

Mountains in Montana enthielt zur Überraschung der Paläontologen noch etliche offenbar intakte Zellen sowie gut erhaltenes Weichgewebe und elastische sowie dehnbare Blutgefäße, nachdem man fossilierte Knochensplitter in einer schwachen Säure eingeweicht hatte. Mary Schweitzer von der *Staatlichen Universität North Carolina* räumte ein: »Es war ein absoluter Schock. Ich habe meinen Augen nicht getraut, bis der Test 17-mal gelaufen war.« Ihr Kollege Lawrence Witmer von der Ohio-Universität stimmt ihr zu: »Wenn wir Gewebe finden, das nicht versteinert ist, müssten wir ihm eigentlich auch DNA (Erbbausteine) entziehen können.«

Warum sollten Dinosaurier, insbesondere im Wasser lebende, nicht überlebt haben, wenn doch einige Krokodilarten, Schildkröten und Haie überlebten? Der Kölner Zoologe Ludwig Döderlein besuchte zwischen 1879 und 1881 die Bucht von Tokio. In den Fängen der Fischer entdeckte er ein seltsames Exemplar, einen urtümlichen Sechs-Kiemen Hai. Es handelte sich um den Krausenhai, ein lebendes Fossil. Dieses zwei Meter lange Tier lebt unverändert ohne evolutive Entwicklung seit angeblich mindestens 150 Mio. Jahren in den Ozeanen.

Anscheinend schwammen ja auch Mosasaurier bis vor kurzer Zeit im Sahara-Meer, da ihre Skelette noch im Wüstensand der Sahara von der Sonne gebleicht werden. Auf einer Urne aus der Türkei, die auf ein Alter von etwa 2500 Jahren datiert wird, scheint ein Mosasaurier abgebildet zu sein – u. a. zusammen mit einem Delfin und anderen bekannten Seetieren –, veröffentlicht in dem Buch »Art and Myth in Ancient Greece: A Handbook« von Thomas H. Carpenter (1991). Weitere Beispiele von weltweit vielen siehe Abbildung 64.

Auch Bäume leben unverändert seit anscheinend 200 Mio. Jahren, wie zum Beispiel der Ginkgobaum. In Guayana hat man sogar in über 600 Mio. Jahre altem Gestein aus dem Präkambrium (Erdfrühzeit) Pollen und Sporen von Blumen und Pflanzen entdeckt (»Nature«, Bd. 210, 16.4.1966, S. 292–294). Zu dieser Zeit gab es angeblich noch kein Leben auf dem Land, das erst im Kambrium erschienen sein soll. Ist ganz einfach die geologische Zeitskala falsch?

Die beschriebenen und viele andere Funde führten dazu, dass einige wenige Wissenschaftler inzwischen sogar die durch die Evolutionstheorie begründeten langen Zeiträume der Natur- und Menschheitsgeschichte infrage stellen (Peiser in »Chronology and Catastrophism Review«, Bd. 15, 1995, S. 23–28).

3 Als Wüsten grün waren

Nach der Dinosaurier-Ära wurde die Erdkruste während der Tertiär-Zeit und später danach weiträumig bewegt und umgeformt. In Europa entstanden die Alpen, die Karpaten, der Apennin, die Pyrenäen und zahlreiche kleinere Bergzüge. In Asien türmten sich gewaltige Gebirgssysteme auf, deren Falten wie die Wogen eines Meeres aus dem Inneren Asiens bis zum Indischen und Pazifischen Ozean vorwärts drangen. Im Westen Nord- und Südamerikas entstanden die großen Gebirgsketten. Durch diesen Vorgang, die Auffaltung der Anden, wurde die Fließrichtung des Amazonas genau umgekehrt, denn vor dieser Zeit entsprang dieser Fluss in der Sahara und floss über das zu dieser Zeit mit Afrika zusammenhängende Südamerika hinweg in den Pazifik und nicht, wie heutzutage, in den Atlantik.

Riesige Seen in der Wüste

Das Team um den Geowissenschaftler Gero Hillmer (Universität Hamburg) entdeckte an der Oberfläche der heutigen Sandwüste Sahara gut erhaltene fossile Skelette von vor angeblich 130 Mio. Jahren ausgestorbenen, einst im Meer lebenden Mosasauriern, und außerdem in den bis zum heutigen Tag übrig gebliebenen kleinen Seen, die den Beduinen als Wasserreservoirs (Gueltas) dienen, lebende Wüsten-Krokodile. Wie lange überleben kleine Populationen dieser Tiere in diesen winzigen Gueltas? Sicher nicht 100 oder mehr Millionen Jahre.

Wie alt ist die Sandwüste Sahara wirklich? Wenn Schwimmsaurier noch vor einigen tausend Jahren und vielleicht sogar noch vor kurzer Zeit in den Ozeanen leben, gibt es kein Problem: Mosasaurier strandeten im sich bildenden Wüstensand, und in kleinen Wasserlöchern überlebten ein paar Kro-

Abb. 65: **VERSCHÜTTET.** Die Stadt ATON war eine altägyptische Stadt am Westufer des Nils in der Thebischen Nekropole, etwa 5 km nordwestlich von Luxor.

kodile. Entstand die Sahara erst vor wenigen tausend Jahren? Der Wandel der Sahara von einer subtropischen Steppe mit Flusspferden, Krokodilen und Elefanten zu einer lebensfeindlichen Sandwüste erfolgte erst vor etwa 5000 bis höchstens 6000 Jahren (nach offizieller Zeitrechnung), wie die Rekonstruktion der klimatischen Bedingungen durch das *Potsdamer Institut für Klimaforschung* im Jahre 1998 ergab.

In der Nähe von Luxor wurde Ende 2020 die altägyptische »verlorene goldene Stadt« Aton entdeckt, angeblich vor etwa 3400 Jahren gegründet. Insgesamt sollen bisher vier verschiedene Siedlungsschichten bis angeblich in die koptisch-byzantinische Ära vom 3. bis 7. Jahrhundert bekanntgeworden sein (Internetlink 8, abgerufen 10.8.2024). Wann aber wurde die Stadt Aton unter dem Wüstensand begraben, die angeblich »seit Jahrtausenden unter Sand begraben lag«? Geschah dies in einem Zeithorizont mit der Ausbildung des Wüstengürtels von Nordafrika über Arabien bis hin nach China?

Noch vor 6000 Jahren bedeckte der Tschadsee (Tschad heißt »See«) im Gebiet der Sahara eine Fläche von 360 000 km^2, deshalb auch als Mega-Tschadsee bezeichnet (Armitage, 2015):

»Vor 15 000 bis 5000 Jahren war Nordafrika feuchter als heute. In der Sahara bildeten sich aufgrund eines verstärkten Monsuns Feuchtgebiete und Seen. Wir rekonstruieren die Geschichte des Seespiegels des Mega-Tschadsees, als er der größte afrikanische See war, und zeigen, dass diese feuchte Periode vor 5000 Jahren abrupt endete, (…). Das nördliche Becken des Mega-Tschadsees, derzeit die größte Staubquelle der Welt, trocknete vor etwa 1000 Jahren aus« (ebd., Significance).

»Inmitten der Sahara liegen seit Jahrtausenden die Seen von Ounianga«, im Nordosten des Tschad. »Ihre Existenz verdanken sie Regen, der vor mehr als 5000 Jahren fiel: Dort, wo heute der Sand von Horizont zu Horizont reicht, lebten noch vor wenigen tausend Jahren Flusspferde, Elefanten, Gazellen – und Menschen« (Internetlink 9). Hernach verwandelte sich die Sahara in eine lebensfeindliche Wuste, so wie wir sie heute kennen.

Gab es für diese abrupte Klimaänderung eventuell einen globalen Grund? Die abrupten Klima- und Vegetationsänderungen sind auf sich ändernde Faktoren wie die Verteilung der Sonneneinstrahlung zurückzuführen: »Diese Änderung wiederum sei auf kleine periodische Schwankungen in der Erdbahn und der Erdachsenneigung zurückzuführen. Die Schwankungen führten dazu, dass die Sommer seit mehreren Jahrtausenden in vielen Gebieten der Nordhalbkugel kühler wurden.« Die zuerst unglaubhaft klingende Feststellung: »Die Sahara ist abrupt entstanden«, (»Bild der Wissenschaft«, online 15.7.1999) überrascht somit nicht.

Der französische Gelehrte André Berthelot schrieb bereits 1927, dass in einer durch *tektonische Ereignisse verursachten Umwälzung* (einschließlich Gebirgsbildung), von der viele Überlieferungen berichten, der große See in der Sahara entleert wurde und die vorher wasserreiche Region in eine riesige Wüste verwandelt (Berthelot, 1927, S. 85 f.).

Heutzutage ragen Berge aus alten See-Sedimenten und Seekreide, sogenannte Yardangs, wie im Meer schwimmende Eisberge aus dem Wüstensand, als stumme Zeugen des nicht mehr existierenden großen Süßwassersees im heutzutage ariden (sehr trockenen) Norden des Sudans und in der Libyschen Wüste. »Die radiometrischen Alter des organisch gebundenen Kohlenstoffs der Seesedimente erstrecken sich zwischen 8100 Jahre (…) bis 5200 Jahre vor heute«, bestätigt Professor Dr. Hans-Joachim Pachur (Freie Universität Berlin) das »jugendliche« Alter und einen abrupten Klimawechsel in der Ostsahara (Pachur, 2002, S. 86).

Abb. 66: **KLIMAWECHSEL**. Wie Eisberge ragen Berge von Seekreide (Yardangs) mehrere Meter wie in der Abbildung zu sehen aus dem Wüstensand der *Libyschen Wüste*. Sie bilden Zeugen des noch (zeitlich unscharf) bis vor gut 5000 Jahren existierenden Süßwassersees in der im heutigen hyperariden (= sehr trockenen) Gebiet der Sahara. Mehrere Meter hohe Berge aus Seekreide (Yardangs) prägen die Libysche Wüste und ragen wie Eisberge aus dem Sand. Sie sind eindrückliche Überreste eines ausgedehnten Süßwassersees, der in diesem heute hyperariden Gebiet bis vor etwa 5000 Jahren existierte. Dieser See bildete sich während des feucht-warmen Atlantikums im Holozän, einer jungsteinzeitlichen Phase, in der die Sahara deutlich feuchter und wärmer war als heute (vgl. Abb. 2, S. 13).

Die geoökologische Rekonstruktion der Umwelt in dem heute lebensfeindlichen Gebiet basiert unter anderem auf etwa 5000 Jahre alten Rinderknochen und gleich alter Keramik. Sie finden in Felszeichnungen (Petroglyphen) aus dem umrahmenden Gebirge eine Bestätigung: Eine Frau melkt ein Rind inmitten einer ruhenden Herde, und an »Bäumen oder Pfählen sind Keramikkrüge aufgehängt, wie es Bath vor 200 Jahren von einer Rinder haltenden Ethnie 800 km südlich am Tschad-See beschrieb« (ebd., S. 86). Anscheinend fand seit der Bildung der Sahara keine kulturelle Entwicklung statt. Auf jeden Fall erlebten Menschen die Entstehung der Sahara mit.

Große Teile der heutigen Sahara bildeten einerseits noch vor relativ kurzer Zeit ein großes Meer. Andererseits war der Tschadsee die Quelle des Amazonas. Zu dieser Zeit formten Afrika und Südamerika noch eine Landmasse. Zu welchem Zeitpunkt aber brachen diese Kontinente wirklich auseinander?

Ein Massengrab von Dinosauriern erstreckt sich über eine Länge von 175 km im afrikanischen Staat Niger. Die Knochen ragen noch heutzutage aus dem Wüstensand heraus! In diesem westlichen Nachbarstaat des Tschads liegen kümmerliche Reste der vormals ausgedehnten Wasserflächen. Strandeten hier unzählige Dinosaurier? Der Tschad-See schrumpft ständig seit Bildung der Sahara von einer Fläche von 360 000 km^2 auf 60 000 km^2 vor 2000 Jahren, 36 000 km^2 vor 1000 Jahren und derzeit nur noch 1500 km^2. In den letzten 6000 Jahren verringerte sich die Oberfläche des Sees etwa um das 240-Fache.

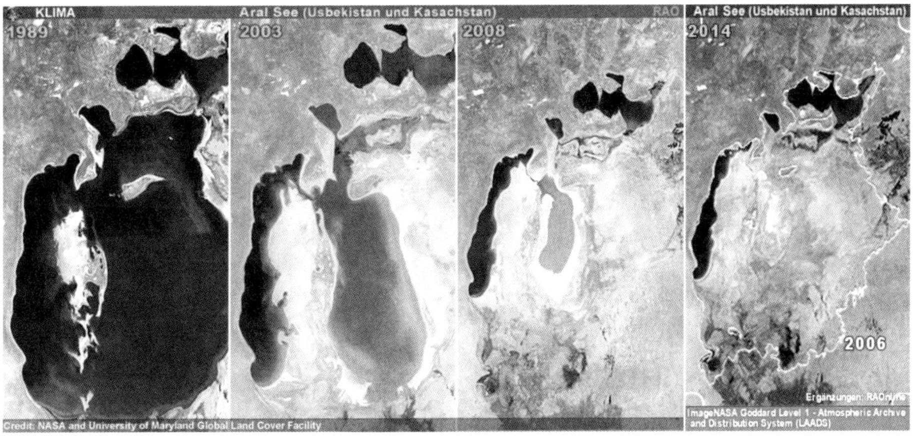

Abb. 67: **AUSGETROCKNET**. Viele Seen dieser Erde schrumpfen ständig, wie in diesem Fall der Aralsee in Usbekistan und Kasachstan. Bilder von links nach rechts zeigen den Wasserstand in den Jahren 1989, 2003, 2008 und 2014.

Deshalb bleichen im Wüstensand Knochen von Sauriern (u. a. Suchomimus) neben Skeletten riesiger Krokodile, wie Sarcosuchus: ein bis zu 15 m langer angeblicher Vorfahre unserer heutigen Krokodile. Es gilt der Kernsatz: Keine Krokodile ohne Wasser. Verendeten diese kreidezeitlichen Ur-Krokodile zu einer Zeit, als die Sahara entstand, vor höchstens 6000 Jahren?

Professor Paul C. Sereno (Universität Chicago), ein weltbekannter Saurierforscher, fand im Jahr 2000 in dieser *angeblich* aus dem Erdmittelalter stammenden Oberflächenschicht neben Saurierskeletten auch den Schädel einer Kuh und Knochen von Menschen, alles versteinert wie die in dieser Schicht liegenden Ur-Krokodile und Dinosaurier. Deshalb (wegen der Versteinerung) kann es sich nicht um kürzlich verendete Kühe und um Menschen handeln (Sereno, 2000/2003). Kamen vor wenigen tausend Jahren Menschen mit Rindern in dieses Gebiet, starben und versteinerten in dem Wüstensand, der geologisch aus der Dinosaurierzeit stammt? Oder aber, lebten Rinder und Menschen in der jetzigen Wüste, als diese noch grün und fruchtbar war, verhungerten und verdursteten dann mit der einsetzenden Trockenheit und Wüstenbildung, während die Knochen in der Gluthitze versteinerten und gleichzeitig Ur-Krokodile und Saurier in den austrocknenden Seen strandeten, wo ihre Knochen noch heute gut erhalten im Wüstensand liegen (Abb. 64: Mitte mittig und rechts, S. 121)?

Menschen waren anscheinend Zeugen gewaltiger Umwälzungen und Veränderungen der Erdoberfläche: Überall entlang des ostafrikanischen Grabensystems, dessen Länge einem Sechstel des Erdumfangs entspricht, bewahren die Eingeborenen Überlieferungen von großen Veränderungen der Landschaft während der Bildung des Grabens. Diese Überlieferungen werden durch geologische Erscheinungen unterstrichen, denn »einige der Grabenböschungen sind so kahl und scharf, dass sie jüngeren Datums sein müssen (...), bis in menschliche Epochen« (Gregory, 1920).

J. W. Gregory, der Erforscher des ostafrikanischen Grabensystems, folgte 1920 der Meinung des prominenten Geologen Professor Eduard Suess (1885/1909), *nach der die Entstehung des ostafrikanischen Grabensystems mit der letzten großen Hebung der Faltengebirge in Europa, Asien und auf dem amerikanischen Kontinent in Verbindung stehe*. Entstanden die großen Gebirge vor relativ kurzer Zeit?

Der französische Gelehrte André Berthelot schrieb bereits 1927, dass es bemerkenswerte Ereignisse in Afrika gab, die Menschen miterlebten und überlieferten. So soll sich die Atlas-Kette gesenkt haben, wodurch die Straße von Gibraltar geöffnet und eine Verbindung zwischen dem Mittelmeerbecken und dem Atlantik hergestellt wurde. In einer durch tektonische Ereignisse verursachten Umwälzung, von der viele Überlieferungen berichten, wurde dann das Atlasgebirge entzweigerissen. Der große See in der Sahara wurde entleert und die vorher wasserreiche Region in eine riesige Wüste verwandelt (Berthelot, 1927, S. 85 f.).

Der von Berthelot beschriebene Effekt, nämlich die plötzliche Füllung des Mittelmeerbeckens, wurde nachträglich bestätigt. Die amerikanischen Geophysiker Walter Pitman und William Ryan (1998) reisten im Jahr 1970 mit dem Forschungsschiff »Glomar Challenger« durch das ganze Mittelmeer und untersuchten den Meeresgrund. Die Bohrkerne ergaben eindeutige biologische und geologische Beweise für ein unglaubliches Szenario: Das Mittelmeer war vormals eine regelrechte Wüste (vgl. Hsü, 1984), bewiesen u. a. durch Schichten von Anhydrit, wasserfreiem Kalziumsulfat, das nur bei Temperaturen über 43 °C entsteht (Pitman/Ryan, 1999, S. 103).

Es gab auch Phasen mit einem wesentlich abgesenkten Meeresspiegel, wie unabhängige sowjetische Untersuchungen anlässlich des Baus des Assuan-Staudammes in Ägypten zeigten. Der russische Wissenschaftler I. S. Chumakov berichtete in der »Prawda« über eine unter dem Nil verborgene, außerordentlich tiefe und enge Schlucht. In der Mitte des Flusses war man ohne Widerstand 300 m tiefer in den Boden eingedrungen, als man vorher angenommen hatte, bis der Granitsockel erreicht wurde. Zwischen der Schlammschicht am Grund des Nils und dem Granit des Grundgesteins befindet sich Tiefseeschlick, der das gleiche Alter wie die Proben aus dem Mittelmeer haben soll, die die »Glomar Challenger« entnommen hatte. Nach offizieller Meinung soll der alte Fluss unterhalb des Nils vor 5 Mio. Jahren ein spaghetti-dünner Ausläufer des Mittelmeeres gewesen sein. An diesem von der heutigen Mittelmeerküste 1000 km entfernten Punkt wurden sogar Haifischzähne gefunden. Chumakov hatte aus diesen Gegebenheiten geschlossen, dass der Wasserspiegel einmal 1500 m tiefer gelegen haben muss als heute (Pitman/Ryan, 1999, S. 111 f.).

Irgendwann aber brach der Gibraltar-Damm, sodass ein etwa 300 m tiefer Durchbruch unter dem Meeresspiegel des Atlantischen Ozeans entstand und sich das Mittelmeer innerhalb eines Menschenlebens mit Wasser füllte (ebd., Seite 115). Da winzige Kleinkrebse in den Sedimenten über den trockenen Schichten des Mittelmeerbodens gefunden wurden, muss sich die trockene Senke sehr schnell aufgefüllt haben, denn diese Tiere sind auf Tiefseewasser angewiesen. Die Kleinkrebse wurden andererseits auch unter den Schichten der Austrocknung gefunden. Das Mittelmeer war anscheinend einmal, vielleicht nur zu einem Teil, mit Wasser gefüllt, trocknete dann wieder aus und wurde erneut geflutet.

Berthelot beschrieb also bereits 1927 richtig, dass sich die Straße von Gibraltar öffnete und das Mittelmeerbecken mit Wasser gefüllt wurde. Aber, moderne Physiker, die ein solches Szenario bis zum Jahr 1970 abgelehnt hatten, setzen diesen Zeitpunkt fünf Millionen Jahre zurück in die Vergangenheit, während Berthelot in Übereinstimmung mit den Mythen diesen Zeitpunkt eher in geschichtlicher Zeit sieht.

Aber unseren Vorfahren war ein See im Gebiet der heutigen Wüste Sahara bekannt, von den alten Völkern als Triton-See bezeichnet. Heutzutage glaubt man, dass es sich um einen ehemaligen Salzsee im heutigen südlichen Teil von Tunesien handelt, der durch den Fluss Triton mit dem Mittelmeer verbunden gewesen sein soll. Entwässerte ein Teil der Sahara-Seen auch in das Mittelmeer?

Bei meinem Besuch in Gibraltar erzählte der Reiseführer, dass die Anwesenheit der dort beheimateten Affen ein Rätsel sei. Vielleicht ist die Lösung ganz einfach: Die Affen flüchteten auf den Felsen von Gibraltar, als die Wasserfluten des Atlantiks durchbrachen und ihren alten Lebensraum vernichteten. Aber wie lange ist das her? Ist es möglich, dass die Affen mit einer verhältnismäßig geringen Population fünf Millionen Jahre auf einem isolierten Felsen überleben oder sind hier nicht einige wenige Jahrtausende realistischer?

François de Sarre (1999) belegt meine Beobachtungen mit weiteren Beispielen in seinem Buch »Als das Mittelmeer trocken war«. Die lange Anwesenheit von Elefanten lässt seiner Meinung nach auf ein durchgehendes Waldgebiet von Zentralafrika bis nach Südeuropa (Kalabrien) schließen. Außerdem leben verschiedene typische Schmetterlinge, Amphibien, Süßwasserfische und auch Säugetiere nördlich wie südlich der Meerenge von Gibraltar. Die Trennung dieser Gebiete kann noch nicht lange zurückliegen, insbesondere da die Ausbreitung mancher Arten noch nicht weit fortgeschritten ist.

Bereits Charles Lyell, Jurist und Begründer des Aktualismus, hatte im 19. Jahrhundert berichtet, dass auf einigen Mittelmeerinseln ganz plötzlich eine Menge neuer Säugetiere auftauchte – wie aus dem Nichts (Azzaroli, 1981). Die Tiere und Menschen flüchteten meiner Meinung nach auf die Bergspitzen, die heute die uns bekannten Inseln nach Ansteigen des Meeresspiegels darstellen. So ist eben auch zu erklären, warum es Flusspferde auf Inseln wie Malta, Kreta oder Zypern gab, denn dorthin können sie nicht geschwommen sein. Schließlich starben sie dann an derartigen Orten aus, die für diese Tiere als Lebensraum lebensfeindlich waren.

Als der Pegel des Mittelmeeres schließlich auf Ozeanniveau angestiegen war, entstand bald darauf ein Durchbruch am Bosporus-Tal, und riesige Wasserfluten ergossen sich in das 120 bis 150 m tiefer gelegene Schwarze (Binnen-)Meer. Große Teile des heutigen Meeresbodens waren bis vor 7500 Jahren trockene Ebenen und Steppen (Pitman/Ryan, 1999, S. 197). Die an den flachen Ufern lebende Bevölkerung musste täglich 400 m weiterziehen, um mit dem Ansteigen des Wassers Schritt zu halten. Ein unvorstellbares Szenario, und wie die Bohrkerne bewiesen, fand dies auch in geschichtlicher Zeit statt. Gleichzeitig lief auch eine andere Tragödie für Tiere, Pflanzen und Menschen ab, denn das vorhandene Süßwasser des Schwarzen Meeres wurde mit dem salzigen des Mittelmeeres vermischt.

»Im Schwarzen Meer war die Fauna tatsächlich ausgetauscht worden – und das nicht vor fünf Millionen Jahren, sondern praktisch erst gestern (...), als sich überall in Europa und Südwestasien schon der moderne Mensch ausgebreitet hatte. Die Metamorphose, von der hier berichtet wurde, war jedoch keine weitere Meer-zu-Wüste-Verwandlung mit anschließender Rückverwandlung in ein Meer, sondern die doppelte Transformation eines alten Meeres in einen Süßwassersee und zurück« (ebd., S. 12 f.).

Warum war das Schwarze Meer zwischenzeitlich für einige Jahrtausende ein Süßwassersee? Man fand sogar Reste alter Korallenriffe im Schwarzen Meer, die es einerseits heute in diesen Breiten nicht mehr gibt und andererseits von einer tropischen Vergangenheit dieses Gebiets zeugen (Barker, 1985). Sie sollen dort seit dem Erdmittelalter 65 Mio. Jahre lang bis vor 20 000 Jahren existiert haben.

Wir hatten schon diskutiert, dass vor wenigen tausend Jahren mehrere heute nicht mehr existierende Seen in Sibirien von Megafluten aus den Gebirgen Asiens gefüllt wurden. Das Wasser floss schließlich in die Kaspische Senke und darüber hinaus auch in das Schwarze Meer (Carlin et al., 2002, S. 5–6 und 17–35). Derart würde sich erklären lassen, wieso Süßwasser das Salzwasser im Schwarzen Meer ersetzte, bevor wieder Salzwasser aus dem Mittelmeer einströmte.

Sehen wir uns die Phase vor der Füllung durch Wasser des Mittelmeeres genauer an. Zu dieser Zeit fiel auch im Gebiet des Schwarzen Meeres kaum noch Regen, und der Wassernachschub wurde immer geringer, sodass durch die Oberflächenverdunstung mehr Wasser verloren ging, als Niederschläge und Flüsse eintrugen. Dadurch wurde das Schwarze Meer zu einem abflusslosen Binnensee. »Aber auch die Ackerbaukulturen in Anatolien und im Fruchtbaren Halbmond wurden ganz oder teilweise von ihren Bewohnern verlassen. Viele Gruppen zogen sich in die Gebiete zurück, in denen es noch Wasser gab, in die Uferregionen der wenigen noch nicht ausgetrockneten Flüsse und des Schwarzen Meeres« (Pitman/Ryan, 1999, S. 325).

Das Schwarze Meer war eines der letzten Süßwasserreservoire, und nur deshalb siedelten die Völker an dessen Ufern. Die Gebiete rund ums Mittelmeer waren aufgrund der in Afrika und auf der Arabischen Halbinsel fortschreitenden Wüstenbildung von extremer Trockenheit geplagt und deshalb fast menschenleer. Es entstand ein Wüstengürtel von Ostasien über die Arabische Halbinsel bis hin nach Afrika als zusammenhängende Zone – Gobi,

Arabische Wüste und Sahara. »Nach den Felsmalereien zu urteilen, waren die Rinder früher in der Sahara weit verbreitet; klimatische Gründe machten es notwendig, sie spätestens vor 3000 Jahren nach dem Süden zu verlagern«, bestätigt der Genetiker Luigi Luca Cavalli-Sforza (1999, S. 138).

Flusslandschaft Arabien

Seit den ersten Reiseberichten staunte die Welt über die vielen Ruinen monumentaler Bauwerke inmitten einer braunen Wüstenlandschaft, die von den Sabäern, im Südwesten der Arabischen Halbinsel im Gebiet des heutigen Jemen errichtet wurden. Den frühen Besuchern war unvorstellbar, wovon die Leute vor über 2000 Jahren in der von Sand dominierten Wüste wohl gelebt haben könnten. Dabei hatte der Prophet Mohammed noch von fruchtbaren Gärten der Antike in Arabien berichtet. Belege hierfür sind heute in der Wüste zu findende Erdringe, die Standorte von ehemaligen Fruchtbäumen markieren. Manchmal sind diese regelmäßig angeordnet und stellen Überreste eines ehemaligen Dattelpalmengartens dar (Brunner, 1999, S. 53).

Durch neue Forschungsansätze wurden umfangreiche prähistorische Bewässerungsanlagen gefunden, weil als Folge der künstlichen Bewässerung helle, feinkörnige Sedimente entstanden, die deshalb nicht einen natürlichen, sondern einen durch Menschen verursachten Ursprung aufweisen. Es wurden stellenweise mehr als 30 m mächtige Ablagerungen im jemenitischen Hochland und im Übergangsbereich zur innerarabischen Wüste *Ramlat al-Sab'atayn* sowie an anderen Orten in Südarabien entdeckt, die auf einen Beginn der geregelten Bewässerung bereits vor 5000 bis 4000 Jahren hinweisen.

Abb. 68: **ÜBERBLEIBSEL**. Stümpfe regelmäßig angeordneter, antiker Palmen im Wüstenboden des Tals *Whadi Markha* im Jemen.

Das berühmteste und schon im Koran erwähnte Bauwerk Arabiens ist der 150 km östlich von Sanaa gelegene

Abb. 69: **DER GROSSE STAUDAMM VON MARIB**. Zu sehen ist ein massiv errichtetes, absolut modern wirkendes Auslassbauwerk der antiken Talsperre.

Große Staudamm von Marib, auch als Wunder Arabiens bezeichnet, der in 1200 m Höhe über dem heutigen Meeresspiegel errichtet wurde. Dieser Staudamm bestand aus einem gut 20 m hohen und über 600 m langen Erddamm, der außer seiner massiven Auslassbauwerke nicht mehr erhalten ist. Er soll vor etwa 2500 Jahre gebaut worden sein. Jedoch existieren unterhalb im Wadi zwei Vorgängerbauten einer archäologisch noch nicht erfassten, 4000 bis 3000 Jahre alten Hochkultur.

An beiden Enden des Marib-Dammes befand sich je ein monumentales, steinernes Auslassbauwerk der antiken Talsperre. Das nördliche Auslassbauwerk ist 150 m lang, 70 m breit und 16 m hoch und besteht aus drei Pfeilern mit zwei Durchlässen. Lange Kanäle verbanden die Auslassbauwerke mit Hauptverteilern, aus denen heraus das Wasser über ein Kanalnetz auf die Feldflächen verteilt wurde. Die beiden aus massiven Schwergewichtsmauern bestehenden Auslassbauwerke wiesen jeweils einen Durchlassbereich, einen als Hochwasserentlastung dienenden, aus Ziegelmauerwerk bestehenden Überlauf sowie ein Tosbecken auf. Eine absolut modern wirkende Konstruktion!

Während einer archäologischen Kampagne 2005/2006 gelang am nördlichen Auslassbauwerk erstmals der Nachweis zusätzlicher Wasserwirtschaftsbauten, die in der Summe die Nutzung des Areals während mindestens drei verschiedenen Betriebsperioden belegen. Zusätzliche ortsfremde Spolien, mit Blei ummantelte Eisenbolzen zur Verzahnung von Felsblöcken und Abdichtungen des Blendmauerwerks mit Kalkmörtel, deuten in Kombination mit versetzt angeordneten Fugen, Stoßfugen und unterschiedlichen Patinierungen auf ein sehr spätes Erbauungsdatum.

Es gab mindestens drei verschiedene Betriebsperioden und mehrphasige Entstehungs- und Instandhaltungsprozesse, die belegen, dass der große Staudamm von Marib bis ins 6. Jahrhundert u. Z. hinein existierte.

Der letzte Dammbruch soll zwischen den Jahren 542 und 572 u. Z. stattgefunden haben. Es wird berichtet, dass für die Reparaturen große Mengen Versorgungsgüter für die vielen Arbeiter geordert wurden, darunter 200 000 Schafe und Ziegen, 50 000 Sack Mehl und 26 000 Kisten Datteln.

Damit stellt sich die Frage, wie die Arbeiter bei dem Bau des großen Staudamms von Marib vor über 3000 Jahren versorgt wurden, mitten in der Wüste, wenn schon für Reparaturen derart viel Lebensmittel verbraucht wurden? Auch wenn es damals schon eine Oase gab, war diese sicher nicht in der Lage, derart viele Arbeiter über längere Zeiträume hinweg mit Lebensmitteln zu versorgen, denn erst nach Fertigstellung bzw. Reparatur des Staudamms konnten die Felder ja umfangreich bewässert werden.

Wie in der Sahara findet man auch im Jemen Felszeichnungen. Die der Jungsteinzeit (Neolithikum) zugerechneten zeigen ausschließlich Auerochsen und Wasserbüffel, womit ein deutlicher Hinweis auf feuchte Umweltbedingungen gegeben ist. Es gab dort früher Bäche, Flüsse und Seen. Die Felszeichnungen aus der folgenden, vor etwa 5000 Jahren beginnenden Bronzezeit mit trockenerem Klima zeigen dann in der frühen Phase nur noch vereinzelt Auerochsen und Wasserbüffel, aber dafür Esel, Oryx, Raubkatzen und Steinböcke. Es war die Zeit eines trockener werdenden Klimas wie im Bereich der Sahara. In einer noch späteren Phase wurden »Haustiere mit gefleckter Haut« dargestellt, und man sieht den Beginn der Terrassierung und Bewässerung sowie den Bau des Marib-Dammes. Wahrscheinlich noch jüngere Felszeichnungen aus dem Wadi Markha im Jemen zeigen deutlich Strauß, Jäger, Reiter und Kamel – als es anscheinend noch trockener wurde. Durch die assyrische Eroberung Ägyptens vor über 3600 Jahren kam das Kamel nach Afrika und löste das Pferd als wichtigstes Lastentier ab. Spätestens seit der Ptolemäerzeit, die mit der angeblichen Eroberung Ägyptens durch Alexander den Großen 332 Jahre vor Beginn unserer Zeitrechnung begonnen haben soll, wurde das Kamel im größeren Maße eingesetzt.

Da einerseits Kamele erst vor 3600 Jahren in die Sahara kamen und andererseits vor 5000 bis 4000 Jahren mit dem Bau von Staudämmen in Arabiens Gebirgen begonnen wurde, darf durchaus vermutet werden, dass es wie in Nordafrika auch in Arabien grüne Landschaften gab. Staudämme wurden dann aber nicht in einer Wüste wie der heutigen errichtet, wie allgemein angenommen, sondern man versuchte damals, das in den Flüssen immer spärlicher fließende Wasser zu stauen, um dem in eine trockene Phase umschlagenden natürlichen Klimawandel zu begegnen und zu überleben.

Abb. 70: **ANTIKE SEEN**. Oben: Flussterrassen-Relikte im Wadi Arah, Oman. Unten: Gebänderte Seesedimente des ehemaligen Wahalah-Sees bei *Ras al-Khaimah*, der Hauptstadt des Emirats *Ra's al-Chaima*. Dies ist eine andere Situation als heutzutage, als im Jahr 1986 etwa 3 km oberhalb des alten Dammes ein neuer Damm im Wadi Dhana errichtet wurde, um das Wasser der heutzutage seltenen Regenfälle aufzustauen.

Bei meinem Besuch im östlich vom Jemen gelegenen Sultanat Oman im Jahr 2001 sah ich, dass große Häuser in die trocken gefallenen Flussläufe (Wadis) gebaut wurden. Auf meine diesbezügliche Frage antwortete mein Reiseführer, dass diese Wadis schon lange kein Wasser mehr führen und deshalb dort in diese trockenen Flussbetten hinein gebaut wird. Noch als Kind habe er jedoch regelmäßig Wasser in diesen Wadis zum Meer hinfließen sehen.

»Ein internationales Forscherteam untersucht im Küstenort Kalba in den Vereinigten Arabischen Emiraten Hinterlassenschaften von Besiedlungen zwischen 2500 bis 600 v. u. Z. Trotz nachweislich trockener werdendem Klima bestätigen bronze- und eisenzeitlichen Funde eine 2000-jährige, nahezu kontinuierliche Besiedlungsdauer und bezeugen florierenden Handwerks- und Wirtschaftsstandort«, ist unter *archaeologie-online.de* vom 24.11.2024 zu lesen (Internetlink 10).

Abb. 71: **VERSCHÜTTET**. Reste einer Besiedlung im Küstenort Kalba, Vereinigte Arabische Emirate. Teilausschnitt von Foto: C. Schwall/LEIZA.

Können wir das Rätsel der monumentalen Bauwerke in der Wüste durch Klimaumbrüche erklären, die allerdings nicht rein klimatisch, sondern durch geologische Veränderungen der Erdoberfläche, Änderung der Wasserspiegel und Naturkatastrophen verursacht wurden? Gegenwärtig befinden sich in der wasserlosen Wüste Arabiens verstreut einzelne Vulkane, die derzeit nicht aktiv sind. Der letzte Ausbruch wurde im Jahr 1253 beobachtet. In der Vergangenheit gab es noch zahlreiche Geysire, die heute ebenfalls nicht mehr tätig sind. Durch vulkanische Aktivitäten können auch klimatische Veränderungen herbeigeführt werden. Hat sich das Klima seit Errichtung der antiken Dämme vor über 3000 Jahren gravierend geändert?

Schon die ersten Forscher beschrieben Serien von kleinen Restbergen, die mit ihrer intensiv weißen bis grauen Farbe aus den endlos erscheinenden rostrot gefärbten Sandebenen herausragten. Während seiner Expedition im Jahr 1932 erkannte St. John Philby kleine erodierte Seebecken mit Mergelterrassen und infolge einer Verdampfung von Flüssigkeiten entstandene Krusten in der Wüste sowie steinzeitliche Gerätschaften, die entlang der alten Uferlinien zu finden waren (Philby, 1933).

Die Landschaft ist durchsetzt mit Seesedimenten, Schwemmkegeln, Flussschotter und Höhlensinter. Im Fachmagazin »Nature« werden angeblich während des »Eiszeitalters« (= Schneezeit) entstandene Seen in der *Arabischen Wüste* beschrieben (McClure, 1976). Im Südwesten der *Rub al-Khali*, der größten Sandwüste der Welt im Süden der arabischen Halbinsel, gibt es mehr als 200 m hohe Sanddünen. Sie liegen auf dem alten Flussschotter, und der Sand soll aus Sedimenten des angeblichen »Eiszeitalters« entstanden bzw. umgearbeitet worden sein – Kommentar überflüssig ...

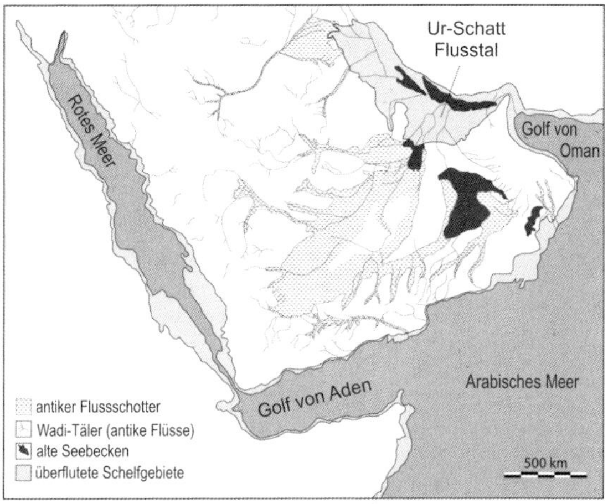

Abb. 72: **NASSE PHASE**. Die Karte zeigt antike Flusssysteme und Seebecken, als es in der heutigen Wüste der Arabischen Halbinsel reichlich Wasser gab und dort *viele Tiere und Menschen lebten*. Die hellgrau eingefärbten Flächen lagen bis vor wenigen tausend Jahren über Wasser und waren bewohnt. Den Persischen Golf gab es noch nicht.

Anhand von Mollusken-Schalen und Mergelschichten (Sedimentgestein aus Ton und Kalk) wurde eine ganze Serie von kleinen Seen inmitten der Sandwüste *Rub al-Khali* nachgewiesen, die sich über 1200 km hinweg erstreckten und ihren höchsten Wasserstand vor angeblich 37 000 Jahren erreicht haben sollen (McClure, 1976). Im Bereich der mächtigsten Seesedimente Arabiens wurden fossile Reste von Antilopen, Gazellen, Auerochsen, Wildeseln, Kuhantilopen, Wasserbüffeln, Ziegen, Flusspferden, Wildkamelen und Straußen ausgegraben (McClure, 1984).

Andere Beweise für diese feuchte und fruchtbare Klimaphase sind u. a. Terrassen-Ablagerungen im Wadi Dhaid, die auf ein Alter zwischen 35 000 und 22 000 Jahren geschätzt werden (Sanlaville, 1992). Von ähnlichen Seebecken wie in der Sandwüste *Rub al-Khali* wird aus Nordarabien und dem Jemen berichtet (Lézine et al., 1998; 2007).

Zeitlich danach sollen aride Bedingungen eingesetzt haben, die vor 5000 Jahren begonnen und noch heutzutage Bestand haben sollen (»Proceedings of the Seminar for Arabian Studies«, Bd. 38, 2008, S. 33). Mit Staudämmen soll versucht worden sein, das immer seltenere Wasser zu stauen, um ganzjährig die Felder bewässern zu können. Dies erscheint verständlich. Nur, die Datierung stimmt nicht ganz mit dem Beginn der Wüstenbildung in der Sahara überein. Mit anderen Worten, die Wüstenbildung in Arabien muss etwas später eingesetzt haben als bisher vermutet. In einer Studie über die südöstliche Region Arabiens, die in der Fachzeitschrift »Geomorphology« im Jahr 2008 (Bd. 101, 458–470) erschien, wird eine Besiedlung während einer regenreichen Phase beschrieben, die von vor 8500 bis 6000 Jahren gedauert haben soll.

Während des zu dieser Zeit herrschenden Klima-Optimums (Abb. 2, S. 13) wurden in Arabien gigantische Monumente, *Mustatil* genannte Steinbauten

Abb. 73: **ANTIKE TALSPERREN**. Enge Schluchten wie bei Adraa (Edraa) und Adschma (Adshma) im Jemen wurden durch Talsperren abgeriegelt, um das aus den Bergen kommende Wasser zu speichern. Der Staudamm wurde stufenförmig aus Steinen errichtet und besaß im Inneren zwei parallele Wände. In diesen Zwischenraum wurde toniger Boden gefüllt, der für die Dichtigkeit des Dammes sorgte – eine ausgesprochen modern wirkende Konstruktion.

im nördlichen Teil der Arabischen Halbinsel am Südrand der Nefud-Wüste errichtet. Diese Bauten bestehen in der Regel aus zwei großen Plattformen, die durch parallele Längswände verbunden sind und sich manchmal über 600 m Länge erstrecken, die mehr als 7000 Jahre alt sein sollen. »Es wurde auch eine Ansammlung von Tierknochen geborgen, die sowohl Wildtieren als auch Hausrindern zugeordnet werden können; möglicherweise handelt sich aber bei den Rinderknochen um die von wild lebenden Auerochsen«, im Bereich der heutigen Wüste (www.archaeologie-online.de, 1.9.2020, Internetlink 11).

Halbnomadische Hirten ließen ihr Vieh in einer Savannenlandschaft grasen, betrieben Jagd und Fischfang. Von vor 6000 bis 4500 Jahren wuchs das Gras etwas spärlicher, aber erst dann wurden die Bedingungen trockener, und erst vor 4000 Jahren setzte arides Klima ein, bei dem die Verdunstung den Niederschlag in einer Region übersteigt (Parker/Goudie, 2008). Interessant ist der Vergleich mit der mitteleuropäischen Temperaturkurve (Abb. 12, S. 23).

Wenn also dargestellt wird, dass früher Talsperren in der Wüste errichtet wurden, weil das jemenitische Hochland so arm an Niederschlägen ist, dann wird nicht berücksichtigt, dass damals kein arides Klima wie heutzutage herrschte. Schon allein das Vorhandensein des großen Damms von Marib ist ohne gravierenden natürlichen Klimawandel kaum zu erklären. Dieser war nicht nur eine einzelne bauliche Meisterleistung zur Bewässerung einer Oase, sondern es gab ein ganzes System von Wasserbauwerken mit regelrechten Talsperren. Heutzutage werden Oasen mit runden Bewässerungsflächen und einem Durchmesser von oft einem Kilometer mittels eines echten Fossils mit Wasser versorgt, indem man bis zu 1000 m tiefe Löcher durch Kalkstein und Sedimente bohrt, um »fossile« Wasservorräte unter der Wüste anzapfen.

Kein Wasser im Golf

Sieht man sich Satellitenbilder von der Arabischen Halbinsel an, so glaubt man förmlich riesige Wasserströme zu sehen, die in Richtung Persischer Golf strömen. Seit wann gibt es dieses Meer und warum ist es während der ariden Klimaphase nicht ausgetrocknet? Denn der heutige Persische Golf ist mit einer mittleren Wassertiefe von 35 m und einer größten Tiefe von etwa 100 m relativ flach. Ganz einfach, weil es den Persischen Golf vor wenigen tausend Jahren noch nicht gab, da der Wasserspiegel in den Ozeanen nach allgemeiner Auffassung mindestens 130 m, wenn nicht 150 m tiefer lag als heute (Blackwelder et al., 1979).

Das Wasser aus der heutigen Arabischen Wüste und dem Anatolischen Hochland floss durch das Ur-Schatt-Flusstal und die Straße von Hormus in den südlich gelegenen Golf von Oman und das Arabische Meer (Abb. 72, S. 137). Erst vor 12 500 Jahren soll das Wasser mit dem ansteigenden Meeresspiegel der Ozeane in den Persischen Golf geflossen sein und »erreichte die gegenwärtigen Uferlinien erst vor 6000 Jahren und überstieg das gegenwärtige Niveau um 2 m« (Bernier et al., 1995; Lambeck, 1996; Williams/Walkden, 2002). Diese Überflutungsphase soll vor 5000 Jahren geendet haben, als trockenes Klima einsetzte (Parker/Rose, 2008, S. 33).

Entlang der südlichen Küsten des Golfbeckens und auf heutigen Inseln im Persischen Golf wurden Funde aus der späten Jungsteinzeit ausgegraben (u. a. Haerinck, 1991 und 1994). Diese »erscheinen entlang der Golfküste sozusagen über Nacht mehr als 60 markante jungsteinzeitliche Siedlungsplätze« (BdW, 19.3.2013: »Paradies unter Wasser«). Die Frage, warum plötzlich voll entwickelte Agrarkulturen in vorher unbewohnten Gebieten auftauchten, und das Rätsel der Herkunft der Sumerer müssten unter Berücksichtigung eines gestiegenen Meeresspiegels neu diskutiert werden,

Abb. 74: **WÜSTENSTRÖME**. Satellitenkarten zeigen deutliche Spuren früherer großer Wasserströme auf der arabischen Halbinsel und im Osten Afrikas (vgl. Abb. 72, S. 137).

auch unter Einbeziehung neuer genetischer Untersuchungen moderner Populationen, die heutzutage um den Persischen Golf herum leben und die eine ursprüngliche Abstammung aus Afrika, Asien und Europa aufweisen (Reguiero et al., 2006; Shepard/Herrera, 2006).

Die ältesten überlieferten Schilderungen einer katastrophalen Überschwemmung stammen vom Nordufer des Persischen Golfs. Eine erst jetzt entzifferte Inschrift auf einer im späten 19. Jahrhundert im heutigen Irak entdeckten, angeblich 4000 Jahre alten Keilschrift-Tafel enthält den Gilgamesch-Epos mit einer in Sumerisch festgehaltene Beschreibung einer Sintflut. Diese Geschichte ähnelt auf unheimliche Weise der biblischen Geschichte von der Arche Noah, die im Buch Genesis zu finden ist (www.morgenpost.de, 18.6.2024).

Nebenbei bemerkt, könnte sich die ganze biblische Geschichte in Südwestarabien abgespielt haben. »Denn die biblischen Ereignisse von Abraham bis Babylonischen Gefangenschaft des Volkes Israel lassen sich im heutigen Palästina schwer belegen: stattdessen gibt es in Asir (...) eine Fülle von Orten, deren Namen auf biblische Ortsbezeichnungen zurückgehen« (»Der Spiegel«, Nr. 40/1985, S. 220).

Sehen wir uns jetzt einmal das auf der westlichen Seite der Arabischen Halbinsel gelegene Rote Meer an, das mit dem Ozean nur durch die gerade 27 km breite und 130 m tiefe Meerenge *Bab al-Mandab* (arabisch *Tor der Tränen*) verbunden ist. Wie der Persische Golf war auch das Rote Meer einmal ein Binnenmeer, als der Meeresspiegel der Ozeane tiefer lag als heute. Die den westlichen Rand des Arabischen Subkontinents flankierenden Wassermassen des Roten Meeres gab es vor etwa 10 000 Jahren noch nicht (Lambeck, 1996; Uchupi et al., 1999). In dem bereits zitierten Seminar für arabische Studien im Juli 2007 wurde bestätigt: »Die Abwesenheit dieses Wasserweges war unzweifelhaft ein integraler Teil des prähistorischen Geschehens.« Das Rote Meer gab es vor wenigen tausend Jahren ebenso wenig wie den Persischen Golf, und beide Becken füllten sich gleichzeitig mit dem steigenden Wasserspiegel der Ozeane zu der Zeit, als sich die Wüsten in Afrika und auf der Arabischen Halbinsel ausbreiteten.

Wie lange dauert es eigentlich, bis das Rote Meer, so wie es sich heutzutage darstellt, ausgetrocknet? Wissenschaftler und Ingenieure entwickelten 2007 die Idee, das Rote Meer an seinem südlichen Ausgang zwischen Dschibuti und Jemen durch einen 150 m hohen Damm abzusperren. Die natürliche Verdunstung würde den Pegel des so abgeschlossenen Roten Meeres schnell absenken. Einströmendes Wasser soll dann Turbinen antreiben und elektrischen Strom erzeugen. Man berechnete, dass nach 50 Jahren die 450 000 km^2 große Oberfläche des Roten Meeres um ein Drittel und nach 300 Jahren sogar um zwei Drittel reduziert wäre. Die Verdunstung eines früheren Roten Meeres, sofern jemals vorhanden, konnte quasi sehr rasch erfolgt sein.

Qualitativ lässt sich dies auch auf das Mittelmeer übertragen: Laut Agiadi et al. (2024) würde eine Flut durch einen 1500 m hohen Wasserfall bei Gibraltar das östliche Mittelmeer alle zweieinhalb Stunden um einen Meter ansteigen lassen. Dies hätte zur Folge, dass die Füllung über ein Jahr dauern und Malta, Gozo sowie Sizilien endgültig von Afrika und Italien getrennt, also zu Inseln würden. Als der Wasserspiegel der Ozeane 130 m und tiefer lag als heutzutage, bestand eine breite Landverbindung im Süden zwischen Ostafrika und der Arabischen Halbinsel. So ist zu erklären, dass im Westen von Dhofar, Sultanat Oman, Schnecken existierten, die denen in Ostafrika gleichen (Mordan, 1980). Außerdem gibt es genetische Beweise für eine erst vor Kurzem erfolgte Trennung von Ginsterkatzen-Arten, die auch als Ganetten bezeichnet werden. Es wurden weitere sich von Fleisch ernährende Tiere östlich und westlich des Roten Meeres entdeckt, die genetisch miteinander verwandt sind, u. a. Mungo, Wüstenfuchs, Honigdachs, Karakal (Wüstenluchs), Sumpfluchs oder Goldschakal (Fernandes et al., 2006). Einen weiteren Hinweis geben die heutzutage in den ostafrikanischen Staaten Somalia, Eritrea, Sudan und Äthiopien ebenso wie auf der anderen Seite des Roten Meeres im jemenitischen Bergland lebenden, an trockenes Klima gewöhnten Mantelpaviane (Nowak, 1991). Genetische Berechnungen ergaben, dass sich Mantelpaviane vor 150 000 bis 50 000 Jahren entwickelt haben sollen und später auf die Arabische Halbinsel einwanderten (Wildmann, 2000 und 2004; Fernandes et al., 2006).

Andere Untersuchungen aus dem Jahr 2000 zeigten jedoch, dass durch Berechnungen anhand von Mutationsraten das Alter moderner Menschen auf 130 000 Jahre für mütterliche und nur 59 000 Jahre für väterliche Ahnenreihen des Menschen ermittelt haben (»Nature Genetics«, Bd. 26/3, Nov. 2000, S. 253–254 und 358–361).

Zusätzlich zum Unterschied der Altersbestimmung durch zwei unterschiedliche Methoden für ein einziges Ereignis wird durch eine neue Untersuchung die für derartige Berechnungen vorausgesetzte Dauer der Mutationsrate infrage gestellt. Aus dem Vergleich von DNA-Sequenzen über einen Zeitraum von 327 Generationen wurde eine empirische Mutationsrate berechnet, die um den Faktor 20 kürzer ist, als eine solche bei bisherigen stammesgeschichtlichen Analysen und Berechnungen vorausgesetzt wurde (»Nature Genetics«, Bd. 15, 1.4.1997, S. 363–368).

Eine konstante Mutationshäufigkeit pro Zeiteinheit kann als abstraktes Gedankenmodell gewertet werden, im Sinne der Gleichförmigkeits- bzw. Evolutionstheorie. Setzen wir aber den durch empirische Untersuchungen ermittelten Verjüngungsfaktor für die Entstehung von Mantelpavianen in Ostafrika an, dann werden aus 150 000 nur noch 7500 Jahre. Zu dieser Zeit lag der Meeresspiegel von Rotem Meer und Persischem Golf wesentlich tiefer, und es gab damals eine breite Landbrücke zwischen Südarabien und Ostafrika. Das Zeitproblem-Rätsel wäre gelöst.

Menschen waren Zeugen gewaltiger Umwälzungen und Veränderungen der Erdoberfläche. Entstand das Becken des Roten Meeres als Riss und Absenkung in der Erdkruste vielleicht auch erst vor ein paar tausend Jahren? Die Verlängerung dieses Erdrisses (Grabenbruch) stellt das ostafrikanische Grabensystem dar, dessen Länge einem Sechstel des Erdumfangs entspricht. Die Eingeborenen bewahrten die Überlieferungen von großen Umwälzungen der Landschaften bei der Bildung des Grabenbruchs. Diese Tatsache wird durch geologische Befunde unterstützt, denn zum Beispiel sind einige der Grabenböschungen so kahl und scharf, dass sie jüngeren Datums und zu Lebzeiten von Menschen entstanden sein müssen.

Und Fachleute wie J. W. Gregory (1894, 1920), der Erforscher des ostafrikanischen Grabensystems, und der renommierte Geologe Professor Eduard Sueß (1885/1909) waren derselben Überzeugung und sahen sogar *eine Verbindung zwischen der Entstehung des ostafrikanischen Grabensystems mit der letzten großen Hebung der Faltengebirge in Europa und Asien*.

Auch R. F. Flint (1947, S. 523) stellte fest, dass *gewaltige Umformungen der Erdkruste im Beisein moderner Menschen erfolgten*:

»Die Erde befand sich in Spannung, und ihre Kruste barst entlang eines Meridians über fast die ganze Länge Afrikas (...) Die Gebirgskette auf dem Grund des Atlantiks könnte durch dieselbe Ursache hervorgerufen sein; und die Zeit des Bruches und der Faltung muss mit einer der gebirgsbildenden Perioden in Europa und Asien zusammengefallen sein. Diese Berge erreich-

Abb. 75: **EXPANSION**. Dieser Teil des Ostafrikanischen Grabens in Kenia demonstriert die riesigen Zugkräfte in der Kruste Afrikas. Menschen (M) am linken Rand zum Größenvergleich.

ten ihre heutige Höhe zur Zeit des Menschen; das Ostafrikanische Grabensystem (...) wurde größtenteils ebenfalls zur Zeit des Menschen gebildet«, vor etwa 10 000 Jahren!

Moderne Menschen erlebten gewaltige Veränderungen der Erdkruste und -oberfläche! Das vom Süden Afrikas über das Rote und Tote Meer bis nach Syrien reichende Grabensystem ist nicht das Ergebnis einer lokalen Zerklüftung. *Eine globale Ursache kann aber über das aktuelle Weltbild nicht abgeleitet werden, da die verursachenden Prozesse gleichförmig und sehr langsam ablaufen sollen.*

Die Öffnung von Spalten dieser Größenordnung kann nur das Wirken einer (Zug-)Spannung, also als Folge einer Zerrung erklärt werden, die rechtwinklig zum Verlauf des Bruches gerichtet ist. Mit dem Überschreiten der Zugspannungsgrenze entsteht ein Riss oder wie im vorliegenden Fall ein System von Rissen schlagartig. Diese Spannung, die zum Bersten des afrikanischen Kontinents und zur Trennung der Arabischen von der Afrikanischen Platte führte, kann nur durch schnell-katastrophische, aber nicht durch langsam-stetige Wirkungen erklärt werden. Deshalb berichten die Mythen

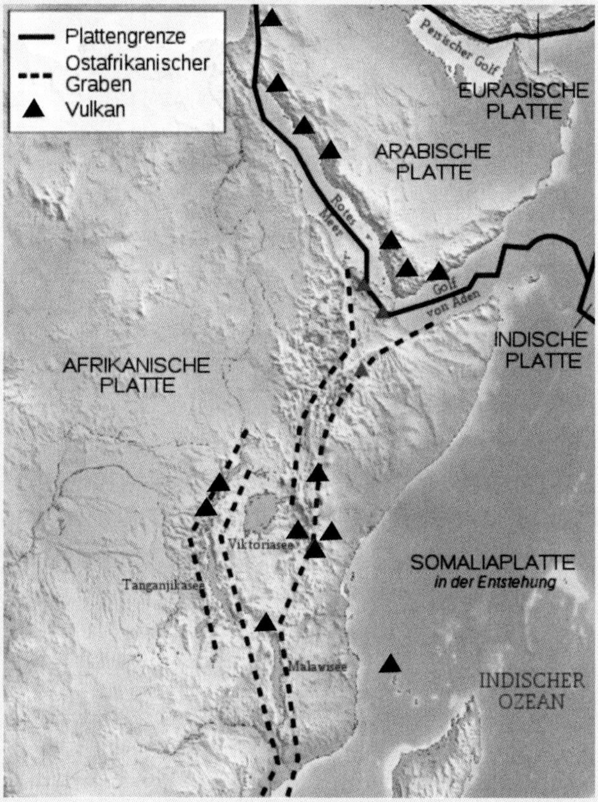

Abb. 76: **OSTAFRIKANISCHES GRABENSYSTEM**. Der Kontinent Afrika reißt auseinander! Auf der Arabischen Halbinsel befinden sich Vulkanfelder in der Gebirgskette, die an der östlichen Seite des Roten Meeres entlang verläuft.

Abb. 77: **ARABISCHE VULKANE**. Bild links: Der zum Harrat Khaybar-Vulkanfeld gehörende graue Vulkan *Jabal Bayda* besteht aus einem Tuffkegel. In der Mitte des Kraters befindet sich ein kleiner Lavadom. Man erkennt sehr schön die mit dem Vulkanausbruch durch Wasserfluten geformten Schluchten und Täler. Bild rechts: In *Hamam Damt* (*Hammam Dammt*), Jemen, befindet sich ein etwa 30 m hoher kegelstumpfartiger Sinterberg, der mitten aus dem Tal des Wadi *Benna* herausragt. Dieses ist bekannt wegen der Heilwirkung seiner heißen Quellen. Es gibt dort insgesamt zehn Krater, die Sinterberge darstellen, da das mineralhaltige, warme Wasser über den Rand abfloss.

der Eingeborenen entlang dieses Grabensystems von diesem einschneidenden Umbruch (Gregory, 1920, S. 236).

Entlang des Ostafrikanischen Grabensystems gibt es viele Vulkane, ebenso in der wüstenhaften Gebirgskette am Ostrand des Roten Meeres, also im Westen der Arabischen Halbinsel. Dort liegen sechs derzeit *nicht* aktive große Vulkanfelder sowie ein unbenannter untermeerischer Vulkan im Golf von Aden. Weitere zehn Vulkanfelder befinden sich in Saudi-Arabien. Auf der westlichen Seite des Roten Meeres in Nordafrika gibt es dagegen so gut wie keine Vulkane, systematisch ähnlich wie bei der Südamerika-Platte.

Sehen wir uns eines der größten Vulkanfelder im westlichen Teil Saudi-Arabiens, das nördlich von Medina gelegene *Harrat Khaybar*, einmal näher an. Das 100 km lange, nord-südlich verlaufende Spaltensystem besitzt neben einigen basaltischen Kegeln, Lavakuppeln und Tuffringen auch sieben Vulkane mit höchstens 4500 Jahre alten Lavaflüssen und acht weitere, deren letzte Aktivitäten jünger als 1500 Jahre sind. Außerdem gibt es einen aus einzelnen Schichten von Lava und Lockermassen bestehenden Stratovulkan, auch Schichtvulkan genannt, der noch vor etwa 1350 Jahren aktiv war. Derartige Vulkane erkennt man an ihrer relativ steilen, spitzkegeligen Form. Sie werden auch als graue Vulkane bezeichnet, wegen ihrer *nicht* glühenden, grauen Förderprodukte. In der Abbildung 77 links, wie auch beim Vesuv, sind sehr schön Radialfurchen sowie Schluchten und breite Täler zu erkennen, wie sie wechsellagernd, kurz nach einer frischen Aschebedeckung durch Schlamm- oder Gesteinsströme eingeschnitten wurden.

Solche an den Vulkanhängen auftretenden Talformen und ihre gegenseitigen Beziehungen stellen also keine Ergebnisse glazialer oder anderer nachträglicher Erosionswirkungen eines Gletschers dar, wie zum Beispiel die als Mäanderwirkungen bezeichneten Abfolgen von Fluss-Schlingen, die durch gleichzeitig transportiertes und abgelagertes Geschiebe (Sand, Kies, Steine) entstehen. Im Gegenteil, ihre Entstehungen sind ursächlich mit dem Aufbauprozess des Vulkankörpers verbunden und wurden von Schlammfluten bzw. Gesteinsströmen erzeugt.

Vorwiegend in der westlichen Hälfte der großen arabischen Wüste gibt es etwa 30 aus schwarz versengten und zerbrochenen Steinen bestehende riesige Felder, die sich über bis zu 150 km hinweg erstrecken. Eine Durchquerung dieser Felder ist fast unmöglich, da die scharfkantigen Steine dicht gepackt sind. Es wurde vermutet, dass es sich bei den geschwärzten und zer-

Abb. 78: **FLUTKANAL**. Das Wadi *Hadramaut* im Jemen wurde einst durch Superfluten in das Plateau eingefräst. Vgl. Abb. 79 (S. 147).

brochenen Steinen um große Meteoriten-Schauer gehandelt haben könnte, denn obwohl die Steine allein schon großen Temperaturschwankungen durch heiße Sonneneinstrahlung und kalte Nächte ausgesetzt waren, blieben die Steinkanten scharf. Dies zeigt, dass die Steine vor nicht allzu langer Zeit abgelagert wurden. Man glaubt, dass das Fehlen von Lava in den meisten, aber nicht in allen Feldern gegen den vulkanischen Ursprung der Steine spricht. Jedoch wurde bereits in diesem Buch dokumentiert, dass am Vulkan *Mount St. Helens* in einiger Entfernung vom Rand des Kraters mit der Explosion plötzlich zwei Gebirgsbäche entstanden, die jeweils in einem »jungfräulich« geschütteten Bett aus Geröllen zu Tal fließen. Stellen wir uns vor, dass sich der Gebirgszug östlich des Roten Meeres in Begleitung von heftigen Erdbeben und von Vulkanismus hob, dann wurde hier das relative kleine *Mount St. Helens*-Ereignis in wesentlich größerem Maßstab nachvollzogen. Aus dieser Sichtweise stellen die anscheinend rätselhaften Steinfelder Hinterlassenschaften jüngerer vulkanischer Aktivitäten dar.

Wenn wir uns weiterhin vorstellen, dass diese Gebirge sogar aus dem Meer herausgehoben wurden, dann könnte auch die Herkunft der vielen Sedi-

Abb. 79: **MISSOULA-FLUT**. Der Palouse Canyon im US-Bundesstaat Washington wurde *nach* der letzten »Eiszeit« vor wenigen tausend Jahren durch die Missoula-Flut aus solidem Granit katastrophenartig 90 bis 160 Meter tief als »typisch eiszeitliches« U-Tal herausgefräst. Kleines Bild (aus Baker, 2002): Dieser Basaltblock ist 18 Meter lang und wurde von der Missoula-Flut zehn Kilometer weit befördert.

mente erklärt werden, die anscheinend aus den Bergen kamen und in die heutige Arabische Wüste sowie dann in Richtung Persischer Golf geschwemmt wurden.

Große Seen und ostwärts fließende Ströme verschwanden auf der Arabischen Halbinsel vor wenigen Jahrtausenden, und riesige Steinfelder liegen da wie kürzlich geschüttet. Der Persische Golf und das Rote Meer füllten sich mit Wasser. Die üppige Tier- und Pflanzenwelt wurde katastrophisch verschüttet, und Arabien wurde zu einer Wüste mit einzelnen Oasen und Wadis, die alte Superflutkanäle darstellen (Abb. 78). Im südlichen Teil der arabischen Wüste gibt es fast dem Boden gleichgemachte Bauwerke uralter Kulturstädte, die durch Naturkatastrophen und Erosionen fast völlig zerstört wurden. Spuren einer Kultivierung sind stumme Zeugen einer Zeit, als das Land fruchtbar war: ausgiebig bewässert und üppig bewaldet wie Indien, das auf derselben geografischen Breite liegt. Aber als Folge einer gewaltigen Naturkatastrophe wurde die Arabische Halbinsel vor kurzer Zeit zu einer Wüste, mit staubtrockenen Lava-Gebirgen.

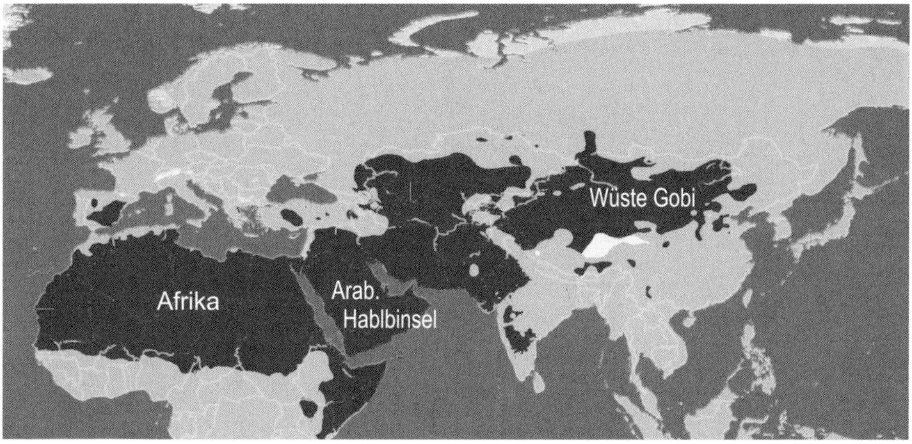

Abb. 80: **WÜSTENGÜRTEL**. Dieser erstreckt sich von Afrika über die Arabische Halbinsel sowie das Tarim-Becken bis über die Mongolei hinaus.

Die Wüstenbildung ist aber nicht auf Sahara und arabische Wüste beschränkt, sondern es existiert ein durchgehender Wüstengürtel, auch *Altweltlicher Trockengürtel* genannt, der sich weiter über das tibetanische Plateau bis hin zur Wüste Gobi erstreckt und erst östlich der Mongolei endet. In diesem Gebiet findet sich der bereits in sumerischen Keilschriften erwähnte Nomadismus als sozio-ökologische Lebensweise. Das Nomadentum ist dann vielleicht die Überlebensstrategie von Völkern, die durch Naturkatastrophen vertrieben wurden und in einem erst vor wenigen tausend Jahren entstandenen Wüstengürtel verarmten.

Wie gezeigt wurde, stieg etwa zur gleichen Zeit der Meeresspiegel in den Ozeanen an und überflutete vorher trocken liegende Täler und Becken oder bereits gefüllte Seen und Binnenmeere. Deshalb findet man versunkene Wälder an vielen Orten, beispielsweise in Grönland und an der Ostküste Amerikas, oder unter Wasser liegende Bauwerke, sei es im Mittelmeer, um Europa herum, in der Nordsee, in der Karibik, vor Japan oder an der Küste Indiens.

So wurden Unterwasserruinen, die eine Fläche von mehreren Quadratkilometern bedecken, vor der Südost-Küste Indiens entdeckt. Das Team unter Leitung von Monty Halls stützte sich bei seiner Suche nach der versunkenen Stadt, deren Fundort nahe der Hafenstadt Mahabalipuram liegt, auf Aussagen von einheimischen Fischern und auf eine alte indische, bereits von dem britischen Astronomen John Goldingham 1798 aufgeschriebene Legende. In dieser wird die Überflutung einer großen Stadt beschrieben, die heute etwa zwei Kilometer vor der Küste liegt. Die Stadt war mittelalterlichen Seefahrern unter dem Namen *Die sieben Pagoden* bekannt. Die Legende berichtet von sechs im Meer versunkenen Tempeln und Teilen eines siebenten, der noch immer nahe der Küste zu sehen ist. Einst soll sich an dieser Stelle eine Stadt befunden haben, die so herrlich war, dass die Götter aus Neid diese in nur einem Tag vollständig überfluteten. Nach der Legende wurde Mahabalipuram vor 1000 Jahren von einer großen Flut getroffen. Man verlegt dieses Ereignis heute gerne mehrere tausend Jahre zurück in die Vergangenheit.

Wie »BBC-News« berichtete wurde eine andere, angeblich 9000, nach anderen Schätzungen 5500 Jahre alte Stadt, die der Harappa-Kultur zugerechnet wird, am Meeresgrund im *Golf von Khambhat* an der nördlichen Westküste Indiens durch Meereswissenschaftler im Jahr 2001 entdeckt. Zahlreiche Ruinen erstrecken sich in 40 m Tiefe. Die indische Zeitung »The Economic Times« bezeichnet diese über 8 km umfassende Struktur als die größte archäologische Unterwasseranlage, die weltweit bekannt ist. Ent-

Abb. 81: **VERSUNKEN**. Die Ruinen zweier Städte der altertümlichen Harappa-Kultur im *Golf von Khambhat*, Indien, liegen auf einer Tiefe von etwa 35 m. Sie wurden erst im Jahr 2002 entdeckt.

Abb. 82: **HERAKLION**. Bergung einer unter Wasser befindlichen Pharaonen-Statue.

deckt wurde unter anderem ein 40 mal 40 m großes Bauwerk, das als Bad gedient haben könnte. Die Auswertung neuerer Sonaraufnahmen aus dem Jahr 2017 hat jedoch ergeben, dass sich unter der Wasseroberfläche im *Golf von Khambhat* sogar zwei Städte befinden.

Dieser Golf lag vor wenigen tausend Jahren trocken und wurde von mehreren Flüssen durchzogen, bevor er vom steigenden Meeresspiegel überschwemmt wurde. Städte von dieser Größe tauchen laut archäologischer Datierung, global gesehen, frühestens vor 5000 Jahren auf, mit den ersten großen Städten in Mesopotamien. Diese Datierung würde auch eher zur Überflutung von Meeresbecken wie Persischer Golf und Rotes Meer passen.

Die altägyptischen Städte Kanopus, Thonis-Heraklion und das Hafenviertel von Alexandria versanken nach verheerenden Naturkatastrophen im Meer, völlig vergessen von der Menschheit. Erst im Jahr 1992 entdeckten Archäologen am Nildelta, etwa 6,5 km vor der Küste bei *Abu Qir* in Ägypten, die Überreste, die Heraklion gewesen sein sollen und in den Texten der antiken Geschichtsschreibern Herodot und Strabon erwähnt wurden. Angeblich noch vor 2500 Jahren war diese auf mehreren Inseln erbaute und von zahlreichen Kanälen durchzogene Stadt mit einer hohen *griechischen* Einwohnerdichte ein dynamisches Handelszentrum, bis sie einst das Meer verschluckte. Bei Ausgrabungen wurden Inschriften gefunden, aus denen erstmals ersichtlich wurde, dass das griechische Herakleion und das ägyptische Thonis dieselbe Stadt waren (Internetlink 12). Lag zu damaliger Zeit der Wasserspiegel im Mittelmeer – wie im Roten Meer und Persischen Golf – wesentlich niedriger als heute?

Offiziell ist der Grund für den Untergang der Stätten (Portus Magnus in Alexandria und die Städte Thonis-Herakleion und Kanopus in der Bucht von

Abb. 83: **SCHIEF GESTELLT.** Am 16. Juni 1964 neigten sich Gebäude in der japanischen Stadt *Niigata* während des Erdbebens infolge Bodenverflüssigung relativ schnell. Diese Stadt war auf einem ehemaligen Flusslauf errichtet, ähnlich wie Heraklion im Nildelta. Zahlreiche Häuser kippten, da Bodenverflüssigung eher punktuelle Auswirkungen hat, denn stark verflüssigter Boden tritt oft stellenweise an der Oberfläche in Form von Schlammfontänen aus. Dadurch baut sich der entstandene Druck infolge geringerer Scherfestigkeit des Bodens zwar teilweise sehr stark ab, aber räumlich in unterschiedlicher Intensität, also ungleichmäßig im Untergrund aufgrund der Druckunterschiede.

ob. 84: **YONAGUNI.** Bild oben: er ähnlich wie ein »Maya-Tempel« ıssehende Monolith am Boden es Ostchinesischen Meeres vor er japanischen Insel *Yonaguni*. teressant sind die scheinbar eichmäßig bis zur oberen Plattrm angeordneten Stufen und die gelmäßig angeordneten Quader. to: »National Geographic«. Bild nten: Auf der Tiefe von etwa 27 m efindet sich ein eindrucksvolles oßes Monolith-Bauwerk in *Yonaıni*, das während der Jahrtausende st gar nicht beschädigt wurde. Da an Bauwerke so tief am Boden des stchinesischen Meeres nicht erklären ınn, wird von anderen Wissenschaftn vermutet, dass es sich um ıtürlich entstandene Sandsteinrmationen handelt, die dazu neigen, langen Ebenen zu brechen und erade Kanten zu bilden.

Abukir) unbekannt. Neuere Untersuchungen jedoch sollen den Hinweis auf eine großflächige, zu verschiedene Zeit stattgefundene Bodenverflüssigung oder Liquefaktion in Folge eines Erdbebens geben (Internetlink 13, abgerufen 2.5.2024). Meiner fachlichen Meinung als Bauingenieur nach können zwar derart auf verflüssigtem Boden errichtete Gebäude *ungleichmäßig* absacken und im Extremfall auch umstürzen, jedoch war kaum bekannt, dass durch Bodenverflüssigung große Reale tief absinken. Sicher ist jedoch, dass der Untergang sehr schnell gekommen sein muss. War eine schnelle Erhöhung des Meeresspiegels die wirkliche Ursache für den Untergang nicht nur dieser Stätten rings um das Mittelmeer herum?

Malta-Rätsel

Typisch für die Besiedlungsphase Maltas in der Bronzezeit vor angeblich 3500 bis 2700 Jahren sollen niedrige, flaschenförmige Gruben mit senkrechten Wänden sein, deren Zweck unklar ist. Einige Gruppen solcher Gruben wurden an Land, direkt an der Küste und sogar unter Wasser entdeckt. Natürlich deutet man dieses Phänomen als ein Absinken dieses Küstenbereichs – oder lag ganz einfach der Meeresspiegel früher tiefer als heutzutage?

Die ältesten Spuren menschlicher Gegenwart auf Malta fand man in *Ghar Dalam*, einer lang gestreckten Höhle. Unter Schichten mit Feuerstellen, Steingeräten und Keramik befindet sich eine ungeheure Ansammlung von Tierknochen ausgestorbener Tierrassen, die angeblich aus einer 250 000 Jahre zurückliegenden »Zwischeneiszeit« stammen sollen, als es anerkanntermaßen tatsächlich eine Landbrücke zwischen Malta und Sizilien unter Berücksichtig eines abgesenkten Meeresspiegels gegeben hat.

Mein Autorenkollege Uwe Topper berichtete mir von der Erzählung eines Maltesers. Dieser sagte, dass von Malta eine befestigte Straße nach Süden ins Meer führte und auf der gegenüberliegenden Seite in Tunesien wieder aus dem Meer stieg, in Richtung einer uralten Stadt. An verschiedenen Stellen auf Malta führen in das Gestein eingeschnittene Gleispaare (Felsengleise), auch als Karrengleise bezeichnet (englisch *cart ruts*), direkt ins Meer, wie z. B. in der St. Georges Bay!

Bereits 1928 zeigten Luftaufnahmen ein weit verzweigtes Gleisnetz auf Malta mit Straßenkreuzungen und Weichen sowie seltsam geschlungenen

Abb. 85: **GLEISPAARE**. Auf Malta gibt es viele Karrengleise (Cart Ruts), wie hier mit dem Autor in *Misrah Ghar il-Kbir* (Malta), ein relativ unbekanntes Phänomen.

Abb. 86: **AB INS WASSER**. In der Bucht *St. Georges Bay* führen mehrere *Cart Ruts* auch unter Wasser ins heutige Mittelmeer. Der Meeresspiegel lag früher wesentlich tiefer, u. a. als Malta mit Sizilien verbunden war.

Kurven, die um Hindernisse herumzuführen scheinen, von denen aber nichts mehr zu sehen ist. Zahlreiche Gleise durchschneiden Gruben oder Gräber, die der punischen Zeit zugeordnet werden, und enden vor Eingängen zu bronzezeitlichen Siedlungen. Viele Karrengleise auf Malta weisen eine einheitliche Spurbreite von 140 cm auf, und allein schon deshalb muss es sich um künstlich erzeugte Spuren handeln. In anderen Gebieten rund ums Mittelmeer gibt es unterschiedliche Spurbreiten, im Bereich der Ostalpen zum Beispiel drei verschiedene.

Rein wissenschaftlich werden diese Felsengleise gar nicht untersucht. Konventionell geht man davon aus, dass diese eher natürlichen Ursprungs sind. Wenn man bereit ist, Menschen als Verursacher anzuerkennen, dann müssen aus archäologischer Sichtweise derartige Gleisspuren uralt sein, da diese durch ständiges Befahren vertieft worden sein sollen, wenn sie nicht sogar durch Bearbeitung ins Kalkgestein eingelassen wurden. Jedoch, da Gleisspuren sogar bis zu 80 cm tief in das Kalkgestein eingeschnitten sind, kommt eine künstliche Bearbeitung aufgrund der höchstens 20 cm breiten Gleisspur kaum in Betracht.

Deshalb stellten man mir nach Erscheinen meines ersten Buchs 1998 die Frage, wie diese Felsengleise entstanden sind. Ich erklärte, dass eine Parallele zu versteinerten Fußspuren, sogenannten Trittsiegeln, gesehen werden könnte, die ja nur in vormals weichem Schlamm erzeugt worden sein können, der dann mitsamt der darin enthaltenen Spur versteinert. So ähnlich, wie Prominente in Beverly Hills ihre Fuß- und Handabdrücke im frischen Beton der Gehwegplatten hinterlassen, die dann schnell erhärten und die Abdrücke auf diese Weise konservieren.

Auf Malta befinden sich die Felsengleise heutzutage in festem Kalkgestein. Dieser erhärtet auf hydraulische Art ähnlich schnell wie zum Beispiel Kalkputz. Für die frühere Weichheit des heutzutage harten Felsens spricht auch, dass sich die Gleisspuren teilweise von unten nach oben verjüngen, so als wenn der weiche Schlamm der steilen Flanken etwas seitlich nachgegeben hat. Dies würde bedeuten, dass die Felsengleise in weichem Schlamm, zum Beispiel nach einer Schlammflut hinterlassen wurden oder aber, dass die Insel nach einer Flutkatastrophe erforscht wurde. Für diese Fälle wurden die Gleise in einfacher oder höchstens mehrfacher Fahrt in den Boden gerollt, da der weiche Schlamm relativ schnell zu Kalkstein erhärtete. Danach fuhr man auf bereits erhärtetem Kalkstein und hinterließ keine Spuren mehr.

Es ergeben sich zwei mögliche Schlussfolgerungen. Entweder wurde der weiche Meeresschlamm während eines Sturms an Land geworfen, oder der Untergrund hob sich mitsamt dem schlammigen Untergrund über Meeresniveau. Aber auf jeden Fall muss sich der Wasserspiegel danach erhöht haben, da die Karrenspuren auch in das Meer führen oder aus diesem herauskommen, wodurch wiederum eine Landbrücke bestätigt wird. So könnte die Besiedlung Maltas zum Beispiel von Sizilien aus erfolgt sein, wo es auch derartig versteinerte Karrenspuren gibt, ebenso wie auf der anderen Seite in Afrika (vgl. Abb. 90, S. 159). Eine für Historiker unbequeme Schlussfolgerung daraus wäre, dass schon lange vor der Römerzeit, also bereits in der Bronzezeit eine Wagenkultur existierte!

Fast im ganzen keltischen Kulturgebiet der Hallstatt- und La-Tène-Kultur gibt es sogenannte Wagengräber, die so bezeichnet werden, weil den Verstorbenen (in der Regel zerlegte) Wagen als Beigabe ins Grab beigegeben wurden, nach Ansicht von Historikern angeblich »nur« um eine virtuelle Reise ins Jenseits zu ermöglichen.

Diese Wagen sollen also nicht gefahren sein, obwohl diese technisch hochwertig gebaut waren, weil angeblich ja erst die Römer die Straßen gebaut haben sollen. Aber es gab schon vorher Handelswege, u. a. Bernsteinstraßen genannte Handelswege. Daher entfaltete sich bereits in der Bronzezeit vor über 4000 Jahren ein intensiverer überregionaler Handelsverkehr in Europa, der für verschiedene Handelsgüter genutzt wurden, auf denen (unter anderem) Bernstein von der Nord- und Ostsee nach Süden in den Mittelmeerraum gelangte. Dabei wurden Handelsrouten genutzt, die in späterer Zeit wichtige Verbindungen bleiben sollten, darunter auch die sogenannte »römische Bernsteinstraße (Quast und Erdlich, 2013, S. 29–33).

Die hierzu genutzten keltischen (nicht »römischen«) Wagen waren technisch höherwertig gebaut und zeichnen sich »gegenüber ihren griechischen Vorläufern aus:

- Der Kasten war vorne offen, sodass der Wagenlenker sitzend fahren konnte.
- Die Räder wurden größer und bereits so gebaut, mit in die Felgen eingezapften Speichen, wie sie bis in die Neuzeit allgemein üblich wurden.
- Der Wagenkasten war gefedert.

Das spricht alles für ein Gefährt, das in unwegsamem Gelände in schnellem Tempo gefahren und auch als Streitwagen verwendet werden konnte« bestätigt

Abb. 87: **AM RHEIN**. In der Nähe des Ortes Bacharach gibt es *Cart Ruts*, die den Römern zugeschrieben werden, aber älter sein sollten. Es gibt keine Hinweisschilder: Es sind ja nur einfache Schienen im Felsen.

Andres Furger in »Der gefederte keltische Wagen und seine kulturgeschichtliche Einordnung« (Internetlink 14, S. 5, abgerufen 18.10.2024).

Die ersten Wagengräber stammen sogar aus dem kaukasischen Raum und wurden in der Maikop-Kultur vor 6700 bis 6000 Jahren errichtet. In Mitteleuropa werden Wagengräber der Bronzezeit zugeordnet – wie in Hart an der Alz in Oberbayern – bis hin zur jüngeren vorrömischen Eisenzeit wie in Husby im Kreis Flensburg. Die meisten Wagengräber sollen aus der Hallstattzeit, einem der ausgehenden Bronzezeit folgenden Zeitabschnitt, stammen. Diese keltische Kultur war von Nordostfrankreich bis zum Nordwesten der Balkanhalbinsel verbreitet. In diesen Bereichen findet man ebenfalls versteinerte Felsengleise. Durch zahlreiche Funde sind Kontakte der hallstattzeitlichen Eliten zur südeuropäischen Antike nachgewiesen. Die Herkunft der Importwaren der Kelten reicht dabei sogar vom westlichen Mittelmeer bis hin zum Iran. Besonders beliebt waren griechische und etruskische Importwaren. Natürlich liegt der Gedanke nahe, dass die in den Gräbern gefundenen Waren mit Wagen über solch weite Strecken transportiert wurden. Falsch gedacht, sagen die Historiker! Die Wagen der Kelten sollen reine Grabbeigaben gewesen und nicht für den Alltag gebraucht worden sein, obwohl sie technisch hochwertig für den Transport auf Wegen und Straßen entwickelt waren. Warum wird dies so gelehrt? Weil Kelten Barbaren ohne jede Kultur zu sein haben, da dies angeblich aus der Römerzeit stammende Geschichtsschreiber berichten und deshalb Straßen erst von den Römern gebaut sein dürfen. Folglich, so die Historiker, können die technisch ausgereiften Wagen der Kelten noch nicht auf Straßen gefahren sein, weil es noch gar keine entsprechenden Straßen für technisch hochwertige Wagen gab. Die Kelten müssten mit ihren Wagen also Jahrhunderte auf die Römer gewartet haben, um dann endlich ihre Wagen auf römischen Straßen fahren zu dürfen. Aber auch das wird anders gesehen, denn zu dieser Zeit benutzte Wagen sind dann ja römisch, denn die »Römer« brachten den Barbaren im Norden angeblich ja erst die Kultur.

Einige derartige vorrömische Straßen, Wege oder auch Bohlenwege liegen sogar in oder unter Mooren. Nach Gümbel (1861) wurde im *Saßauer Filz* bei Übersee ein angeblich »römischer« Bohlenweg einerseits über einer drei Meter dicken Torfschicht angelegt, und andererseits ist er von einer jüngeren, einen halben Meter mächtigen Torfschicht überdeckt.

Diese Phase der Moorbildung ereignete sich ungefähr am Übergang von der nordischen Bronzezeit zur Eisenzeit (vgl. Montelius, 1912) mit einer plötzlich-drastischen Klimaabkühlung, die ein rasches Ansteigen des Grundwassers und Wachsen der Moore, eine Ausbreitung von Fichte und Buche und einen starken Rückgang der Nord- und Höhengrenzen vieler Pflanzen und Tiere zur Folge hatte (Gams/Nordhagen, 1923, S. 303).

Abb. 88: **SCHIEF GESTELLT**. Überall auf der Welt findet man Trittsiegel von Dinosauriern, die einerseits, wie hier in Barkhausen (Niedersachsen), in unmittelbarer Küstennähe im Matsch erzeugt wurden, bevor die vormals horizontale Fläche mit dem erhärteten Matsch und den konservierten Fußspuren schräg gestellt wurde.

Abb. 89: **UNTER WASSER**. Zwei Megalith-Blöcke aus der im Meer versunkenen Anlage vor der heutigen Nordostküste Maltas.

Dieser dramatische Klimasturz am Ende der Bronzezeit bzw. am Anfang der Eisenzeit vor knapp 3000 Jahren scheint sich ereignet zu haben, wie bereits beschrieben, als sich die Seebecken im nördlichen Alpenvorland durch tektonische Bewegungen der Erdkruste schief gestellt und empor gehoben wurden.

Gab es entsprechende Hebungen der Erdkruste auch auf Malta, mit dem Schlamm vom Meeresgrund, über den dann die Wagen fuhren und Gleisspuren hinterließen, die schnell versteinerten? Dies erinnert mich an diverse Trittsiegel von Dinosauriern in Amerika (Abb. 16, S. 35), aber auch in Deutschland, die sich an heutzutage schrägen oder sogar steilen Berghängen befinden (Abb. 88, S. 157). Hinterlassen wurden diese aber in einer Schlammschicht, als sich die Erdkruste noch horizontal erstreckte, bevor diese Schicht mit den bereits versteinerten Trittsiegeln tektonisch schräg gestellt wurde.

Trotz eventueller Hebungen muss der Wasserspiegel des Mittelmeeres gestiegen sein, wie ins Meer führende Karren-Spuren auf Malta zeigen. So ist es keine wirkliche Überraschung, dass sich unter Wasser vor der maltesischen Küste, zwei Kilometer vor der nordöstlichen Küste, die Ruinen eines Tempels befinden, der auf einem Plateau errichtet wurde, das die höchste Erhebung eines etwa 900 mal 500 m großen untermeerischen Bergrückens darstellt. Die Lage des Tempels unter Wasser zeigt, dass der Meeresspiegel zur Zeit der Erbauung etwa 200 m tiefer gewesen sein muss. Der Tempel selbst reicht bis wenige Meter an die Wasseroberfläche und weist denselben Baustil wie die an Land auf, die in megalithischer Bauweise mit gigantischen Steinblöcken errichtet wurden und nierenförmig ausgebildete Räume umschließen. Der einzige Unterschied ist, dass dieser Tempel unter Wasser liegt. Er muss überflutet worden sein, worauf Schwemmablagerungen und große, anscheinend von Wassermassen transportierte Steinquader zeugen (Zeitlmair, 2001).

Sehen wir uns eine Satellitenkarte an, dann sieht man, dass bei einem abgesenkten Wasserspiegel des Mittelmeeres Sizilien und Malta Bestandteile einer Landbrücke zwischen Süditalien und Afrika waren. Das Mittelmeer war zu dieser Zeit zweigeteilt. Malta lag auf der Landbrücke, und deshalb kann die Geschichte von der Malta mit Afrika verbindenden Straße wahr sein.

Zu dieser Zeit, als diese große Landbrücke zwischen Italien und Afrika existierte, waren bei dem tiefer liegenden Wasserspiegel auch die heutigen Inseln Korsika und Sardinien mit Italien verbunden, und vielleicht kann deshalb einleuchtend erklärt werden, warum man auf diesen heutigen Inseln viele megalithische Bauten findet. Ähnliches trifft für die Balearen zu, die über eine Landbrücke mit Spanien verbunden waren. Auch die Inselwelt der Ägäis zwischen Griechenland und der Türkei lag zum großen Teil trocken. Die Satellitenkarten zeigen, dass auch Kanopus, Thonis-Heraklion und das Hafenviertel von Alexandria in heutigen flachen Meeresgebieten errichtet wurden.

Ich erinnere mich an einen Vortrag des Geophysikers Giancarlo Scalera vom Nationalen Institut für Geophysik und Vulkanologie in Rom, Italien, auf dem »Internationalen Kolloquium Erdexpansion – eine Theorie auf dem

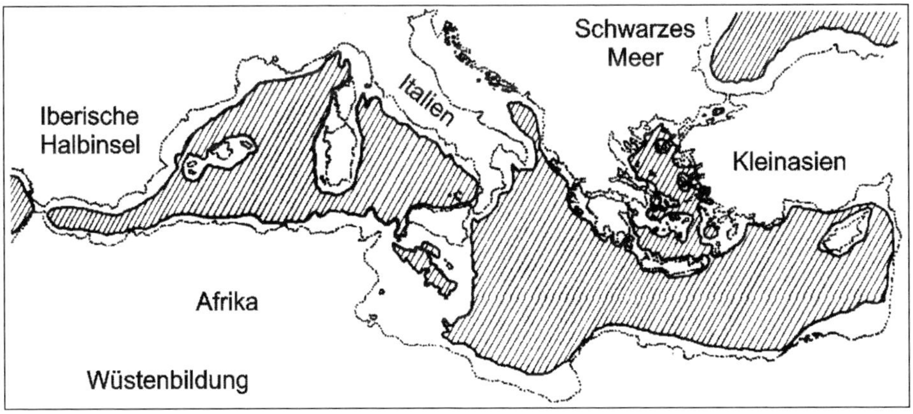

Abb. 90: **ZWEIGETEILT**. Das Mittelmeer trocknete aus. Bei einem Tiefstand des Meeresspiegels von 350 m unter dem heutigen wurde die vorgeschichtliche Besiedlung von Inseln der ägäischen und balearischen Inselgruppen möglich. Das Mittelmeer war zweigeteilt. Es bestand eine Landbrücke von Italien bis nach Afrika. Auch die von Mitteleuropa bis Afrika lebenden Flusspferde konnten nach Malta und Zypern gelangen, wo sie nach der Flutung des Mittelmeeres auf Bergerhebungen isoliert wurden und ausstarben.

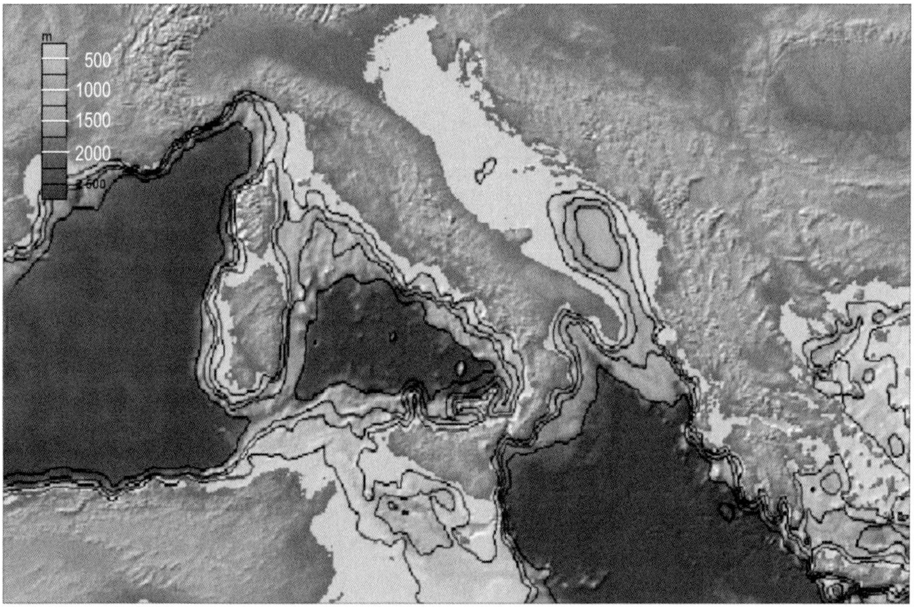

Abb. 91: **WASSERTIEFEN UM ITALIEN**. Die Karte der Wassertiefen um den italienischen Stiefel herum zeigt, dass bis vor 5000, eventuell nur knapp 3000 Jahren das heutige Adriatische Meer bis nördlich von Bari nicht existierte und die Inseln Korsika und Sardinien mit Italien verbunden waren. Wie bereits in der Abb. 90 grob gezeigt, gab es eine Landbrücke über Sizilien sowie Malta bis hin nach Afrika. Unsere Vorgeschichte zur Zeit der Megalithiker bis hin zur Eisenzeit muss anders verlaufen sein, als in Geschichtsbüchern geschrieben steht.

Prüfstand« am 24. und 25. Mai 2003 in Theuern, Deutschland, zu dem ich aufgrund des Erscheinens meines Buches »Irrtümer der Erdgeschichte« (2001) eingeladen wurde:

Scalera führte aufgrund geophysikalischer Studien aus, dass das heutige Adriatische Meer und die Poebene noch vor wenigen tausend Jahren trocken gelegen haben müssen. Vielleicht kann so das in meinem Buch »Kolumbus kam als Letzter« diskutierte Rätsel gelöst werden, warum die Entwicklung im mittleren und nördlichen Etrurien als zweite Kolonisation der Poebene später einzusetzen scheint, die sich daher von der südlichen unterscheidet, zu der Rom gehörte (Torelli, 1998, S. 208).

Auf Satellitenkarten ist zu erkennen, dass der Meeresboden sehr flach liegt und erst bei Bari steil abfällt. Der 550 km^2 große Golf von Triest am nördlichen Ende des Adriatischen Meeres ist durchschnittlich nur 16 m und an der tiefsten Stelle nur 37 m tief. Also lag der Meeresboden hier, wie in der gesamten nördlichen Hälfte des Adriatischen Meeres während der »Postglazialen« Wärmezeit und sogar noch später trocken? Zu der Zeit, als es eine Landbrücke von Sizilien über Malta nach Afrika gab, lag die Adria ebenfalls trocken (Abb. 90 und 91).

Neue Analysen des Erbguts mehrerer Opfer des Vesuv-Ausbruchs im Jahr 79 ergaben auch einen entsprechenden Hinweis, dass die Pompejaner aus verschiedenen geografischen Regionen, jedoch zu einem großen Teil von Personen abstammen, die aus dem östlichen Mittelmeerraum *eingewandert* waren. »Die Studie unterstreicht den diversen und kosmopolitischen Charakter der Bevölkerung von Pompeji und spiegelt größere Muster von Mobilität (...) wider« (Pilli et al., 2024).

Da sich das Mittelmeer erst zur selben Zeit wie der Persische Golf füllen konnte, muss hier für die Überflutung, zumindest des nördlichen Bereichs des adriatischen Beckens, derselbe Zeithorizont angesetzt werden, also offiziell datiert auf vor etwa 5000 Jahren – nach meiner Überzeugung fand dieses Überflutungsszenario sogar noch etwa 2000 Jahre später mit dem *Postglazialen Klimasturz* (Abb. 2, S. 13) statt.

Als sich Gibraltar hob

Wie tief lag der Wasserspiegel in den Ozeanen wirklich? Auf jeden Fall so tief, dass es bis vor 10 000 Jahren – am Ende der letzten angeblichen »Eiszeit« (= Schneezeit) – keine Verbindung von den Ozeanen zum Roten Meer und Persischen Golf, aber auch nicht zum Mittelmeer hin gab. Die große Atlantikbucht westlich Gibraltars ist heutzutage sehr flach, und es gibt nur eine Rinne mit einer Tiefe von lediglich 200 m. Einerseits, wenn wir die Menge der Anlandungen von Sedimenten in benachbarten Küstenregionen betrachten, z. B. nördlich von Cadiz oder im Golf von Biskaya, dann wird vorstellbar, dass eine kompakte Sedimentbarriere den Zugang zum Mittelmeer wie ein Pfropfen verschloss. Andererseits war durch Hebungen im Bereich des Nordwestens von Afrika bis in die Iberische Halbinsel hinein die Verbindung vom Atlantik hin zum Mittelmeer versperrt. Zeugen für die Hebungen sind die verworfenen und rissigen Felsen von Gibraltar. Man kann heutzutage noch an dem 426 m hohen Felsen erkennen, dass der Meeresspiegel sich früher einmal auf einer Höhe von 180 m über dem heutigen befand. Derart hoch kann das Wasser jedoch nie gestanden haben, da dann fast die ganze Welt überflutet gewesen wäre und nur höhere Gebirge aus dem Wasser geragt hätten.

Wie schon der englische Geologe Sir Joseph Prestwich schrieb, wurde der Felsen von Gibraltar gehoben, denn er ragte zuvor nur etwa 240 m aus dem Wasser. Er stellte weiterhin fest, dass die Hebung zu Lebzeiten von Menschen erfolgte, und zwar stufenweise bis zur heutigen Höhe, sodass eine Landbrücke zwischen dem afrikanischen Kontinent und der Iberischen Halbinsel vorhanden war (Prestwich, 1893, S. 46). Das Mittelmeer war ein Binnenmeer mit abgesenktem Meeresspiegel wie das Rote Meer oder trocken wie der Persische Golf!

Der Felsen von Gibraltar wird von zahlreichen Spalten durchzogen, die mit zertrümmerten Knochen gefüllt sind. Die Überreste stammen von Nashorn, Panther, Luchs, Wolf, Hyäne, Bär, Pferd, Wildschwein, Hirsch, Steinbock, Hase, Kaninchen und Rind. Auch ein menschlicher Backenzahn und angeblich altsteinzeitlich bearbeitete Feuersteine, ebenso wie zerbrochene, als jungsteinzeitlich angesehene Töpferwaren wurden in einigen der Klüfte zusammen mit Tierknochen gefunden. Prestwich stellt fest, dass die Knochen zwar in tausend Stücke zerbrochen, aber nicht zerbissen oder angenagt sind, obwohl viele Fleisch fressende Tiere damals in dieser Gegend gelebt haben. Nur eine große Flut kann diese Tiere der Ebene und der Berge zusammengeschwemmt haben (ebd., S. 48).

Tatsächlich müssen Menschen diese Flut, also die katastrophische Füllung des abgesenkten oder wasserlosen Mittelmeeres, erlebt haben, genauso wie die Bildung der Sahara. Nach Pitman und Ryan bildete sich die Mittelmeer-Wüste vor fünf Millionen Jahren; andererseits schlägt Pitman vor, »nach einer ziemlich jungen Trockenperiode zu suchen: Wie wäre es mit einer Zeit kurz nach dem Abschmelzen des letzten kontinentalen Eisschildes?« (Pitman/Ryan, 1999, S. 126).

Trocknete das Mittelmeer einmal ganz und danach noch einmal fast ganz aus, zu Lebzeiten unserer Vorfahren? Denn nicht nur in Gibraltar, sondern auch auf Korsika, Sardinien und Sizilien verstopfen zerbrochene Tierknochen die Felsklüfte. In den Bergen von Palermo in Sizilien entdeckte man eine außergewöhnliche Menge von Flusspferdknochen. So wurden in nur sechs Monaten ihrer Ausbeutung zwanzig Tonnen (!) solcher Knochen einzig aus der Umgebung der Höhle von *San Ciro* bei Palermo verschifft. Sind diese Knochen tatsächlich fünf Millionen Jahre alt und stammen aus der in diese Zeit geologisch datierten Superfluten bzw. der Füllung des Mittelmeeres? Nein, denn die Knochen waren derart frisch, dass sie zur Fabrikation von Knochenkohle für die Verwendung in Zuckerfabriken nach Marseille versandt wurden. Handelt es sich um ein Massengrab, wohin alte Tiere flohen um zu sterben? Nein, denn die Knochen stammen von Tieren jeden Alters bis hin zum Fötus. Der äußerst frische Zustand dieser Knochen weist darauf hin, dass sich eine Katastrophe vor vergleichsweise kurzer Zeit ereignete, schreibt Prestwich (1893, S. 50 f.).

Dieser ehemalige Professor für Geologie, der als eine der ersten Autoritäten auf dem Gebiet der Eiszeitgeologie in England angesehen wird, verlas einen Bericht vor der königlichen Gesellschaft *Royal Society of London* mit dem Titel:

»Das Untertauchen von Westeuropa und der Mittelmeerküsten am Ende der Glazial- oder sogenannten Nacheiszeitperiode, unmittelbar vor der Jungsteinzeit«. Er vermutete nicht nur das Absinken und Emporsteigen des Kontinents, sondern auch, dass ein viel größeres Gebiet betroffen gewesen sein muss, nannte aber keine Ursache. Nach Prestwich erfolgte diese tektonische Katastrophe, als in England die Jungsteinzeit begann oder als die alten Zivilisationszentren sich bereits in der Bronzezeit befanden. Er bestätigte damit, dass frühe Menschen in der Katastrophe zu Schaden gekommen sind (ebd., S. 74). Verschiedenartige Tiere müssen sich in großen Scharen zusammengedrängt haben, in die offenen Klüfte gestürzt sein, wo sie vom Wasser überrollt und vernichtet wurden. Steintrümmer und große Blöcke stürzten durch die Wasserfluten von den Berghängen herab, zerschmetterten und zerschlugen die Knochen in kleine Stücke (ebd., S. 72).

Dieses Massensterben wird verständlicher, wenn wir eine zumindest partielle Austrocknung des vom Ozean abgeschnittenen Mittelmeeres betrachten. Dies hätte zum Absinken des Meeresspiegels wie beim Roten und Schwarzen Meer geführt. Ein Absinken der Vegetationszonen in tiefere Lagen wäre die Folge gewesen. Tief liegende Flussebenen wären nun hoch gelegene Bergwiesen geworden, aufgetauchte Kontinentalsockel zu Hochebenen mit steil abfallenden Plateaurändern. Mittelmeerinseln wie Korsika und Kreta waren während der Austrocknungsperiode hohe Berggipfel. Zu dieser Zeit herrschte heißes Klima, auch in den angrenzenden Regionen. Es wird verständlich, dass Flusspferde, Leoparden, Gazellen und andere tropische Tiere im Bereich des heutigen Mittelmeeres lebten, denn es gab in den tieferen Bereichen noch größere Seen. Und gleichzeitig waren natürliche Landbrücken vorhanden, über die ausgedehnte Tierwanderungen stattfanden.

So konnten Affen oder afrikanische Antilopen über die heutige Landenge von Gibraltar nach Spanien gelangen, und Flusspferde waren von Mitteleuropa über Malta und Zypern bis hin nach Afrika heimisch in allgemein tropischem Klima. Die durch unzählige Knochenfunde bewiesene Verbreitung von Flusspferden in Mitteleuropa während des angeblichen »Eiszeitalters« stellt hingegen für Forscher ein unlösbares Rätsel dar, das deshalb gar nicht erst diskutiert wird.

Charles Lyell, Begründer der modernen Geologie, war überzeugt, dass Flusspferde aus den Flüssen Afrikas während der angeblich etwas wärmeren »Zwischeneiszeiten« kamen, um dann vor dem bitterkalten Wintereinbruch wieder ins warme Afrika zurückzukehren. Zu derartig geistigen Verrenkungen muss es kommen, falls man immer gleichförmige Bedingungen (Aktualismus-Prinzip) bis weit zurück in die Vergangenheit projiziert und dazu noch ewig lang herrschende Eiszeiten propagiert. Die Zwischeneiszeiten stellen im Gegensatz zur Lehrmeinung die allgemein warme Klimaphase dar, da es kein 2,6 Mio. Jahre andauerndes »Eiszeitalter« gab, bewiesen durch die Existenz wärmeliebender Tiere, die aber ganz simpel zu Eiszeittieren umetikettiert wurden! Ein Taschenspielertrick, den niemand bemerken will, weil man sonst die – nie vorhandenen – mehrere Kilometer hohen Gletscher gedanklich abschmelzen lassen muss.

Als aber der Wasserspiegel des Mittelmeeres durch Austrocknung wesentlich gesunken war, lebten von dort bis hinauf nach Mitteleuropa nicht nur Flusspferde, sondern allgemein eine Wärme-Fauna, wie sie heutzutage in Afrika heimisch ist (vgl. Hsü, 1984, S. 181 ff.).

Mit der Füllung des Mittelmeeres flüchteten diese Tiere auf die hohen Berge, weshalb Charles Lyell bereits im 19. Jahrhundert berichtete, dass auf einigen Mittelmeerinseln wie aus dem Nichts viele neue Säugetiere auftauchten (Azzaroli, 1981); bestätigt auch durch Fachleute wie Kenneth Hsü (1984) und Sir Joseph Prestwich (1899). Deshalb gab es Flusspferde, speziell in verzwergter Form, aber auch Zwergelefanten auf Inseln wie Malta, Kreta oder Zypern, da sie dorthin nicht geschwommen sein konnten. Nach Öffnung zum Atlantik und Überflutung der letzten Landverbindung wurde diese Populationen von jenen auf dem Festland getrennt. Schließlich starben sie dann an den Orten aus, die nicht ihrem Lebensraum entsprachen, denn Flusspferde sind heutzutage an Gewässer in tropischen Gegenden gebunden, heutzutage in Afrika südlich der Sahara.

Auch die Existenz des Sizilianischen Zwergelefanten, dessen nächster Verwandter der Asiatische Elefant ist, zeugt von einem wärmeren Klima. Diese Tierart soll nach heutiger Ansicht vor gut 100 000 Jahren ausgestorben sein. Nur, damals herrschte angeblich doch die »Eiszeit« in Europa? Ja, aber man hat die sogenannte Eem-Warmzeit, eine 11 000 Jahre andauernde Warmzeit, während des »Eiszeitalters« eingeführt, als es *fünf Grad wärmer als heute* gewesen sein soll – ein natürlicher Klimawandel. In diese sogenannte, als Zwischeneiszeit (Interglazial) deklarierte Warmzeit werden die seit Erfindung des »Eiszeitalters« im 19. Jahrhundert widersprüchlichen Funde tropischer Flora und Fauna zeitlich gerne verschoben, obwohl Altsteinzeitmenschen während der letzten »Eiszeit« gerne Tropentiere in Höhlen abbildeten, was dann trefflich »Eiszeitkunst« genannt wird. In einer Höhle auf Malta entdeckte der italienische Geologe Professor Arturo Issel im Jahr 1865 Knochen von Flusspferd und Mensch in dem losen Höhlenboden, als er einen Stichgraben aushob. Aber die einstmals auf Mittelmeerinseln wie Sizilien, Kreta, Malta und Zypern beheimateten Zwergflusspferde sollen jedoch nach heutiger Ansicht bereits vor der Besiedlung der Inseln durch den Menschen vor über 100 000 Jahren ausgestorben sein – als es während des angeblichen »Eiszeitalters« wesentlich wärmer gewesen sein soll als heute, denn danach war es zu kalt! Die Tropentiere müssen deshalb älter als 100 000 Jahre datiert werden, weil ein jüngeres Alter zumindest die letzte »Eiszeit« als Märchen entlarven würde!

In dieser maltesischen Höhle wurden Knochen von Flusspferd, Bär und Hirsch entdeckt, die jedoch nur 20 000 Jahre alt sein sollen, während die menschlichen Relikte auf ein Alter von über 7000 Jahren datiert wurden. Damit ist alles anscheinend schön säuberlich gegliedert. Die Besiedlung in der Jungsteinzeit muss dann zwangsläufig per Schiff erfolgt sein, da zu dieser Zeit, gemäß offizieller Datierung, keine Landbrücken mehr bestanden haben *sollen*. Aber Issel, der 1865 *noch nicht* von der Evolutionstheorie indoktriniert war, hatte nur das beschrieben, was er auch fand, nämlich Relikte von Flusspferden und Menschen in *loser* Erde. Deshalb sprach man auch von Neandertalern, da damals nur diese für weit zurück liegende Zeiträume infrage kamen. Wenn diese angeblich urzeitlichen Menschen aber der

Jungsteinzeit zugeordnet werden, ist das sicher eher richtig, da Knochen in lockerer Erde niemals 10 000 Jahre, schon gar nicht 100 000 Jahre überdauern. Dies muss dann aber auch für die Knochen der gleichzeitig entdeckten Flusspferde gelten! Nehmen wir jetzt die nach Meinung des Ausgräbers Issel bewiesene Koexistenz von Zwergflusspferden und Menschen als zutreffend an, dann kann es nur eine Lösung des Problems geben: Beide Spezies lebten bis vor wenigen tausend Jahren auf Malta gemeinsam, als es während der »Postglazialen« Wärmezeit wesentlich wärmer war als heute, bevor ein eklatanter Klimawandel, der *Postglaziale Klimasturz* einsetzte (Abb. 2, S. 13).

Viel zu alt

Sehen wir uns als Beispiel ein Lehrstück für eine systematische Fälschung aus den letzten Jahren an: In der berühmten Vogelherdhöhle wurden etliche künstlerisch wertvolle Figuren entdeckt, die als in der zweiten Hälfte der letzten Kaltzeit hergestellte »Eiszeitkunst« bezeichnet wird, von modernen Menschen geschnitzt aus Elfenbein – wahrscheinlich aus wehmütigen Erinnerungen an eine schönere, wesentlich wärmere Zeit –, als sie mit Fellen bekleidet in einer kalten Höhle vor sich hin froren, weil es auf der Erde knapp 8 °C kälter gewesen sein soll als heutzutage.

Tatsächlich gab es zuvor eine sehr warme, angeblich von vor 128 000 bis 115 000 Jahren andauernde Eem-Warmzeit (auch Zwischeneiszeit bezeichnet, die regional unterschiedlich u. a. als Riß/Würm-Interglazial bezeichnet wird). Eine neue Studie belegt, dass während dieser Zeitperiode große Teile des europäischen Kontinents tatsächlich ohne großen Waldbestand waren und den heutigen afrikanischen Savannen entsprachen: Hier lebten Elefanten, Nashörner, Hirsche, Rinder, Wildpferde und andere Arten (Pears, 2023), was an die Beschreibung von Beringia vor nur 24 000 Jahren während der letzten Kaltzeit erinnert (Abb. 126, S. 243).

Da vorgenommene Datierungen sehr große Fehler ergeben haben (Abb. 55, S. 109) erscheint es logischer, die »Eiszeitkunst«, aber auch die herrlichen Höhlenzeichnungen von tropischen Tieren insgesamt gesehen zeitlich vorzuverlegen in die »Postglaziale« Wärmezeit, zumindest in die Jungsteinzeit (Abb. 2, S. 13). Denn in diesen ausgedehnten Zeiträumen herrschten wesentlich höhere Lufttemperaturen als heutzutage.

So wurde wissenschaftlich festgestellt, dass zum Beispiel im nördlichen Grönland vor 8000 Jahren die Temperatur etwa 2,5 °C hoher lag als heute (Lecavalier et al., 2013 u. 2017, Borzenkova, 2015). Eingehende Untersuchungen an dem sich hauptsächlich in Alaska befindlichen Agassiz-Gletscher ergaben im kanadischen Bereich auf der Ellesmere-Insel, wie direkt zu Anfang der Dokumentation unter »Signifikanz« zu lesen: »Unsere Resultate zeigen, dass die Temperaturen im frühen Holozän diejenigen von heute um ein paar Grad Celsius übersteigen« (Lecavalier, 2017).

Und weiter unter »Zusammenfassung«:

»Unsere Rekonstruktion aus der Agassiz-Eisdecke (Ellesmere Island, Kanada) zeigt ein früheres und wärmeres holozänes Temperaturmaximum mit frühen holozänen Temperaturen, die im Vergleich zu einer früheren Rekonstruktion um 4–5 °C warmer sind und die für einen Zeitraum von 3000 Jahren damals regelmäßig die aktuellen Werte überschreiten. Unsere Ergebnisse zeigen, dass die Lufttemperaturen in dieser Region in den vergangenen 6800 bis 7800 Jahren am wärmsten waren« (ebd., 2017).

In dieser Zeitperiode war es also in Alaska, Kanada, Grönland und Mitteleuropa, in der nördlichen Hemisphäre, wesentlich warmer als heute. Dies zeigt, dass es zu dieser Zeit einen lang anhaltenden Klimawandel bzw. eine erhebliche Temperaturerhöhung der Lufttemperatur auch ohne den Einfluss von Menschen gegeben hat.

Nicht nur in Europa, Grönland und Kanada war es wärmer: Von vor 8000 bis 4000 Jahren gab es ein Klimaoptimum mit Temperaturen, die auf der Nordhalbkugel, aber auch in Ostasien (China) mehr als zwei Grad Celsius höher waren als heutzutage (Gagan, 1998).

Falls wir uns zum Beispiel die »Postglaziale« Wärmezeit nach der letzten »Eiszeit« mit Temperaturen von mehr als 2,5 °C über den heutigen als ideales Refugium für diese angeblich altsteinzeitlichen Menschen annehmen, dann verschwinden die Widersprüche, und die von mir als jungsteinzeitlich anzusehenden Künstler schufen im warmen Klima Bildnisse von Tieren, die es in Mitteleuropa tatsächlich auch gab. Aus der weltweit gefeierten »Eiszeitkunst« würde so eine Wärmezeit-Kunst, und die Widersprüche lösen sich auf.

Rätsel werden nicht durch die Natur, sondern durch falsche Denkmodelle geschaffen!

Als Professor Gustav Riek 1931 in genau der Schicht, in der die angebliche »Eiszeitkunst« entdeckt wurde, einen menschlichen Schädel ausgrub, war klar, dass es sich um den eines möglichen Künstlers der »eiszeitlichen« Elfenbein-Schnitzereien handelte, insbesondere, da Riek wissenschaftlich einwandfrei ungestörte geologische Schichten unwidersprochen für Jahrzehnte dokumentiert hatte. Deshalb wurde dieser Fund weltweit als Beweis für die Existenz von »Eiszeitmenschen« gefeiert, und 73 Jahre lang wies jedes Fachbuch den Schädel als aus der Altsteinzeit stammend aus, während Fernsehdokumentationen die der »Eiszeit« trotzenden Künstler glorifizierten. Alles unumstößlich bewiesen!

Schon in meinem Buch »Darwins Irrtum« hatte ich eine Verjüngung der betreffenden Schädel und Knochenfragmente auf ein Alter von höchstens 5000 Jahren vorgeschlagen, allein schon, weil *nicht* versteinerte Schädel auf keinen Fall älter als ein paar tausend Jahre sein können. Die Fachleute lachten, denn es sei doch wohl alles bewiesen, und das Alter dieses Schädels aus der Vogelherdhöhle sei mittels Radiokarbon-Methode auf ein Alter von weit über 30 000 Jahren datiert. Irrtum ausgeschlossen! Wäre der Schädel versteinert, könnte man mit dieser Methode gar nichts datieren, da man hierfür *nicht versteinertes* Material benötigt.

Am 8. Juli 2004 erschien im Fachblatt »Nature« (Bd. 430, S. 198–201) ein Bericht, in dem Nicholas Conrad, ein Nachfolger Rieks auf dem Lehrstuhl für Ur- und Frühgeschichte in Tübingen, die Ergebnisse neuer Radiokarbon-Datierungen der Skelettreste vom Vogelherd vorstellte. Die wissenschaftliche Sensation: Die sechs untersuchten Knochenfragmente sind nicht ungefähr 32 000 Jahre alt, sondern gerade einmal 5000 bis 3900 Jahre (ebd. S. 198). Aus dem altsteinzeitlichen Aurignacien-Schädel wurde ein gerade noch jungsteinzeitlich zu nennender moderner Mensch.

Natürlich erscheint es direkt logisch, auch die angebliche »Eiszeitkunst«, die zusammen mit den menschlichen Knochen in ein und derselben geologischen Schicht lag, auf das neu ermittelte Alter des Schädels zu reduzieren, also um vielleicht 30 000 Jahre zu verjüngen und damit in eine Wärmezeit zu platzieren, in der es die dargestellten wärmeliebenden Tiere auch wirklich gab.

Aber nein, der Privatgelehrte Zillmer konnte natürlich nicht recht behalten, denn dann hätte man ja auch alle geplanten »Eiszeitkunst«-Ausstellungen absagen und die Lehrbücher ändern müssen. In einer einberufenen Pressekonferenz wurde deshalb dargelegt, dass die weltberühmten rund zwanzig Skulpturen nach wie vor ihr hohes Alter behalten sollen, denn sie sind die ältesten bekannten echten Kunstwerke von Menschenhand. Um diese Ansicht und damit die Lehrmeinung zu retten, wird dem armen Ausgräber Riek jetzt unterstellt, dass ihm entgegen seiner eindeutigen und 73 Jahre lang akzeptierten Aussage etwas durcheinander geraten sein müsse: Angeblich irrte Riek, und deshalb müssen die Knochenfragmente wohl bei einer jungsteinzeitlichen Bestattung in die wesentlich älteren Aurignacien-Schichten geraten, also vergraben worden sein. Da diese geologischen Schichten bereits 1931 weggebuddelt wurden, gibt es natürlich keinen Beweis für die Behauptung, dass Ausgräber Riek irrte. Kraft des Glaubens sollen die angeblich »eiszeitlichen« Skulpturen ihr hohes Alter behalten, während die Knochen aus derselben Schicht nur wenige tausend Jahre alt sind und aus einer Wärmeperiode stammen, als es bis zu mehr als 2,5 °C wärmer war als heutzutage. Ähnlich verhält es sich mit den Menschenknochen, die zusammen mit Zwergflusspferden auf Malta gefunden wurden. So wird Geschichte fachmännisch erfunden!

Tiefe untermeerische Täler

Die bereits beschriebene Absenkung des Meeresspiegels im Mittelmeer um mindestens 350 m ergab eine breite Landbrücke zwischen Tunesien, Sizilien und Italien, mit Malta als markant aufragendem Bergland. Nach Erdöl suchende Geologen in Libyen, Nordafrika, schilderten, wie überrascht sie waren, als man bei seismologischen Untersuchungen zugeschüttete Täler im Untergrund entdeckte, deren Boden bis zu 400 m unter dem Meeresspiegel lag. Die gleichen Ergebnisse brachte der geologische Befund:

»Ted Barr und seine Mitarbeiter von der Oasis Oil Company, die ihren Sitz in Tripolis (Libyen) hat, verfassten darüber einen Bericht und zogen die Folgerung, als die betreffenden Täler ausgehobelt worden seien, müsse der Spiegel des Mittelmeeres 1000 m oder mehr unter seinem derzeitigen Niveau gelegen haben. Kein wissenschaftliches Journal nahm das Manuskript seinerzeit an, denn niemand wollte eine so ausgefallene Interpretation wahrhaben« (Hsü, 1984, S. 180).

Aber man fand immer mehr zugeschüttete Schluchten und Täler in Algerien, Israel, Syrien und anderen Mittelmeer-Anrainerländern. Rätselhaft erschien eine im 19. Jahrhundert durch Bohrungen entdeckte tiefe unterirdische Schlucht, die sich unter der Ebene von Valence in Südfrankreich befindet und bis zu 100 m tief unter dem Meeresspiegel in harten Granit eingefressen ist. Diese Schlucht ist gefüllt mit Meeressedimenten, worauf Schwemmsand und Kies aus der Rhone lagern. Schließlich zeigte sich, dass die mit Sedimenten angefüllte Eintiefung sich mehr als 200 km stromabwärts bis zur Camargue im Rhone-Delta erstreckt. Hier muss mehr als 1000 m tief gebohrt werden, um den Grund der Schlucht zu erreichen. Die heutige Rhone ist nur ein Rinnsal im Vergleich zu ihrer gewaltigen, tosenden Vorgängerin. Die Lösung für dieses Problem wurde bereits 1950 präsentiert: Ein Absinken des Mittelmeerspiegels müsse bewirkt haben, dass sich die Rhône einst dermaßen tief in das Felsgestein eingrub (ebd., S. 110 f.). Dieser tief unter dem heutigen Meeresspiegel liegende Talgrund passt zu der unter dem Niltal entdeckten tiefen Schlucht, die bereits zuvor beschrieben wurde (s. S. 128). Das Mittelmeer reichte einmal bis etwa 1200 km Nil-aufwärts, und der Meeresspiegel muss um 1500 m abgesenkt gewesen sein. Bei der Suche nach Erdöl ergaben geophysikalische Sondierungen, dass unter der Stadt Kairo sogar eine 2500 m tiefe, mit Sedimenten aufgefüllte canyonartige Schlucht existiert (vgl. Hsü, 1984, S. 179 f.). Da die ins Mittelmeer mündenden Flüsse an Land tiefe Erosionsrinnen eingefräst haben und der Kontinentalsockel vor den heutigen Küstenlinien frei gelegen hat, müssen in diesen sowie in den damals freiliegenden Kontinental-Abhängen tiefe Kanäle ausgewaschen worden sein. Tatsächlich entdeckte man Unterwasser-Canyons dieser Art in allen Teilen des Mittelmeeres. Wie diese entstanden sind, dafür gab es nie eine zufriedenstellende Erklärung, bis Anfang der 1980er-Jahre durch Tiefseebohrungen nachgewiesen werden konnte, dass das Mittelmeer einmal trocken gelegen hatte.

Klar ist, dass das Mittelmeer ein trockenes Becken war, wann auch immer, und dass es eine Phase mit abgesenktem Meeresspiegel gab, wie die Meeresablagerungen in den tieferen Schluchten der heutigen Flüsse beweisen. Nochmals sei erwähnt, dass Pitman (Pitman/Ryan, 1999) vorschlug, nach einer ziemlich jungen Trockenperiode zu suchen: Wie wäre es mit einer Zeit kurz nach dem Abschmelzen des letzten kontinentalen Eisschildes – am Ende der Schneezeit?

Falls das gesamte oder vielleicht auch nur ein Teil des Wasservolumens im Mittelmeer während einer Trockenperiode verdunstet, entstehen auf hohen Gebirgen wie auf den Alpen, in Grönland oder Skandinavien durch massiven

Schneefall relativ schnell mächtige Gletscher. Zu dieser Zeit sollten dann auch die großen Wüsten in Afrika und Asien entstanden sein.

Damals hatten sich die Völker rund um das Schwarze Meer, dem letzten großen Süßwasserreservoir in Europa, Vorderasien und Nordafrika, versammelt. Durch das aus dem Mittelmeer dann eingedrungene Salzwasser wurde den Völkern der Lebensraum genommen, und eine Völkerwanderung setzte ein. Die skythischen Völker wanderten nach Europa, Nordafrika, Mesopotamien und Asien (vgl. Pitman/Ryan, 1999, S. 247 u. 254). Man nimmt an, dass die ursprüngliche Heimat der Sumerer irgendwo weit im Norden lag. Mit diesen Völkern verbreitete sich dann eine einheitliche Sprache in all diesen Gebieten, sozusagen proto-indoeuropäisch.

Diese Völkerwanderung ging einher mit einer gravierenden Änderung des Klimas. Es wurde nasser, die Wasserspiegel stiegen an, und vorher trocken liegende Gebiete wurden überflutet. Die ältesten Überlieferungen des Orients und die große Übereinstimmung zwischen den meisten dieser Berichte über eine große Flut können wohl schwerlich 10 000 Jahre zurück reichen. Es muss sich deshalb um Ereignisse handeln, die einerseits nicht regional, zum Beispiel auf Mesopotamien oder das Schwarze Meer, begrenzt sind und andererseits vor höchstens wenigen tausend Jahren stattfanden. Das Alter der Sintfluten wird unterschiedlich datiert. In jüdischen Überlieferungen, ähnlich im Alten Testament, wird die Sintflut vor etwa 4400 Jahren gesehen. Auch die Schöpfungsgeschichte der alt-isländischen Prosa-Edda kennt die Geschichte einer weltweiten Flut, die nur der Riese Bergelmir und seine Frau überlebten. Die Textfunde des babylonischen Sintflut-Epos werden auf ein Alter von über 3700 Jahren datiert. In Amerika kennen viele Indianerstämme Geschichten von einer Flut, die die gesamte Erdoberfläche überspült haben soll (Alexander, 1920).

1925 veröffentlichte Johannes Riem 268 Sintflut-Berichte aus aller Welt und wertete diese aus. Er kam dabei zu dem Ergebnis, dass einige der Überlieferungen so viele Parallelen aufweisen, dass ein unmittelbarer Zusammenhang bestehen muss. Seine vergleichenden Auswertungen ergaben, dass die Sintflut 77-mal als Flut und 80-mal als Überschwemmung bezeichnet wird. In anderen Fällen ist von verheerenden Bränden und Erdbeben die Rede.

Eine weltweite Flutkatastrophe wurde auf den Einschlag eines aus Eis bestehenden Meteoriten, der riesig gewesen sein müsste, zurückgeführt, weil dieser verantwortlich gewesen sein könnte für die Wassermassen, deren Herkunft bei der Sintflut sonst nicht erklärt werden konnte. Diese Thesen waren bis Ende der 1920er-Jahre sehr beliebt, bis sich dann in der modernen Geologie endgültig die um 1830 geborene Idee von »Eiszeiten« mit kilometerhohen Gletschern, die sich auch in den Ebenen aufgetürmt haben sollen, durchsetzte. Das propagierte »Eiszeitalter« wurde dann für alle geologischen Besonderheiten verantwortlich gemacht, die von früheren Fachleuten eindeutig als Hinterlassenschaften von Überflutungen angesehen wurden. Da solche geologischen, angeblich durch glaziale Wirkungen hinterlassenen Zeugnisse auch in tropischen Ländern zu finden sind, wurden »Eiszeiten« auch in diesen Gegenden propagiert und einer anderen »Eiszeit« vor Hunderten von Millionen Jahren zugeordnet. Weil es damals am Äquator naturgemäß auch wärmer war, musste das Szenario der Kontinentalverschiebung dazu herhalten, um je nach Bedarf Afrika oder andere Kontinente an den Südpol zu verschieben, damit angeblich durch Bewegungen von Gletschern verursachte Felsschrammen erklärt werden konnten. Ebenso verschob man Deutschland oder die Antarktis an den Äquator, um tropische Relikte, die man zum Beispiel am Niederrhein nur wenige Meter unter der Erdoberfläche findet, erklären zu können. Nicht berücksichtigt wird meistens, dass sich das Klima auf der Erde sehr stark gewandelt hat und zum Beispiel der Nordatlantik vor angeblich 50 Mio. Jahren bis zu über 20 °C warm war, wie auch die Existenz von flusspferdähnlichen Tieren auf *heutzutage arktischen* Inseln beweist. War dies vielleicht der Fall, als Flusspferde bis hinauf nach England in europäischen Flüssen schwammen, also wesentlich später als vermutet?

Auch zuvor während der Kreidezeit war es mit einer globalen Durchschnittstemperatur von etwa 25 °C (im Vergleich das Jahr 2023: 15 °C weltweit und 10,6 °C in Deutschland) sehr warm und vor »94 Millionen Jahren glich die Erde einem Dampfbad. Große Teile der Meere verwandelten sich in stinkende Kloaken, an deren Boden sich totes Biomaterial anhäufte« (Internetlink 15, abgerufen 20.10.2024). Die damals hohen Temperaturen werden bestätigt in dem Artikel »Treibhausklima – Die Eiszeit der Dinosaurier« (»SpW«, Hintergrund, 10.11.2022) – es gab während der Kreidezeit kein Eis an beiden Polen, als am Nord- und Südpol Dinosaurier lebten. Aber dann folgte ein Temperatursturz und das während der Kreidezeit mit einer Durchschnittstemperatur von in der Spitze bis zu 35 °C sehr warme Wasser der Ozeane kühlte sich am Ende der Kreidezeit stark ab. Die Jahresmitteltemperatur sank drastisch um etwa 10 °C auf 20 °C, blieb aber immer noch etwa 5 °C höher als die vergleichbare weltweite Temperatur in 2023.

Ein Grund für die hohen Wassertemperaturen: Das Weltmeer war in der Kreidezeit im Schnitt viel flacher und hatte ein geringeres Fassungsvermögen. Anhand eines neu entwickelten Modells soll auch in die Zukunft geblickt werden können:

»Wenn wir unser Modell 80 Millionen Jahren in die Zukunft hochrechnen, können wir voraussagen, dass der Meeresspiegel auf lange Sicht weiter um etwa 120 m fallen wird (...). Selbst wenn das gesamte Eis schmilzt, (...) wäre das Ergebnis in 80 Millionen Jahren unter dem Strich eine 70 m tiefe Absenkung des Meeresspiegels durch die unaufhaltbare Vertiefung des Ozeanbassins« (Muller et al., 2008).

Wenn sich Geologen und Geophysiker seit Jahrzehnten gegen gewaltige Überflutungen großer Landstriche wehren, dann ist ein Grund darin zu suchen, dass man von einer konstanten Wassermenge auf der Erde ausgeht. Wie in meinem Buch »Der Energie-Irrtum« dargelegt, gast die Erde, ähnlich wie andere Planeten, deren Monde und sogar Kometen, noch heute Kohlenwasserstoffe aus. Es handelt sich hier um flüchtige Gase, die in den angeblich 4,6 Milliarden Jahre alten Kometen gar nicht mehr vorhanden sein könnten. Dies bedeutet aber, dass im Inneren dieser Himmelskorper chemische Prozesse ablaufen müssen. Dann kann auch erklärt werden, warum zum Beispiel der Saturnmond Titan, der früher ähnlich unserer Ur-Erde angesehen wurde, Wolken, Flüsse und Seen aus Kohlenwasserstoffen wie Methan und Ethan besitzt, ohne jede Lebensform, die diese Stoffe hätten erzeugen können. Wie sollen die Kohlenwasserstoffe dort entstanden sein? Natürlich anorganisch:

Molekulare Verbindungen (Wasserstoff) gasen aus dem Inneren aus, wobei Kohlenstoffmonoxid (CO) mit Wasserstoff zu Kohlenwasserstoffen (u. a. Methan CH_4) reduziert wird. Methan entsteht also demzufolge ohne biologische Prozesse im Inneren des Mondes Titan. Läuft dieser Prozess auch in der Erde ab? Dann müsste es in der Tiefe der Erde Stickstoff, Kohlenmonoxid und Wasserstoff geben. Entgegen früherer Überzeugung wird jetzt anerkannt, dass der Erdmantel nur teilweise aufgeschmolzen ist. Es soll im oberen Mantel in 400 km Tiefe stabiler Kohlenstoff existieren, wie auch in einer Dissertation dargelegt wird (Shcheka, 2006).

Die Kohlenwasserstoffe migrieren aufwärts zur Erdoberfläche hin, denn es handelt sich dort unten um Fluide, nicht um Gase. In der Nähe der Erdoberfläche oxidieren diese Fluide, vor allem Methan, durch die Anwesenheit von Sauerstoff. Dann entstehen *abiogen* Kohlendioxid und Wasser. Beides wird also derart anorganisch auf chemischer Basis erzeugt, und es entsteht zusätzlich Wasser in den Ozeanen und Kohlendioxid in der Atmosphäre.

Interplanetares Methan

Gemäß einer Pressemitteilung der – führenden europäischen Organisation für astronomische Forschung der südlichen Hemisphäre – *ESO* vom 2. März 2009 soll auch auf Pluto fast überall Methan gelöst sein, und es existieren große Flächen, die mit reinem Methaneis bedeckt sind, ja es soll sogar regelrechte »Felsbrocken« aus Methan geben. Schließlich wurden trotz der dünnen Atmosphäre außergewöhnliche Dünen auf Pluto entdeckt. Diese »bestehen aber nicht aus Sand, sondern aus feinkörnigem gefrorenem Methan« (SpW, »News«, 31.5.2018, Internetlink 16).

Neuere Messungen von Stephen Tegler (Northern Arizona University in Flagstaff) im Jahr 2008 haben gezeigt, dass die Oberfläche des Zwergplaneten Eris, der mit einem Durchmesser von etwa 2400 Kilometern das größte bekannte Objekt im *Kuiper-Gürtel* und größer als Pluto ist, *aus gefrorenem Methan besteht*. Man schließt vulkanische Gaseruptionen aus dem Inneren von Eris nicht aus. Es wird vermutet, dass Methan, Stickstoff und andere Stoffe in flüssiger oder gasförmiger Form aus dem wärmeren Inneren des Zwergplaneten an die Oberfläche austreten und in der Folge neue Eisablagerungen gebildet werden. Derartige Veränderungen erwarten Astronomen eigentlich nicht, da gemäß (herrschender Kosmologie) die Oberfläche des Himmelskörpers tiefgefroren und inaktiv sein sollte, so Tegler (Internetlink 17).

Methan entsteht auf Planeten und deren Monden definitiv *anorganisch*, wie scheinbar der dort vorhandene Sauerstoff auch. Tatsächlich wird in den Atmosphären der inneren Planeten Sauerstoff ohne biologische Prozesse erzeugt, da die von der Sonne emittierte Energie vorhandene Wassermoleküle in Sauerstoff und Wasserstoff spaltet. Der leichte Wasserstoff entweicht in den Weltraum und lässt den Sauerstoff zurück, der in der Atmosphäre für Oxidationsprozesse zur Verfügung steht, u. a. notwendig bei der Bildung von Sedimentgesteinen. Meistens wird dieser Prozess nicht erwähnt und die irdische Sauerstoff-Produktion rein auf die Fotosynthese zurückgeführt.

Abb. 92: **DÜNEN**. Die Region *Sputnik Planitia* auf Pluto besteht aus einem mit gefrorenem Stickstoff bedeckten Gebiet und bildet die hellere Hälfte des berühmten Herzens auf Pluto. Die Berge am Rand der hellen Eisfläche sind bis zu fünf Kilometer hoch und bestehen aus hart gefrorenem Wassereis. In Sputnik *Planum* fanden Forscher nun Hinweise auf Dünen aus feinkörnigem, gefrorenem Methan« (Internetlink 16). Foto (Ausschnitt): NASA/Johns Hopkins University Applied Physics Laboratory/ Southwest Research Institute.

Jedoch ist »der Sauerstoffgehalt der heutigen irdischen Atmosphäre abiogenen Ursprungs«, erklärte mir der bekannte Astrophysiker Professor Wolfgang Kundt in einem längeren persönlichen Gespräch (2005, S. 204).

Die Frage nach der Herkunft von Methan auf anderen Himmelskörpern ist von grundsätzlicher Bedeutung, da Kohlenwasserstoffe dort anorganisch (abiogen) entstehen müssen, während man deren Herkunft auf der Erde bisher fast *ausschließlich* auf biologische Prozesse zurückführt. Deshalb gibt es überhaupt keine Erklärung für die Existenz von Methan auf den anderen Planeten. Konkret formuliert: Massenhaft auf anderen Planeten auftretende Kohlenwasserstoffe widersprechen unserem konventionellen Weltbild in einer grundsätzlichen Art und Weise.

Jedoch, inzwischen zeigte eine Untersuchung mit intensiven Laborversuchen, dass die Möglichkeiten der abiogenen Bildung von Kohlenwasserstoffen bei herrschenden Drücken von fünf und elf Gigapascal sowie Temperaturen von 500 bis 1500 °C im oberen Mantel der Erde besteht (u. a. Marty/Jambon, 1987 und Cartigny et al., 1998). Es wird stichhaltig vermutet, »dass der Kohlenstoff-Gehalt der Erde größer sein könnte als konventionell vorausgesetzt« (Scott et al., 2004, S. 14023).

Es soll hier nicht weiter diskutiert werden, warum und wie Kohlenwasserstoffe, hauptsächlich Methan, aus dem Erdmantel durch die Sedimentschichten aufwärts migrieren – ausführlich beschrieben in meinem Buch »Der Energie-Irrtum«. Wichtig ist festzustellen, dass Methan bereits meist in den Sedimentschichten durch den Sauerstoff oxidiert und deshalb Kohlendioxid und Wasser entstehen. Stellen wir uns einen Methan-Vulkan vor, dann entsteht jungfräulich Wasser durch einen Oxidationsprozess. Dies geschieht auch auf dem Mars, weshalb man dort Flussläufe und Seen, aber kein Meer findet, wie von mir vorausgesagt!

Aus dem gesamten Boden der Nordsee sickern Gase, entweder unmittelbar Methan, wodurch direkt Kohlendioxid und Wasser entsteht, oder bereits in oxidierter Form als Kohlendioxid. Das Methan gelangt aber auch zu einem großen Teil *nicht* oxidiert bis in die Atmosphäre. Dieser Fakt ist bekannt, wird aber nicht diskutiert, denn abiogen, also anorganisch entstandenes Kohlendioxid oder Methan beweist sofort, dass die modernen Klimamodelle absolut nicht stimmen können und der Mensch nur einen geringen, kaum messbaren Einfluss in dieser Hinsicht ausübt, da die globalen Systeme einfach zu groß und kaum beeinflussbar sind. Oder anders gesagt, Klimawechsel hat es schon immer gegeben, ohne Einfluss des Menschen (Zillmer, 2009/2023).

Gemäß einer im Fachmagazin »Science« im Jahr 2009 veröffentlichten Untersuchung italienischer Geologen entströmen aus Gaslagern in der Erdkruste mehr Kohlenwasserstoffe wie Ethan und Propan als gedacht, nachdem die Konzentration der Gase in der Luft an 238 Stellen auf der Welt untersucht wurden. Diese Erkenntnis zeigt, dass in der Bilanz von Klimamodellen riesige Mengen von Kohlenwasserstoffen, also sogenannte Klimagase, nicht berücksichtigt werden. Der Ethan- sowie Propangehalt der Atmosphäre wurde jeweils mit 15 anstatt der bisher berücksichtigten gesamten 10 Millionen Tonnen ermittelt. Zusätzlich ausgasendes Methan wurde gar nicht berücksichtigt, da dieses in der Erdkruste größtenteils bereits oxidiert, wodurch Wasser und (anorganisch) Kohlendioxid entsteht. Die italienischen Geologen bestätigen: »Unsere Untersuchungen widerlegen die konventio-

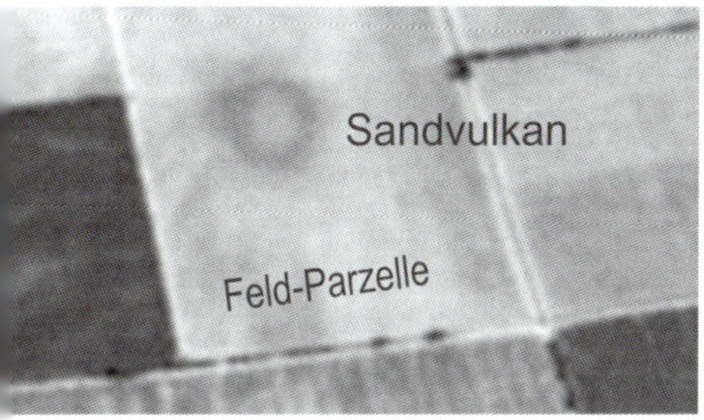

2

andvulkane

2 Die Erdbeben im Gebiet der Kleinstadt *Jew-Madrid* im US-Bundesstaat Missouri ;ihrten nicht nur 1811–1812 zu erheblichen Iebungen und Senkungen der Erdkruste nd der Bildung neuer Landschaften. Eine ›egleiterscheinung dieser Beben ist die .ntstehung von Sandvulkanen. Dabei wird ıfolge von Erdverflüssigung in der Tiefe and durch dünne »Schlote« ausgeworfen, odass kegelförmige »Vulkanhügel« im Klein- ɔrmat entstehen und Sand explosionsartig eigesetzt wird. Obwohl von Geologen nicht ıllgemein anerkannt, wirken aufsteigende ;ase aus der Tiefe, insbesondere Methan, ls treibende Kraft. Viele dieser Sandvulkane ınd im Gebiet der Stadt New Madrid auf .uftaufnahmen erkennbar.

.hnlich aussehende Schlammvulkane sollen ngeblich anders funktionieren, wobei hei- es Wasser anstelle von Gasen als treibende raft genannt wird. Doch auch hier ist der .ufstieg von Methan die Hauptursache, ·as erklärt, warum manche Schlammvulka- e mit teils sehr hohen Flammen brannten nd sogar explodierten. Der Ausbruch des Iakarov-Schlammvulkans im Jahr 1958 etzte vermutlich Hunderte Millionen Kubik- ıeter brennbares Gas frei und erzeugte eine nergie von etwa 70 Milliarden Megajoule, ·ie Fachleute 1972 im Fachmagazin »Nature« bschätzten. Diese entspricht immerhin inem Zehntel der Energie, die 1883 bei der xplosion des Vulkans Krakatau freigesetzt ·urde.

3

Wie dieser Geländeschnitt zeigt, ereigne- :n sich größere Sandvulkan-Ausbrüche zu erschiedenen Zeiten. Die scharf geschnit- :nen Grenzschichten belegen jeweils einen eitsprung, was auf eine plötzliche und nicht ɔntinuierliche Bildung der Erdschichten ndeutet.

4

7

4–6 Das Gebiet am Fuße der Anden, in dem die berühmten Nazca-Linien mit ihren riesigen Geoglyphen liegen, ist auch die Heimat der Puquios und Ojos.
7–8 Als Trockenmauerwerk konstruiert, verbinden sich die unterirdischen Aquädukte nahtlos mit den oberirdischen Bewässerungskanälen.

10

9 Von Schlammfluten verwüstete und verschüttete Tempel in Cahuáchi liegen an den Bergkuppen.

10 Ein Modell, das die ehemalige Tempelanlage Cahuachi darstellt.

11 Eine rekonstruierte Pyramide und in Schlammfluten begrabene Menschen (Insert).

12, 13 Durch Schlammfluten zerstörter Tempel von Cahuáchi auf einem Berg.

14 Sitzende Nazca-Mumie.

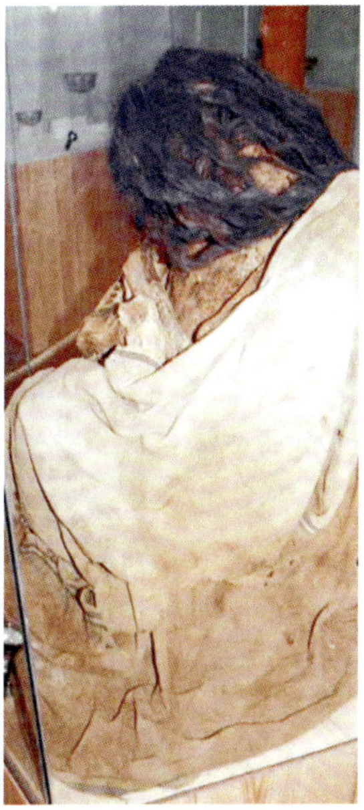

14

13

15

15 Verheerende Schlammfluten aus den Bergen verwüsteten die gesamte Küstenregion Perus nördlich und südlich von Nazca; ihre Bahnen sind noch bis zur Pazifikküste nachvollziehbar.

16

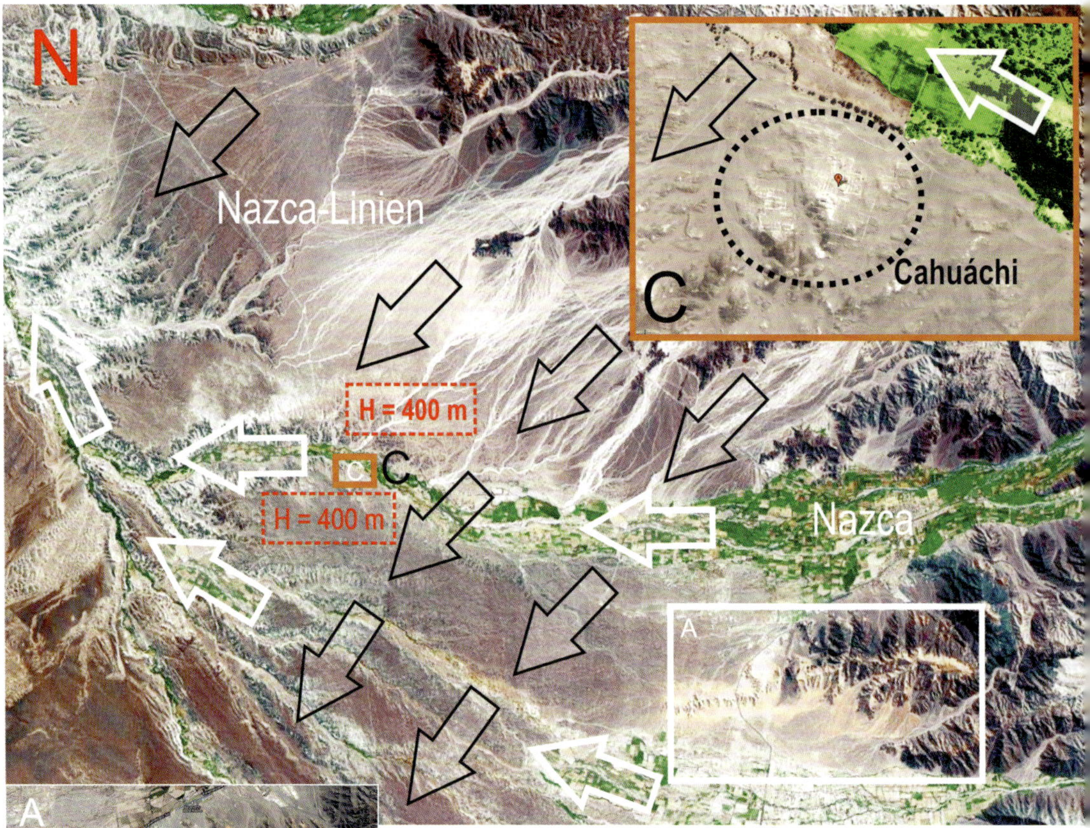

17

16 Das vergrößerte Luftbild der Region von Nazca zeigt die Bewegungsrichtung der Schlammströme (schwarze Pfeile) sowie durch Wasser freigespülten Täler (weiße Pfeile), außerdem die Lage der Nazca-Scharrbilder sowie das ehemaliges Kultzentrum der indigenen Nazca-Kultur von Cahuáchi (C).

17 Im Schlamm versunkene Berge: Detail A aus Foto 16.

18

20

8–20 Mit Schlamm und Sand bedeckte Berge von über 4000 m Höhe, fotografiert vom Autor auf dem Flug von Ica zu den Nazca-Linien.

22

23

21 Das Astronaut genannte Scharrbild befindet sich an dem Hang eines Berges, um den Schlammströme herumflossen.

22 Gewaltige Schlamm- und Wasserströme

23 In diesem Gebiet scheinen auch Sandvulkane ausgebrochen zu sein. Vergleiche Fotos 1–3.

24

24 Selbst heutzutage ist der Schlamm noch immer auf den Hängen der durch Schlammströme erodierten Täler sichtbar.

25

25–26 Dort, wo die Ebene der Nazca-Linien endet, erstrecken sich die durch Wasser freigelegten, fruchtbaren Täler.

27

27 Auf ihrem Weg aus den Bergen erreichten die Schlammströme den Pazifik. Sie formten dabei die heutigen Wüsten, in denen erstaunlicherweise Ablagerungen von Walen, Riesenfaultieren und Pinguinen gefunden wurden.

29

28–29, 32 Im wüstenhaften Sacaco Becken, rund 100 km südlich von Nazca, Peru, findet man unter der glühenden Sonne Perus Walskelette.

30 Dieses Stück alter Nazca-Töpferkeramik zeigt die Form eines Wals. Die großen Zähne werfen jedoch die Frage auf, ob hier nicht ein angeblich vor 2,6 Millionen Jahren ausgestorbenes, bis zu 20 Meter langes Exemplar der Haiart Megalodon abgebildet wurde.

32, 32 Ein Megalodon-Gebiss. Diese Tiere, deren bis zu etwa 16 cm langen Zähne an der Oberfläche der Sacaco-Wüste, Peru, in der Sonne bleichen, sollen Wale gefressen haben.

32

33

33 Ein Walkopf mit vollständig erhaltenen Barten im Wüstensand des Sacaco-Beckens.

34

34 Die Salzgewinnung im bolivianischen *Salar de Uyuni* erfolgt, indem das Salz zunächst zu kleinen Hügeln zusammengerecht wird, um zu entwässern, bevor es dann über Feuer getrocknet wird. (Foto: Luca Galuzzi). Insert: Der Salzsee *Salar de Uyuni* besteht aus massiven Salzschichten und Wasser.

35

35 Geysire hoch oben in den Anden oberhalb des Salzsees *Salar de Uyuni* in 4870 m Höhe. Heißes schwefelhaltiges Wasser schießt in die Höhe.
36 Erscheinung im Salar de Uyuni.

37

37 Könnte das Salz im *Salar de Uyuni* vom benachbarten, 5432 m hohen Vulkan Tunupa ausgestoßen worden sein, vergleichbar mit den punktuellen Salzaustritten, die man von nicht erfolgreichen Ölbohrungen kennt?
38 Schlammflut-Ablagerungen des Vulkans.

39

39 Inmitten des *Salar de Uyuni* in den bolivianischen Anden liegt die nach ihrer Form benannte Fischinsel *Isla del Pescado*. Auf 3653 m über dem Meeresspiegel vereint diese vulkanische Gestein mit maritimen Hinterlassenschaften, die heutzutage im Pazifik existieren. Rechts oben: nicht verwittertes vulkanisches Gestein. Rechts unten: Frisch wirkende erstarrte Lava mit maritimen Hinterlassenschaften.

41

40, 41 Blick auf die mit vulkanischer Lava bedeckte »Koralleninsel« *Isla del Pescado* und durch einen von Korallen gebildeten Bogen auf den riesigen Salzsee *Salar de Uyuni* in 3653 m Höhe in Bolivien. Wie lange bleibt ein solcher Bogen erhalten?

43

42 Einer von vielen erodierten Felsen hoch oben in den bolivianischen Anden. Wurden diese durch Wind geformt oder handelt sich eher um Relikte einer ehemaliger Schlammflut?
43 Durch Schlammfluten verschüttete »Indigene« am Rande des Salzsees *Salar de Uyuni*.

44

44 Eine während eines grauenvollen Ereignisses schnappschussartig zu einer Mumie erstarrte Person im Bereich von Nazca, Peru.

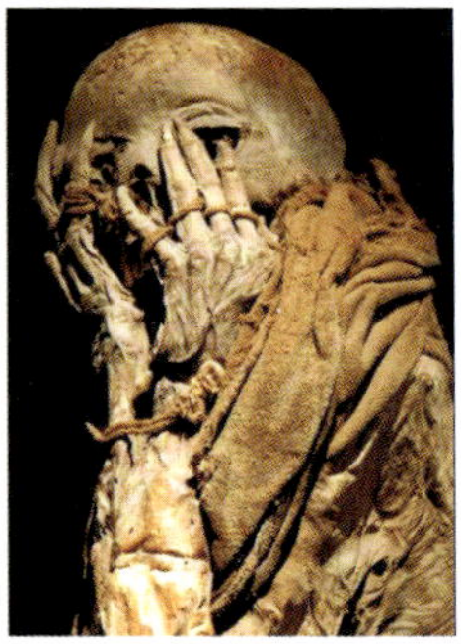

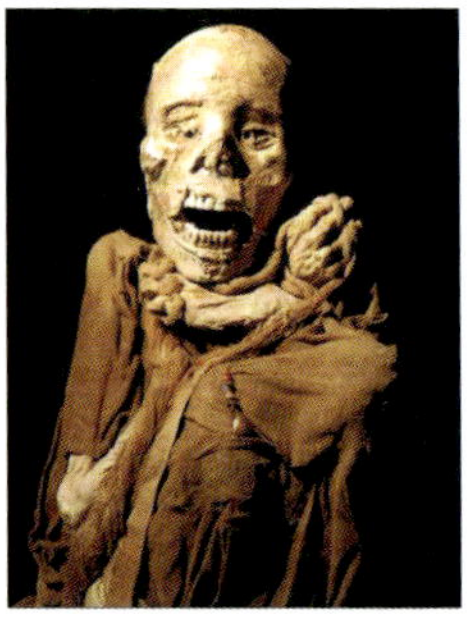

47

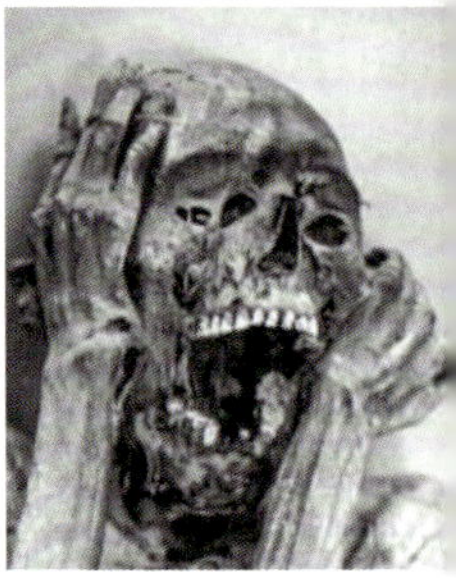

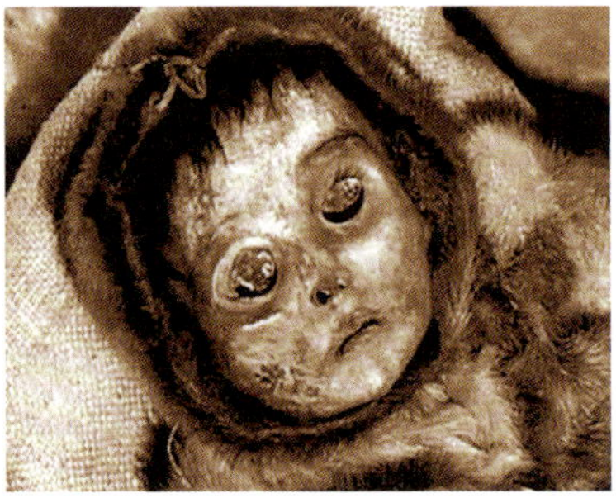

46

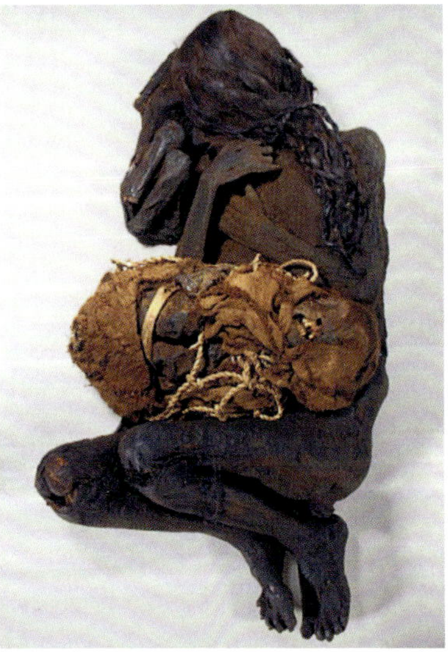

49

45 Mumien der rätselhaften, weil altweltlich anmutenden Chachapoya-Kultur im Norden Perus, ausgestellt im Nationalmuseum von Peru in Lima.

46 Eine in Grönland gefundene Mumie, die *unter* einer mit Schnee bedeckten Gletscherschicht gefunden wurde.

47 Ein Baby aus der Chachapoya-Kultur.

48 Grauenvolles Entsetzen einer angeblichen Inka-Mumie, entdeckt etwa 1950 im Sonnentempel von Cusco, Peru.

49 Eine mumifizierte südamerikanische Frau und zwei Kinder scheinen einem plötzlichen Tod zum Opfer gefallen zu sein. Dennoch zeigen die Altersdatierungen mittels der Radiokarbon-Methode erhebliche Abweichungen: Die Frau wird auf das Jahr 1095 datiert, ein Kind auf 1347 und das andere auf 1206. Angeblich sollen unterschiedliche Ernährungsgewohnheiten derartige Datierungen stark beeinflussen. Eine weitere wichtige Überlegung ist jedoch die Schwankung des Kohlenstoff-14-Gehalts in der Atmosphäre. Dieser wird unter anderem durch den Kohlendioxid-Ausstoß bei Vulkanausbrüchen – welche in dieser Gegend häufig vorkamen – reduziert und kann somit zu variierenden bis hin zu völlig falschen Datierungsergebnissen führen.

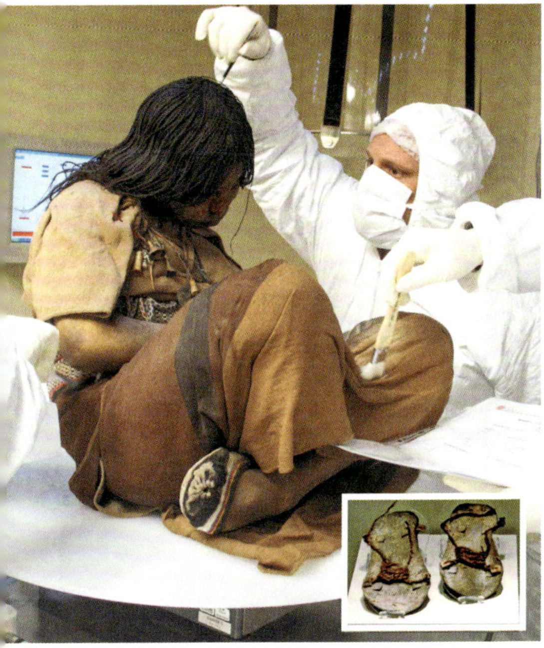

52

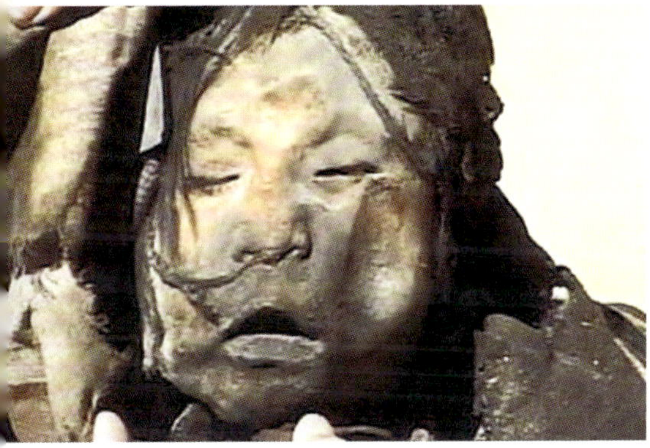

50–52 Am 6739 m hohen Gipfel des Vulkans Llullaillaco – dem dritthöchsten der Welt an der argentinisch-peruanischen Grenze – wurden die Mumien eines Mädchens und eines Jungen gefunden. Sie sind in perfektem Zustand, sogar ihre inneren Organe sind erhalten. Obwohl sie als Inka-Opfergaben an die Götter interpretiert werden, werfen die Fundumstände Fragen auf: Die Kinder trugen Alltagsgegenstände wie Teller und Töpfe bei sich, und es gab noch Nahrungsreste zwischen ihren Zähnen. Auch ihr Schuhwerk ist rätselhaft: nackte Füße in Sandalen bei extremer Kälte in dieser Höhenlage. Es scheint, als wären diese Kinder schockgefroren worden, vergleichbar mit Mammuts im sibirischen Permafrost. (Museum MAAM in Salta, Argentinien). Stützt dies die Theorie einer schnellen Gebirgshebung, bei der Menschen aus tieferen Lagen abrupt in eisige Höhen verbracht wurden?

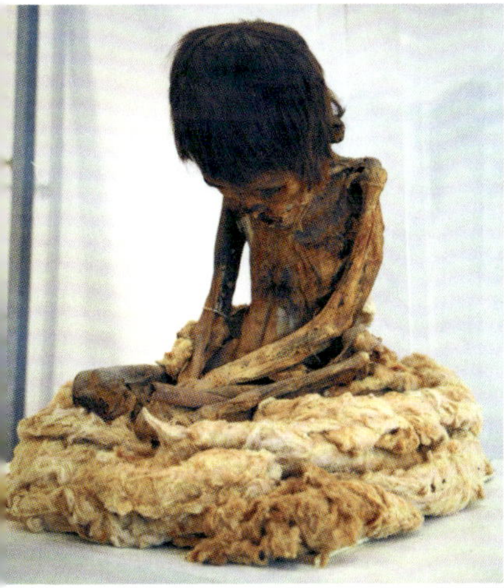

53 Eine Kinder-Mumie in sitzender Haltung, umgeben von Resten der wärmenden Kleidung, ausgestellt im Regionalmuseum in Nazca, Peru.

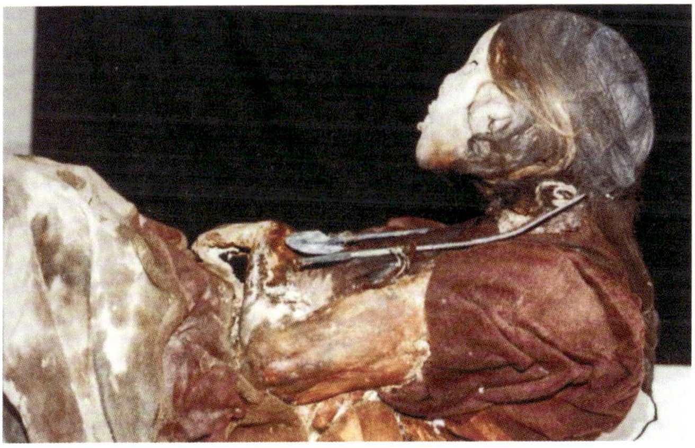

54

54 Im Gipfelkrater des Schichtvulkans Ampato in Peru, auf 5000 m Höhe, fand man die perfekt erhaltene Mumie »Juanita«. Ihr Zustand ist bemerkenswert: Sie war vollständig gefroren und kaum ausgetrocknet. Es bleibt ein Rätsel, wie Juanita mit bloßen Sandalen und ohne moderne Hilfsmittel in solche Höhen gelangte. Könnte eine rasche Hebung des Vulkans dabei eine Rolle gespielt haben?

55 

55 Vor dem 18. Mai 1980 existierte dieser Fluss hier nicht, ebenso wenig wie der scheinbar von Gletschern gerundete Flussschotter. Stattdessen frästen Schlammfluten mit Geschwindigkeiten von fast 100 km/h das U-Ta heraus und lagerten das Geröllfeld ab. Seit diesem Ereignis fließt hier ein neuer Bach.

56 

56 Zum gleichen Zeitpunkt wurden diese bereits vorher vorhandenen Basaltfelsen durch die Schlammfluten glatt geschmirgelt wie ein Kinderpopo.

57 Hingegen sollen diese Felsen vom Mendehall-Gletscher in Alaska infolge Gletschertätigkeit rund geschliffen worden sein.

58

;8 Knapp drei Kubikkilometer Schlamm und Geröll ergossen sich über die Landschaft, als der *Vulkan Mount St. Helens* am 18. Mai 1980 ausbrach.

59

;9 Zunächst bildeten Schlammfluten bis zu 50 Meter hohe, unberührte geologische Schichten. In einem späteren Prozess wuschen weitere Schlammfluten neue U-Täler in diese Ablagerungen, wodurch die heutigen Flussläufe entstanden.

60

;0 Die großen Blöcke in der Landschaft stammen aus zwei Quellen: Einerseits wurden sie durch den Vulkanausbruch dorthin geschleudert, andererseits mit den Schlammfluten mitgerissen und in den frisch erodierten U-förmigen Rinnen abgelagert.

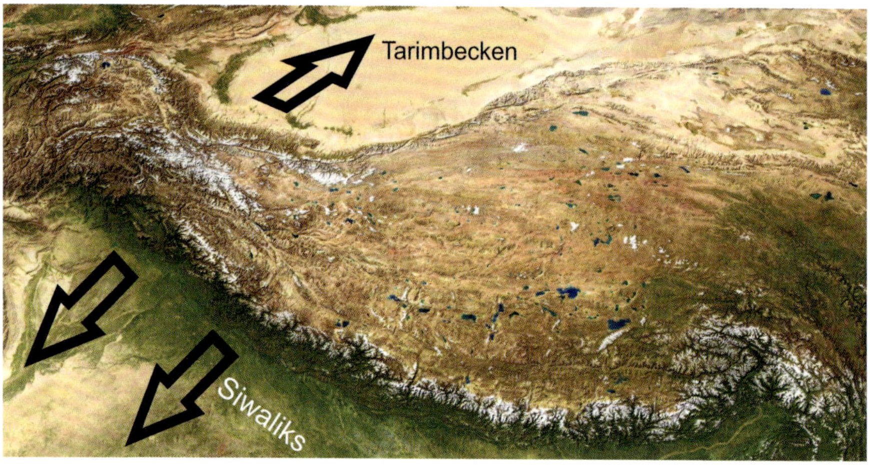

61

61 Mit der Hebung des Himalayas flossen große Schlamm- und Geröllmassen seitlich ab.

62

62 Durch Schlammmassen verschüttete Häuser nach dem Ausbruch des 2168 m hohen indonesischen Vulkans *Gunung Galunggung* 1982.

63 Eine scheinbar »eiszeitliche Moräne« nach einem Bergsturz an dem Fluss *Goodell Creek* im US-Bundesstaat Washington 2008.

64

64 Durch den Tsunami verwüstete Landschaften an Japans Pazifik-Küste 2011: städtisches Gebiet im Bild links vor sowie rechts nach der Flutwelle.

65 Gesteins- und Aschestrom nach dem Ausbruch des Merapi-Vulkans (im Hintergrund) Im Jahr 2006 auf der indonesischen Insel Java. Foto: GeoEye-Satellit.

66

67

66, 67 Bei Florissant in Colorado befinden sich in 2560 m Höhe diese angeblich 34 Millionen Jahre alten Mammutbäume (Redwoods). Ähnliche Bäume wachsen heuten noch in Kalifornien und gediehen vor ein paar tausend Jahren auch in Alaska. Sie benötigen aber feuchtwarmes Klima, weshalb man glaubt, dass es hier in 2560 m Höhe der Rocky Mountains früher so warm war wie heute an der kalifornischen Küste. Diese gesamte Landschaft wurde jedoch durch einen Vulkanausbruch unter Vulkanasche, Staub und Bimsgestein begraben. Wann geschah dies tatsächlich und wie lange bleiben diese Bäume derart erhalten? Wuchsen die Bäume früher in tieferen Lagen wie heute in Kalifornien und wurden dann mit dem Vulkanausbruch und den Rocky Mountains in die heurige Höhe gehoben?

68

68 Der Autor besichtigt auf Kelleys Island im südlichen Erie-See, USA, angeblich 38 000 Jahre alte, bis zu 4,50 m tiefe »eiszeitliche Schrammen«, die durch den mitgeführten Schutt des Ohio-Gletscher erzeugt worden sein sollen. Es handelt sich jedoch um eine ehemalige Schlammflut, der sich in noch weichen Ablagerungen fraß.

69

69 Die aus Kalkgestein bestehende dünne, ehemals flüssige Schicht kleidet das ins lockere Kalkgestein gefräste U-Tal wie eine Lasur aus.

70, 71 Gletschertätigkeit führt zu Schrammen, die höchstens in eine einzige Richtung (talwärts) weisen. Die hier sichtbaren, in alle Richtungen verlaufenden Schlingen können jedoch nicht durch Gletschererosion entstanden sein.

70

nelle Ansicht, dass rein geologische Emissionen von Kohlenwasserstoffen einen nur vernachlässigbaren Einfluss auf die Atmosphäre ausüben sollen« (Etiope/Ciccioli, 2009).

In diesem Zusammenhang sei nebenbei bemerkt, dass Erdöl auch abiogen entsteht, und zwar als Hochdruckvariante von Methan während des Migrationsprozesses bei bestimmten Druckverhältnissen in der Erdkruste, weshalb, wie bei den Ölfeldern Arabiens und Persiens nachgewiesen, sich Erdölfelder wieder regenerieren, nachdem diese angeblich nicht mehr ergiebig genug waren (Whelan et al., 1993 und 1997; Mahfoud/Beck, 1995).

Manchmal scheinen Ölquellen komplett »leer« zu sein, wie es im russischen *Romashkino-Ölfeld* geschah, dem größten Ölfeld Europas, denn es wurde seit Ende der 1990er-Jahre nur noch Wasser gepumpt. Nach einigen Jahren förderten die Maschinen im Jahr 2002 plötzlich wiederum Erdöl, allerdings mit einer anderen »biologischen« Signatur. Falls man die Herkunft dieses Erdöls als biogen anstatt abiogen ansieht, müsste es sich um zwei verschiedene Erdöllager unter ein und derselben Pumpstation handeln – ausführlich diskutiert in »Der Energie-Irrtum«. Auch die Erdölfelder Rumäniens sollten schon lange leer gepumpt sein, aber jetzt sollen sogar neue Bohrlizenzen vergeben werden.

Strömen also Kohlenwasserstoffe wie Methan im Mars zur Oberfläche, werden diese dort oxidiert, wie der »rostige« Planet Mars durch seine Farbe ja auch das Vorhandensein von Sauerstoff in der Marskruste signalisiert, und es entsteht einerseits Wasser, das aus Kratern, in Fontänen oder ganz einfach durch Erdverflüssigung aus dem Boden austritt, und andererseits schießt Kohlendioxid, infolge des in der Erdkruste herrschenden Methan-Gasdrucks, zum Teil fontänenartig hervor. Entsprechende Geysire, die schlammiges Wasser hoch in die Luft schleudern, wurden durch die Raumsonden am Südpol des Mars nachgewiesen.

Derartige Erscheinungen gibt es auch auf der Erde. Es wird offiziell nicht diskutiert, woher die 1000 km^3 Wasser stammen, die im Jahre 1815 vom Vulkan Tambora ausgestoßen wurden. Der noch aktive Vulkan *Schiwelutsch* auf der russischen Halbinsel Kamtschatka spie angeblich bisher 4500 km^3 Wasser in die Atmosphäre (Drujanow, 1984, S. 59). In der Nähe befinden sich mehrere Vulkane wie der *Kljutschewskaja Sopka* – Eurasiens größter Vulkan – und in einem Tal etwa 90 Geysire, aus denen Wasserfontänen bis zu einer Höhe von 40 m emporschießen.

Abb. 93: **WASSERDAMPF**. Helle Wasserdampfwolken entstanden infolge *vollständiger* und dunkelschwarze infolge *unvollständiger* Verbrennung von Kohlenwasserstoffen, wie 2006 beim Ausbruch des Ätna in Sizilien.

So konnte Anfang August 2001 am Ätna auf Sizilien beobachtet werden, dass riesige Dampfwolken von Wasserdampf aus dem Vulkanschlot entwichen, *nachdem* Lava ausgeströmt war. Gerne übergeht man diese Tatsache, da die konventionelle Geophysik keine überzeugende Erklärung für aus dem Vulkan-Schlot austretende Wasserdampfwolken besitzt, schon gar nicht, wenn unmittelbar nach dem Lava-Ausbruch Wasser austritt. Woher kommt das Wasser der Lava-Vulkane? Man glaubt, es stammt aus der Lava. Auch wenn in dieser geringfügig Wasser enthalten sein sollte, reicht dies nicht für die teils großen Mengen von Wasser aus, die ausgestoßen werden können. Meistens liest man oder bekommt im Fernsehen dargelegt, dass aus dem Vulkan *explosives* Magma herausschießt, obwohl dieses Material selbst diese Eigenschaft gar nicht aufweist. Auch der oft für die Eruption verantwortlich gemachte, angeblich über längere Zeitperioden aufgestaute Überdruck in einer unterirdischen Magmakammer kann nicht der Auslöser des Vulkanausbruchs sein. Das flüssige Magma, welches in dem im Vergleich zur Höhe spaghetti-dünnen Schlot aufsteigt, würde durch die niedrigere Temperatur in den umliegenden Gesteinen abgekühlt und verdickt werden, wodurch ein weiteres Eindringen von nachfolgendem glutflüssigem Material verhindert wird. Durch diesen Prozess wird die Kruste von unten förmlich vulkanisiert und versiegelt. Zu einem Umdenkungsprozess führte die explosive Anfangsphase der berühmten Explosion des *Mount St. Helens* (USA) am 18. Mai 1980, als Feuer und Wasser zusammengetroffen sein sollen und es eine Dampfexplosion gab. Ist Wasser im Krater vorhanden, könnte dadurch eine Explosion verursacht werden. Aber falls nicht? Woher kommt dann das Wasser?

Die Lösung des Problems liegt in aufsteigenden Gasen. Methan und Kohlendioxid werden bei Ausbrüchen von Lava-Vulkanen in unterschiedlicher Intensität gemessen. Bereits der berühmte, aber leider verstorbene Professor Thomas Gold (1988) wies darauf hin, dass aufwärts migrierende Gase wie Methan den Zünder der Lava-Vulkane liefern. Durch Brüche und Bruchbildung im Gestein migrieren oder sickern Gase in eine Magmakammer. Reicht die Menge des vom Magma zur Verfügung gestellten Sauerstoffs nicht aus, um die Gase zu oxidieren, erreichen diese die aufwärts führenden Kanäle. Da der Druck des Magmas ringsherum mit geringerer Tiefe nach oben hin stark abnimmt, rast das nicht oxidierte Gas nach oben. Dabei beschleunigt sich die Zunahme des Gasvolumens, und die Ausdehnung wird in der Nähe der Oberfläche sehr heftig. Die turbulent entstandene Mischung aus Gas und Lava schießt explosiv aus dem Vulkanschlot heraus, und enorme Mengen Asche werden ausgestoßen. Es handelt sich hierbei um eine Gasentladung, die in dem Gasschlot einen Blitz erzeugt, weshalb vor und während Vulkanausbrüchen oft Blitze über Lava-Vulkanausbrüchen zu sehen sind und auch schon oft fotografiert wurden, womit ein weiteres, als Eruptionsgewitter bezeichnetes geophysikalisches Rätsel gelöst werden kann. Anstatt dieser einfachen Erklärung ist zu lesen, dass ein Eruptionsgewitter ursächlich auf Reibung zurückzuführen ist, die durch staubfreie Ascheteilchen in einer Eruptionssäule verursacht werden soll und derart zu einer statischen Aufladung führt. Diese soll dann durch einen Blitz abgeführt werden. Wenn Theorien unlogisch sind, muss man eben zu fantasievollen Erklärungen greifen. Hinzu kommt, dass man so nicht erklären kann, dass Blitze über Vulkanen teilweise schon Tage vor der eigentlichen Eruption erscheinen, wie des

Öfteren beobachtet wurde. Mit der Theorie von aufsteigenden Gasen kann auch erklärt werden, warum Kohlendioxid aus Lava-Vulkanen ausgestoßen und Wasser gebildet wird. Dass die Wasserdampfwolken am Ende der eigentlichen Lavaeruption erscheinen, zeigt, dass das Methan zuerst als Magma-Beschleuniger wirkt und der vorhandene Sauerstoff kaum in der Lage ist, diese Kohlenwasserstoffe zu oxidieren. Erst die danach aufsteigenden Gase werden in der Nähe der Erdoberfläche oxidiert, da entlang des Schlotes der vorhandene Sauerstoff schon verzehrt wurde. Als Folge bildet sich Wasser und Wasserdampf im oder kurz unterhalb des Vulkankegels. Außerdem steigt Kohlendioxid als Oxidationsprodukt aus dem Vulkan in die Atmosphäre auf, während sogar Wasser den Vulkanhang herunterläuft, unter bestimmten Voraussetzungen bei sogenannten »grauen« Vulkanen in Form von Schlammfluten. Auf diese Weise werden U-Täler ausgehobelt, eine Talform, die wissenschaftlich als Beweis für das Wirken von Gletschern angesehen wird.

Das hier beschriebene Szenario aufsteigender Gase in Vulkanschloten ist auch von Tiefenbohrungen her bekannt. Der plötzlich geringere Anstieg von Bohrflüssigkeit kann ein Gefahrensignal sein, und das Bohrloch muss verschlossen werden, da sonst zu viel Schlamm ausgestoßen wird und eine heftige Explosion erfolgt. In diesem Fall rast eine Gasblase von unten nach oben, dehnt sich enorm aus und stößt mehr und mehr Schlamm aus. Die Ausdehnung wird explosiv, wenn sich die Gasblase schlagartig in die Atmosphäre ausdehnt, nachdem der Bohrschlamm ausgestoßen wurde. Ähnliches passiert bei Vulkanen, und deshalb findet man nach heftigen Eruptionen eine große Caldera (spanisch Kessel), die durch den Einsturz des entstandenen Hohlraums entstand.

Es gibt aber einen wesentlichen Unterschied! Bei der Tiefenbohrung kommt Schlamm aus dem Bohrloch, bei Lavavulkanen tritt geschmolzenes Gestein aus. Beide Erscheinungsformen haben jedoch dieselbe Ursache: *aufsteigendes Gas*. Demzufolge müsste es analog zu Lava- auch Schlammvulkane geben, und tatsächlich gibt es ein derartiges Eruptionsphänomen, das wenig bekannt, aber sehr interessant ist.

Schlamm über Schlamm

Seit dem 29. Mai 2006 ist auf der indonesischen Insel Java, etwa 20 km südlich von Surabaya, durchgehend bis zum heutigen Tag der größte Schlammvulkan der Welt, ursprünglich bekannt als *Sidoarjo,* aber jetzt *Lusi* benannt, aktiv. Der ölhaltige Schlamm schoss anfangs 50 bis 100 m in die Höhe und erreichte Temperaturen von durchschnittlich 100 °C. Mit der Schlammeruption werden verschiedene Gase wie Methan und Schwefelwasserstoff in die Atmosphäre geblasen. Außerdem sackt seit dem Beginn des Ausbruchs der Untergrund ab. Vom 15. September bis Ende 2006 gab das Gelände um mehr als einen Meter nach.

Im Dezember 2006 wurden 176 000 m^3 und von Mai 2007 bis Juni 2015 jeweils 10 000 m^3 Schlamm *pro Tag* ausgeworfen (BdW, 30.6.2015). Aktuelle Massenangaben für die andauernde Vulkantätigkeit existieren für den inzwischen von der Öffentlichkeit vergessenen, aber immer noch aktiven Schlammvulkan Lusi meines Wissens nicht.

Die Schlammausbrüche hatten verheerende Folgen für die Bevölkerung. Der Schlamm überflutete mehrere Quadratkilometer samt Straßen, Feldern und mehreren Dörfern. Über 5000 Häuser gingen verloren, und 60 000 Menschen (Stand 2019) in 15 Orten sind obdachlos geworden. Ein Gebiet von mehr als 10 km^2 ist auf Jahre hin nicht mehr nutzbar. Ein Teil des Schlamms wird in den südlich angrenzenden Fluss *Kali Porong* abgeleitet, mit dem der Schlamm in einen See transportiert werden soll.

Die Ursache dieser Schlammeruptionen wird von Fachleuten in Erdbeben gesehen, die sich am 27. Mai 2006 in der Gegend von Yogyakarta ereigneten, obwohl Erdbeben vor allem am Rande von tektonischen Platten vorkommen sollten, falls die geophysikalische Theorie richtig ist. Durch die Beben soll ein unter Druck stehendes Ton-Wasser-Gas-Gemisch entstanden sein, das sich den Weg nach oben bahnte. Die geologische Argumentation berücksichtigt in keiner Weise das beteiligte Gas, sondern erklärt den sogenannten »kalten Vulkanismus« als Folge der im Verhältnis zur Erdkruste relativ geringen Dichte und der *Quellfähigkeit* der Tonminerale. Derart kann die 100 m hohe Fontäne aber nicht erklärt werden! Hohe Drücke und nicht relativ geringere Dichten sind zu berücksichtigen.

Eine andere Theorie besagt, dass eine Erdölbohrung misslang und es am Tag vor der Schlammeruption zu einem unkontrollierten Einbruch einer

Abb. 94: **URGEWALT**. Bild oben: Der im Durchmesser 60 m große Krater und 15 m hohe Auswurfhügel wurde mit einer betonierten Wand umgeben. Bild unten: Ein in den Sidoarjo-Schlammfluten untergegangenes Dorf.

unbekannten Flüssigkeit in das Bohrloch gekommen sei. Die Spülflüssigkeit ging verloren, und der Bohrkopf blieb stecken, sodass man das Bohrloch in 643 m Tiefe versiegeln musste, bevor dann an 150 bis 500 m entfernten Stellen der Schlamm aus dem Boden sprudelte (»Jakarta Post« Online, 16.6.2006). Diese Erklärung ist ganz einfach logischer!

Warum dieser Schlammvulkan derart aktiv ist, können Geologen mit plattentektonischen Szenarien nicht einmal ansatzweise erklären! Die Überschreitung einer Bruchspannung ist ein kurzzeitiges Ereignis. Hingegen kann man sich vorstellen, dass für den Fall einer heftigen Gasinjektion sehr viel Wasser verdrängt wird, das jedoch wieder einströmt, sobald die Menge des Gases erschöpft ist. Eine Wiederholung des Vorganges, falls Gas von unten nachströmt, ergibt eine Art Pumpwirkung, die über längere Zeiträume hinweg viele Wasserströme schaffen kann, solange Gas immer wieder nachströmt, wobei feinkörniges Sediment in Schlamm verwandelt wird.

Das Prinzip dieser Schlammvulkane erinnert an die Mars-Geysire mit mehreren Kilometer hohen Fontänen von schlammigem Wasser, das aus der Marsoberfläche emporschoss und an der Marsoberfläche tiefe Einschnitte, Rutschungen und Schüttungen verursachte – ein Szenario, wie es sich früher auch auf der Erde ereignete. Schlammvulkane können überall dort entstehen, wo Gas und Wasser durch weiches Gestein (Ton) oder Sand empordringen: Es entsteht Schlamm, und das Wasser ist meist salzig. Steigt der Druck der unterirdisch angesammelten Gasmengen an, so erfolgen plötzliche Eruptionen. Es wird manchmal sehr viel Schlamm ausgeworfen, und das Gas kann sich sogar entzünden. Solche Vorgänge passieren nicht nur an den Rändern tektonischer Platten. Bohrt man nach Gas oder Öl in der Tiefe, dann können wie bei einem Schlammvulkan große Sand- oder Schlammmassen ausgeworfen werden. Beispielsweise bestand der Ertrag einiger Sonden im Sunset-Ölfeld in Kalifornien zu zwei Dritteln aus Sand. Eine Bohrung förderte hier 20 000 m^3 Sand in zwei Jahren!

Einige Pumpbrunnen im nördlichen Midway-Feld in Kalifornien produzierten über 35 000 m^3 Sand pro Jahr. Auch in Russland kennt man emporsteigende Springer, bei denen Öl (oder manchmal auch Wasser) aus dem Bohrloch springt. Diese werfen neben Hunderttausenden von Kubikmetern Gas und Öl sehr viel Sand und Steine aus. Bei Bibi Heibat in Baku, Aserbaidschan, spie ein Springer 10 000 Tonnen Öl und 10 000 Tonnen Sand täglich aus (Stutzer, 1931, S. 283).

Die treibende Kraft der Ölspringer ist der Druck der Gase. Diese Ursache muss unterstrichen werden. Man weiß definitiv, dass aus Schlammvulkanen Methan und andere Kohlenwasserstoffe in die Atmosphäre aufsteigen, aber dieser Umstand wird zur Erklärung der Aktivität »kalter Vulkane« nicht berücksichtigt und *bei der Klimadiskussion verschwiegen*.

Für beide Arten von Vulkanen, also für »heiße« und »kalte« Vulkane, kann mit den aus der Tiefe aufsteigenden Gasen dieselbe Ursache und damit eine einheitliche Erklärung gefunden werden, insbesondere da Schlammvulkane an Stellen zu finden sind, wo auch große Gasmengen zutage treten. Sofern noch nicht geschehen, sollte in der Nähe von Schlammvulkanen nach Gas gebohrt werden. Nicht, ob man auf Methan trifft, ist die Frage, sondern nur, ob die Menge für eine wirtschaftliche Nutzung ausreicht.

Schlammvulkane können natürlich nicht so tief reichen und so explosiv sein wie Lavavulkane, da sich der Druck im Schlamm nicht so schnell mit der Tiefe verändert wie bei Magma. Hinzu kommt, dass die Gase in Schlammschloten wesentlich kühler sind als in Lavaschloten, aufgrund der Art und Temperatur der anliegenden Erdschichten bzw. des Gesteins.

»Trotzdem zeigen die beiden Eruptionstypen viele Ähnlichkeiten, weil beide wahrscheinlich vom gleichen Prozess verursacht werden, nämlich dem plötzlichen Aufstieg von Gas, das in der Tiefe injiziert wurde und durch einen langen, mit Flüssigkeit gefüllten Schlot nach oben kommt« (Gold, 1987, S. 102).

Lavavulkane emittieren hauptsächlich Wasserdampf und Kohlendioxid und erst dann Methan, wenn der Sauerstoffvorrat der Lava mit der Oxidation verbraucht ist. Schlammvulkane dagegen stoßen hauptsächlich Methan, aber auch andere Kohlenwasserstoffe aus, da die bei Lavavulkanen auftretende Oxidation von Methan und damit die Bildung von Wasser und Kohlendioxid weitgehend entfällt. Falls man vaporisiertes Wasser in der Tiefe als Motor des Schlammvulkans annimmt, würde der Dampf auf dem Weg nach oben kondensieren. Heißes Wasser ist nur bei flachen Schlammtöpfen maßgebend, da hier das Wasser in geothermal aktiven Gebieten erhitzt wird, und es treten Gase aus.

Es ist daher auch keine erstaunliche Tatsache, dass sich einige Schlammvulkanregionen in der Nähe von Lavavulkanen befinden, wie in Alaska. Die aus der Tiefe aufsteigenden, Kohlenstoff führenden Gase werden einerseits oxidiert, wenn diese in geringen Mengen mit Lava in Kontakt kommen, und

Abb. 95: **LOKBATAN**. Die Eruption des Schlammvulkans *Lokbatan* in Aserbaidschan erfolgte im Oktober 2001 mit einer 400 m hohen Flamme. Der schwarze Rauch deutet auf die Verbrennung höherer Kohlenwasserstoffe hin. Nach dem Ausbruch floss Schlamm den Vulkankegel herunter.

bleiben andererseits im Wesentlichen unverändert, wenn der Aufstieg durch die kühleren Austrittschlote von Schlammvulkanen erfolgt. Eine gemeinsame Ursache, aber zwei anscheinend total verschiedene, manchmal aber unmittelbar nebeneinander vorkommende Phänomene.

Bereits A. Daubrée wies experimentell nach, dass allein schon hoher Gasdruck von unten die Kanäle öffnen kann (»Nature«, 6. Juli 1893, Bd. 48, S. 226–228). Jetzt wird auch verständlich, warum aus Schlammvulkanen Feuergarben emporsteigen können. Am 5. Januar 1887 wurde von einer 600 m hohen Flamme berichtet, die aus dem Schlammvulkan *Lok-Botan* im Bakugebiet an der Küste des Kaspischen Meeres in die Atmosphäre züngelte (Stutzer, 1931, S. 281). Es ergoss sich ein Schlammstrom, der 300 m lang, 200 m breit und durchschnittlich 2 m mächtig war.

Fast 100 Jahre später schoss eine Flamme sogar bis zu 2000 m in die Höhe, um dann mit geringerer Höhe noch acht Stunden weiter zu brennen. Der Durchmesser des Kraters betrug 120 m (Sokolov et al., 1968).

Man schätzt, dass allein für die beschriebene Eruption etwa eine Million Tonnen Gas erforderlich ist. Eine gewaltige Menge! In diesem Gebiet kommen ungefähr alle zehn Jahre Eruptionen dieser Art vor. Nach Berechnungen von Messdaten über das Verhältnis von Gas und Schlamm wird für dieses Flammengebilde eine weitaus größere Gasmenge benötigt, als der Inhalt eines der größten wirtschaftlich genutzten Gasfelder ausmacht. Die Gasvorkommen in der Tiefe der Erde müssen riesig sein!

Weltweit sind bisher 1100 aktive Schlammvulkane an Land bekannt. Man geht davon aus, dass zusätzlich viele derartiger Vulkane untermeerisch an Kontinentalhängen und Tiefseeebenen existieren. Wie magmatische Vulkane weisen auch Schlammvulkane aktive und ruhende Phasen auf. Schlammvulkane spucken außer Schlamm tagtäglich riesige Mengen von

Abb. 96: **DAUERBRENNER**. Neben der Quelle des ewigen Feuers befindet sich der Schlammvulkan *Bledug Kuwu* im Dorf Kuwu in Indonesien mit einem Durchmesser von 400 m. Dieser bricht in regelmäßigen Abständen alle 2–3 Minuten an verschiedenen Orten mit salzhaltigem Schlamm aus.

Kohlenwasserstoffen und Kohlendioxid ganz natürlich in die Atmosphäre – ohne dass diese abiogen entstandenen »Klimagase« in irgendwelchen Klimamodellen berücksichtigt werden.

Außerdem bildet der ausgeworfene Schlamm neue Landschaften oder sogar Inseln. Oft sind diese kalten Vulkane in Ölgebieten zu finden, u. a. am Nordufer des Schwarzen Meeres, im Südwesten des Kaspischen Meeres, in Nordpersien, in Rumänien bei Berca und Beciu, in Birma bei Minbu, auf dem indonesischen Inselbogen, an der Golfküste von Texas und Louisiana, in Kolumbien und anderen Ländern. Die größten Schlammkegel liegen bei Baku am Kaspischen Meer und in Birma. Der 300 m hoch ausgeworfene Schlamm bei Baku ist mit Asphalt vermischt (Stutzer, 1931, S. 281).

An der Küste von Birma bildete sich durch Schlammauswurf 1907 eine Insel von 400 m Länge, 150 m Breite und 7 m Höhe. 1911 erfolgte an der Südküste Trinidads ein untermeerischer Ausbruch. Gesteinsmaterial und Gase wurden aus dem Meer geblasen. Das Gas entzündete sich, und eine 30 m hohe Flamme stieg auf.

Vor Trinidad tauchte in den letzten 100 Jahren vier Mal die Insel Chatham als Folge schlammvulkanischer Tätigkeit auf. Der Durchmesser solcher neu entstehenden Inseln kann mehrere Kilometer betragen oder auch nur einige Meter.

Da hauptsächlich Methan den Treibsatz für Lavavulkane und Schlammvulkane bildet, muss es Schlote in der Erdkruste geben, aus denen weder Lava noch Schlamm austritt, sondern neben anderen Kohlenwasserstoffen in der Hauptsache unmittelbar Methangas. Es handelt sich um einen bisher nicht diskutierten, ja noch nicht einmal wirklich wahrgenommenen dritten Typus, genannt Methan-Vulkan, der genau dort vorkommen kann, wo weder Magma noch feinkörniges Sediment in größeren Mengen in der Erdkruste anliegt.

Methan-Vulkane

Ein solcher Methan-Vulkan kann analog zum Schlammvulkan auf Java künstlich zum Ausbruch gebracht werden, indem man zum Beispiel in eine unter Überdruck stehende Formation mit Gas bohrt. So etwas geschah, als 1990 in der Nordsee eine Ölbohrplattform zerstört wurde. Durch das in die »Methanblase« vorgetriebene Bohrloch entlud sich der Druck in einer heftigen Explosion.

Wenn Methan-Vulkane explodieren, wird kaum darüber berichtet, weil man keine Erklärung dafür hat. Am 15. August 2008 ereignete sich eine mysteriöse Explosion in der Nordwestpassage der Arktis. Das kanadische Verteidigungsministerium erklärte, dass zur fraglichen Zeit sich weder Schiffe in der Gegend aufgehalten hätten, noch habe man bislang Kenntnis über irgendwelche Aktivitäten habe, welche die Explosion erklären könnten. Es könnte sich hier ein Methan-Vulkan entladen haben, da dieses Gebiet reich an Kohlenwasserstoffen, also Erdgas und Erdöl ist.

Methan-Vulkane jeder Größe, zumeist kleinere, sind weit verbreitet. Das Methan schießt in Form von Geysiren ständig oder explosionsartig aus kleinen Vulkanen heraus, die Krater mit einem Durchmesser von 10 bis 700 m bei einer Tiefe von bis zu etwa 50 m hinterlassen, welche unter Wasser als Pockmarks (Pockennarben) und über Wasser – jedoch im Sinne der »Eiszeittheorie« – als Pingos bezeichnet werden. Beispielsweise ist der Nordseeboden von großen Pockmark-Feldern, also kraterförmigen Vertiefungen übersät, und es wurde gemessen, dass ständig große Methan- und Kohlendioxidmengen ausgestoßen werden. Derartige Kraterstrukturen werden oft mit Einschlagkratern verwechselt.

Ab einem Druck von etwa 20 bar und tiefen Temperaturen können Wassermoleküle aus dem Boden strömendes Methan vollständig umschließen, und es entsteht vor allem am Grunde der Ozeanböden Methanhydrat (Methaneis oder Gaskondensat), das an der Erdoberfläche brennbar ist.

»Meistens bildet das Methanhydrat im Sand flache, über viele Kilometer reichende Schichten, die in ihrer Gestalt eher Kohleflözen ähneln«, bestätigt Klaus Wallmann vom Leibniz-Institut IFM-Geomar in Kiel. Kohlendioxid kann mit dem Methanhydrat reagieren, »was am Ende zu einem Rollentausch führt: Das Methan wird gasförmig und das Kohlendioxid bildet selbst eine feste Hydratstruktur« (Internetlink 18).

Deshalb findet man manchmal auf dem Meeresboden auch Eis, das anstelle von Methan durch Kohlendioxid gebildet wird – eine kaum bekannte, jedoch unsere Ausgasungsthese unterstützende Tatsache. 2006 entdeckte ein Forscherteam vom Japanischen Institut für Meeresforschung (JAMSTEC) im Tauchboot Shinkai vor der Küste Südkoreas im Okinawa-Trog in 1400 m Tiefe sogar einen See aus flüssigem Kohlendioxid auf dem Meeresboden (Inagaki et al, 2006).

Das Methan quillt unmittelbar überall dort aus dem Untergrund durch die Erdkruste, wo Risse, Bruch- oder Schwächezonen vorhanden sind und nicht genügend Sauerstoff für dessen Oxidation zu Kohlendioxid und Wasser zur Verfügung steht oder wo sich kein Methanhydrat bilden kann. Steht genügend Sauerstoff zur Verfügung, gast Kohlendioxid anstelle von Methan aus, wobei auch Wasser neu gebildet wird.

Man hat festgestellt, dass die Ostpazifische Schwelle, ein Senkungsgraben im Pazifischen Ozean, über einen großen Teil seiner Länge unmittelbar Methan ausstößt, zusammen mit sehr heißem Wasser (Kim et al., 1983), weshalb sich im Bereich dieses »Risses« kein Methanhydrat (Methaneis) bilden kann. Auch im Graben des Roten Meeres tritt Methan mit heißem Wasser in der Tiefe aus, dort, wo Erdöl in kommerziell brauchbaren Mengen in der Nähe vorkommt. An Land werden derartige Gasausbrüche nicht bemerkt, da man reine Kohlenwasserstoffe oder Kohlendioxid weder riechen, schmecken noch unmittelbar sehen kann.

In flachen Meeren fehlt der notwendige Druck zur Bildung von Methaneis. Dort kann das Methan direkt durch Risse und Löcher in der Ozeankruste ins Meerwasser und auch bis in die Atmosphäre aufsteigen. Liegt feinkörniges Sediment im Untergrund an, bilden sich Methan emittierende Pockennarben oder Schlammvulkane, die man natürlich auch an Land findet. In Gegenden, wo sich in der Erdkruste undurchlässige Schichten als dichte Verschlusskappe befinden, wird das aufsteigende Methan unter dieser Schicht mit steigendem Gesamtvolumen gespeichert.

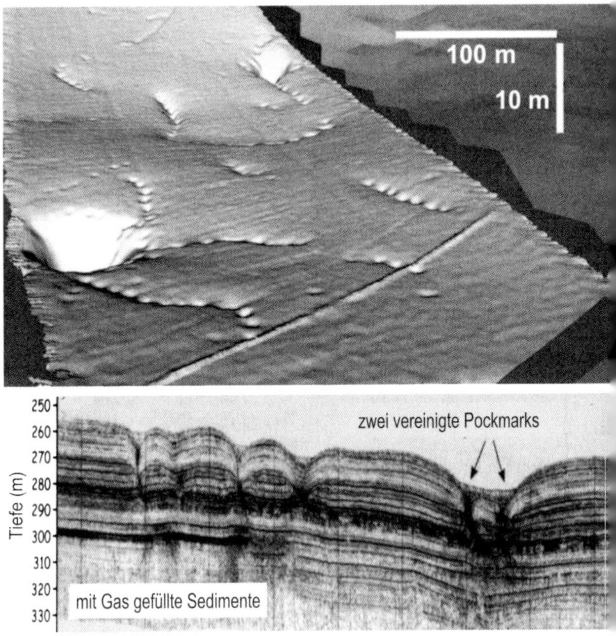

Abb. 97: **POCKENNARBEN**. Bild oben: Vor der norwegischen Küste im Europäischen Nordmeer sind Reihen von kleinen Kratern (Pockmarks) vorhanden, die keine bestimmte Orientierung aufweisen, aber teils von größeren Kratern linienartig weg oder dorthin führen. Bild unten: In diesem Schnitt aus dem Schwarzen Meer sind sehr gut die Strömungskanäle der Gase durch die Sedimente zu erkennen, die in trichterförmigen Kratern (Pockmarks) enden, aus denen in bestimmten Zeitabständen Gaseruptionen erfolgen (Cifci et al., 2003).

Erst seit 1971 hat man überhaupt Kenntnis von Methanhydrat, als man es zum Erstaunen der Fachleute im Schwarzen Meer entdeckte. Auf Expeditionen in der arktischen Laptewsee und vor Pakistan – beides Gebiete, in denen reichlich Methanhydrat vorkommt – fand man am Meeresboden ringförmige Pockennarben (Pockmarks) mit Kratern von 20 bis 30 m Durchmesser, die offenbar durch Gasausbrüche entstanden sind (Kehse, 2000, S. 16). Auch viele andere, teils mehrere hundert Quadratkilometer große Flächen sind mit solchen Kratern übersät. Die Dichte solcher Krater wurde in der Belfast Bay, Maine, also vor der amerikanischen Nordostküste, mit 160 Stück pro Quadratkilometer angegeben (Kelley, 1994). Der Titel dieser im Fachmagazin »Geology« (Bd. 22, 1994, S. 59) veröffentlichten Untersuchung lautet: »Gigantische Pockennarben am Meeresgrund: Beweise für Gasausstoß in der Belfast Bay, Maine«.

Es soll konische Vertiefungen mit einem Durchmesser von 350 m und einer Tiefe von 35 m in den Meeresböden geben, die auf Methangas-Ausstöße zurückgeführt werden. Meines Erachtens sind weltweit solche geologischen Formationen, auch an Land, noch gar nicht richtig, also im Sinne von Ausgasungsprozessen, gedeutet worden.

Wie im Fachmagazin »Geology« (Bd. 23, 1995, S. 89) berichtet wird, steigen vor der ostamerikanischen Küste aus einer Tiefe von 2167 m regelrechte Fontänen aus Methanblasen empor, die bis zu einer Höhe von 320 m aus dem pockennarbigen Meeresboden in der Nähe einer Verwerfung sprudeln.

Bei der Suche nach Methaneis im Schwarzen Meer zwischen Georgien und der Krim mit dem russischen Forschungsschiff *Professor Logachev* entdeckten im Jahr 2006 russische und deutsche Wissenschaftler in über 1000 m Tiefe merkwürdige Löcher, aus denen sprudelnde Gasfontänen emporstiegen. »So etwas hat noch nie jemand zuvor gesehen, nicht einmal vermutet, dass es das geben könnte, (und) was zunächst aussieht wie Schlamm, ist zu einem Fünftel pures Gashydrat (...). Und daneben gibt es sogar noch Spuren von Erdöl. Eine sensationelle Entdeckung!« (ARD Online, »W wie Wissen«, 5.11.2006).

»Untermeerische Gasausbrüche kennt man am Kaspischen Meer, an der Küste Birmas und Borneos, an der Küste von Peru und im Golf von Paria zwischen Trinidad und Venezuela. An der Küste von Baku strömten bei *Bibi Heibat*, Aserbaidschan, untermeerische Gasquellen manchmal plötzlich mit solcher Heftigkeit aus, dass Boote kenterten, wenn sie dem Strudel zu nahe kamen. Bei ruhiger See sind solche Gasausbrüche weithin sichtbar. An der Südostecke von Trinidad hat man untermeerische Gasexplosionen beobachtet, welche Wassersäulen emporwarfen, die von Pech und Petroleum begleitet waren« (Stutzer, 1931, S. 280).

Vor der Südostküste der USA befindet sich ein riesiges, 26 000 km^2 großes Methanhydrat-Lager. Dort allein lagert eine derart große Menge an Kohlenwasserstoff, dass sie den US-Energieverbrauch für mehr als 100 Jahre decken würde.

An vielen Stellen auf dem Meeresgrund der Ozeane hat man in den letzten 30 Jahren große Mengen von Methan in Form von Methanhydrat nachgewiesen (Mac-Donald, 1997). Zwischen Grönland und Spitzbergen wurde ein 1,3 km breites und 50 km langes Methanhydrat-Polster entdeckt, das eine Dicke von 200 bis 300 m aufweisen soll (Vogt, 1994). Bei Testbohrungen fand man in Nordalaska an der Bucht *Prudhoe Bay* große Felder mit jeweils mindestens acht Flözen in 300 bis ungefähr 800 m Tiefe, die etwa 40 bis

Abb. 98: **EXPLODIERT**. Dieser Krater explodierte 2020 in der sibirischen Tundra und ist 50 m tief. Um diesen herum liegt ausgeworfenes Erdmaterial. Ein durch ein Oval markierter Mensch zum Größenvergleich des Kraterdurchmessers. Derartige Krater wurden offiziell erstmals 2012 entdeckt und konnten seitdem nicht erklärt werden. Allein im Jahr 2014 explodierten 17 gewaltige Krater, jeweils mit einem Knall der bis zu 100 km weit zu hören war. »Wenn man sich ein Satellitenbild der Jamal-Halbinsel (in Sibirien) anschaut, sieht man tausende dieser runden, plattenartigen Vertiefungen« (futurezone.at, online 17.1.2024).

60 Milliarden Kubikmeter Gashydrat beinhalten. In Kanada wurde in Mallik, im Delta des 1903 km langen Flusses Mackenzie, ein großes Feld entdeckt. Sage und schreibe 80 bis 90 % der Porenräume in Sanden und Kiesen sollen mit Methanhydrat gefüllt sein. Andere Untersuchungen in Sibirien und Alaska haben Konzentrationen von Gashydrat zwischen 50 und 80 % ergeben. Das Vorkommen riesiger Methanhydrat-Quellen auf und in »normalen« Ozeanböden außerhalb der Kontinentalränder ist mit den hypothetischen Verschiebungs-Szenarien der Plattentektonik grundsätzlich nicht vereinbar. Manche Forscher vermuten sogar, dass Methan überwiegend nicht im Bereich der Kontinentalränder, sondern in Tiefseebecken vorkommt (Klauda/Sandler, 2005).

Gibt es Methanhydrat ausschließlich nur am Grunde von Meeren und Ozeanen? Nein! Schon seit 1976 wird im sibirischen Messojacha-Feld mittels Injektionsverfahren Methan aus Methanhydraten abgebaut. Ein bekanntes Beispiel sind auch die Permafrostböden unter der arktischen Tundra, die sich von Sibirien über Alaska und Nordkanada bis nach Grönland hin erstrecken. Die Mächtigkeit des Permafrostes hängt von der Luft- und Bodentemperatur sowie den Eigenschaften solcher Böden ab, insbesondere der Durchlässigkeit. In einigen Teilen Nordostsibiriens erreicht der Permafrost eine extreme Mächtigkeit von bis zu 1500 m und eine Ausdehnung bis in mittlere Breiten (Nelson, 2003). Da sich das Methangas unter den Dauerfrostböden ansammelt, kann einfach erklärt werden, warum Russland derartig reiche Erdgas-Vorkommen besitzt. Weltweit ist fast ein Viertel der Landfläche Permafrost-Gebiet, wobei der überwiegende Anteil in der nördlichen Hemisphäre liegt (Zhang et al., 1999).

Die Menge der in und unter Permafrost gelagerten Methanhydrate ist unbekannt. Schätzungen reichen von 7,5 bis 400 Milliarden Tonnen Kohlenstoff (Gornitz/Fung, 1994). Damit ist in den Permafrostböden mindestens das Doppelte oder sogar bis zum Hundertfachen der in der Erdatmosphäre enthaltenen Kohlenstoffmenge gespeichert.

Die plötzliche Freisetzung von Methan könnte für gewaltige Naturkatastrophen auch in unserer Zeit verantwortlich sein. So ereignete sich 1908 in Sibirien die als Tunguska-Ereignis bezeichnete gigantische »Explosion«. Viele Theorien wurden aufgestellt, vom Zerschellen eines UFOs über das oberirdische Zerplatzen eines Meteoriten bis hin zum Einschlag eines Schwarzen Lochs. Das Rätsel besteht darin, dass kein Einschlagkrater

Abb. 99: **TUNGUSKA**. 60 Millionen Bäume knickten auf einem Gebiet von 2000 km² radial um den Explosionsherd herum ab.

vorhanden ist, aber von einem bestimmten Punkt aus in radialer Richtung 60 Millionen Bäume auf einem Gebiet von 2000 km^2 umknickten. Noch in 500 km Entfernung wurde der Feuerschein wahrgenommen, neben einer Druckwelle und Donnergeräusch. Alle Erklärungsversuche, die einen physisch-mechanischen Einfluss von außen berücksichtigen, können nicht erklären, warum in den Tagen *vor* der Explosion merkwürdige atmosphärische Leuchterscheinungen beobachtet wurden und sich leichte Erdbeben ereigneten. Falls man einen Zusammenhang sucht, dann bietet sich als Erklärung des Tunguska-Ereignisses ein Methan- bzw. Erdgasausbruch an, wie es Dr. Wolfgang Kundt (2005, S. 204 f.), Professor für Astrophysik an der Universität Bonn, vertritt, der als einer von sehr wenigen diesen Ort selbst besuchte und mir gegenüber in einem persönlichen Gespräch seine Meinung vertrat. Für eine solche Explosion reicht eine verhältnismäßig geringe Menge von etwa 100 Millionen Tonnen Erdgas aus.

Eine andere Methankatastrophe wird von Wissenschaftlern für einen gewaltigen Treibhauseffekt verantwortlich gemacht, obwohl ein Klimagas physikalisch hierzu kaum in der Lage erscheint. Vor rund 181 Mio. Jahren (gemäß geologischer Zeitskala) wurden Fischsaurier, Meereskrokodile, Stachelhaie und Schlangenhalssaurier (Plesiosaurier) in einem Massengrab bei Eislingen (Baden-Württemberg) dreidimensional gestapelt, fast wie Ölsardinen in einer Büchse. Die Geowissenschaftler der *Universität Tübingen* vermuten als Auslöser der Ökokatastrophe die Freisetzung von Methanhydrat, wodurch Methan in die Atmosphäre gelangte und eine Klimaerwärmung um mehrere Grad in Gang eingesetzt haben soll– ein früher, *plötzlicher* Klimawandel?

4 Geophysikalische Irrtümer

Die meisten Geologen ignorieren ein Wirken von Superfluten, da sie davon ausgehen, dass Schluchten und Täler über Jahrmillionen hinweg von den langsam arbeitenden Kräften des Windes und des Wassers geformt wurden. Das Wasser und der Sauerstoff unserer heutigen irdischen Atmosphäre bildeten sich weitgehend abiogen. Aber auch Kohlenwasserstoffe, Kohlendioxid und Wasser entstehen interstellar und -planetar ohne biologische Ursachen oder Prozesse.

Sauerstoff ohne Pflanzen

Tatsächlich wird in den Atmosphären der inneren Planeten unseres Sonnensystems Sauerstoff ohne biologische Prozesse erzeugt, da das Sonnenlicht vorhandene Wassermoleküle in Sauerstoff und Wasserstoff spaltet. Der leichte Wasserstoff entweicht in den Weltraum und lässt den Sauerstoff zurück, der in der Atmosphäre für Oxidationsprozesse zur Verfügung steht. Meistens wird dieser Prozess nicht erwähnt und die irdische Sauerstoff-Produktion rein auf die Fotosynthese zurückgeführt. Jedoch ist »der Sauerstoffgehalt der heutigen irdischen Atmosphäre abiogenen Ursprungs«, bestätigt der mir persönlich bekannte Astrophysiker Professor Wolfgang Kundt in einem Gespräch (2005, S. 204).

Vorausgesetzt, die Ur-Erde war früher *nicht* glühend heiß, dann kann es von Anfang an Wasser, wie heutzutage auch auf Kometen und Asteroiden, gegeben haben. In einer zu einem Stern kollabierenden Gaswolke entdeckten Astronomen derart viel Wasserdampf, dass sich die Ozeane der Erde damit fünf Mal füllen ließen. Anhand von Aufnahmen zeigten die Forscher, wie Wasser in Regionen transportiert wird, in denen sich später womöglich Planeten formen (Watson, 2007).

Da die Materie im Universum zu 90 % aus Wasserstoff (ionisiert im Plasma-Zustand) besteht, kann Wasser durchaus reichlich vorkommen, da freier Sauerstoff auch ohne Pflanzen bzw. Fotosynthese in unserem Sonnensystem reichlich existiert. Deshalb überrascht nicht, dass Wasserplaneten im Universum häufig sind und womöglich zahlreiche noch nicht entdeckt sind, behaupten Forscher um Alain Léger vom *Institut d'Astrophysique Spatiale* in Frankreich. Im Jahr 2003 beschäftigte sich die Europäische Weltraumbehörde ESA mit der Frage, auf welche Art und Weise sich Wasserplaneten bilden können.

Wie erst seit wenigen Jahren durch Satelliten nachgewiesen, werden Kohlendioxid, Wasser, Sauerstoff und Kohlenwasserstoffe im Universum in großen Mengen abiogen gebildet, also ohne biologische Ursachen. Aber es entsteht auch Sauerstoff ohne jegliche Photosynthese: Auf dem Mars ist der Sauerstoffanteil der Atmosphäre mit 0,13 % zwar nur gering, auf dem Merkur mit 42 % (rein prozentual verglichen: auf der Erde nur 21 %) hingegen sehr hoch.

Das Auftauchen von Wasser auf der Erde (wie beim Mars) war kein Zufallsereignis. Neue Forschungsergebnisse zeigen: Wenn »ein Planet einen Stern von der Größe der Sonne umkreist, dann sollte der Planet Wasser haben«, wenn er sich *in der richtigen Entfernung* befindet, wird geschlussfolgert (Onyett et al, 2023). Also vollzog sich eine *abiogene* Bildung von Wasser bei Bildung der Erde, analog wie bei Kometen.

Für unsere Betrachtungen ist wichtig festzustellen, dass das aus Wasserstoff und Sauerstoff gebildete Wasser abiogen, also *ohne* das Abregnen von Wolken, dauernd neu entstehen kann und es deshalb nicht nur einen reinen Kreislauf mit einer *quasi-konstanten* Wassermenge gibt. Diese durch neue kosmische Messungen und Beobachtungen gestützte Sichtweise führt zu einer mit Wasser bedeckten Ur-Erde. Diese sogenannte »Allmeer-Erde« bezeichnete der durch seine Fernsehsendungen in den 1960-Jahren bekannte Physiker und Astronom Professor Heinz Haber (1965) mit dem griechischen Wort »panthalassische« Erde, die zwar Berge, aber keine hohen Gebirge besaß. Diese Ansicht entspricht meinen Ausführungen in diesem Buch!

Deshalb existierte zunächst Leben im Wasser, und erst mit der sogenannten Kambrischen Explosion vor angeblich 542 Mio. Jahren konnte Leben trocken gewordenes Land, also etwa 29 % der der heutigen Erdoberfläche besiedeln, nachdem sich das Wasser der panthalassischen Erde scheinbar zurückgezogen hatte? Wo ist die ursprüngliche, oberhalb der gesamten Erdkruste befindliche Wasserschale geblieben, die es während der Kreidezeit (Dinosaurier-Ära) gegeben hat?

Das Erscheinen von Landflächen muss dann relativ schnell vor sich gegangen sein. Die Lösung bietet die schon von Heinz Haber und in meinen zuletzt erschienenen Büchern diskutierte *Expansion* der Erde.

Die Erdexpansion als solche in Bezug auf den Expansionsmotor und das Wachsen der Erde bei quasi *keinem oder nur sehr geringem* Massezuwachs im Verhältnis zum Volumenzuwachs wurde erstmals überhaupt in meinem zuletzt erschienenen Buch »Der Energie-Irrtum« (Zillmer 2009/2023) ausführlich begründet und diskutiert. Um Wiederholungen zu vermeiden, setzen wir deshalb eine ständige, früher stärkere und heutzutage wesentlich abgeschwächte Expansion der Erde, die in drei verschiedenen Phasen ablief, als gegeben voraus und betrachten nur die letzte Phase sowie die Auswirkungen auf die Erdkruste.

Wie bereits Ott C. Hilgenberg (1933) nachwies, können alle heutigen Kontinente – einschließlich der bis zu 200 m unter Wasser liegenden Kontinentalschelfe – zusammengefügt werden zu einem Superkontinent Pangaea, der eine um 35 bis 40 % kleinere Erde komplett als Landmasse umhüllt wie die Schale einer Orange. Im Gegensatz hierzu propagiert die Plattentektonik-Theorie, dass dieser Landverbund bzw. Pangäa genannte Urkontinent wie eine Insel auf einer der heutigen im Durchmesser entsprechenden Urerde »umhergeschwommen waren«.

Diese *Pangaea-Erdkrustenschale* war im Mittel etwa 20 bis 35 km dick, analog zur Mächtigkeit heutiger Kontinentalsockel, und bestand aus Granit. Diese obere Kruste schwimmt isostatisch auf der schwereren, nur fünf oder etwas mehr Kilometer mächtigen unteren Kruste, die aus Basalt besteht und sich noch heute unter den Kontinentalsockeln befindet. Mit anderen Worten, diese Basaltschicht bildete mit der Granitschicht eine die Ur-Erde umhüllende Krustenschale (Abb. 100).

Beide separate Schichten – die Granit- und Basaltschicht – trennt damals wie heute die sogenannte Conrad-Diskontinuität. Diese stellt nicht nur eine seismische Grenzzone dar, in der sich Geschwindigkeiten von Erdbebenwellen ändern, sondern es ist auch eine Phasengrenze als Unstetigkeit in Bezug auf die chemische Zusammensetzung.

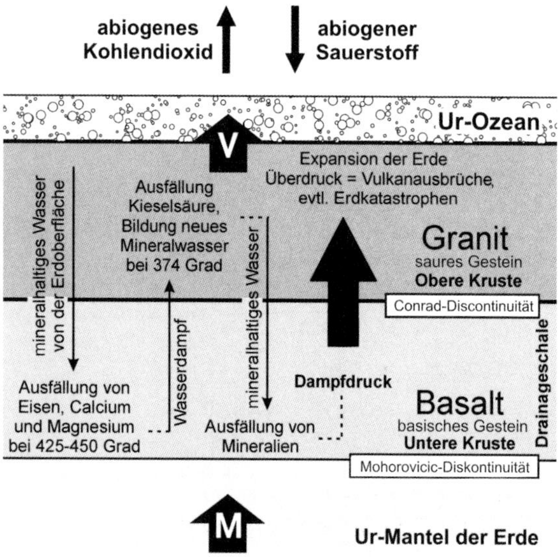

Abb. 100: **KUGELSCHALEN-ERDKRUSTE**. Die Ur-Erde besaß nur eine untere Kruste, über der sich die obere Kruste gemäß dem dargestellten Kreislauf chemisch durch Ausfällung von Mineralien kontinuierlich bildete. Die aus dem Ur-Mantel aufwärts migrierenden Kohlenwasserstoffe, vor allem Methan (M), werden durch den – wie u. a. beim Planeten Merkur – abiogen gebildeten Sauerstoff oxidiert, und es entsteht abiogen Kohlendioxid sowie Wasser, das sich in und über der oberen Kruste sammelt. Bei der Ur-Erde gab es kleine Gasvulkane (V), aus denen Methan oder bereits in oxidierter Form Kohlendioxid aus der oberen Kruste herausschossen, ähnlich wie auf dem Mars.

Die Granite der oberen Kruste sind saure Gesteine mit einem hohen Anteil an Kieselsäure und einem geringen an Kalzium-, Magnesium- und Eisenverbindungen. Hingegen sind die Basalte der unteren Kruste basische Gesteine mit wenig Kieselsäure und dagegen viel Kalcium-, Magnesium- und Eisenverbindungen. Die Conrad-Diskontinuität ist somit ein Grenzstreifen. Alles, was oberhalb anfällt, wird in Granit umgewandelt, alles was unterhalb anfällt, in Basalte. Unterhalb der unteren Kruste liegt die Mohorovičić-Diskontinuität. Entsprechend stellt diese eine Grenzschicht für die Umwandlung von Gesteinen des Erdmantels in Basalte der unteren Erdkruste dar. Die untere Kruste ist der von mir Drainageschale benannte Bereich, zwischen der Conrad- und der Mohorovičić-Diskontinuität gelegen.

Zu dieser Zeit, als die basaltische untere Kruste und die granitische obere Erdkruste die Erde *komplett* umspannten, war die Erde ein Wasserplanet, denn die heutigen Ozeanbecken gab es noch nicht. Mit anderen Worten, das Wasser bedeckte und umhüllte die kleinere Ur-Erde komplett (Allmeer-Erde). Über diesem damaligen Wasserplaneten befand sich eine treibhausförmige Wasserdampf-Atmosphäre. Immerhin stammen über 95 % aller Fossilien aus dem Meer.

Im Zusammenhang mit Naturkatastrophen interessiert uns speziell die zweischalig aus der basaltischen Unterkruste und granitischen Oberkruste bestehende Erdkruste und wie diese auf das Wachsen der Erde reagierte. Nachdem durch die Volumenvergrößerung ein Druck von unten auf diese Erdkruste dynamisch aufgebaut wurde, hielt die Gesteinsschale einige Zeit dem Innendruck stand. Da Granit, analog wie Beton, zwar sehr hohen

Druck-, aber nur geringen Zugspannungen bruchfrei zu widerstehen in der Lage ist und deshalb elastisch kaum verformt werden kann, wurde der Granitpanzer der Erde entsprechend den Gesetzen der Mechanik gesprengt. Dies muss nach gewisser Rissbildung dann aber bruchartig schnell abgelaufen sein, wie es materialtechnisch bei Überschreitung der Biegezugfestigkeit zu erwarten ist. Den Beweis liefert die Anwesenheit diverser Arten von Dinosauriern auf fast allen Kontinenten, die nach der plattentektonischen Zeitskala aber bereits lange vorher durch tiefe Ozeane getrennt gewesen sein sollen. Dies ist ein der Kontinentaldrift geschuldetes Rätsel, weil die Kontinente sich nach geophysikalischem Dogma kaum merklich langsam bewegen sollen.

Nur durch eine Existenz von Landbrücken ist zum Beispiel die Anwesenheit des auf Madagaskar entdeckten Majungatholus zu erklären, der vor ungefähr 70 bis 65 Mio. Jahren gelebt haben soll und ein enger Verwandter von Tyrannosaurus ist. Aber Madagaskar soll seit mindestens 150 Mio. Jahren eine Insel gewesen sein. So wurde 2008 ein Beelzebufo genannter Riesenfrosch, der am Ende der Kreidezeit bzw. der Dinosaurier-Ära zusammen mit Majungatholus auf Madagaskar lebte, auch in Südamerika gefunden. Dieser Fund bedingt eine ehemalige Landverbindung zwischen Madagaskar und Südamerika (Evans et al., 2008). Solche Funde häufen sich (siehe ausführlich: »Irrtümer der Erdgeschichte«, 2023, S. 234 ff.).

Aufgrund der weltweiten Funde von Dinosauriern verkürzt sich der Zeitablauf der Plattentektonik extrem, hin in Richtung zu einem, im erdgeschichtlichen Zeitmaßstab gemessen,

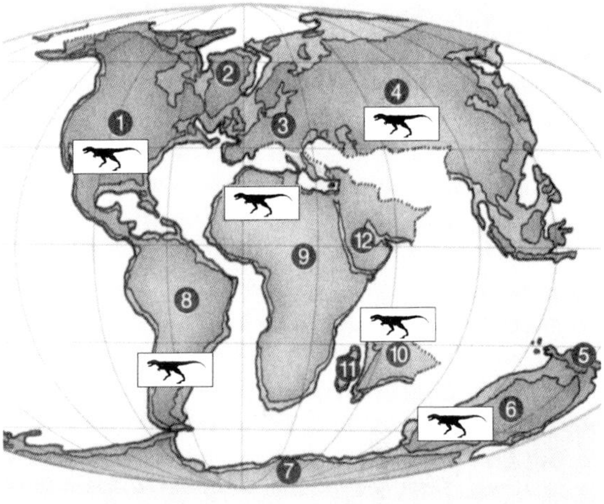

Abb. 101: **GLOBETROTTER**. Tyrannosauridae – Tyrannosaurier im engeren Sinn – lebten auch auf Madagaskar und in Australien (10), das vor 180 bis 150 Mio. Jahre von Afrika (9) abgetrennt wurde und von 140–65 Mio. Jahre mit Indien (10) eine Insel gebildet haben soll. Tyrannosauridae sollen sich erst vor frühestens 84 Mio. Jahren entwickelt haben. Die bisherigen Fundorte dieser Saurier lagen in Amerika (1) und Asien (4). Die neuen Funde schwimmunfähiger Saurier (Tyrannosaurus) auf Madagaskar (10) und in Südamerika (8), neuerdings auch Australien (6) und Nordafrika (Longrich et al., 2017), bezeugen, dass die Kontinente wesentlich länger miteinander verbunden waren als bisher angenommen. Die Karte zeigt die angebliche Lage der Kontinente gemäß Plattentektonik-Hypothese in der Oberkreidezeit (97–65 Mio. Jahre) zu Lebzeiten des *Tyrannosaurus rex*: Grönland (2), Europa (3), Neuguinea (5), Australien (6), Antarktis (7), Südamerika (8), Arabien (12).

relativ kurzen Zeitraum, in welchem sich alle Kontinente während eines kataklysmischen Vorgangs alles andere als unmerklichen langsam voneinander entfernten (Abb. 102). Dieser Vorgang würde, unter Voraussetzung einer effektiven Seitwärtsbewegung, zu hohen Reibungsspannungen und damit Bruch der Erdkrusten in Abständen von wenigen Kilometern führen. Hingegen bleiben bei einer Erdexpansion die Kontinente quasi ortsfest, entfernen sich aber voneinander aufgrund der Vergrößerung der Erdoberfläche infolge Expansion der Erdkugel. Dieser Erdkatastrophe löste ein rasantes, artenübergreifenden Aussterben aus.

Nach dem bruchartigen Aufreißen der Pangaea-Erdkrustenschale ist das heutige Wachstum der Erde gering, aber messbar und könnte nach neueren Messungen bis zu 22 mm für den Durchmesser pro Jahr im Mittel betragen. Da eine direkte Messung des Durchmessers der Erde nicht möglich ist, wurden verschiedene Messpunkte in Australien, in den USA und in Europa durch Auswertungen von Daten des *Internationalen Erdrotationsdienstes* (IERS) für eine Zeitperiode von 1992 bis 2000 berücksichtigt (Maxlow, 2005, S. 78).

Schätzen wir alternativ die sich heutzutage vollziehende Vergrößerung der Erdkruste über den Zuwachs der Ozeankruste in den Spreizungszonen bzw. mittelozeanischen Rücken ab: Diese Risszonen sollen etwa 65 000 km lang sein. Die Kontinente driften nach geodätischen Messungen zwischen 1 und 20 cm pro Jahr auseinander. Legen wir einmal 4 cm als mittlere Spreizungsgeschwindigkeit zugrunde, dann würden pro Jahr 2,6 km^2 Ozeankruste neu gebildet, was einem jährlichen Zuwachs des Durchmessers der Erde um gut 25 mm entspricht, womit die vorgenannte derzeitige Expansionsrate in etwa bestätigt wäre.

Der Granitpanzer brach also mit dem Wachsen der Erde auseinander, und es bildeten sich einzelne Stücke, die die heutigen Kontinente darstellen. Mit größer werdender Erde entfernen sich die Kontinente voneinander, was man heute fälschlicherweise als Kontinentaldrift bezeichnet, weil sich die Kontinentalsockel tatsächlich voneinander entfernen. Mit dem Wachsen der Erde wird die Entfernung zwischen zwei Platten zwar zwangsläufig größer, die Kontinente bleiben aber stationär und verschieben sich nicht oder nur geringfügig, u. a. infolge ungleichmäßigen Wachstums, weil manche Diskontinuitätszonen im Erdinneren nur regional ausgebildet sind. Dies bedeutet, die Kontinentalplatten sind stationär und driften nicht, entfernen sich aber voneinander!

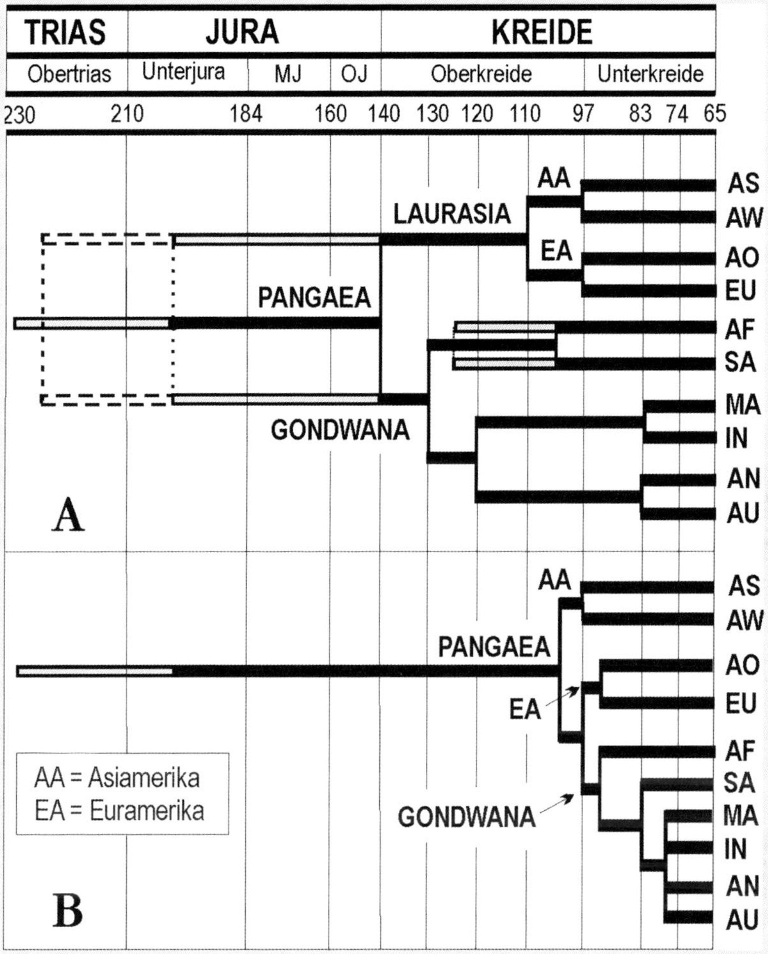

Abb. 102: **DINOSAURIER-PALÄOGEOGRAFIE**. Die neuen Funde von Dinosaurier-Fossilien führen zu einer Neubewertung der Zeitabläufe in Bezug auf die Plattentektonik. Schwarze Balken stellen den zeitlichen Bestand der Kontinente nach neuen Erkenntnissen durch die Dinosaurier-Paläogeographie (Stand Juni 1999) im Schaubild A nach Sereno dar. Graue Balken deuten das aktuelle geophysikalische Modell (Plattentektonik) im Gegensatz zur Dinosaurier-Paläogeographie bzw. in ihrer Länge die Zeitreduktion exemplarisch an. Gestrichelte Balken zeigen den Zeitpunkt des Auseinanderbrechens von Pangaea nach Wegener an. Das Schaubild B zeigt ein fortentwickeltes Modell der Zeitreduktion aufgrund neuerer Fossilienfunde, das hier vom Autor vorgestellt wird. Laurasia entfällt bei dieser Theorie, denn Pangaea zerfällt in Asiamerika und einen bisher nicht benannten Superkontinent, der aus Gondwana und Euramerika bestanden haben könnte, bevor dieser auseinanderbrach. Anderseits erfordert die Dinosaurier-Paläogeographie, dass Indien, Madagaskar und Südamerika bis vor knapp 80 Mio. Jahren wahrscheinlich über die Antarktis bis zur späten Oberkreidezeit miteinander verbunden waren (Zillmer 2020/2023, S. 243).
AS = Asien, AW = Westteil Nordamerikas, AO = Ostteil Nordamerikas, EU = Europa, AF = Afrika, SA = Südamerika, MA = Madagaskar, IN = Indien, AN = Antarktis, AU = Australien.

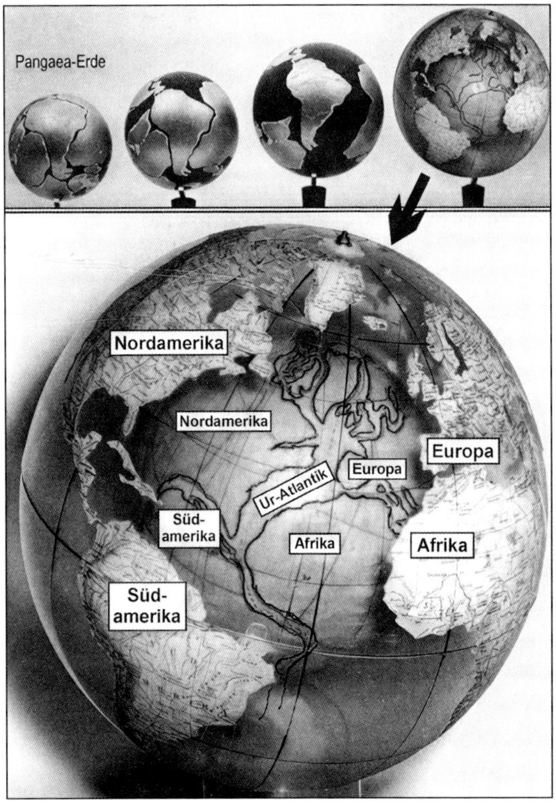

Abb. 103: **ERDEXPANSION**. Die 1933 von Ott C. Hilgenberg (TU Berlin) entwickelten und von Professor Giancarlo Scalera am Nationalinstitut für Geophysik und Vulkanologie in Rom, Italien, 2001 rekonstruierten Paläo-Globen. Rechts ein gläserner Globus von Klaus Vogel mit der heutigen und einer kleineren Erde im Inneren (Vergrößerung Bild unten). Die Kontinente entfernen sich voneinander, bleiben aber ortsfest, trotz möglicher kleinerer Verschiebungen und/oder Verdrehungen auf Grund nicht exakt gleichmäßiger Volumenvergrößerung.

Diese elegante Theorie über die Expansion der Erde erklärt zwei interessante Erscheinungsformen im Oberflächenbild unserer Erde:

- Einerseits passen die Küstenlinien der Kontinentalschollen geometrisch und geologisch wie ein Puzzle gut zusammen.
- Andererseits zeigt sich eine auffallende Zweiteilung in Wasser und Land, die sich nicht nur auf die Oberfläche der Erde beschränkt. Sie erstreckt sich genauso in die Tiefe des Erdkörpers hinein und unterscheidet sich deutlich im chemischen Aufbau der Kontinente im Vergleich zum Meeresboden.

Bereits 1931 wies Alfred Wegener auf die extremen Verhältnisse in der Höhenverteilung der oberen Begrenzung der festen Erdkruste hin. Am häufigsten kommen zwei Höhenstufen vor. Alle Kontinentalsockel als höhere Stufe bilden fast überall eine scharfe Grenze, die durch den Kontinentalhang als Bruchfläche gebildet wird, der bis zu fünf Kilometer wie eine steile Wand über den Tiefseeboden aufragt. Dieser verläuft weitgehend eben über Millionen von Quadratkilometern quer unter den großen Ozeanen. Allerdings sind die Ozeanböden an manchen Stellen durch unterseeische Gebirge nach oben und durch Tiefseegräben nach unten gegliedert.

Die Zweistufigkeit der Erdoberfläche ist zwar schon lange bekannt, wird immer als rein zufällig hingenommen und kann geophysikalisch nicht stichhaltig begründet werden, insbesondere da die Kontinente die Ozeanböden, ähnlich wie ein Eisbrecher eine Eisdecke, durchpflügen sollen. Wäre diese geophysikalische Überlegung richtig, müsste sich jeweils in Driftrichtung der Ozeanboden vor dem Kontinent quasi eine Bugstoßwelle auftürmen. Das ist aber nicht der Fall! Im Gegenteil, Südamerika driftet scheinbar von Ost nach West in Richtung Pazifik, und dort befindet sich vor der Westküste Südamerikas, wo eine Bugwelle sein müsste, ein tiefer Graben, ein sogenanntes Tiefseegesenke. Ohne diese Zweiteilung der Erdkruste, durch welche die Becken der Ozeane ja erst gebildet werden, gäbe es kein trockenes Land, und unsere Erde wäre, wie schon angedeutet, mit einem einzigen Weltmeer bedeckt, das von Pol zu Pol reichen würde – die Allmeer-Erde als ein Wasserplanet. Bricht die vormals zusammenhängende Pangaea-Erdkrustenschale infolge eines Wachstums der Erde bruchartig auf, entstehen Risse, die senkrecht zur Richtung der Zugspannungsebene verlaufen und damit die noch heutzutage vorhandenen steilen Kontinentalabhänge erzeugen, die sich oft weit vor der heutigen Küste an der Kante des Schelfs in *geringen* Wassertiefen von 100 bis 200 m befinden. Die flachen Schelfgebiete, die zwischen der heutigen Küstenlinie und der Abrisskante liegen, stellen ertrunkene Kontinentalschollenbereiche dar.

Die durch den Bruch der Granitschale entstandenen Platten, also die heutigen Kontinentalschollen, schwammen isostatisch auf der darunter befindlichen Basaltschicht, also der unteren Kruste, die vor dem Bruch der Granitschale unter dieser die gesamte Erde umhüllte. Diese Basaltschicht war zähflüssig genug, dass sie nicht platzte, sondern sich wie die Haut eines aufgeblasenen Ballons gleichmäßig ausdehnte und dabei etwas dünner wurde. Die tiefe Basaltschicht umspannt noch immer die gesamte Erde, und sie bildet den Untergrund des Meeresbodens und gleichzeitig eine Unterhaut der Kontinentalschollen, wie die Eihaut unter der Eierschale.

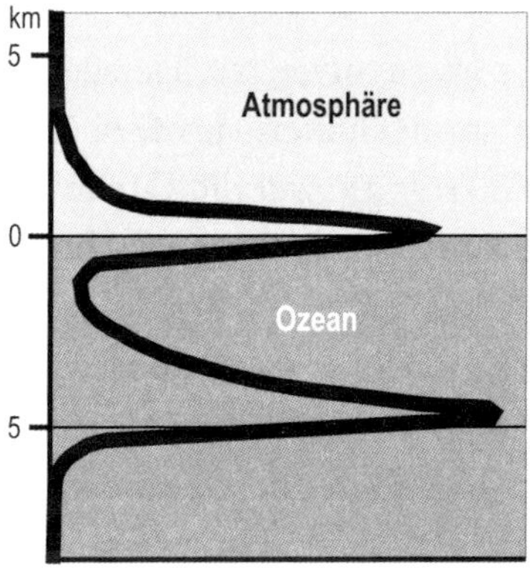

Abb. 104: **GLEICHE OZEANTIEFEN**. Die Zweistufigkeit der Erdoberfläche ist von einer einzigartigen geophysikalischen Klarheit: Alle Kontinentalsockel als höhere Stufe bilden fast überall eine scharfe Grenze und ragen in gleicher Höhe aus den Ozeanböden heraus. Sie können wie ein Puzzle aneinandergefügt werden. Die Tiefsee als tiefere Stufe weist in allen Ozeanen die gleiche Tiefenverteilung auf. Nur mit Erdexpansion lässt sich diese Verteilung befriedigend erklären.

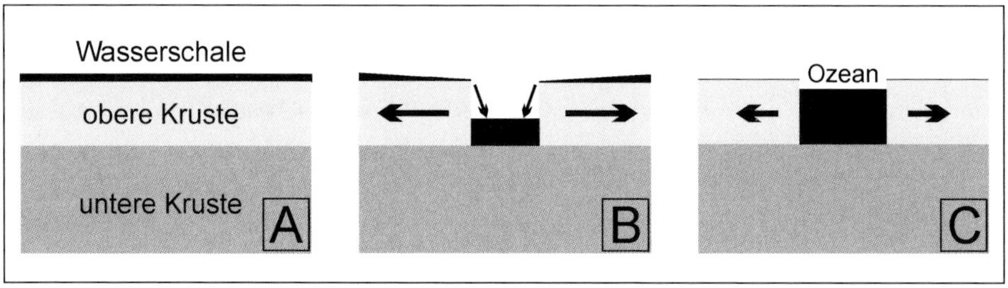

Abb. 105: **PLÖTZLICH ENTSTANDEN**. Bild »A« stellt den ursprünglichen Zustand der kleineren Pangaea-Erde mit einer Wasserschale dar. Mit der Vergrößerung des Erddurchmessers wurde die obere Erdkruste gesprengt und es entstanden Ur-Kontinente mit dazwischen entstehenden freien Zwischenräumen (Bild »B«), in die das Wasser der ursprünglich erdumfassenden Wasserschale ablief. Bild »C« stellt schematisch die heutige Situation bei vergrößertem Erddurchmesser dar.

Da sich die Kontinentalschollen mit dem Wachsen der Erdkugel immer weiter voneinander entfernen, muss der Tiefseeboden entlang der Risse (Spreizungszonen) bzw. des mittelozeanischen Rückens am jüngsten und am Rande der Kontinentalschollen am ältesten sein. Genau dies wurde durch Messungen bestätigt, aber rein hypothetisch als Beweis für Konvektionswalzen im Erdmantel gewertet, die walzenförmig den Ozeanboden von den Spreizungszonen (Rissen) wegschieben sollen. Dieser muss dann rein theoriegebunden in fiktiven Subduktionszonen wieder »recycelt« werden, damit der Kreislauf von Neuem beginnen kann. Nur so kann geophysikalisch die Vorstellung von einer ewig konstant großen Erdkugel aufrecht erhalten werden – was neu entsteht, soll und muss unter alle Umständen wieder vernichtet werden – damit der Erddurchmesser theoriegezwungen quasi gleich bleiben kann! Früher glaubte man noch an eine schrumpfende Erde! Gibt es keine Subduktionszonen (rechnerischer Nachweis: Abb. 43, S. 85), dann beweist die Bildung von neuer Ozeankruste, dass die Erde expandiert.

Nicht nur die Anordnung der Altersstruktur in den Tiefseeböden kann durch die Expansion der Erde erklärt werden, sondern auch die Tatsache, dass kein Körnchen der Ozeanböden älter ist als 180 Mio. Jahre. Zu diesem Zeitpunkt begann gemäß *geologischer Zeitskala* erst das effektive Auseinanderbrechen der Kontinente.

Im Gegensatz zu einer die Pangaea-Erde komplett umhüllenden Erdkruste soll diese laut Plattentektonik als riesige, einzelne Insel auf einer Erde »geschwommen« sein. Dieser Ur-Kontinent Pangaea soll von einem Ur-Ozean umgeben gewesen sein, der die gleiche Fläche bedeckte wie unsere heutigen Ozeane. Diese Vorstellung erzwingt aber eine nicht diskutierte Konsequenz, denn die Wahrscheinlichkeit, dass von dem älteren Ur-Tiefseeboden nach dem Auseinanderbrechen des Urkontinents Pangaea gar nichts mehr übrig bleibt bzw. komplett durch neu gebildeten Tiefseeboden ersetzt wird, ist gleich Null. Auch die Struktur der Tiefseeböden müsste infolge von Driftbewegungen ganz einfach anders, chaotischer strukturiert sein und sich eben nicht in 5000 m Tiefe quasi als eine untermeerische Ebene präsentieren. Der deutsche Physiker Professor Pascual Jordan (1966) und andere Fachleute haben noch zahlreiche andere geologische Phänomene als Beweise für die Erdexpansion herangezogen, deren plattentektonische Erklärung der Geophysik ernsthafte Schwierigkeiten macht. Andere Beweise gegen die Plattentektonik-Hypothese stellen die interessanten Überlappungsbereiche von Spreizungszonen oder die Widersprüche der Magnetstreifen dar.

Sehen wir uns beispielhaft einen nicht diskutierten Widerspruch der Plattentektonik-Hypothese an. Der neue Meeresboden soll bekanntlich vom Mittelatlantischen Rücken ausgehend nicht nur westlich in Richtung der Ostküste Südamerikas, sondern auch östlich in Richtung Afrika verschoben

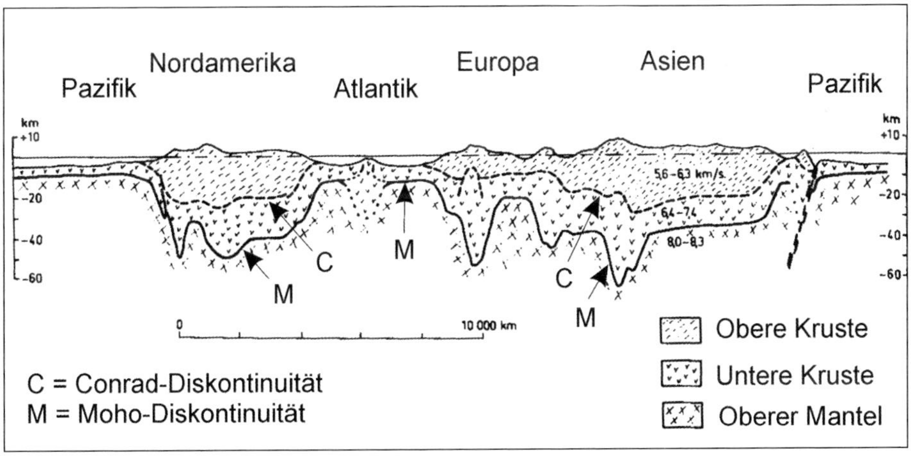

Abb. 106: **ERDKRUSTE**. Der Schnitt durch die Erdkruste in 45 Grad nördlicher Breite gemäß seismischen Messungen zeigt, dass eine seitliche Verschiebung angeblich neu entstehender Erdkruste nicht ohne gravierende physikalische Widerstände (Reibung, Torsion) möglich ist. Die untere (basaltische) Kruste umspannt den Erdball und befindet sich einerseits unter den granitischen Kontinentalschollen und bildet andererseits den Ozeanboden. Vertikalmaße sind überhöht dargestellt. Bearbeitete Skizze nach Berckhemer (1968/1997).

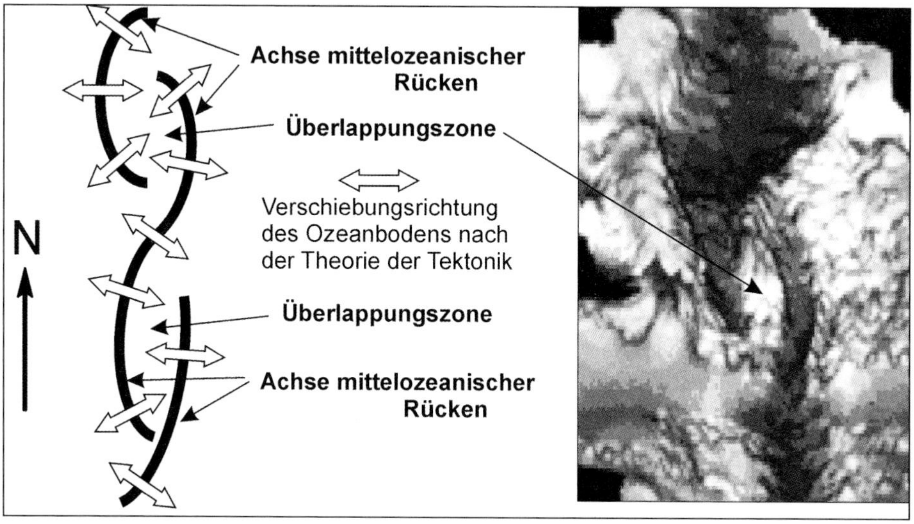

Abb. 107: **ÜBERLAPPUNGSZONEN**. Die »Spreizungszonen« an den mittelozeanischen Rücken überlappen sich teilweise. Nach der Theorie der Plattentektonik dürfte es jedoch nur eine einzige geben. Die topografische Karte (rechts) zeigt die tatsächlichen Verhältnisse am mittelozeanischen Rücken.

werden. Auch hier müsste sich eine den Ozeanboden verschluckende Subduktionszone befinden, also ein Gegenstück zur als Peru-Chile-Gesenke bezeichneten Subduktionszone vor der Westküste Südamerikas. Aber die Afrikanische Platte – wie auch die mit ihr zusammenhängende Somali-Platte – ist nur von *platzenden* Nähten (Spreizungszonen) umgeben.

Östlich der Afrikanischen Platte befinden sich der Carlsberg- und der Mittelindische Rücken, südlich der Atlantisch-Indische Rücken, westlich der Mittelatlantische Rücken, und im Norden stößt sie an die Eurasische Platte. Nirgends ist eine Subduktionszone zu entdecken. Auf vielen Darstellungen der tektonischen Platten vermisst man die Bewegungspfeile in Bezug auf die Afrikanische Platte. Zeichnet man sie ein, erkennt man, dass der Meeresboden von praktisch allen Seiten gegen den Schwarzen Kontinent drückt und ihn eigentlich zerquetschen müsste. Anderseits sollen sich hohe Gebirge als Folge eines gewaltigen Quetschungsprozesses bilden, falls das geologische Bild von der Entstehung der Hochgebirgsketten stimmt. Aber davon ist auch nichts zu erkennen. Eigentlich müsste der afrikanische Kontinent wie in einer Schraubzwinge gequetscht werden. Aber es passiert das genaue Gegenteil: Afrika, so wird zugegeben, soll sich sogar untermeerisch vergrößern – eigentlich ein Beweis für das Wachsen des Erdballs, da der Kontinent entlang

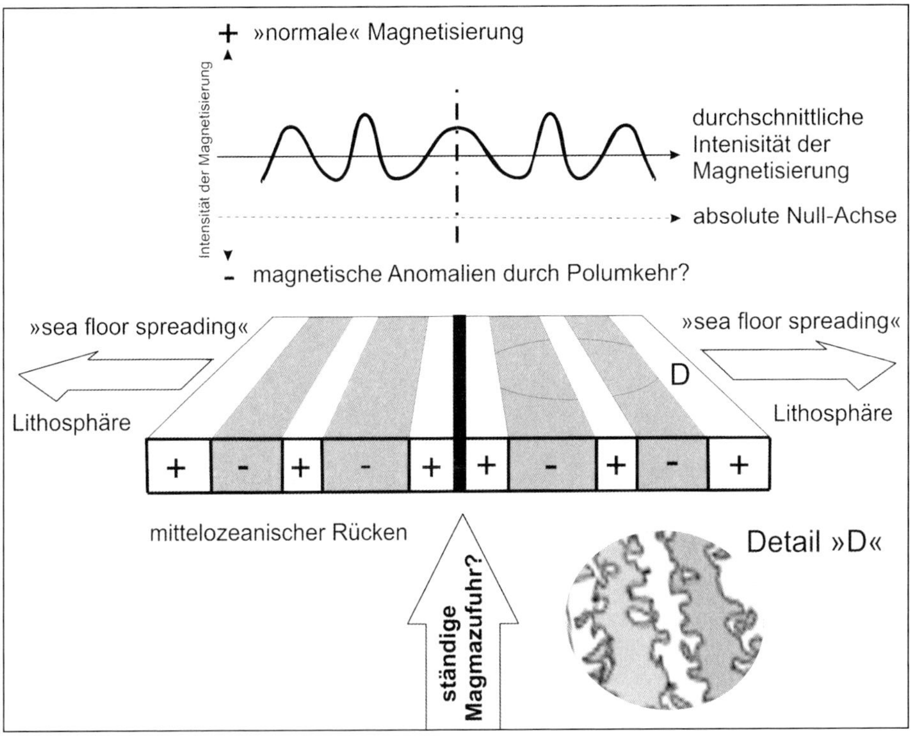

Abb. 108: **FALSCHE INTERPRETATION**. An den mittelozeanischen Rücken (MR) soll ständig neu Magma zugeführt werden, wodurch der Ozeanboden rollbandartig nach beiden Seiten auseinandergeschoben wird (*sea-floor spreading*). Dadurch, so wird behauptet, würden gleichmäßige Streifen beidseitig des MR gebildet, die durch wechselnde Polarität gekennzeichnet sind. Die Streifen sind jedoch nicht linienförmig begrenzt, sondern ausgefranst (Detail D). Außerdem gibt es keine gemessenen Plus/Minus-Werte, wodurch ein Wechsel der Magnetpole dokumentiert würde, sondern nur auf die absolute Nullachse bezogene absolute, also vorzeichenlose Messwerte. Positive und negative Werte werden aus diesen Absolutwerten rechnerisch erzeugt, indem man diese umrechnet auf eine durchschnittliche Intensität der Magnetisierung, so wie diese heute zu verzeichnen ist: Kleinere gemessene Werte im Verhältnis dazu werden als Minus- und größere als Pluswerte interpretiert.

des Ostafrikanischen Grabens der Länge nach aufreißt. Diesen der Plattentektonik widersprechenden Sachverhalt bestätigt John Dewey (1987, S. 29), Professor für Geologie an der Staatlichen Universität von New York in Albany, unmissverständlich: »Das Wachstum der Afrikanischen Platte hat zudem die Konsequenz, dass sich die Entfernung zwischen dem Carlsberg-Rücken im Indischen Ozean und dem Mittelatlantischen Rücken ständig vergrößert.« Das Gegenteil der Plattentektonik-Hypothese-Aussage ist also der Fall: Der afrikanische Kontinent wird nicht zusammengedrückt, sondern dehnt sich sogar in Richtung der Spreizungszonen aus! Man hat für die Frage nach dem

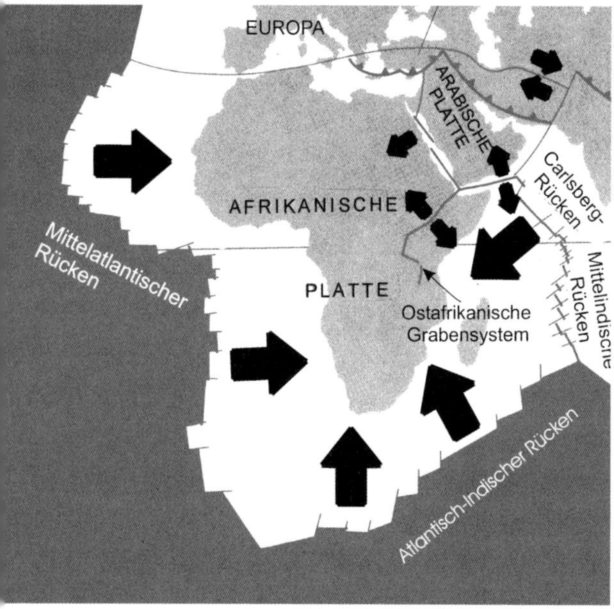

Abb. 109: **AUSEINANDERGERISSEN**. Die Afrikanische Platte ist von platzenden Nähten – Spreizungszonen – umgeben. Nirgends ist eine »Subduktionszone« vorhanden, die nach der Theorie der Plattentektonik die überschüssige Erdkruste vernichten könnte. Afrika müsste sich daher in einer Art Schraubstock befinden und zerdrückt werden. Aber genau das Gegenteil ist der Fall, denn die Afrikanische Platte wird größer – ein Beweis für die Erdexpansion. Zeichnung überarbeitet nach Francheteau (1988).

Warum angeblich eine konventionell geophysikalische Antwort gefunden, denn nicht nur die tektonischen Platten sollen in Bewegung sein, sondern auch die aufgerissenen Nahtstellen. Die mittelozeanischen Rücken bewegen sich von Afrika weg. Klaus Jakob formuliert die sich daraus ergebende Konsequenz im Wissenschaftsmagazin »Bild der Wissenschaft« (3/1999, S. 19) treffend: »Wenn aber die Nähte mobil sind, stimmt auch das plattentektonische Standardmodell der Konvektionswalzen nicht: Unmöglich, dass an den mittelozeanischen Rücken ein Konvektionsstrom aufsteigt und nach beiden Seiten abströmt.«

Auch das Wachsen der Afrikanischen Platte kann durch die Expansion der Erde erklärt werden: Die als Folge der Dehnung entstehende Zugkraft bewirkt ein Auseinanderbrechen dieser Kontinentalscholle. Sichtbares Zeugnis ist das Aufreißen des Roten Meeres am Ende des Ostafrikanischen Grabens, der ein tiefes und vergleichsweise schmales Tal mit beinahe senkrechten Wänden darstellt, ausgefüllt vom Meer, von Salzsteppen und alten Seebecken sowie einer Kette von 20 Seen. Es handelt sich um eine Sachlage, die sich von allen anderen auf der Erdoberfläche anzutreffenden völlig unterscheidet (»Geographical Journal«, 1894, S. 290).

So behalten frühere Fachleute recht, denn B. Willis schrieb ja bereits 1936, dass Afrika entzweigerissen worden sei. Und vor ihm schrieb bereits der als Autorität geltende Deutsche E. Krenkel 1922 seine Meinung in dem Buch »Die Bruchzonen Ostafrikas« (S. 169): »Die tektonische Aufspaltung der ostafrikanischen Bruchzonen im Einzelnen wie im Ganzen lässt nur eine Deutung zu: Es sind Zerreißzonen der Kruste, entstanden durch gerichtete Zerrung … Wirkungen faltender Kräfte sind nirgends zu erkennen.«

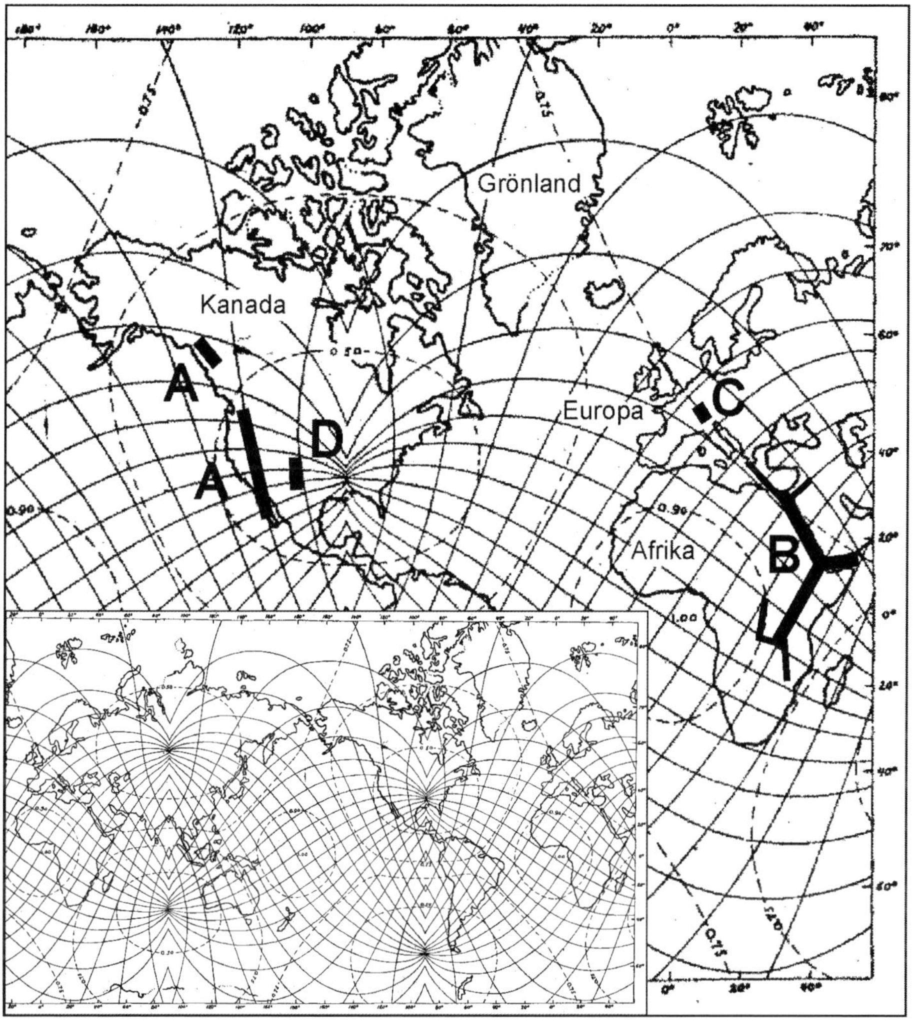

Abb. 110: **AUSEINANDERGEBROCHEN**. Das durch eine Polverschiebung von 70 Grad längs des Meridians 90 Grad Ost entstehende Bruchnetz der Erdkruste nach Vening Meinesz (1943). Unter Berücksichtigung der Festigkeitslehre zur Deutung geologischer Vorgänge ergibt sich ein Bruchnetz der Erde durch eine Volumenzunahme der Erde. Der aus der Übersichtskarte vergrößerte Teil mit Nordamerika, Europa und Afrika zeigt, dass die Riftzonen (Riftogene) genannten Grabenbrüche allesamt in Richtung der dargestellten Bruchlinien liegen: Basin- und Range-Provinz an der Westküste Amerikas (A), Ostafrikanisches Grabensystem sowie Rotes Meer (B), Rhein- Rhône-Rift (C) und Rio Grande-Rift (D). Die Riftzonen A und B stellen auch heut- zutage aktive Vulkangebiete unserer Erde dar.

1947 bekräftigte R. F. Flint (S. 523) die gewaltigen Umformungen der Erdkruste zu Lebzeiten moderner Menschen, so wie es auch bereits Gregory 1920 und der bekannte Wiener Geologe Professor Eduard Sueß vor ihm festgestellt hatten:

Die Erde befand sich in Spannung, und ihre Kruste barst entlang eines Meridians über fast die ganze Länge Afrikas. Die Gebirgskette auf dem Grund des Atlantiks könnte durch dieselbe Ursache hervorgerufen sein; und die Zeit des Bruches und der Faltung muss mit einer der gebirgsbildenden Perioden in Europa und Asien zusammengefallen sein. Diese Berge erreichten ihre heutige Höhe zur Zeit des Menschen; das Ostafrikanische Grabensystem wurde größtenteils ebenfalls zur Zeit des Menschen gebildet, am Ende der »Eiszeit«.

Gregory (1894, 1920) und Professor Eduard Sueß (1885/1909) ergänzen, dass die Öffnung des Ostafrikanische Grabensystems nicht nur mit der Hebung der Gebirgsketten in Europa und Asien, sondern auch auf dem amerikanischen Kontinent in Verbindung steht. So würde die Zeit der letzten Erhebung auch klarstellen, wann Afrika den großen Bruch erlitt bzw. zerrissen wurde.

Diese von *ortskundigen* Fachleuten geäußerte Meinung entspricht genau den in diesem Buch skizzierten Darlegungen. Hier wird eine Erklärung gefunden für die rätselhaft erscheinenden geologischen Phänomene und den historischen Klimaumschwung in Afrika und der Arabischen Halbinsel sowie für die Entstehung des Roten Meeres, als sich nach dem Aufreißen und Absenken der Erdkruste dieses entstandene Becken plötzlich mit Wasser füllte. Wie bereits Pascual Jordan 1966 (S. 24 ff.) schrieb, ist das Aufreißen des Ostafrikanischen Grabens (sowie der anschließenden Grabensysteme im Roten Meer und im Jordan-Tal) mit der durch die Expansion der Erde entstandenen Zugspannung zu erklären.

Berücksichtigt man zusätzlich eine Polverschiebung, so liegt der Ostafrikanische Graben nach P. A. Vening Meinesz (1943) genau in Bruchrichtung unserer Erdkruste, ebenso wie die in Nord-Süd-Richtung liegende Vulkankette an der Westküste Amerikas oder andere Bruchzonen in der Erdkruste, die tektonisch als Riftzonen bezeichnet werden.

Durch das Wachsen des Erdballs wird die Erdkruste also gezerrt, und als Folge entstehen in den Kontinentalschollen Zug- und Druckspannungen neben gleichzeitig auftretenden Schub- und Scherspannungen. Da die festen Gesteinsschichten der Kontinentalschollen sprödes Materialverhalten aufweisen, liegt es nahe, eine durch diese Kräfte verursachte Struktur der Erd-

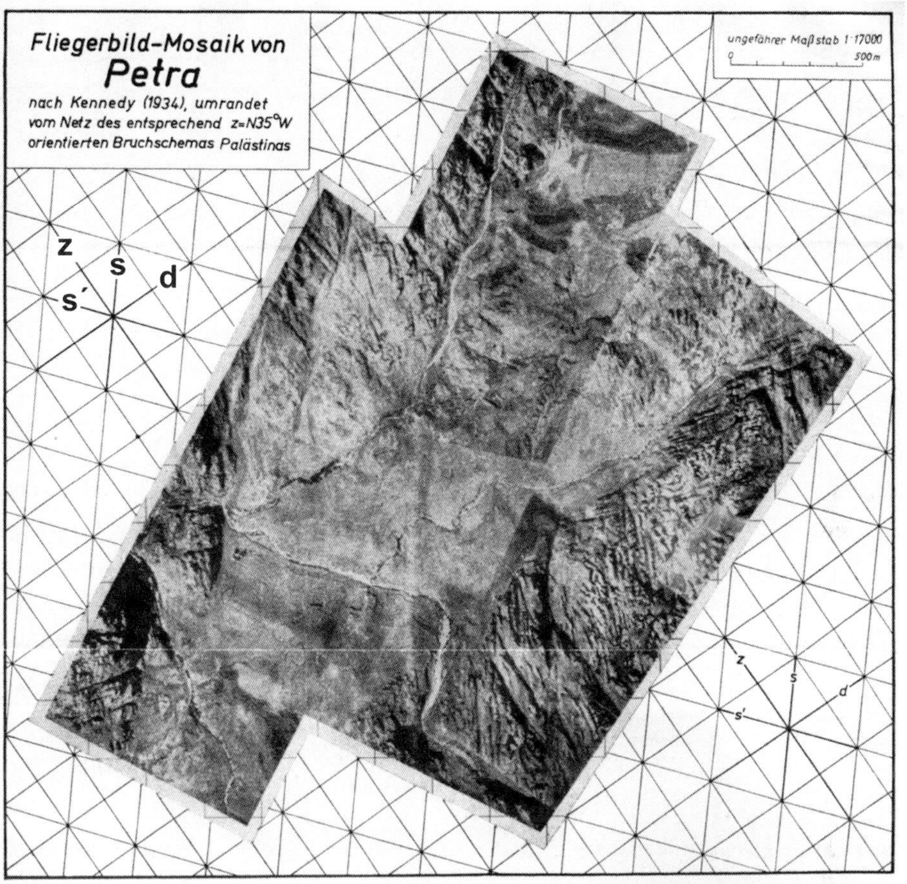

Abb. 111: **ZERRISSEN**. Bruchschema von Petra in Südpalästina. Das Luftbild zeigt die Abhängigkeit des Erdreliefs vom Richtungsschema, wobei senkrecht zu den Hauptachsen z und d eine Zug- bzw. Druckspannung wirksam ist, während die Achsen s und s' die mutmaßlichen Richtungen von Zerrungsspalten und damit der Schub- oder Scherungsrichtungen darstellen. Die Orientierung des Bruchschemas ist in einzelnen Erdteilen unterschiedlich, da die Achsen s und s' entweder eine senkrechte oder spitzwinklige Ausrichtung der Kluftsysteme im Verhältnis zu den immer senkrecht aufeinander stehenden Hauptachsen z und d des Richtungsschemas bzw. Schwächeflächennetzes der Erdkruste einnehmen können (Hilgenberg, 1949, S. 25 f.).

kruste zu erkennen, die sich durch ein Netz von vier verschiedenen Richtungen auszeichnet. Hierauf hatte bereits 1856 F. Weiss hingewiesen, als er die Geomorphologie Thüringens untersuchte (Weiß, 1856, Tafel 16). Nachdem zuvor bereits mehrere Wissenschaftler von einer gerichteten Bruchstruktur der Erdkruste überzeugt waren, stellte Hilgenberg 1949 ein empirisch gefundenes Strukturnetz vor (Abb. 111).

Tiefe Rinnen

Betrachten wir jetzt kurz die Phase nach dem Bruch der die Ur-Erde umschließenden Granitschale. Gleichzeitig, infolge Krustensprengung einer expandierten Erde, entstanden breite Gräben zwischen der aufgesprengten, ehemals zusammenhängenden Pangaea-Erdkruste (Abb. 105, S. 204). Die Flanken der sich bildenden Risse – wie bei einer *zu langen unbewehrten* Betonplatte –, stellen die sich bis zur Fußregion der Ozeane erstreckten Kontinentalabhänge dar. Für kurze Zeit lagen diese frei. Dann stürzte das oberhalb der Erdkruste befindliche Wasser der über der ursprünglichen Pangaea-Erde befindlichen Wasserschale über die Kontinentalabhänge in die Tiefe und bildete an diesen steil abfallende untermeerischen Canyons, um schließlich auf der frei liegenden unteren Erdkruste einen Urozean zu bilden (Abb. 105, S. 204). Das derzeitig favorisierte Geophysik-Modell kann die nachgewiesene Existenz untermeerischen Canyons nicht erklären.

Mit anderen Worten, das Wasser der die Erde umhüllenden Wasserschale floss über die steilen damals freilegendem Kontinentalhänge der heutigen Ozeane in die Tiefe und wusch, ähnlich wie beim Mittelmeer nachgewiesen, tiefe Rinnen aus, auch dort wo heutzutage noch immer Flüsse ins Meer münden. Die unter Wasser befindlichen flachen Schelfgebiete der Kontinentalschollen zeigen tatsächlich ähnliche topografische und geologische Verhältnisse wie das angrenzende Festland. Die nordamerikanische Küste erweckt ebenso den Eindruck einer versunkenen Küste. Die Schelfkante, der äußerste Rand des vor der Küste befindlichen flach unter Wasser liegenden Kontinentalschelfs, liegt im Durchschnitt 200 m tief. An diesem Punkt fällt der Kontinentalabhang der Kontinentalscholle etwa knapp fünf Kilometer bis zum Tiefseeboden steil ab.

Zahlreiche Canyons zerfurchen den Kontinentalschelf und auch den Kontinentalabhang. Diese von Flüssen gebildeten Täler, wie der Hudson Canyon, »durchschneiden die Fußregion und dienen als Kanäle für den weiteren Sedimenttransport in ein Tiefseebecken« (Turekian, 1985, S. 6).

Der Hudson weist eine 800 m tiefe Rinne unter Wasser auf und endet in über 2000 m Tiefe. Die fjordähnliche Mündung des Kongo in Westafrika (Abb. 112) setzt sich über 100 km unter der Meeresoberfläche bis zu 800 m tief fort. Die alten Mündungskanäle der Flüsse liegen also mehrere hundert Meter tief unter der heutigen Meeresoberfläche. Es gibt Unterwasser-Canyons, die viel länger

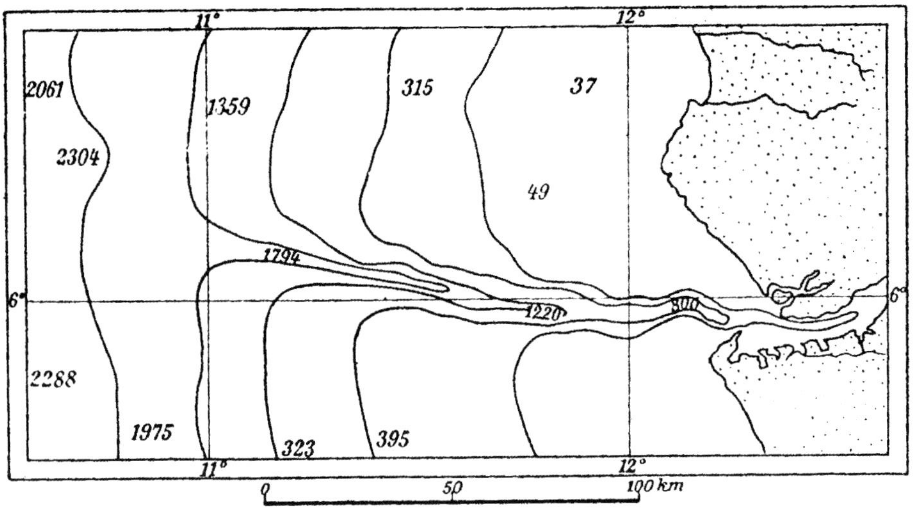

Abb. 112: **KONGO-RINNE.** Der Kongo fräste ein tiefes V-Tal in den Kontinentalschelf und -abhang, als dieser frei lag, da der Wasserspiegel der Ur-Ozeane tiefer lag.

und tiefer als der Grand Canyon sind. Außerdem besitzen sie eine V-Form, wurden also wahrscheinlich durch einen Fluss in den Untergrund gefräst. Die heutige Fließgeschwindigkeit in diesen Unterwassertälern ist zu gering, um diese Erosion zu verursachen. Anderseits können die Canyons auch nicht durch hangabwärts rasende unterseeische Lawinen mit aufgewirbelten Sedimenten, sogenannte Trübeströme (Ericson/Heezen, 1951, S. 961), verursacht werden, da in diesem Fall eine U-Form und nicht eine V-Form entstünde.

Diese Beobachtungen lassen nur den Schluss zu, dass reißende Wassermassen bzw. Ströme diese bis zu mehreren Kilometern unter die Meeresoberfläche hinabreichenden Täler erodiert haben. Mit anderen Worten: Irgendwann muss der Kontinentalabhang trockenes Land gewesen sein. Folglich muss der Wasserspiegel der Ozeane mehrere Kilometer unter dem heutigen gelegen haben, und die Kontinentalschollen waren insgesamt hoch herausragende »Inseln« mit einer Steilküste, von der die Flüsse als Wasserfall oder in Kaskaden herabstürzten. Dieser Sachverhalt ist unwiderlegbar.

Dass sich die untermeerische Schlucht *Hudson Canyon* von der Küste 190 km bis zum Rand des Kontinentalsockels und darüber hinaus noch 160 km weit in den Ozeanboden erstreckt, stellte Professor M. Ewing (1949) von der *Columbia University* bei einer Atlantikexpedition fest (»National Geographic Magazine«, November 1949).

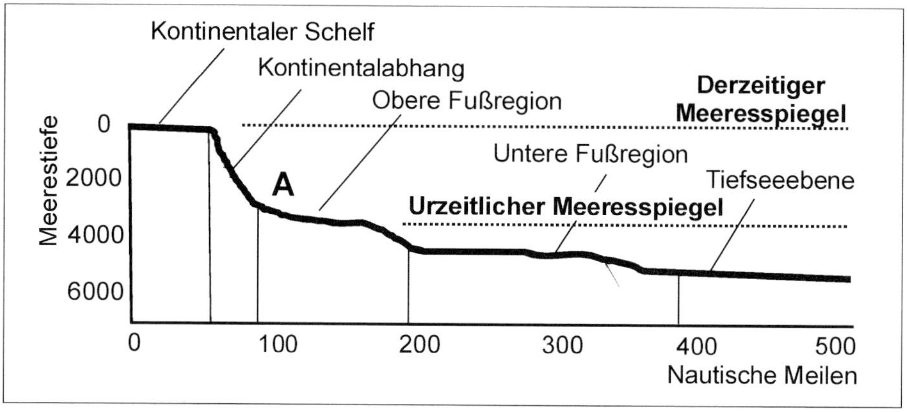

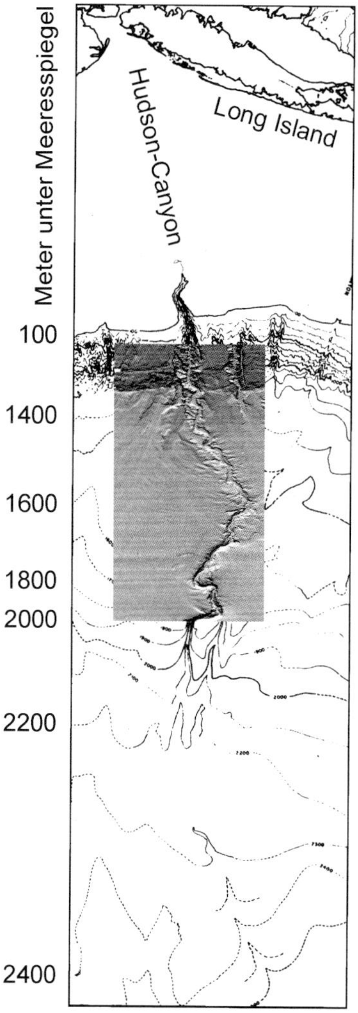

Abb. 113: **HUDSON CANYON.** Oberes Bild: Viele in den kontinentalen Schelf eingeschnittene Canyons wie der Hudson Canyon setzen sich im Kontinentalhang fort und durchschneiden die Fußregion. Die Tiefsee-Ebene besitzt dagegen nur ein schwaches Relief. In vielen Gegenden ist die Fußregion des Kontinentalabhangs durch den früheren Antransport der Sedimente durch die urzeitlichen Flüsse aufgeschüttet (A). Zu diesem Zeitpunkt lag der urzeitliche Meeresspiegel mehrere Kilometer unterhalb des kontinentalen Schelfs. Bild links: Die Höhenlinien der Reliefkarte (»Geological Society of America«) nach Echolotmessungen in den Jahren 1949–1950 zeigen bis in den Bereich der kontinentalen Fußregion einen deutlichen Geländeeinschnitt bis in große Tiefen (vgl. Turekian, 1985). Bild rechts: Der Kontinentalabhang lag in der Vergangenheit frei, bzw. der Meeresspiegel des Atlantiks befand sich mehrere Kilometer tiefer unter dem aktuell zu beobachtenden. Satellitenmessungen zeigen einen durch urzeitliche Flüsse zerfurchten Kontinentalabhang, der an ein erodiertes Gebirge erinnert. Bild: »Der Hudson Canyon« (NOAA-Webseite).

Die submarinen Canyons durchschneiden also die Kontinentalschelfe bis zu einer Tiefe von mehreren hundert Metern und waren »zwar bereits bis in alle Einzelheiten kartiert worden, und von ihren Wänden und Böden hatte man viele Fotos gemacht und Proben gesammelt, aber sie gehörten zu den erstaunlichsten morphologischen Erscheinungsformen der Kontinentalränder. Als man sie 1934 entdeckte, glaubten einige Geologen, dass sie von Flüssen gebildet worden seien. Doch diese Vermutung konnte unmöglich die alleinige Erklärung sein, denn die Böden der meisten dieser Canyons liegen in Tiefen von mehreren tausend Metern. Das ist weit mehr als die geschätzte Tiefe von 100 m, bis zu der sich Flüsse während der maximalen Absenkung des Meeresspiegels im Lauf der (angeblichen) ›Eiszeiten‹ hätten einschneiden können. Ungeachtet dessen sind die flacheren Teile einiger Canyons in Zeiten niedrigen Meeresspiegelstandes ohne Zweifel Flussrinnen gewesen. Als derzeit bevorzugte Erklärung für die Entstehung der tieferen Teile der Canyons gelten Trübeströme, auch wenn andere Strömungsarten ebenfalls in Betracht gezogen wurden (...)« (Siever, 1995).

Aber Trübeströme, also schlammbefrachtete Unterwasserströmungen, können niemals ein scharf konturiertes, mäandrierendes Flussbett erschaffen, allenfalls geradlinige, U-förmige Senken. Deshalb wird in diesem Fachbuch bestätigt, dass was nicht sein darf, auch nicht sein kann, denn man geht von einer konstanten Wassermenge der Ozeane aus und einem während der letzten »Eiszeit« höchstens um 120 oder auch 150 m abgesunkenen Meeresspiegel der Ozeane. Damit ist ein Dogma und eine Gedankensperre etabliert, denn das in den Ozeanen fehlende Wasser soll ja zur Bildung der Gletscher geführt haben, glaubt man. Die abiogene Neubildung von Wasser, wie diese bei Planeten außerhalb unseres Sonnensystems bereits nachgewiesen wurde, wird kategorisch ausgeschlossen, denn diese Systematik ist mit herrschender Kosmologie unvereinbar.

In diesem Zusammenhang wird die Expansion der Erde untermauert durch ozeanografische Echolotmessungen, die nur geringe Sedimentmassen in der Tiefsee nachwiesen. Die Erosion ist aber schon in der Gegenwart so stark, dass bei gleicher Stärke auch in der Vergangenheit wesentlich mehr Sedimente hätten entstehen müssen. Mit anderen Worten: In den Ozeanen müssten riesige Sedimentmassen lagern, wenn es immer so war, wie es heute ist.

»Endlich sei erwähnt, dass diejenigen Sedimente, welche mehr als etwa 2000 Mio. Jahre alt sind, kaum Sandstein enthalten. Dies scheint verständlich von der Vorstellung aus, dass damals nur hoch gelegene, wenig umfangreiche Kontinente aus dem Wasser ragten, sodass weder große Wüstenflächen noch breite Strandflächen zur Verfügung standen für eine Sandbildung durch Sortierung von Felstrümmern« (Jordan, 1966, S. 60).

Unsere Gebirge sollen bis zu 3900 Mio. Jahre alt sein. Tagtäglich wird Erosionsmaterial in Form von Geröll, Kies, Sand und Lehm über die Flüsse in die Seen und Ozeane transportiert. Rechnet man mit einer konstanten Sedimentationsrate in die Erdvergangenheit zurück, können die Berge und Gebirge nicht älter als 15 Mio. Jahre sein, da nach diesem Zeitraum alle Erhebungen der Erde durch die zerstörende Wirkung der Gewalten (Erdbeben, Wind, Frost, Wasser) abgetragen wären. Der Zeitraum verkürzt sich, falls in der Vergangenheit eine verstärkte Erosion zu verzeichnen war. Ähnliche Überlegungen, Messungen und Berechnungen kann man auch mit den Schlammablagerungen auf dem Grund von Seen in den Alpen anstellen, die nicht älter als ein paar tausend Jahre sein können, da sie sonst wegen des Eintrages von Sand, Kies und Lehm schon lange verlandet wären.

Entsprechend kann man die mittlere Zunahmerate des Salzgehalts in den Ozeanen in die Vergangenheit zurückrechnen. Die Flüsse hätten nur 62 Mio. Jahre gebraucht, um den heutigen Salzgehalt in die Ozeane einzutragen.

Und schließlich sind die Flussdeltas aller Flüsse weltweit für Milliarden von Jahren zu klein. Die Bildung des heutigen Mississippi-Deltas dauert höchstens 5000 Jahre, wenn die aktuelle Sedimentationsrate als konstant vorausgesetzt wird. Auch die heutzutage teilweise unter dem Meeresspiegel der Ozeane liegenden älteren Flussdeltas zeugen nur von einer jeweils kurzen Entstehungszeit. Die Flussdeltas dieser Welt zeigen, dass die heutigen Küstenformationen höchstens wenige tausend Jahre alt und wesentlich jünger sind als 10 000 Jahre. Wie tief lag der Meeresspiegel der Ozeane wirklich?

Setzen wir als vereinfachtes Gedankenmodell einmal voraus, dass die Gesamtmenge des Meerwassers kurz vor und nach dem Bruch der Pangaea-Erdkruste konstant geblieben ist, dann ergibt sich zwangsläufig, dass während dieser Phase der Erdexpansion ein erheblich größerer Teil der Kontinentalschollen – im Gegensatz zu heute – flach unter Wasser liegende Schelfgebiete gewesen sein muss.

L. Egyed zeigte anhand der Prüfung geologischer Kartenwerke, dass die Erde früher ein mit Wasser bedeckter Planet war, falls ein kleinerer Durchmesser der Erde berücksichtigt wird (»Geologische Rundschau«, Bd. 46, 1957, S. 108, und Bd. 50, 1960, S. 251). Zur Zeit der Dinosaurier war die Erde großflächig mit Wasser bedeckt.

Krustensprengung und wachsende Gebirge

Mit der Sprengung der den kleineren Erdball ehemals umspannende Pangaea-Krustenschale können wir auch das alte Problem der Gebirgshebung lösen, die mit den Erdkrustenbewegungen erfolgt. Und zwar umschloss die obere Granitkruste die schwerere untere Basaltschale komplett, bis die Bruchfestigkeitsgrenze infolge des Wachsens des Erdballs überschritten und die Kruste gesprengt wurde. Das oberhalb der Kruste befindliche Wasser des damaligen Wasserplaneten Erde läuft in die entstehenden Risse und Becken ab und füllt diese. Die Pangaea-Erdkruste ist also gesprengt, und es haben sich einzelne Stücke als Schollen bzw. tektonische Platten gebildet, die etwa vier Kilometer über die Oberfläche der unteren Kruste in den Ozeanen emporragen, während das Meerwasser die als zähflüssige Haut erscheinende untere Kruste im Mittel fast 5 km hoch überdeckt.

Die Kontinentalschollen von beträchtlichem Ausmaß werden isostatisch von der unteren Kruste getragen, die sich säkularflüssig, also für lang einwirkende Kräfte wie eine zähe Flüssigkeit verhält. Nach der Krustensprengung werden die Schollen ihre ursprüngliche Krümmung beibehalten haben, wodurch die Ränder mit dem sich vergrößernden Radius der Erde tiefer in die untere Erdkruste eintauchen und flach unter dem Meeresspiegel liegende Schelfgebiete bilden, in denen sich allerlei Meeresbewohner im warmen Wasser tummeln.

Hand in Hand mit der Überschwemmung der Schollenränder stellen sich Kräfte ein, welche die Scholle auf Biegung und Scherung beanspruchen. Die untergegangenen Ränder haben das Bestreben, infolge des Auftriebs aufzutauchen, während der mittlere Teil der Scholle infolge seines Gewichts nach unten gedrückt wird. Dabei kann durch die auftretenden Biegungs- und Schubspannungen in einer Reihe von Staffelbrüchen ein Becken (Kesselbruch) oder ein breiter Graben aus der Mitte der Kontinentalscholle nach unten herausbrechen (Abb. 114, S. 218).

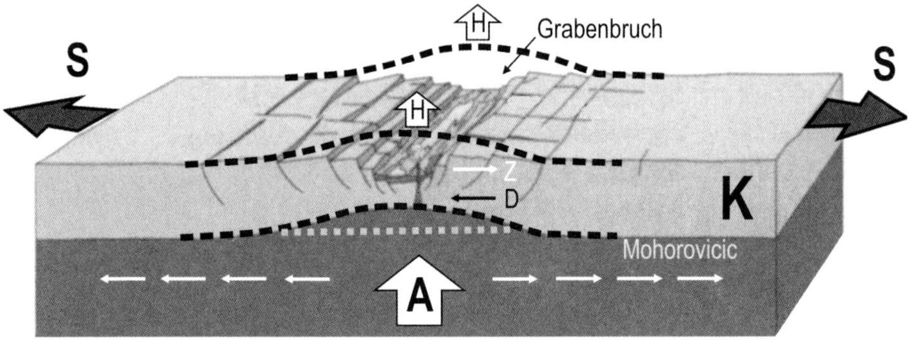

Abb. 114: **STAFFELBRUCH**. Bisher wurden derartige Einbrüche der Erdkruste plattentektonisch mit Druckkräften als Folge des Driftens erklärt. Diese der Festigkeitslehre widersprechende Erklärung wurde ersetzt durch eine Krustendehnung (S), durch die ein gedehnter Krustenabschnitt ausgedünnt werden soll. In dem Buch »Plattentektonik« (Frisch/Meschede, 2005) wird davon ausgegangen, dass ein 30 km breiter Krustenstreifen (K) um 5 km gedehnt wird, wie es beim Oberrheingraben der Fall sein soll (ebd., S. 36). Wohin aber soll sich die um mehrere hundert Quadratkilometer vergrößerte Erdoberfläche bei vorausgesetzt konstanter Erdoberfläche hinbewegt haben, ohne dass sich eine krustenvernichtende Subduktionszone in der Nähe befindet? Im Falle einer Erdexpansion entstehen wie selbstverständlich Zerr- bzw. Bruchkräfte, die Gräben zwangsläufig entstehen lassen. Hingegen fehlt der Plattentektonik eine nachvollziehbare Erklärung für die Entstehung solcher Kräfte. Man denkt sich daher von unten aufsteigendem heißem Material (A), analog zu den Spreizungszonen, das eine Aufwölbung an der Unterseite der Erdkruste hervorgerufen haben soll, bevor das Material nach rechts und links angeblich abfließt (weiße Pfeile). Dementsprechend sollte aber auch ein Aufwölben der Kruste (H) erzeugt werden, aber genau umgekehrt denkt man sich die Entstehung eines Grabens. Diesem Einbrechen wirken bei der Hebung jedoch die durch Plattenbiegung entstehenden Druckkräfte (D) entgegen. Fazit: Durch Plattentektonik können Staffelbrüche nicht erklärt werden, bei einer Erdexpansion erscheinen derartige Verwerfungen und Brüche zwangsläufig.

Beispiele hierfür sind der Einbruch der *Hudson Bay* in der Mitte des kanadischen Schildes und des Kongobeckens im südlichen Zentrum des afrikanischen Kontinents (Abb. 112, S. 213).

Als Beispiel für das mit zunehmendem Alter der Erde mit der Rissbildung auftretende Emporwölben von Schollen lässt sich Skandinavien deuten, wie die gehobenen, landeinwärts ansteigenden Strandlinien und die schief gestellten Seebecken zeigen. Im Sinne dieser Aufwölbung in Schollenmitte ist auch Florida zu nennen (»Geology of Florida«, in: »Journ. Geol.«, 1919, Bd. 27, S. 286–302).

Aufgrund der Kräfteverteilung muss sich an der *Oberseite* der Schollenränder Faltenbildung und an der *Unterseite* Spaltenbildung einstellen, während Scherung am Rande auftritt (Abb. 116, S. 220). Die Kräfte können so groß werden, dass mit oder ohne vorausgegangene Faltung ganze Außenteile der

Abb. 115: **FALTENBILDUNG**. Bild links: Solche marmorkuchenartigen Faltenbildungen von Gebirgen, wie am Sullivan River in Kanada (linkes Foto), können nur in weichem Zustand verformt worden sein. Bei einer kalten Verformung bereits erhärteter Schichten entstehen Risse infolge entstehender Zugkräfte, wie der angeblich 40 Mio. Jahre nach seiner Entstehung verformte, aus Kohlenkalk des Karbonzeitalters gebildete *Tillmannsdorfer Sattel* (Bild rechts) zeigt, der im Wülfrather Ortsteil Tillmannsdorf an der Stadtgrenze zu Wuppertal als Naturdenkmal geschützt wurde.

Scholle abgeschert und überschoben werden, oder dass Faltenzüge aus weichem Material von harten benachbarten abgehoben werden.

Eine Verstärkung der Falten- und Spaltenbildung ergibt sich, wenn wir die Drehung der Erde um ihre Achse berücksichtigen, wobei am westlichen Rand der Scholle eine Stauchung und am östlichen Rand eine Zerrung erzeugt wird. Der durch die Vorwölbung tiefer liegende Westrand faltet sich deshalb aufgrund der Stauchung unter die Scholle, und die auftretenden Druckkräfte erzeugen eine Scherfläche. Im Gegensatz dazu hat der Ostrand die Neigung, sich abzuspalten.

Beispiele für die verstärkte Faltung auf der Westseite sind die ostasiatischen Inselgirlanden sowie die Amerikanischen Kordilleren, also Anden und Rocky Mountains, die sich als Gebirgszüge entlang des Pazifiks erstrecken. Ein anderes eindrucksvolles Beispiel ist das im Westen der Arabischen Halbinsel befindliche, sich am Roten Meer entlang erstreckende Gebirge.

Diese Faltengebirge lagen aber damals noch immer unter dem Meeresspiegel, bedingt durch die vorgeprägte stärkere Krümmung der kleineren Ur-Erde. Dabei bewahren die oberen Schichten ihre Flachseenatur, sodass mitunter in mächtiger Schichtfolge Meeresfossilien eingeschlossen sind.

Durch die immer größer werdenden Biegungs- und Scherungsbeanspruchungen muss die Scholle in zwei oder mehr Teile auseinanderbrechen. Diese kleineren Schollen pegeln sich isostatisch neu ein, wodurch Krustenbewe-

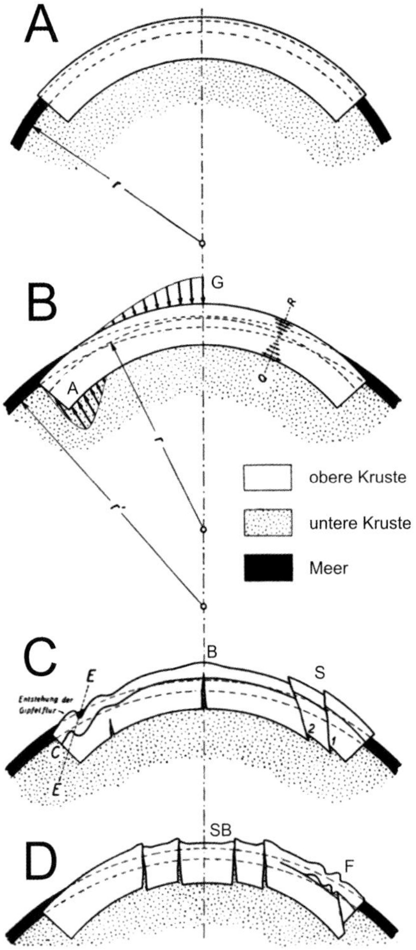

Abb. 116: **KRUSTENSPRENGUNG NACH HILGENBERG** (1933, S. 35 ff.).
Bild A: Beim Auseinanderbrechen der kugelschaligen oberen Kruste besitzt diese noch die Krümmung der Ur-Erde.
Bild B: Die Erde ist expandiert, aber die Scholle besitzt noch die stärkere Krümmung der kleineren Erde und wird isostatisch von der unteren Kruste getragen. Als Folge hebt sich die Schollenmitte, während die Schollenränder tiefer einsinken. Es treten Biegungs- und Scherungsbeanspruchungen in der Scholle auf, die grafisch dargestellt sind: aus Gewicht der Platte (G) und Auftrieb (A).
Bild C: Faltenbildung auf der Oberseite (B), Spaltenbildung auf der Unterseite und Scherung am Rande der Scholle (S).
Bild D: Staffel-, Graben- und Kesselbruch (SB) in der Mitte und Überschiebungsfalten (F) am Rande der Scholle.

gungen in der jeweiligen Scholle verursacht werden. Durch das isostatische Niedersinken der Massen einer Teilscholle und dem isostatischen Auftrieb beim Auseinanderbrechen der Scholle wird ein großer Teil des unter Wasser entstandenen Faltengebirges über den Meeresspiegel, auch unter Schaukelbewegungen gehoben. Derart werden Meerestiere in große Höhen verfrachtet und befinden sich wie frisch hinterlassen dann auch auf den höchsten Gebirgen wie im Himalaya oder in den Anden.

Infolge der Erddrehung wird das Niedersinken des gegenüberliegenden Schollenrandes verstärkt und folglich der Ostrand der Scholle tiefer in die untere Kruste gedrückt, wodurch weit in die Meere hineinreichende flache Schelfgebiete entstehen, wie vor der Ostküste Südamerikas, während sich der Westrand durch Hebelwirkung weiter steil hebt. Durch den Hebungsprozess der Scholle, wie an der Westküste Südamerikas geschehen, wird basaltisches Material unter den Schollenrand gesaugt, sodass die Oberfläche der unteren Kruste, also der neu entstandene Ozeanboden unmittelbar vor der Küste bzw. dem Rand der Scholle eine Einsenkung erfährt, ein Vorgang, der unter Zugrundelegung mechanischer Gesetzmäßigkeit leicht nachvollziehbar ist. Derart entstand vor der Küste ein Tiefseegraben, das Peru-Chile-Gesenke – von der Geophysik als Subduktionszone falsch gedeutet (Abb. 44 unten, S. 87).

Dieser Vorgang der Schollenbildung wiederholt sich mit weiterer Expansion der Erde, bis sich jeweils wieder ein isostatisches und statisches Gleichgewicht der neuen kleineren Scholle einstellt. Hierdurch erklärt sich die beobachte Periodizität der Gebirgsfaltungen, worauf schon Edgar Dacqué (1930, S. 234 u. 257) hinwies.

Bei wiederholten Gebirgsbildungen kann die Richtung der Hauptspannungen in der Scholle in Abhängigkeit von der Länge der neu entstehenden Ränder wechseln, wobei Gebirgsketten im Winkel zu den zuerst entstandenen neu entstehen konnten. Welcher Fall eintritt, hängt von der Länge der Schollenränder ab.

Natürlich müssen gewölbte Schollen nicht idealerweise genau in der Mitte auseinanderbrechen, und so kann die Gebirgsbildung durch die Fallenergie – infolge des Niedersinkens der neu gebildeten Plattenränder – von vor dem Bruch hoch gewölbten Plattenmittelteilen verstärkt werden, wobei die Erddrehung zu berücksichtigen ist (Abb. 116: C). Da die Schollen derart mehrfach auseinanderbrechen können, treten verschiedene Fälle auf, die Ott C. Hilgenberg in seinem Buch »Vom wachsenden Erdball« bereits 1933 begründet und beschrieben hat. Im vorliegenden Buch wurde nur der einfache Fall des Auseinanderbrechens einer lang gestreckten Scholle skizziert, der durch Südamerika bzw. die vorhandene Geomorphologie dieser Scholle sehr gut repräsentiert wird.

Auch seltsame geologische Erscheinungen auf der Arabischen Halbinsel können so erklärt werden. Das Rote Meer entstand durch einen Grabenbruch in der größeren Platte, weshalb am Ostrand des im Bereich des Roten Meeres entstandenen Grabenbruchs die Platte aus dem Meer emporstieg (Abb. 116, Bild D), während ereignisbegleitend Erdbeben die Scholle erschütterten und Vulkane ausbrachen. Sand und Schlamm wurden mit der Gebirgsauffaltung in die Höhe gehoben und flossen dann zum großen Teil in die bis dahin fruchtbare innerarabische Ebene. So entstand eine Wüste, und Tiere wurden in den Schlammfluten begraben oder verhungerten in der plötzlich entstandenen Einöde. Das Wasser bzw. die Schlammfluten flossen insgesamt Richtung Persischer Golf, der auch erst zu dieser Zeit als Grabenbruch entstand wie das Rote Meer.

Betrachten wir noch die Entstehung des Himalaya-Gebirges. Hilgenberg beschreibt, dass eine größere, u. a. aus Indien und Madagaskar bestehende Scholle auseinanderbrach, während sich gleichzeitig Australien abspaltete.

Der damalige Nordostrand der großen Scholle und der damalige Südwestrand von Asien sanken nieder. »Vorderindien stieß während des Niedersinkens, bei dem Versuch, sein Schwungmoment aufrecht zu erhalten, überschüssige Drehenergie abgebend, in und unter das asiatische Festland vor (...). Dabei vergrößerte Vorderindien die Stauchung Asiens, die ohnehin durch dessen sinkenden damaligen Südwestrand und auftauchenden Ostrand hervorgerufen wurde, sodass die gewaltigste Gebirgsfaltung der Erde, der Himalaya, entstand« (Hilgenberg, 1933, S. 43).

Die hier vorgestellte Krustensprengung infolge Erdexpansion löst viele Rätsel, die früher durch die Schrumpfungstheorie und zusätzlich die aktuell vertretene tektonische »Konstanz-Theorie« in Bezug auf die Größe des Erdballs erst künstlich geschaffen wurden. Insgesamt werden etliche direkte Landverbindungen nachweisbar, wodurch die der Plattentektonik widersprechenden paläontologischen Funde zwanglos erklärt werden können.

Für den Zusammenhang der Südostküste von Nordamerika mit Afrika und Europa sprechen zum Beispiel die enge Verwandtschaft zwischen Skorpionen der Mittelmeerländer und Nordamerikas. Johannes Walther, Professor für Geologie und Paläontologie an der *Universität Halle*, schrieb (1908, S. 31), dass beidseits des Atlantiks in Europa und Amerika zehn gleiche Gattungen von Säugetieren existierten.

Eine reiche Fauna wurde 1878 in Cernay bei Reims (Frankreich) entdeckt (Lemoine, 1878), und bald darauf fand man eine übereinstimmende tertiäre Fauna in den Puerco-Schichten von im US-Bundesstaat New Mexico. Spätere Funde in Deutschland, der Schweiz, England sowie in den US-Bundesstaaten Utah und Wyoming haben ihre transkontinentale Verbreitung bewiesen. Aber auch die bereits im Jahr 1988 ungefähr 135 km nordöstlich von Lissabon (Portugal) gefundenen Skelett-Teile eines *Allosaurus fragilis* zeugen von einer früheren Landverbindung, da Allosaurier bis zu diesem Zeitpunkt nur in Nordamerika entdeckt wurden.

Alfred Wegener hielt einen festen Landverbund zwischen dem atlantischen Westen (Amerika) und Osten (Europa) noch zu Beginn des »Großen Eiszeitalters« für möglich, zumindest im äußersten Norden des Ozeans. Deshalb findet man in Südgrönland und Island Kleinlebewesen, wie zwei Käferarten des *Bembidion grapei Gyll*, die nur in der Nachbarschaft heißer Quellen überdauerten (Lindroth, 1957, S. 277 f.). Carl H. Lindroth trug weitere Beispiele übereinstimmender (amphiatlantischer) Fauna als Beweis

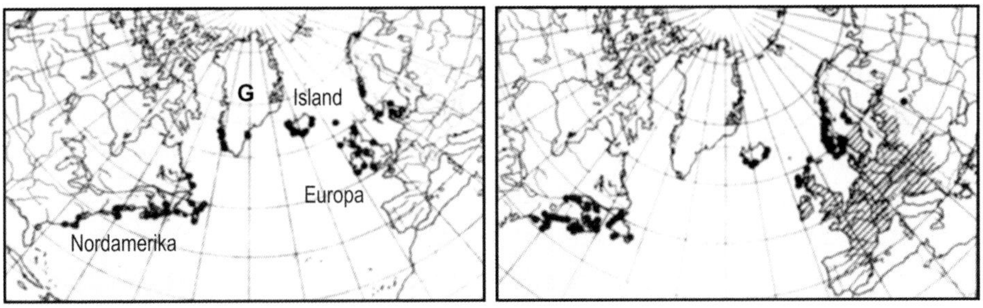

Abb. 117: **LANDVERBUND**. Beispiele für amphiatlantische Fauna. Links: Gartenschnecke. Rechts: ausgestorbener Großer Alk (Penguinus impennis). G = Grönland. Aus Lindroth, 1957.

einer Landbrücke zwischen Nordamerika und Europa zusammen: zwölf Vogelarten, ferner Spezies von Schmetterlingen, Motten, Spinnen, Schnecken und Käfern. Auch die Gartenschnecke (*Cepaea hortensis*) wurde in einem prähistorischen Muschelhaufen in Amerika entdeckt (Lindroth, 1957, S. 234).

Damit wird eine Landbrücke zwischen Europa und Nordamerika bestätigt, die von mir in »Kolumbus kam als Letzter« eingehend als Grönlandbrücke diskutiert wurde. Zumindest ein Teil der Kontinentalverschiebung fand nach Wegener zu einer Zeit statt, als *Homo erectus* und Neandertaler in Europa lebten. Diese Meinung teile ich und ergänze, dass Fridtjof Nansens Polarexpedition 1893 bis 1896 mit seinem Schiff Fram bewiesen hat, dass der größte Teil des heutigen Tiefseebodens im Nordpolargebiet, der heutzutage in einer Tiefe von 1000 bis 2500 m zwischen der Vulkaninsel Jan Mayen und Island liegt, erst »in jüngster Zeit um 2000 m gesenkt worden ist« (Walther, 1908, S. 516).

Unter Berücksichtigung einer Expansion der Erde können weitere Landbrücken nachgewiesen werden, die viele paläontologische Rätsel lösen, welche durch die wie ein Gummiband willkürlich gedehnte plattentektonische Zeitskala überhaupt erst entstehen. Durch die geschilderten Veränderungen, wie den Untergang von Landbrücken und die Hebung von Gebirgen, ereigneten sich weltweite und zeitlich verschiedene Superfluten. Damit einher gingen gewaltige Klimaumstürze.

Die Verbindung zwischen Europa über Island bis nach Grönland wurde durch eine neue Untersuchung bestätigt und in dieser *Grönland-Schottland-Rücken* genannt. Diese soll vor bis vor 36 Mio. Jahren existiert haben. Zu

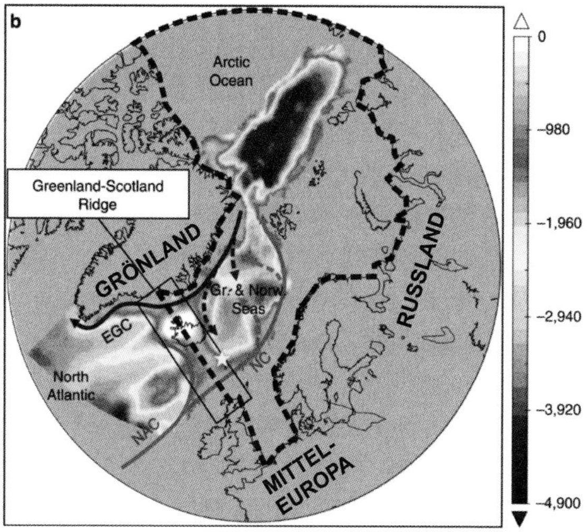

Abb. 118: **VERBUNDEN**. Grönland war mit Europa verbunden und das Nordpolarmeer war ein Süßwassersee ohne Verbindung zu den anderen Ozeanen, gemäß einer neuen Untersuchung bis vor 36 Mio. Jahren (Stärz et al., 2017, ergänzt Zillmer).Vergleiche Abb. 119.

dieser Zeit war das »Nordpolarmeer (...) ein gigantischer Süßwassersee. Denn die Bering-Landbrücke und eine weitere Barriere zwischen Grönland und Schottland riegelten den arktischen Ozean gegen den Atlantik und Pazifik ab. Erst, als diese Landbrücken langsam im Meer versanken, entwickelte sich zunächst ein Brackwassergebiet und dann das salzige Nordpolarmeer«, wie Geologen im Fachmagazin »Nature Communications« berichten. Man fand große Mengen, angeblich 56 bis 34 Millionen Jahren alte Süßwasseralgen in der Nähe des Nordpols. Die Forscher vermuten daher, dass heutige Nordpolarmeer eher einem gigantischen Süßwassersee glich (Internetlink 19, abgerufen 20.10.2024). Zu Zeiten der Dinosaurier gab es in den arktischen Gebieten keinen großflächigen tiefen Ozean!

Superfluten und Klimaumbrüche

Victor R. Baker (Universität von Arizona in Tucson) bestätigt im Fachblatt »Science«, dass die Geologen ein Wirken von Superfluten ignorieren, da sie »davon ausgehen, dass Schluchten und Täler über die Jahrtausende von den langsam arbeitenden Kräften des Windes und des Wassers geformt wurden (»Science«, 29.3.2002, Bd. 295, S. 2379–2380). Dabei gab es nach Baker auch die bereits zuvor in diesem Buch diskutierten Superfluten in Asien (s. S. 90 ff.). Die großen Becken mit »eiszeitlichen« Seen in Sibirien (u. a. das Kaspische Meer und der Aralsee) sind Zeugnisse dieser Fluten, die sogar im Weg liegende, hunderte Kilometer breite Hochländer überfluteten. Dabei wurden Rinnen in die Höhenzüge gefräst, die auf Satellitenbildern von Zentralasien deutlich zu sehen sind. Baker charakterisiert die durch große Scheuklappen

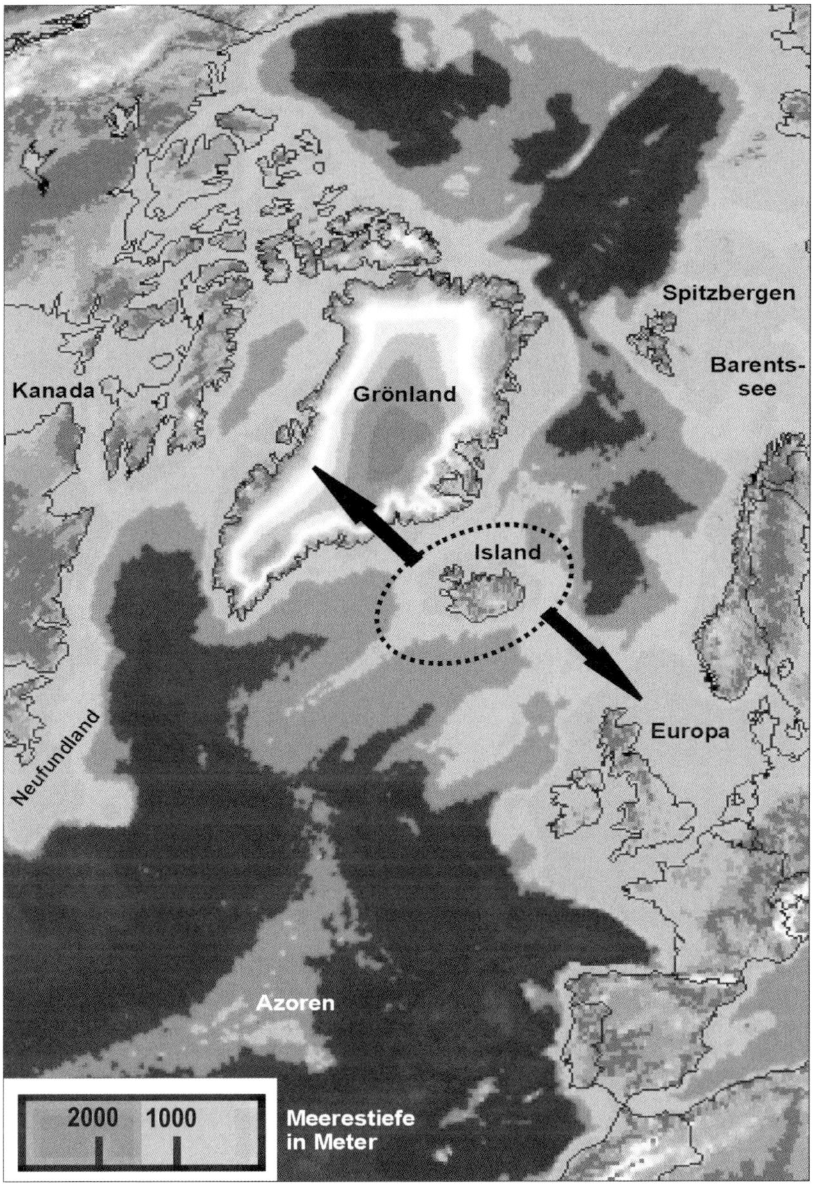

Abb. 119: **GRÜNE LANDBRÜCKE**. Die Grönlandbrücke war die kürzeste Verbindung zwischen Europa, Grönland, Alaska und Kanada, die bei tieferem Meeresspiegel bis zum Ende der Bronzezeit nur durch schmale Rinnsale unterbrochen war. Wie Untersuchungen durch Fridtjof Nansen zeigen, sank das Becken nördlich des Atlantiks mit Island als Mittelpunkt isostatisch durch eine Magmapegelsenkung ab. Island, der Brückenpfeiler der grünen Grönlandbrücke, war früher wesentlich größer, wie auch die Zeno-Karte aus dem 14. Jahrhundert zeigt. Steinzeitliche Funde auf Spitzbergen und an der Küste Sibiriens legen nahe, dass die arktischen Gebiete früher besiedelt waren, wie auch große Teile der Barentssee.

eingeschränkte Sichtweise und die damit einseitig ausgerichtete Vorgehensweise der Geologen:

»Methodische Probleme mit dem Studium von Superfluten bestehen seit der Entwicklung der Geologie (...). In den 1920er-Jahren dokumentierte J. H. Bretz die spektakulären Hinterlassenschaften und Auswirkungen der nacheiszeitlichen Missoula-Fluten in der Channeled Scabland-Region im US-Bundesstaat Washington (›Journal of Geology‹, Bd. 31/8, 1923, S. 617–649), damals heftig kritisiert vom wissenschaftlichen Establishment (Science Community). Erst in den 1960er-Jahren wurde akzeptiert, dass diese Superflut durch den Bruch des Eisdammes des »eiszeitlichen« Sees Missoula am südlichen Rand des Kordilleren-Eispanzers im Nordwesten Amerikas verursacht wurde (...). Diese sehr strittigen Studien von Superfluten zeigen, dass die Flutwissenschaft nicht die von Charles Lyell propagierten wissenschaftlich anerkannten Grundprinzipien der Gleichförmigkeit berücksichtigt. Stattdessen ist es meine Ansicht, dass Studien über Superfluten (...) unerwartete Verbindungen und überraschende Erklärungsmuster erzwingen« (»Science«, 29.3.2002, Bd. 295, S. 2379–2380).

Die angesprochene Missoula-Flut soll sich am Ende der (angeblichen) »Eiszeit«, also vor wenigen tausend Jahren ereignet haben, als sich der 270 km lange See Missoula im heutigen US-Bundesstaat Idaho innerhalb von zwei Tagen in den Pazifik ergoss (Abb. 79, S. 147). Diese Superflut führte zehnmal mehr Wasser mit sich als alle Flüsse der Erde zusammen (»Science«, 29.3.2002, Bd. 295, S. 2379–2380).

Auch in Australien gab es Superfluten. Die Geomorphologen Professor Ted Bryant (Universität von Wollongong in New South Wales) und Kollegen dokumentierten vielfältige Spuren der Verwüstung durch gigantische Wellen (Tsunamis) an der Südostküste Australiens (u. a. Bryant, 1997, 2001, und »Bulgarian Geophysical Journal«, 1995, Bd. XXI, Nr. 4, S. 24–32).

Menschen waren Augenzeugen dieser Riesenfluten und überlebten diese Kataklysmen, denn die beiden höchsten Wellen überschwemmten vor 6000 und vor nur rund 500 bis 400 Jahren sogar noch 130 m hoch gelegene Gebiete (Bryant, 2001, vgl. »Die Welt«, 20.9.2002).

Weitere Überflutungen wurden nachgewiesen, u. a. im Fachblatt »Geology« (Bd. 32, Nr. 9, September 2004, S. 741–744):

Die Insel Hawaii, Hauptinsel der gleichnamigen Inselgruppe im Pazifik, soll vor 120 000 Jahren von einer gewaltigen Flutwelle überspült. Die Wassermassen schwappten an der Flanke des Vulkans Kohala bis in eine Höhe von 500 m. Als angebliche Ursache für die Riesenwelle wurde der Abbruch einer Flanke des Vulkans *Mauna Loa* vermutet.

Von Superfluten zeugen viele Massengräber auf der ganzen Welt. Über solche am Fuße der Himalaya-Gebirgskette wurde schon im Zusammenhang mit der Gebirgsauffaltung berichtet. Aber auch in Amerika gibt es mehrere solcher Lagerstätten.

Im US-Bundesstaat Nebraska besuchte ich die Fossillagerstätte *Agate Fossil Beds Monument* und war überrascht, dass die fossilienhaltigen Ablagerungen etwa einen halben Meter mächtig waren. Etwas später im *Amerikanischen Museum für Naturgeschichte* in New York konnte ich einen aus einer solch fossilienhaltigen Schicht herausgeschnittenen Block bewundern. Dieser enthielt offiziell geschätzte 900 Knochen auf einer Grundfläche von einem Quadratmeter (Abb. 120). Eine derartige Zusammenballung verschiedenartiger Fossilien in chaotischer Durchmischung ist nicht durch den natürlichen Tod von Tieren verschiedener Spezies zu erklären.

Wenn man Naturkatastrophen und Superfluten nicht akzeptiert, dann ist man gezwungen, gemäß dem Gleichförmigkeitsprinzip sehr langsam ablaufende Vorgänge zu rekonstruieren. Das daraus resultierende »Märchen« bietet dann folgende oberflächliche Erklärung: Eine massive Trockenheit war angeblich verantwortlich dafür, dass viele Tiere verschiedener Arten an wenigen Wasserstellen starben. Einzelne Tiere können derart verenden, aber diese Vorstellung erklärt nicht umfangreiche Massengräber mit dicht an dicht, über- und untereinander gestapelten Knochen, wie der Fund von 164 000 Knochen auf einer Fläche von 125 m² veranschaulicht – ausgegraben in der Nähe des *Agate Fossil Beds Monument* durch das *Carnegie Museum*. Da diese Fläche nur einen Teil der gesamten fossilhaltigen Schicht ausmacht, schätzte der Paläo-

Abb. 120: **MASSENGRAB**. Knochen von etwa 2000 schweinegroßen Rhinozerossen, die früher im Grasland von Nebraska lebten und wahrscheinlich gemeinsam in einer Superflut starben, sind in einem Massengrab zusammengeschwemmt worden – wie im Naturkundemuseum in Chicago dargestellt wird. Insert (Bild: Nobu Tamura): Rekonstruktion Rhinozeros (Menoceras).

ntologe Professor Richard Swann Lull, Direktor des *Peabody Museums* der Yale-Universität, dass diese Fundstelle insgesamt 16 400 Skelette eines nur schweinegroßen Nashorns (Menoceras), 500 Skelette einer Pferdeart und 100 Skelette des Riesenschweins beinhalten könnte (Lull, 1931).

Nicht weit entfernt wurden in einem anderen Steinbruch Zwerg-Kamele (Stenomylus) entdeckt. Eine Herde dieser Tiere wurde durch eine gewaltige Naturkatastrophe vernichtet, und mehrere ausgestorbene Großsäuger wurden entdeckt, u. a. ein hundeartiges Raubtier, das eine *Mischung* aus kleinem Bär und großem Hund darstellen soll, sowie einen landbewohnenden Vorfahren der heutigen Biber. Interessant sind auch Funde von recht langhalsigen Chalicotherien, eine ausgestorbene Familie der Unpaarhufer (Perissodactyla), die sehr lange Vorderbeine und besonders kurze Hinterbeine besaßen und bis vor angeblich etwa 780 000 Jahren in Wäldern gelebt haben sollen. Heute befinden sich dort eher wüstenhafte Landschaften. Außerdem wurden diese Tiere in Nordamerika, Europa (u. a. Deutschland), Asien und Afrika gefunden. Eine seltsam räumliche Verteilung, da sich die Kontinente gemäß geologischer Zeitskala schon lange weit voneinander entfernt hatten, getrennt durch tiefe Ozeane. Das konventionelle Weltbild lässt nur die Beringstraße als Landverbindung zu. Oder kommen auch die schon diskutierte Grönlandbrücke zwischen Nordamerika und Europa und Afrika bzw. Asien in Betracht?

Das *Agate Fossil Beds Monument* bewahrt einen kleinen Teil der großen Prärien (Great Plains), die 1400 m über dem Meer nicht von einer Vergletscherung während der letzten »Eiszeit« betroffen waren. Deshalb sollen Zehntausende, ja bis zu Hunderttausende von Tieren an wenigen Wasserlöchern verendet sein, sodass sich die Knochen hoch und immer höher stapelten. Haben nicht eher Naturkatastrophen in Form von Schlamm- und Gesteinsströmen die fossilen Knochen zusammen geschwemmt und an bestimmten Stellen abgelagert? Erst vor Ort erkennt man, dass es sich um eine ertrunkene Landschaft zu handeln scheint, aus der die Bergspitzen als Lagerstätten fossiler Knochen herausragen.

Am Ende oder nach der Dinosaurierzeit vor 70 bis 40 Mio. Jahren, sollen die Rocky Mountains empor gewachsen sein. Dann, nachdem die Berge etwa so hoch waren wie das heutige Himalaya-Gebirge, sollen sich anschließend Teile von Nordwestamerika gestreckt bzw. gedehnt und gesenkt haben, denn große Krustenteile im Südwesten der Gebirgshochebene unterlagen einem

Abb. 121: **ERTRUNKENE LANDSCHAFT**. Das *Agate Fossil National Beds Monument* in Nebraska erscheint wie eine ehemals überschwemmte Landschaft, in der Knochen mit sich führender Schlamm abgelagert wurde und auch erhalten blieb.

starken Dehnungsprozess, wodurch Hochebenen entstanden und Täler aufbrachen. Dieser Prozess, der qualitativ durchaus so stattgefunden haben kann, könnte sehr einfach durch die Erdexpansion mit sich isostatisch einpegelnden Schollen einer sich vergrößernden Erdoberfläche erklärt werden (Abb. 116, S. 220).

Als die Rocky Mountains im Verlauf der so genannten *laramischen* Gebirgsbildung gehoben wurden, transportierten Flüsse und Bäche den Gesteinsschutt des noch jungen Gebirges nach Osten und lagerten ihn in Form von Absätzen auf dortigen Überflutungsebenen als Sande und Feinklastika ab. Dünne Lagen vulkanischer Aschen aus den damals aktiven Vulkangebieten im heutigen Nevada und Oregon kamen ebenfalls zur Ablagerung. Diese sind in die Sedimentgesteinsabfolge als geringmächtige Tuff-Horizonte eingeschaltet. Als Folge der Aufwärtsbewegung aus Meeresniveau heraus, transportierten abfließende Schlammfluten den Gesteinsschutt des jungen Gebirges nach Westen *und* Osten, wo dieser in den dortigen Überflutungsebenen abgelagert wurde. Dieser Schutt ist von dünnen Lagen vulkanischer Aschen als geringmächtige Tuff-Horizonte durchzogen. Man entdeckte in den Schlammablagerungen nicht nur Massengräber von Säugetieren, sondern auch Dinosauriern.

Im Nationalpark *Dinosaur Provincial Park* der kanadischen Provinz Alberta befinden sich allein etwa 500 Dinosaurier-Massengräber. Zu damaliger Zeit zog sich der stellenweise 1000 Kilometer breite – je nach Quelle etwas unterschiedlich rekonstruierter – Seeweg *Western Interior Seaway* zwischen den heutigen Rocky Mountains und den Appalachen durch den amerikanischen Kontinent bis zum Golf von Mexiko hindurch (vgl. Abb. 58, S. 114 und Abb. 109, S. 231). Dass die Rocky Mountains sich erst *am Ende der Dinosaurier-Ära erhoben*, bestätigt François Therrien, Kurator am *Royal Tyrrel Museum* in Drumheller, Kanada:

»Damals entstanden gerade die Rocky Mountains, die von Wind und Wetter rasch wieder abgeschmirgelt wurden. Daher trugen die Flüsse riesige Mengen Schlamm zum *Western Interior Seaway* in das heutige Alberta« (Therrien et al., 2015, Abstract).

Und weiter führt Therrien aus, dass vor ihrem vermutlich jähen Ende vor angeblich 75 Mio. Jahren Dinosaurier *nahe der Westküste eines gewaltigen Meeresarms* geweidet haben sollen. Dann ergossen sich Schlammfluten, die sich aus den sich gerade auffaltenden Rocky Mountains zu Tal wälzten, in

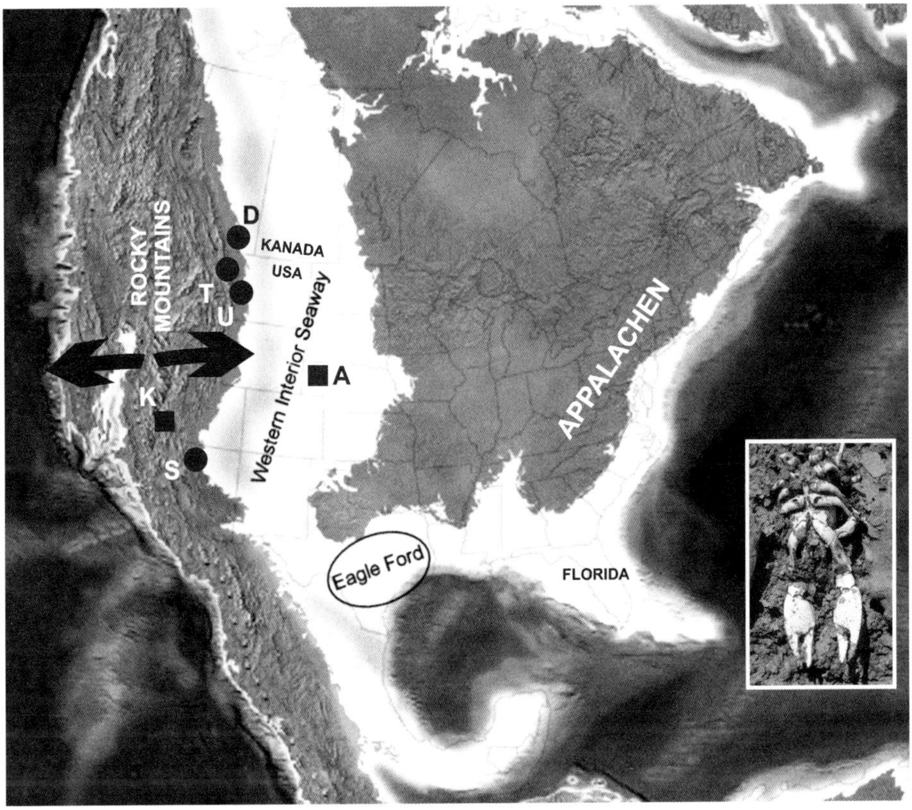

Abb. 122: **FORTGESPÜLT**. Die Landkarte zeigt qualitativ eine paläografische Rekonstruktion der Kreidezeit. Zu dieser Zeit durchzog der *Western Interior Seaway* als breiter Meeresarm Nordamerika von Norden nach Süden (nach Blakey, 2014; vgl. Abb. 58, S. 114). Die *Rocky Mountains* erhoben sich am Ende der Kreidezeit zusammen mit den ursprünglich in seichten Schelfgebieten des Meeresarms lebenden Dinosauriern bis in für diese Tiere überlebensfeindlichen Höhen u. a. der heutigen Wüstenregion *Colorado Plateau* in bis zu knapp 3400 m Höhe. Infolge des Abfließens der empor gehobenen Wassermassen ergossen sich gigantische Superfluten (Pfeile) nicht nur westwärts in Richtung Pazifik, sondern auch ostwärts in den *Western Interior Seaway*. Wie bereits für die Anden in Südamerika diskutiert (s. S. 36), wurden die Reste von Tieren und Pflanzen nach Größe und Gewicht infolge abfließender Superfluten sortiert abgelagert und verschüttet. Am Fuße der neu aufgefalteten Gebirge sammelten sich größere Fossilienlager mit schwereren Knochen (u. a. von Dinosauriern, Krokodilen) während leichtere Knochen u. a. von Säugetieren in tiefere Lagen bzw. in den *Western Interior Seaway gespült* wurden und sich am früheren Seeboden teils großflächig sowie punktuell in Massengräbern (A) verteilten. Einzelne Fossilienlager mit Säugetierknochen blieben in größeren Höhenlagen in ehemaligen Seebecken erhalten (u. a.: K).
Eagle Ford: Aus der Erdgas- und Erdölreichen Sandsteinformation sind viele kleinere Meeresfossilien (Insert) bis hin zu Mikroorganismen enthalten, die aufgrund ihres geringen Gewichts am weitesten weggeschwemmt wurden. Dinosaurier-Massengräber: u. a. *D = Dinosaur Provincial Park* (Abb. 106), S = *San Juan Basin*, T = *Two Medicine River*, U = *Upper Missouri River*. Säugetier-Massengräber: u. a. A = *Agate Fossil Beds Monument* (Abb. 119). K= *Kaiparowits Plateau*.

den breiten Meeresarm *Western Interior Seaway*, der den nordamerikanischen Kontinent von Norden nach Süden durchzog. Derart wurden einerseits die Überreste dieser Dinosaurier in das Gebiet der heutigen Badlands von Alberta gespült und in Sandsedimenten begraben und konserviert. Wurden andererseits Überreste anderer Dinosaurier oder sogar noch lebende Exemplare mit der Hebung des Rocky Mountains-Gebirges samt des Colorado Plateaus in die Höhe verfrachtet?

Die ältesten aufgeschlossenen Gesteine der Säugetier-Fossilienlagerstätte *Agate Fossil Beds Monument* sollen etwa 34 Mio. Jahre alt sein. Vor 25 Mio. Jahren sollen dann die Flüsse ihren Lauf verändert und tiefe Täler in die jungen und kaum verfestigten Sedimentgesteine ausgeschürft und die Fossilien hinterlassen haben – ein Szenario, das wir vom Ausbruch des Vulkans *Mount St. Helens* im Jahre 1980 her kennen, als der *Kleine Grand Canyon* mit dem im Talgrund träge vor sich fließenden Bach *Toutle River* in wenigen Tagen jungfräulich wie aus dem Nichts entstand. Auch die Täler u.a. im Bereich des *Agate Fossil Beds National Monument* wurden nachfolgend wieder mit aus höheren Lagen stammenden Sedimenten der Rocky Mountains aufgefüllt. Dies wird auch geologisch bestätigt, und insgesamt ist, unter Missachtung der propagierten zeitlichen Abfolge, gegen die skizzierte geologische Abfolge nichts einzuwenden, außer dass über die Herkunft der Unmengen von Schlamm vor angeblich 34 Mio. Jahren nichts ausgesagt wird. Dieser soll aus den Rocky Mountains gekommen sein, deren Hebung am Ende der Dinosaurier-Ära begonnen haben soll. Aber da ja nur langsame geologische Abläufe ursächlich für die Hebung sein sollen, würde sich für diesen Fall das Material mit kaum merklicher langsamer Sedimentierungsrate eher regional und in zeitlicher Hinsicht kaum merklich absetzen, aufgrund fehlender Dynamik und wegen zu geringer Wasser- bzw. Schlammmengen. Woher stammt der ganze Schlamm, der noch Millionen Jahre nach der wesentlichen Hebung der Rocky Mountains in Form verfestigter Sedimentschichten erhalten ist?

Muss man nicht eher eine andere zeitliche Abfolge anerkennen, denn schnell ablaufende Naturkatastrophen sind kurzzeitige Statthalter für extrem lang andauernde geologische Sedimentierungsprozesse. Als Vertreter des sogenannten Katastrophismus würde ich die Hebung der *Rocky Mountains* durch eine Schlammschicht hindurch als Beginn einer Naturkatastrophe sehen. Die derart in die Höhe gehobene Schlammschicht spült sich aus

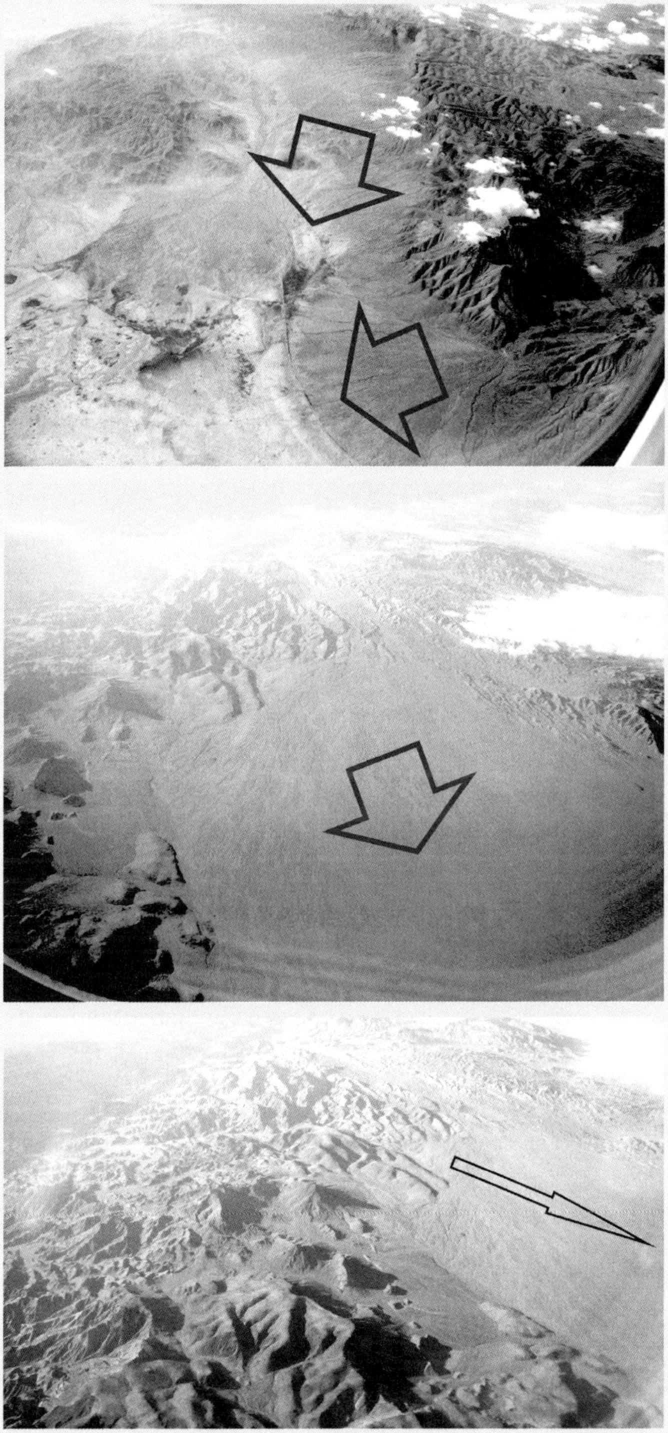

Abb. 123: **ABFLUSS**. Aus den oberen Bergregionen abfließender Schlamm im Westen Nordamerikas.

dem Gebirge hinab in die Täler, weshalb viele Erhebungen nicht nur im Westen Nordamerikas noch immer im Schlamm zu stecken scheinen. Es sieht tatsächlich so aus, als wenn Bergspitzen die bereits vorher vorhandenen Schlammschichten durchstießen und noch zum Teil in diesen stecken.

Fassen wir jetzt einmal den geschilderten geologischen Ablauf zusammen und verkürzen die Millionen Jahre der geologischen Zeitskala auf einen kurzen, also vielleicht ein paar hundert oder auch mehr Jahre andauernden Zeitraum, dann ergibt sich ein logisch erscheinendes Szenario:

Die Rocky Mountains werden durch eine Schlammschicht hindurch gehoben, begleitet durch Erdbeben und Vulkanismus. Der Schlamm fließt aus den entstandenen schrägen Ebenen katastrophisch in Form von Superfluten in wesentlich größerem Maßstab als beim *Mount St. Helens* ab. Immer wieder bedeckt Vulkanasche in dünnen Schichten die Schlammablagerungen, wodurch dicke Schichtpakete entstehen. Die Schlammfluten fräsen aber auch neue Täler aus, und wie beim *Mount St. Helens* fließen später Wasserläufe durch die neu entstandenen Canyons. Ein Szenario, dass durch unmittelbar nach dem Vulkanausbruch gemachte Filmaufnahmen in meinem Film »Kontra Evolution« dokumentiert wird.

Nicht nur in der *Agate Spring-Grube* wurden fossile Knochen in dem vom Wasser transportierten Schlamm, Sand und Geröll abgelagert. Abertausende von Tieren wurden von Schlammfluten über große Distanzen hinweg transportiert und in gemeinsame Massengräber geschmettert. Diese Naturkatastrophe war nicht lokal begrenzt, sondern überregional allgegenwärtig, denn viele prähistorische Tierarten in Nordamerika überlebten nicht. Die Umstände, unter denen ihre Reste gefunden wurden, sprechen von einem gewaltsamen Tod durch Naturgewalten und nicht vom langsamen Aussterben in einem evolutiven Prozess, oder durch Krankheiten und prähistorische Menschen. Wann aber starben anscheinend prähistorische Tierarten, wie sie auch im *Agate Fossil Beds National Monument* entdeckt wurden, tatsächlich aus? Lange bevor Menschen dort lebten? Nein, denn an vielen Orten wurden Überreste von Menschen zusammen mit prähistorischen Tieren entdeckt. So in der Sandia-Höhle im US-Bundesstaat New Mexico. Hier wurde 1936 unter Leitung von Frank Hibben, Doktor der Anthropologie, eine Ausgrabung vorgenommen. Man fand eine unzweifelhaft von Menschen angefertigte Feuersteinspitze, einzementiert in einem Gemisch von Kamel- und Bisonknochen. Menschen müssen diese Tiere gesehen, getötet und in die Höhle geschleppt haben. Die Speerspitze war eindeutig vom sogenannten Folsom-Typ. Diese Kultur, benannt nach dem ersten Fundort Folsom in New Mexico, war lange Zeit nach der Entdeckung 1908 bzw. 1925 nach Meldung des Fundes nicht anerkannt, da eine steinerne Projektilspitze in einem Knochen eines prähistorischen Alt-Bisons steckte. Aber in der Sandia-Höhle wurden unter der Folsom-Schicht neunzehn Lanzenspitzen gefunden, die zusammen mit Resten von Bison, Kamel, Mastodon und Mammut entdeckt wurden (»Smithsonian Miscellaneous Collection«, Bd. 99, Nr. 23, City of Washington 1941).

Aber auch Reste einer ausgestorbenen Pferdeart (ehemals *Equus exelsus*, heute eher *Allozebra exelsus*) wurden ausgegraben. Der Nachrichtendienst »CBC« verbreitete im Mai 2001 die Meldung, dass entgegen der Lehrmeinung die nordamerikanischen Indianer Pferde kannten, jagten und schlachteten – lange bevor die Spanier Pferde in Amerika einführten.

In der Sandia-Höhle fand man aber auch Klauen von Riesenfaultieren. Diese mehrere Tonnen schweren Giganten wurden nachweislich von Menschen gejagt (Hibben in: »The Saturday Evening Post«, 17. April 1973). Lange machte man einen Klimawandel für das Aussterben prähistorischer Tiere verantwortlich, während man heutzutage dazu übergeht, das Verschwinden vieler solcher Tierarten der frühen Jagd unserer Vorfahren zuzuschreiben. Es gab damals sicher gar nicht so viele Menschen, und die hätten dann auch noch die komplette Megafauna in Nordamerika ausgerottet haben müssen. Das Riesenfaultier besaß kieselgroße, in die Haut eingebettete Knochenstücke, die derart dicht aneinander lagen, dass sie sogar eine Gewehrkugel genug abbremsen hätten können, um wichtige Organe zu schützen.

Ein Massengrab mit 60 Arten von Säugetieren bilden auch die bereits beschriebenen Teergruben bei La Brea im Süden Kaliforniens. Derartige dort vernichtete prähistorische Tierarten wie u. a. Pferd, Kamel und Löwe waren einst in Nordamerika weit verbreitet und auch im Bereich des Sees *Lake Lahontan* heimisch. Dieser befand sich größtenteils auf dem Gebiet der heutigen US-Bundesstaaten Nevada, Oregon und Kalifornien im sogenannten Großen Becken und bedeckte angeblich vor über 12 000 Jahren eine Fläche von über 22 000 km². Seine tiefste Stelle befand sich dort, wo sich noch heute der See *Pyramid Lake* befindet. In den Ablagerungen des Sees wurden viele Knochen von prähistorischen Tieren, die in Amerika ausgestorben sind, aber auch eine von Menschen hergestellte Speerspitze entdeckt (Russell, 1885).

Die Ähnlichkeit der Fauna aus den Asphaltgruben von La Brea und den Ablagerungen des Lahontan-Sees führten John C. Merriam (1915, S. 377–385) in einer Veröffentlichung der geologischen Abteilung an der *Kalifornischen Universität* zu der Feststellung, dass diese aus *derselben Zeit stammen*.

J. Claude Jones erforschte den *Lahontan-See* sowie seine Überreste wie *Winnemucca Lake*, der durch einen Dammbau 1903 austrocknete, und den westlich davon gelegenen See *Pyramid Lake*, benannt nach einer bizarren Felsformation, die an die Cheops-Pyramide erinnert. Anhand des Chlor- und Natriumgehalts und aus der Menge der ständigen Zufuhr dieser Stoffe durch den Fluss *Truckee River* errechnete Jones ein Alter von *weniger als 3000 Jahre* für beide Seen.

Im Bereich dieser Seen, bei Fallon im *Lahontan Valley* südlich von Reno in Nevada nahe der Grenze zu Kalifornien, wurden in der auf 1266 m Höhe gelegenen Grotte *Spirit Cave* – nahe der Höhle *Hidden Cave*, einer archäologischen Fundstätte mit bis zu achttausend Jahre alten Petroglyphen – im Jahr 1940 Überreste von zwei Menschen entdeckt. In den Eingeweiden fanden sich *Fischgräten*, aber er stellte auch dem »Mastodon nach, einem ausgestorbenen Rüsseltier mit mächtigen Stoßzähnen« (»Der Spiegel«, Nr. 19, 5.5.1996, 13.00 Uhr).

Der Korpus wurde wegen seiner hochwertigen Textilien auf ein Alter von höchstens 3000 Jahren datiert, während die insgesamt 67 Artefakte aus der Höhle im *Nevada State Museum* untersucht wurden, wo ihr Alter zunächst auf 1500 bis 2000 Jahre geschätzt wurde. 1994 ergab eine an 17 Fundstücken aus der *Spirit Cave* durchgeführte radiometrische Datierung, dass die Mumie etwa 9415 ±25 Jahre alt gewesen sein soll (Internetlink 20).

Stimmen die Datierungen? Wie auch immer, diese Datierung würde bedeuten, dass die Fischgräten in der Spirit-Cave-Mumie aus einem Zeithorizont stammen, als der See kurze Zeit später komplett ausgetrocknet sein soll? Die ursprüngliche Datierung von höchstens 3000 Jahren passt, aufgrund des gesamten Erscheinungsbildes, besser in das geschichtliche Bild.

»Seit Langem wissen Forscher, dass das Ende der Radiokarbonmethode bevorsteht. Aber die steigenden CO_2-Emissionen haben den Prozess beschleunigt (...). Bald könnte es schwer werden, zu bestimmen, ob etwas 1000 Jahre alt oder modern ist« (Internetlink 21, abgerufen 21.10.2024). Aber teils höhere Kohlenstoffkonzentrationen hat es nicht nur bereits im 19. Jahrhundert gegeben (Abb. 7, S. 16), sondern auch schon vorher. Der heutige Klimawandel wird für das Ende der Radiokarbondatierungen verantwortlich gemacht wird, jedoch gab es einen Klimawandel bereits in der späten Bronzezeit, der Kulturen zerstörte: »Im östlichen Mittelmeer löste die Veränderung des Klimas eine Kette von Ereignissen aus, an deren Ende ganze Zivilisationen zerbrachen« (Internetlink 22).

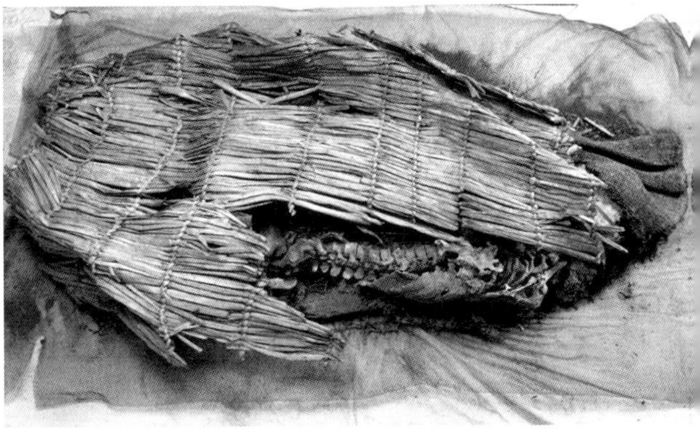

Abb. 124: **WIE ALT?** Bild oben: Die in eine Decke aus Kaninchenfell gehüllte Spirit-Cave-Mumie lagerte 54 Jahre im *Nevada State Museum*, so wie diese gefunden wurde, mit Mokassins. Foto: Chip Clark, Smithsonian. Bild unten: Das Tal *Lahontan Valley* mit Lavabrocken, die mit indianischen Petroglyphen bemalt wurden. In der Nähe wurden auch von Menschen hergestellte Speerspitzen gefunden. Foto: en.wikipedia.org

Die radiometrische Datierung Fundstücken aus der *Spirit Cave* könnte an den Fall in Deutschland erinnern, als der Anthropologe Professor Reiner Protsch von Zieten (damals *Freie Universität Frankfurt*) angebliche Altsteinzeitschädel um Zehntausende von Jahren zu alt geschätzt hatte, berichtete das Nachrichtenmagazin »Der Spiegel« mit Verweis auf neue radiologische Datierungen der britischen *Universität Oxford*. Das habe eine Überprüfung mit der sogenannten Radiokarbon-Methode (C14-Methode) ergeben (...). Der Neandertaler von Hahnöfersand sei statt 36 300 nur 7500 Jahre alt, die Frau von Binshof-Speyer ist (...) nicht 21 300 Jahre alt, sondern habe vor 3300 Jahren gelebt und der Schädel von Paderborn-Sande (›der älteste Westfale‹) sei nicht 27 400 Jahre alt, sondern der Mensch sei erst vor etwa 250 Jahren gestorben (»dpa«, 16.8.2004, 17:59 Uhr).

Zurück zum See *Lake Lahontan* (Abb. 125). Dort wurden in den Ablagerungen Überbleibsel des wenige tausend Jahr alten Sees viele Knochen von prähistorischen Tieren entdeckt, die in Amerika ausgestorben sind. Aber auch eine von Menschen hergestellte Speerspitze wurde entdeckt (Russell, 1885).

Abb. 125: **AUSGETROCKNET**. Die trockene Wüste *Black Rock Desert* auf dem Seebett des prähistorischen Sees *Lake Lahontan*.

Da nach allgemeiner Auffassung dieser See vor 9000 Jahren ausgetrocknet sein soll, kann das Alter der »Eiszeit-Säugetiere« nicht wesentlich älter angesetzt werden als der Seeboden, in dem die Knochen der prähistorischen Tiere gefunden wurden. Würde dies aufgrund der Altersbestimmung bedeuten, dass Mastodon und Kamel in Nordamerika bis in historische Zeiten überlebten, wie Jones zum Entsetzen seiner Kollegen im Fachmagazin »Quaternary Climates« feststellte (Jones, 1925).

Aber Jones sollte recht behalten, denn, um meine Frage zu wiederholen, warum sollten wärmeliebende bzw. in einer Savanne umherstreifende Tiere in Gebieten leben, die als »eiszeitlich« ausgewiesen werden, um dann vor 12 000 bis 9000 Jahre mit dem Ende der (angeblichen) »Eiszeit« auszusterben – genau zu dem Zeitpunkt, als die Lebensbedingungen in der folgenden »Postglazialen« Wärmezeit wesentlich besser wurden? Heutzutage ist das Gebiet des ehemaligen Sees *Lake Lahontan* wüstenhaft, und die prähistorischen Tiere könnten dort nicht mehr leben. Hat alternativ nicht eine gewaltige Naturkatastrophe stattgefunden, einhergehend mit einem Klimasturz? Denn bis zum Ende der (angeblichen) »Eiszeit« gab es eine Savannentierfauna, und dann sind die Tiere ausgestorben, und die Landschaft verwandelte sich in eine Wüste. Heutzutage bedeckt die trockene *Wüste Black Rock Desert* eine Fläche von über 30 000 km^2 und umfasst den Seeboden des prähistorischen Sees *Lake Lahontan*.

Etwas nördlich ereignete sich, angeblich auch am Ende der letzten »Eiszeit«, die bereits angesprochene Missoula-Flut, als sich der 270 km lange urzeitliche See Missoula im heutigen US-Bundesstaat Idaho innerhalb von zwei Tagen in den Pazifik ergoss. Diese Superflut führte zehn Mal mehr Wasser mit sich *als alle Flüsse der Erde zusammen*. Auch an der Ostküste Floridas bei Vero im Gebiet des Flusses *Indian River* entdeckte man 1915 menschliche Überreste zusammen mit Knochen von Tieren, die vor 10 000 Jahren einerseits weltweit ausgestorben sein sollen, wie Säbelzahnkatzen, und andererseits nur in Amerika ausstarben, aber auf anderen Kontinenten überlebten, wie Kamel und Tapir. Diese und andere Tiere grasten in einer Savannenlandschaft, wie sie heute aus Afrika bekannt ist – während des angeblichen »Eiszeitalters«. Das Klima war damals aber angenehm warm. Aber auch in Florida sollen diese Tiere nach der »Eiszeit« ausgestorben sein, als es wärmer wurde. Oder war doch eine Naturkatastrophe die Ursache?

In einem Geologie-Fachmagazin wurde 1917 die Meinung vertreten, dass die Überreste von fünf Menschen und die zusammen mit diesen geborgenen Artefakte nicht von hohem Alter sein können, vergleichbar mit den fossilen Überresten der Tiere, mit denen sie gefunden wurden (»Journal of Geology«, XXV, 1917). Die Keramik entsprach denjenigen Schalen, wie sie bei den Indianerstämmen Floridas noch zu Zeiten der Ausgrabung im Gebrauch waren, und es gab keinen Unterschied zu den Gefäßen aus den Erdhügeln (Mounds) in Florida. Reste von Menschen und ihren Artefakten sind unter Knochen von ausgestorbenen Tieren gefunden worden. Dr. E. H. Sellards, amtlicher Geologe von Florida und Entdecker der Lagerstätte bei Vero, schrieb, dass die Menschenknochen zeitlich zu prähistorischen Wirbeltieren gehören, wie durch ihre Lage in der Formation, die enge Beziehung zu den Knochen anderer Tiere und durch den Versteinerungsgrad der Knochen gesichert ist. Da man zu damaliger Zeit überzeugt war, dass Menschen erst vor höchstens 6000 Jahren den nordamerikanischen Kontinent betreten hatten, wurden Menschenknochen aus Schichten mit prähistorischen Tieren natürlich nicht als Beweis für eine Koexistenz angesehen. Was nicht sein darf, das nicht sein kann, und so kritisierte man, dass Indianer vor wenigen tausend Jahren ihre

Toten in den alten Schichten begraben hätten, obwohl Sellards eindeutig bestätigte, dass es sich um ungestörte Schichten gehandelt hatte.

Falls diese indianische Keramik tatsächlich 4000 bis 2000 Jahre alt ist, wie man vermutete (Rouse, 1950), dann bleibt nur die Schlussfolgerung, dass angeblich vor über 10 000 Jahren ausgestorbene prähistorische Tiere zusammen mit Menschen noch vor relativ kurzer Zeit gemeinsam lebten. Die ausgestorbenen Tiere gehören dann zur jüngeren Vergangenheit, und ein katastrophenartiges Naturereignis schwemmte sie zu Ansammlungen zusammen, die in den Ufern des Indian River entdeckt wurden. Zahlreiche Tierarten wurden in Mitleidenschaft gezogen, manche starben aus. Dies erinnert an den Fall »Vogelherdhöhle« in Deutschland (s. S.27 f.).

Im Jahr 2009 wurde in Vero Beach das älteste bekannte Kunstwerk entdeckt. Auf einem Mammutknochen befindet sich eine Zeichnung, die ein Mastodon darstellen soll. Man datiert das Kunstwerk auf ein Alter von 14 000 bis 12 000 Jahren, und es wird damit bestätigt, dass Menschen und prähistorische Tiere gemeinsam gelebt haben. Elf Jahre nach der Erstauflage dieses Buches wurde bestätigt, dass Menschen viel früher in Florida waren als bisher angenommen:

Im Fluss *Aucilla* in Florida wurden menschliche Artefakte sowie Knochen von Mastodon, der amerikanischen Mammutart ausgegraben, die infolge Überflutungen unter vier Meter mächtigen Sedimentschichten begraben waren. Radiokarbon-Analysen ergaben ein Alter von 14 550 Jahren: »Jäger und Sammler entlang der Golfküstenebene, die einer Vor-Clovis-Kultur zuzuordnen sind, koexistierten etwa 2000 Jahre lang mit Megafauna« (Halligan et al., 2016).

Alles in Ordnung, glaubt man, denn Menschen waren doch wesentlich früher in Florida als immer angenommen wurde. Aber es wird nicht berücksichtigt, dass die zuvor beschriebenen, zusammen mit diesen versteinerten Menschenknochen gefundene Keramik auf ein Alter von nur 4000 bis 2000 Jahren geschätzt wurde. Die Koexistenz dieser Menschen mit prähistorischen Tieren sollte dann auch zu dieser Zeit Bestand gehabt haben. Wann ereigneten sich die Naturkatastrophen wirklich? Gab es vor kurzer Zeit große Überflutungen?

Warum starben aber Säbelzahnkatzen in Florida aus? Auch der Panther galt aus ausgestorben, wurde aber 1972 in Florida wiederentdeckt und ist als Florida-Puma (in den USA *Panther* genannt) bekannt. Es wurden sogar vermehrt Warnschilder an Straßen in Florida aufgestellt, da es mehrere Zusammenstöße der Tiere mit Autos gab.

Aber bereits 1962 wurde in einer Studie festgestellt, dass hier in Florida aus Südamerika und Texas bekannte Spezies vertreten waren, die teilweise in Florida ausstarben, aber in Texas überlebten. Anderseits sollen Mammut und Bison von Eurasien aus über die Beringstraße bis nach Florida eingewandert sein, wo in den Savannen auch prähistorische Pferde grasten (Weigel, 1962). Tatsächlich gab es heute nicht mehr vorhandene Landbrücken, wie die ehemalige Landbrücke Beringia, die Sibirien und Alaska verband (Abb. 126, S. 243).

Insgesamt wurden in Vero und Melbourne, Florida, drei geologische Schichten ausgegraben. Die unterste beinhaltet Meeresfossilien, die mittlere entstand, als es Süßwasser und Wirbeltiere gab, die zu 40 % ausgestorben sind. Die oberste Schicht besteht aus losem Sand, Schlick und Schlamm (ebd., S. 53), entstanden also infolge Überflutungen.

Sehen wir uns nach den wärmeren Gefilden jetzt einmal den Norden an, der direkt von der (angeblichen) »Eiszeit« betroffen gewesen sein soll. Dort bedecken weite Teile von Alaska und Nordwest-Kanada eine in der Geologie *Muck* genannte Dauerfrostschicht, die aus einem Gemenge aus tierischen und pflanzlichen Überresten sowie Geröll besteht. Die enthaltenen Mengen gefrorener Knochen ausgestorbener Tiere – wie von Mammut, Mastodon, Löwe, Riesenbison oder vorkolumbischem bzw. prähistorischem Pferd – sind enorm. Aus den Muck-Schichten und darunter liegenden Geröllschichten, die während der letzten Kaltzeit entstanden sein sollen, wurde und wird in Alaska und Kanada Gold gewaschen. Wurden diese geologischen Schichten, analog zu Florida, nicht durch Gletschertätigkeit, sondern infolge gewaltiger Naturkatastrophen aufgeschüttet?

Tatsächlich erwiesen Analysen, dass der Muck unter katastrophischen Umständen abgelagert wurde. Die Überreste von Säugetieren sind zum größten Teil zerstückelt, aber in gefrorenem Zustand sind sogar noch konservierte Reste von Haut, Haaren und Fleisch erhalten geblieben. Zerstückelte und ineinander verkeilte Bäume häufen sich in zersplitterten Massen.

Im arktischen Alaska wuchsen einst die heutzutage aus Kalifornien bekannten riesig hohen Redwoods. Allerdings gedeihen sie nur in feuchtwarmem Klima, aber auf keinen Fall in arktischen Breiten (siehe Fotos 66 und 67). Fazit: Das Holz dieser Bäume müsste im Laufe der Jahrmillionen verrottet sein, ist in der Arktis aber *frisch erhalten, wie gerade geschlagen* – wie im Fachjournal »Canadian Geographic« unter dem Titel »Unsere tropische Arktis« (Bazinger, 1986/1987) bestätigt wird.

Im Fachmagazin »Nature« wird ausgeführt, dass vor relativ kurzer Zeit die »arktische Steppe« noch aus einer fruchtbaren Graslandschaft bestand (»Nature«, Bd. 423, 5.6.2003, S. 603). Diese Feststellung erfordert einem Umdenkungsprozess. Seit meiner Jugendzeit wurde dogmatisch jeder menschliche Fund in Nordamerika, der älter war als etwa 6000 und später 9000 Jahre, als Fälschung stigmatisiert, weil das Tor zur Neuen Welt über die Beringstraße hinweg durch kilometerhohe Gletscher versperrt gewesen sein soll. Da man inzwischen menschliche Relikte in Alaska, ja in ganz Amerika als echt anerkennt, die 12 000 Jahre und älter sein sollen, jedoch auch zusammen mit angeblich am Ende der »Eiszeit« ausgestorbenen prähistorischen Tieren gefunden wurden, mussten die früher angeblich auf der Beringstraße lastenden Gletscher rein gedanklich ganz einfach bis weit ins Inland weichen, um den Weg über diese Landbrücke während der letzten »Eiszeit« freizumachen. Gedanklich geht das sehr schnell, indem man die Bildung der Gletscher einfach weiter in die Vergangenheit verschiebt!

Da die Gletscher das Meerwasser gebunden haben sollen, lag der Meeresspiegel in den Ozeanen ja mindestens 130 m tiefer, und damit gab es tatsächlich eine Landbrücke zwischen Sibirien und Alaska. Dieses Gebiet am Nordrand des heutigen Beringmeeres, das Asien mit Amerika verband, wird Beringia genannt. Diese Landbrücke wurde bis ins 16. Jahrhundert hinein auf alten Karten, die auf den antiken Kartografen Claudius Ptolemäus zurückgehen, dargestellt: Das noch nicht als separater Kontinent existierende Amerika galt als die Verlängerung Asiens und war Teil von Groß-Indien.

Da sich die Funde von wärmeliebenden Tieren in Alaska explosionsartig vermehrten, musste man schließlich zugeben, dass hier einst eine fruchtbare Grassteppe bestanden hatte – zur Zeit, als noch die letzte »Eiszeit« geherrscht haben soll, in Amerika *Wisconsin-Kaltzeit* genannt. Eine Begründung fand man auch: Es war angeblich derart trocken, dass sich keine Gletscher bilden konnten. Was machten dann aber die Riesenbiber in diesem Gebiet der Trockenheit während der (angeblichen) »Eiszeit«? Da es wenig Wasser gegeben haben soll, deklarierte man sie als Landbewohner. Wie stillten dann aber die anderen angeblich typischen »Eiszeittiere« ihren Durst, wie Herden von Saiga-Antilopen oder Wisente, Säbelzahnkatzen (Scimitar-

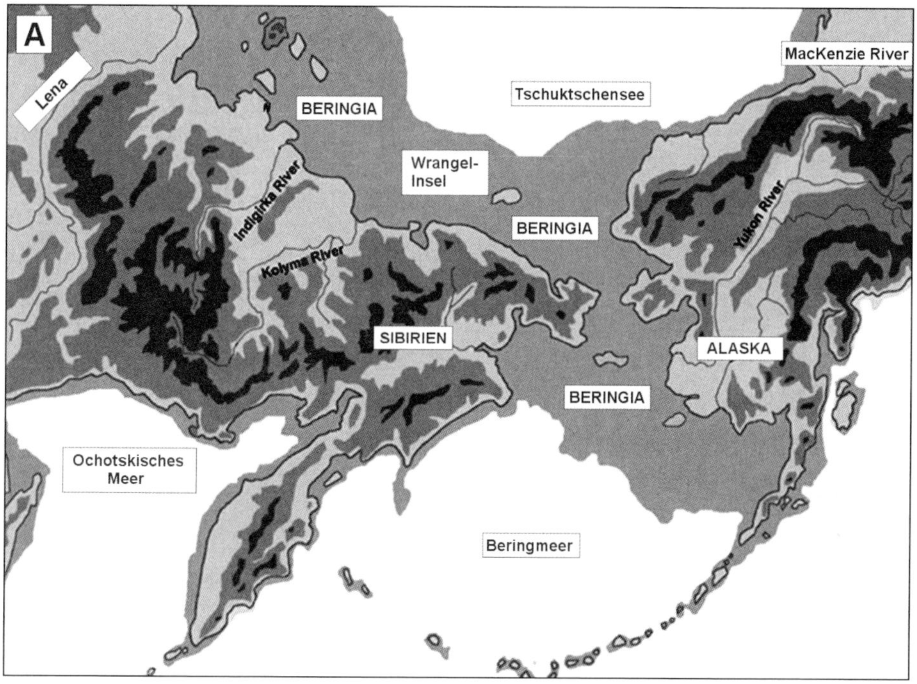

Abb. 126: **LANDBRÜCKE**. Während der angeblich maximalen Vereisungsphase während der letzten Eiszeit waren die sich vom Fluss *Lena* in Ostsibirien und westlich neben der Beringstraße bis zum Fluss *Mackenzie River* erstreckenden Gebiet, Beringia genannt, *nicht* vereist, sondern warm, da hier u. a. Amerikanische Löwen zur Jagd gingen. Der abgesunkene Ozeanwasserspiegel bewirkte eine Landbrücke im Bereich der heutigen Beringstraße zwischen Sibirien und Alaska. Über die heutige Beringstraße hinweg wurde ein Faunenaustausch zwischen der Alten Welt und Amerika ermöglicht. Die Abbildung zeigt die während der Kaltzeit bis vor 11 000 Jahren, gemäß geologischer Zeitrechnung, trocken liegende Landfläche, die heutzutage bis zu etwa 120 m unter der Meeresoberfläche liegt. Diese Landbrücke ist auch auf antiken Karten verzeichnet und das gesamte Gebiet von Indien über Sibirien bis zur Ostküste Nordamerikas wurde als Groß-Indien (India Superior) bezeichnet. Kurioserweise hatte aus dieser Sichtweise heraus, Kolumbus (Groß)-Indien erreicht (ausführlich: »Kolumbus kam als Letzter«, Zillmer 2004/2012).

Katzen) und amerikanische Löwen, die den afrikanischen Löwen ähnlich, aber wesentlich größer waren?

Solche Großkatzen sollen ein Steppenwisent (Steppenbison) angegriffen haben, in dessen Kadaver man den Zahn eines Löwen fand. Das Wisent erhielt den Namen *Blue Babe*, weil die Haut blau gefärbt war. Das Tier wurde durch Goldwäscher entdeckt, da die Hufe aus dem Schlamm herausragten – angeblich nach 35 000 Jahren. Eine ehemalige Schlammlawine, die dann samt Inhalt schockgefror, wurde für Blue Babe zum Grab. Es handelt sich angeblich um ein typisches Beispiel für die Erhaltung von gefrorenen Kada-

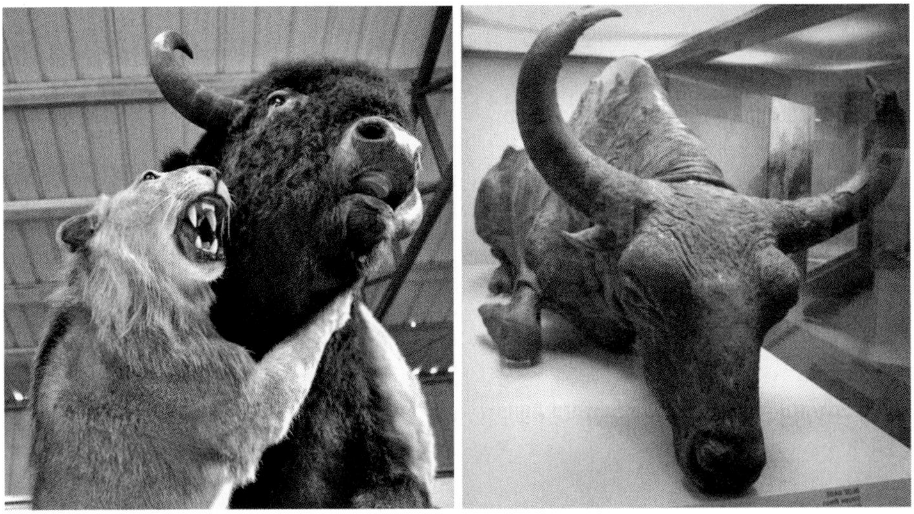

Abb. 127: »**EISZEIT-TIERE**« Tiere. Links: Rekonstruktion der Szene in Beringia (Alaska), als das Steppenwisent Blue Babe von amerikanischen Löwen angegriffen wird. Rechts: Die angeblich 35 000 Jahre alte Mumie *Blue Babe* im Museum der *Universität von Alaska*.

vern aus der »Eiszeit«. Gefroren wurde das Tier, richtig, aber schockmäßig, da es sonst verwest oder aufgefressen worden wäre, da Löwen schon große Stücke aus dem Kadaver herausgebissen haben sollen. Wann ereignete sich diese Schockgefrierung wirklich?

Auf jeden Fall wird heutzutage Beringia bis vor 17 000 oder sogar 20 000 Jahren nicht nur als eisfrei angesehen, sondern es herrschte dort warmes Klima, wie die Existenz einer »Serengeti-Fauna« beweist. Erst vor 12 000 oder 10 000 Jahren soll die Überschwemmung dieser Landbrücke begonnen haben und die Beringstraße genannte Meerenge entstand. Aber sollte dies nicht zum gleichen Zeitpunkt geschehen sein, als sich das Rote Meer und der Persische Golf mit Wasser füllten – also ein paar tausend Jahre später? Wann kam es zum Aussterben einer gesamten Tierwelt, deren Reste meist zerstückelt in gefrorenen Schlammlawinen zu finden sind, zusammen mit Jagdwerkzeugen von Menschen? Vielleicht zu dem Zeitpunkt, als vor angeblichen 6000 Jahren die Warmperiode in der Antarktis *endete und erst dann die Kaltzeit begann*, wie durch Bohrkerne nachgewiesen wurde (»Journal of Geology«, 1950, Bd. 58, S. 254 ff.)?

Dieser Zeithorizont deckt sich etwa mit demjenigen, der für die Überflutung diverser Meeresbecken infrage kommt, nach geologischer Zeitskala.

War es vor dieser allumfassenden Katastrophe, die ich allerdings zeitlich mit dem Postglazialen Klimasturz vor knapp 2500 Jahren ansetze, nicht *warm im Norden am Polarkreis*, als Beringia überflutet wurde und Schlammlawinen Tiere und Menschen verschütteten?

Ist das Pferd ein »eiszeitliches« Tier, wie heutzutage behauptet wird, nur weil es während der angeblichen »Eiszeit« lebte? Der teilweise erhaltene Kadaver eines kleinen, ausgestorbenen Yukon-Pferdes, auch als Steppenpferd bezeichnet, wurde im September 1993 an dem Fluss *Last Chance Creek* nahe Dawson City von Goldgräbern entdeckt. Der größte Teil des rechten Vorderbeins war intakt, einschließlich dem getrockneten Fleisch, der Haut und den Haaren, sowie ein Großteil des Felles.

Laut Datierung mit der Radiokarbonmethode soll das Steppenpferd 26 000 Jahre alt und *kurz vor dem Höhepunkt* der letzten (angeblichen) »Eiszeit« gestorben sein. Irgendwie passen die ganzen Daten nicht mehr zusammen, denn ansonsten dauerte diese »eiszeitliche« Phase nur sehr kurz, während vorher, vor 26 000 Jahren und nachher, vor etwa 20 000 Jahren, Steppentiere in Alaska und Beringia lebten, ebenso wie in weiten Gebieten der heutigen USA.

Zur allgemeinen Verwunderung fand man in Alaska sogar ein Riesenfaultier, das angeblich aus Südamerika stammt, aber auch in Nordamerika weit verbreitet war. Da dieses Tier angeblich dort gelebt haben soll, wo es Bäume gab, bietet sich eine Grassteppe weniger an, und so wurden die Knochen in eine warme Zeit vor der Wisconsin-Kaltzeit eingeordnet, ausgewiesen mit einem Alter von mehr als 130 000 Jahren. Aber etwas weiter südlich im Bereich der Steppen der heutigen USA sollen solche Tiere noch vor etwa 10 000 Jahren gelebt haben und wurden zusammen mit menschlichen Relikten gefunden. Kleinere Arten sollen auf den karibischen Inseln Hispaniola und Kuba sogar erst Mitte des 16. Jahrhunderts ausgestorben sein.

Im Yukon, ein Territorium im äußersten Nordwesten Kanadas, wurde im Jahr 2018 ein gefrorenes zusammengerolltes, angeblich 30 000 Jahre altes Eichhörnchen in »großartig erhaltenem Zustand« aus der letzten »Eiszeit« entdeckt, so Paläontologen im Jahr 2023 gegenüber der kanadischen Rundfunkanstalt *CBC*.

Im Jahr 2020 entdeckten Forscher in der russischen Republik Sacha, auch bekannt als Jakutien, an den eisbedeckten Ufern des Tirekhtyakh-Flusses ein angeblich 32 000 Jahre altes, gefrorenes Wollnashorn. »Der Kadaver weist eine bemerkenswerte Erhaltung auf, da die rechte Seite des Wollnashorns fast intakt ist. Haut- und Fellpartien haben die Jahrtausende in eisigen Bedingungen nahezu unversehrt überstanden« (Boeskorov et al., 20254). Jedoch wurde festgestellt, dass die linke Seite des Nashorns stark beschädigt wurde, weil wahrscheinlich das Tier kurz vor oder nach seinem Tod von Raubtieren gefressen wurde. Auffällig ist ein 13 cm hoher Fettbuckel auf dem Rücken, was bei Wollnashörnern bisher nicht beobachtet werden konnte. Diese Fettreserven halfen angeblich arktischen Tieren in der eisigen Kälte überleben zu können (Boeskorov et al., 2024). Jedoch befindet sich der Fundort am westlichen Bereich von Beringia, dort wo Wärmeliebende Tiere zum angeblichen Sterbezeitpunkt dieses Tieres lebten. Und zu dieser Zeit war gab es dort warmes, fruchtbares Land, sodass die Fettreserven aufgrund einer reichlichen Ernährung erklärbar sind.

Menschen lebten in Beringia in eisfreien Gebieten Sibiriens und Alaskas mit wärmeliebenden Tieren gemeinsam. Im Sommer 2010 wurden die bisher ältesten menschlichen Hinterlassenschaften in Alaska ausgegraben. Dabei handelt es sich um ein Kindergrab inmitten eines zu einer Siedlung gehörenden Holzhauses, das auf ein Alter von 11 500 Jahren geschätzt wird und zur Hälfte *in den Boden eingelassen* war. Man fand auch Knochen von Lachsen, Kaninchen und anderen Kleintieren (Potter et al., 2011).

In der Schöpfungsgeschichte der *First Nations*, also der ersten Völker im arktischen Norden, tauchen katastrophische Ereignisse auf. Legenden wie »How Crow Made The World« reflektieren Umweltveränderungen und gewaltige Fluten. Die ehemaligen gigantischen Tiere im Norden, gegen die indianische Vorfahren noch kämpften oder diese auch jagten, wurden zu kleineren Tierarten, die noch heute im Yukon-Gebiet beheimatet sind. Ein realistisches Szenario.

In Alaska scheinen sich gigantische Naturkatastrophen ereignet zu haben, von denen auch indianische Überlieferungen berichten. In den gefrorenen Muck-Ablagerungen finden sich wenigstens vier beträchtliche Schichten vulkanischer Asche, die stark verworfen und verzerrt sind, wie schon F. C. Hibben (1943) von der *Universität von New Mexiko* feststellte.

Könnten vulkanische Eruptionen die Tierwelt Alaskas ausgelöscht haben? Schutt- und Schlammfluten schwemmten dann die Körper der getöteten Tiere ins Tal. Erst danach ereignete sich ein gewaltiger Temperatursturz, und es wurde alles schockgefroren, sodass ganze Tiere, wie Blue Babe im

Ausnahmefall, aber meist Teile von Tieren mitsamt Haut und Haar erhalten blieben.

Wann geschah dies alles? Bearbeitete Feuersteine, die zusammen mit prähistorischen Tieren eingefroren in bis zu 30 m Tiefe im Alaska-Muck gefunden wurden, ähneln denjenigen, die teils noch im 19. Jahrhundert von Athabasken-Indianern, die in Kanada und Alaska beheimatet sind, gefertigt wurden (Rainey, 1940, S. 301). Diese Spitzen sollen sogar solchen entsprechen, die noch vor wenigen Jahren von Eskimos benutzt wurden. Daraus kann man schließen, dass die zerrissenen Tiere und zersplitterten Wälder nur wenige tausend Jahre, vielleicht 3000 bis 2000 Jahre alt sind, falls teils überhaupt.

Im Oktober 2010 entdeckten schottische Wissenschaftler im Yukon-Kuskokwim-Delta, das mit etwa 70 000 km^2 eines der größten Flussdelta-Systeme der Erde darstellt, eine Siedlung unter dem arktischen Eis. Hier am Rande des Beringmeeres erodiert die Küste, und die etwas höheren Temperaturen führen dazu, dass der Permafrostboden auftaut. Insgesamt sollen sich unter dem Tundraboden etliche Grassoden-Häuser befinden, ähnlich wie solche noch von den Wikingern gebaut wurden und man sie heute noch auf Island findet. In der angeblich nur 700 Jahre alten Siedlung wurden allerlei Gerätschaften gefunden, wie Spielzeuge, Holz- und Tongefäße, Messer, Figuren und Nähnadeln aus Knochen, unzählige Objekte aus dem Alltagsleben und die Reste einer Schule. Viele Fundstücke sind aus Holz gefertigt und verfallen, sobald sie an die Luft kommen. Woher stammt das ganze Holz in der Arktis?

Erbauer der Siedlung sollen die zu den Eskimo-Völkern zählenden Yupik gewesen zu sein, die hier im Yukon-Kuskokwim-Delta seit 3000 Jahren gesiedelt haben sollen und auch auf der sibirischen Seite lebten. Noch heute sprechen etwa 16 000 Menschen Yupik. Kam dieses Volk nach der großen Naturkatastrophe in dieses Land, nachdem es gewaltige Naturkatastrophen und einen Klimasturz gegeben hatte? Verschwand dann die neu entdeckte Siedlung unter dem mit den Wasserfluten angeschwemmten Schlamm, der dann gefror und so den dauergefrorenen Tundra-Boden vor 700 Jahren bildete, also anscheinend etwa zu Beginn der *Kleinen Eiszeit*, als nach der *Mittelalterlichen Warmzeit* ein gravierender Klimawandel einsetzte?

Etwa zur gleichen Zeit geschah in Grönland Ähnliches. Wikinger verließen ihre Farmen, auf denen sie Viehwirtschaft betrieben. Es wurden Ställe ausgegraben, die über 100 Rindern Platz boten. Die Wikingerfarm bei Nipaatsoq in Grönland wurde angeblich im 14. Jahrhundert unter dem Gletschersand begraben. »Bodenuntersuchungen haben gezeigt, dass die Mitte des 14. Jahrhunderts einsetzende Kleine Eiszeit ein Leben an Grönlands nördlicheren Küsten unerträglich machte«, so Charles Schweger, Archäologie-Professor der *Universität von Alberta*. Wurden die Farmer von diesem Ereignis überrascht? Nein, Ausgrabungen unter Leitung von Jette Arneborg brachten ungefähr 2000 Artefakte ans Tageslicht, die alle darauf hindeuten, dass die Wikinger das Eis auf sich zukommen sahen, in Ruhe zusammenpackten und ihre Siedlung aufgaben. Archäologische Analysen sowie Bodenproben und Pollenuntersuchungen ergaben, dass nicht, wie lange vermutet, kriegerische Auseinandersetzungen zur Aufgabe der Siedlung geführt haben, sondern ein Klimawandel – nachdem Wikinger auf Grönland zeitweise sogar kälteempfindlichen Weizen anbauten.

Tatsächlich gab es weniger Eis in der Arktis zu Zeiten der Wikinger als bisher vermutet. Denn neuere »Forschung zeigt, dass die Wikinger extrem weit gereist sind und ein gut etabliertes Netzwerk hatten, das eine größere Region umfasste als bisher angenommen, (... und) die Fähigkeit hatten, ein globales Handelsnetzwerk zu betreiben, das über die Grenzen von Europa hinausging (...), indem sie über 6000 Kilometer bis tief in die kanadische Arktis gefahren sind, um dort Walrosse zu jagen«. Die Hudson Bay zwischen Kanada und Grönland war eisfrei, ebenso wie der Weg bis zu den Großen Seen in Nordamerika (Ruiz-Puerta, et al., 2024).

Unmittelbar westlich der Nordwestspitze Grönlands liegt die unbewohnte *Axel-Heiberg-Insel*. Auf dieser siebtgrößten Insel Kanadas, nur 1200 km vom Nordpol entfernt, fand eine Expedition einen ehemaligen Wald, der auf ein Alter von 40 bis 50 Mio. Jahre datiert wurde – mehr als 3000 km nördlich der Waldgrenze in der Arktis. Die Baumreste – darunter einzelne, etwa 50 cm hohe und einen Meter dicke Mammutbaumstümpfe, die heutzutage in Kalifornien wachsen – waren *nicht versteinert* (petrifiziert), sondern mumifiziert (also brennbar). Wenn man glaubt, dass derartige Hölzer 40 Mio. Jahre und länger in gefrorenem Zustand überdauerten, geht man von falschen Voraussetzungen aus, denn das Holz dieser Bäume müsste im Laufe der Jahrmillionen verrottet sein, da es zwischenzeitlich ja sehr warme Phasen gab (Magazin »Time«, 22. September 1986, S. 64, und J. F. Bazinger: »Our ›tropical‹ Arctic«, in: »Canadian Geographic«, Bd. 106/6, S. 2837, 1986/1987).

War es in der Arktis sogar auch vor wenigen tausend Jahren noch warm? Man glaubt heutzutage indianischen Mythen nicht, die darlegen, dass im Norden, in heutzutage arktischen Gebieten, die Heimat der Indianer lag, weshalb mir der indigene Professor und Buchautor Vine Deloria schrieb, dass unsere Kultur von der amerikanischen abstammt und nicht umgekehrt. Wie auch immer, nach europäischen Überlieferungen lag im Norden das Land des ewigen Frühlings, die Heimat unserer Vorfahren. War es vielleicht sogar die Heimat der amerikanischen sowie der eurasischen Vorfahren? Ausführlich wird dies in »Die Evolutionslüge« (Zillmer, 2005/2024) diskutiert und dokumentiert.

Halt, das kann doch nicht sein, denkt man. Aber gab es nicht in Alaska wärmeliebende Tiere, wie riesige Löwen, noch vor kurzer Zeit, als Beringia von Menschen bewohnt war, bevor diese Gebiete überflutet wurden? Im Norden, von der Beringstraße bis hin nördlich von Skandinavien, einschließlich der Barentssee mit Spitzbergen, gibt es riesige zusammenhängende Gebiete, die bei einem 130 m tieferen Meeresspiegel keinen Ozeanboden, sondern trockenes Land darstellten. Handelt es sich um die Siedlungsgebiete unserer Vorfahren?

Auch Grönland war damals entlang der Ostküste größer, und im Westen gab es eine Landbrücke bis nach Nordkanada, in der sich die heutige arktische *Axel-Heiberg-Insel* befand. Auch die Bylot-Insel gehörte zu diesem Landverbund bei abgesenktem Meeresspiegel. Das Nordpolarmeer war relativ klein und besaß nur einen schmalen Zugang zum Atlantik, zwischen Grönland und der damals vorgelagerten Küste Spitzbergens. Alte Landkarten zeigen genau diese Situation: Das Meer am Nordpol wird von Landmassen fast vollständig umschlossen.

Bereits vor 40 000 Jahren sollen Menschen in Europa bis zum Polarkreis vorgedrungen sein, wie im Wissenschaftsmagazin »Nature« veröffentlichte Untersuchungen von John Inge Svendsen (Universität Bergen) bestätigen. Anlass waren Funde von Steinwerkzeugen und einem bearbeiteten Mammutstoßzahn im arktischen Teil des Ural-Gebirges. »Die Funde deuten darauf hin, dass weniger Landfläche mit Eis bedeckt war, als von manchen Wissenschaftlern angenommen wurde. Denn das Vorkommen von Mammuts spricht für eine steppenartige Landschaft mit offenem Grasland« (»Bild der Wissenschaft«, online, 6.9.2001). Von Permafrost-Gebieten in Sibirien und, wie ähnliche Funde beweisen, auch auf Spitzbergen gab es während der Altsteinzeit kaum eine Spur von Eis!

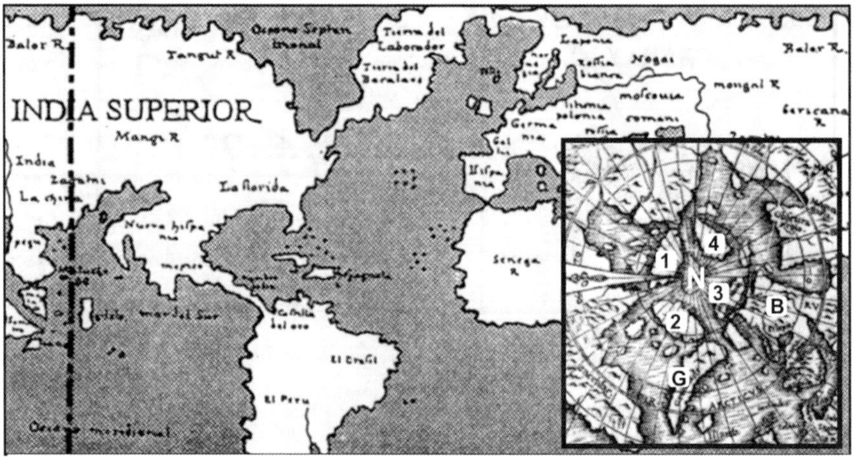
INDIA SUPERIOR
La florida
Nueva hispania
mexico
Senega
El Brasil
El Peru
1
2
3
4
N
B
G

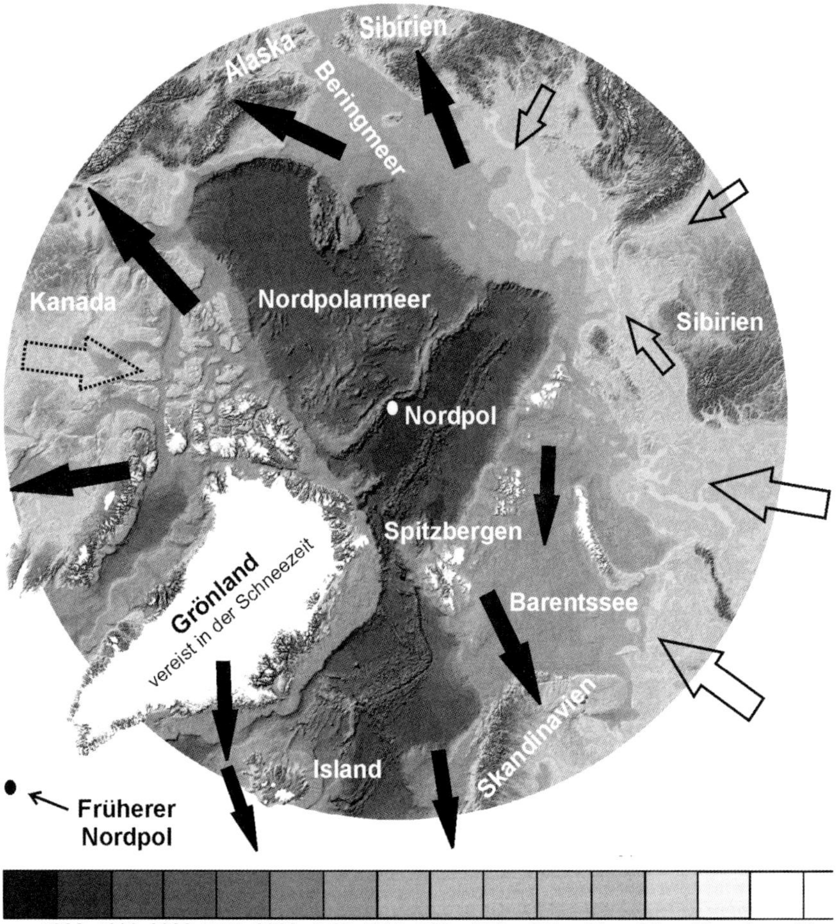
Sibirien
Alaska
Beringmeer
Kanada
Nordpolarmeer
Sibirien
Nordpol
Spitzbergen
Grönland
vereist in der Schneezeit
Barentssee
Skandinavien
Island
Früherer
Nordpol
-5000 -4000 -3000 -2500 -2000 -1500 -1000 -500 -200 -100 -50 -25 -10 0 50

Tatsächlich gibt es unverkennbar steinzeitliche Artefakte und entsprechend altertümliche Felsbilder im Jäger- und Fischerstil bei Siedlungen nördlich des 70. Breitengrades an den Küstenstreifen beiderseits des Nordkaps in Skandinavien. Die Gerätesätze bewahren Formen aus allen drei Stufen der jüngeren Altsteinzeit, wobei das typische Aurignacien überwiegt (Nummedal, 1929, S. 92, 95, 97ff.). Altsteinzeitliche Werkzeuge moderner Menschen aus dem Aurignacien müssten eigentlich mindestens 30 000 Jahre alt sein. Zu dieser Zeit sollte aber nach Lehrmeinung die Landschaft nördlich des 70. Breitengrades mit mehreren Kilometer hohen Gletschern bedeckt und damit absolut unzugänglich gewesen sein.

Aber nicht nur in Nordnorwegen fand man Felsbilder, sondern sogar 700 km weiter nördlich auf Spitzbergen in der Nähe des 80. Breitengrades! Es handelt sich um altsteinzeitliche Felskunst, von der allerdings nur russische Mitteilungen spärliche Kunde vermitteln (Simonsen, 1974, S. 132 f.).

Die norwegische Zeitung »Aftenposten« berichtete 1997, dass die Besiedlung Skandinaviens wesentlich früher begann, als bisher vermutet wurde. Die Interpretation der beschriebenen altsteinzeitlichen Funde in Nordnorwegen hat den Paläo-Anthropologen seit eh und je Schwierigkeiten gemacht, da diese nicht mit kilometerhohen Gletschern der »Eiszeit« (= Schneezeit) auf Skandinavien in Einklang gebracht werden können (»Bild der Wissenschaft«, Online, 22.10.1997).

Den ältesten, vermutlich aus Rentierleder gefertigten Schuh Norwegens hat ein Wanderer im zurückweichenden Eis des Kvitingskjølen-Gletschers auf einer Höhe von 2000 m im südnorwegischen Jotunheimen-Gebirge entdeckt. Eine Radiokarbon-Datierung ergab ein Alter von 3400 Jahren, nachdem Archäologen der Provinz Oppland diesen Schuh anstatt in die Bronzezeit zunächst in das Frühmittelalter datiert hatten. Die Forscher erklärten,

Abb. 128: **EISFREIE ARKTIS**. Der venezianische Kartograf *Albertin De Virga* stellte 1414 eine zusammenhängende Landmasse im Norden von Amerika bis Nordskandinavien dar (große Karte oben). Insert: Die kleine Oranteus Finaeus-Karte von 1532 zeigt vier große Inseln (1 bis 4) rund um das Nordpolarmeer, während die Barentssee mit Skandinavien (B) eine Landmasse bildet. Unteres Bild: Die Satellitenkarte bestätigt die Angaben der alten Karten für einen abgesenkten Meeresspiegel. Zu der Zeit, als die Nordsee besiedelt und Island viel größer als heute war, gab es eine Landbrücke über die Schelfgebiete hinweg von Kanada über Grönland und Spitzbergen bis nach Norwegen, vergleiche obere Karte. Auch das Beringmeer (Beringia) und die Gebiete der Barentssee lagen trocken und waren besiedelt. Helle Pfeile zeigen die Wege der aus Asien kommenden ehemaligen Superfluten, während schwarze Pfeile die Fluchtrichtungen der Tiere und Menschen zeigen. Nach diesen Naturkatastrophen waren die gesamten flach liegenden Schelfgebiete überflutet.

dass wegen der zurückweichenden Gletscher in den letzten Jahren eine Fülle vor allem vorgeschichtlicher Artefakte gefunden wurde. Nicht weit entfernt kamen mehrere komplett erhaltene Pfeilschäfte ans Tageslicht sowie ein hölzerner Spaten (»Spektrum direkt« Online, 24.5.2007).

Erst später drangen die Alpengletscher in die Täler ein. Dieser Vorgang vollzog sich beinahe schlagartig. So ist es zu erklären, dass ein Bau mit vier Murmeltierskeletten in der Nähe von Graz (Österreich) erhalten blieb. Die *Kleine Eiszeit* ist in den Analen sehr gut beschrieben, als beispielsweise im Jahr 1644 das Eis teilweise in Musketenschuss-Länge, also etwa 120 m, pro Tag vom *Mer de Glace* (zu Deutsch *Eismeer*), dem größten Gletscher Frankreichs, talwärts expandierte, bevor sich das Eis bereits etwa 1850, also bereits vor Beginn der Industrialisierung und *nicht nur in den letzten 100 Jahren* wieder zurückzog in höhere Gebirgslagen. Wie die Geophysiker aus Hannover bestätigten, waren u. a. die Alpen in den letzten 6000 Jahren viermal komplett oder nahezu eisfrei (Berner/Streif, 2004).

Es soll noch einmal angemerkt werden, dass in Kiesschichten im Alpenvorland, die mindestens 20 000 Jahre alt sein sollen und damit vor der letzten »Eiszeit« entstanden sein müssten, römische Ziegel gefunden und nach-eiszeitliche Baumstämme entdeckt wurden. In einer anderen, bis dahin unangetasteten Kiesschicht, die aus der Eiszeit stammen soll, wurde ein verrostetes Fahrradteil gefunden, wie Windsor Chorlton in seinem Buch »Eiszeiten« ausführt (Chorlton, 1983).

Warum sollten sich Menschen in die lebensfeindlichen Höhen von Gletschern begeben? Es bleibt äußerst unwahrscheinlich, dass Menschengruppen freiwillig von Süden her in unwirtliche Breitengrade bis an die Ränder der Gletscher vorgedrungen sind. Die Menschen wichen wohl eher dem kälter werdenden Klima im Norden aus und folgten den Tieren südwärts und später wieder mit dem wärmeren Klima nordwärts. Kam das Eis erst, nachdem ein Mensch seinen Schuh verlor? Gab es Erdkrusten-Verschiebungen wie in den Alpen erst vor kurzer Zeit? Wurde der Schuh auf viel niedrigerem Niveau verloren und mit den Bergen gehoben, bevor dann das Eis auf den Bergen entstand?

Ein anerkannter Tatbestand ist die sogenannte »Postglaziale« Landhebung. Seit der letzten 10 000 Jahre soll die Landhebung in Skandinavien sogar 800 m betragen haben, während die Hebungsrate heutzutage nur etwa ein Zentimeter pro Jahr ausmachen soll. Der Meeresspiegel in Stockholm

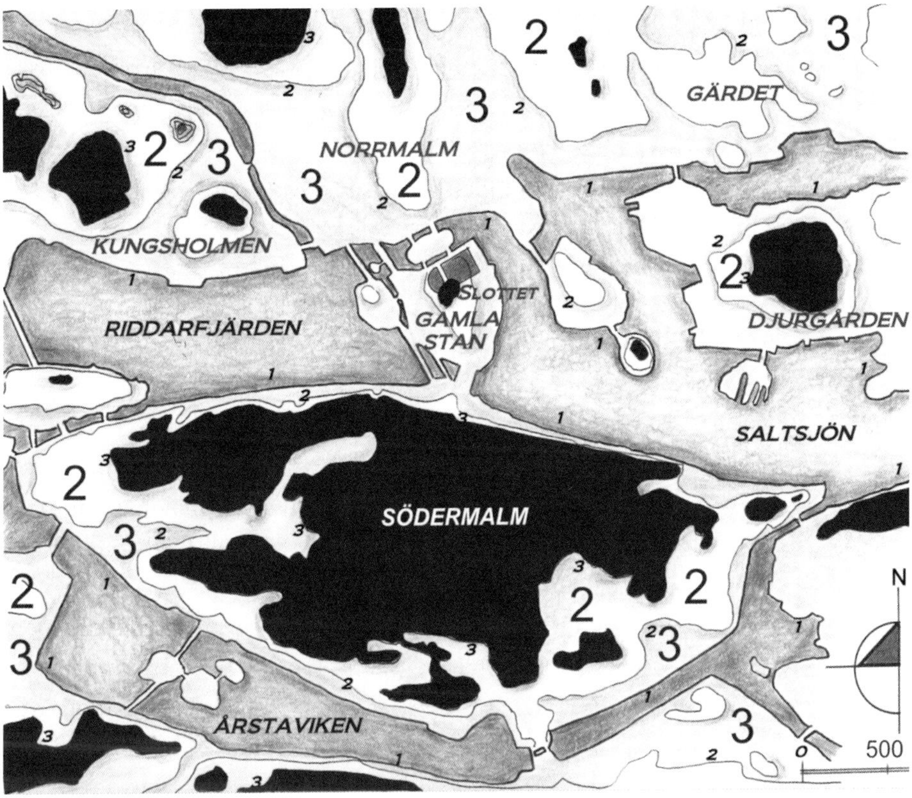

Abb. 129: **LANDHEBUNG**. In Stockholm sollen vor 4000 Jahren nur die schwarz eingefärbten Flächen über Wasser gelegen haben. In den folgenden 2000 Jahren hob sich Skandinavien, und die Strandlinie sank um 15 m. Die hellgrauen Flächen (2) fielen trocken. Die heutige Strandlinie (1) liegt 35 m tiefer als vor 4000 Jahren, weshalb auch die mittelgrauen Flächen (3) begehbar wurden.

lag angeblich vor 4000 Jahren nur 25 m unter dem heutigen, sodass sich das Land in den restlichen 6000 Jahren im Mittel etwa 13 cm pro Jahr gehoben haben müsste. Skandinavien kann sich früher schneller gehoben haben, insbesondere falls ein plötzliches, vulkanisches Ereignis geschah. An flachen schwedischen Küsten macht sich das Auftauchen von neuem Meeresboden deutlich bemerkbar, da ältere Fischerhütten und Bootsstege manchmal schon weit landeinwärts liegen. Schon 1916 gab der schwedische Forscher R. Sandegren in seiner großen Monografie (Hornborgasjön) ein aufschlussreiches Beispiel dafür, wie Klimawechsel und Erdkrustenbewegungen zusammen eine befriedigende Erklärung für komplizierte Schichtenfolgen am Hornborgasee östlich von Göteborg geben können:

»Die eruptiven Vorgänge in Südschweden in der jüngeren Hälfte des Erdaltertums und im Tertiär spiegeln beide das tektonische Großgeschehen in gleichen oder benachbarten Sedimenträumen wieder (...): die südlichen Grenzgebiete des Baltischen Schildes heben sich heraus, umgeben von einem (...) Senkungsraum mit marinen Ablagerungen« (Bölau, 1965, S. 35).

Auch nach der angeblichen »Eiszeit« hat es einige gravierende Klimawechsel gegeben, auch bedingt durch die Landhebung. Die Durchschnittstemperaturen stiegen in der vor über 11 500 Jahren beginnenden Klimastufe Präboreal, auch Vorwärmezeit genannt, in der nördlichen Hemisphäre angeblich in nur 20 bis 40 Jahren um 6 °C an (Bick, 2006). Etwa 1000 Jahre später begann die Klimastufe Boreal, als sich in Mitteleuropa Eichen-Mischwälder ausbreiteten. Anerkannt ist, dass England zu dieser Zeit mit dem europäischen Festland verbunden war, da der Meeresspiegel der Ozeane während der »Eiszeit« 130 m und mehr unter dem aktuellen lag und erst vor 900 Jahren etwa das aktuelle Niveau erreichte, als der Bau auf künstlichen Hügeln an der Nordseeküste beendet werden musste und Deichbau erforderlich wurde. Es herrschte Kontinentalklima mit wenig Niederschlag. Nord- und Mitteleuropa, einschließlich der Beneluxländer, waren von Wäldern und Heiden bedeckt.

In der – nach heutiger Ansicht – dann vor etwa 9300 Jahren einsetzenden Klimastufe *Atlantikum* war es, beginnend vor 8000 Jahren, vermutlich nicht nur etwa 2,5 °C wärmer als heute, sondern auch feuchter (vgl. Abb. 12, S. 23). Nach diesem Klimaoptimum kam eine Phase der Klimaabkühlung vor etwa 6000 Jahren. Es folgte relativ schnell die trockenere Subboreal-Klimastufe, in der es auch wärmer war als heute. Dann vollzog sich nach Rutger Sernander der »Postglaziale« Klimasturz, der sich sehr schnell ereignete – im Gegensatz zu dem recht allmählichen Übergang von der atlantischen zur subborealen Klimastufe. Der Übergang vom Subboreal zum Subatlantikum, also der angeblich noch heute andauernden Klimastufe, wurde früher vor 2850 Jahren und heute eher bei 2450 Jahren angesiedelt. Dieser Klimasturz führte zu den kältesten Temperaturen nach der »Eiszeit«. Insgesamt ging mit dem »Postglazialen« Klimasturz eine während der Jungstein- und Bronzezeit andauernde »Postglaziale« Wärmezeit zu Ende, in der es überwiegend wesentlich wärmer war als heutzutage.

Mit dem Klimasturz bzw. dem Beginn der angeblich bis heute andauernden Klimastufe *Subatlantikum* um 450 v. u. Z. – wie schon ausführlich diskutiert – führte der rasche Anstieg des Grundwassers zum Wachsen der Moore und jüngerer Kalktuffe, bei gleichzeitig vermehrter Erosion der Bäche und Flüsse sowie der Aufschüttung großer Schwemmkegel und dem Anschwemmen von Hochwasserlehm. Die Wasserstände der vorhandenen Seen im Alpengebiet – wie Bodensee, Ammersee, Federsee oder die Schweizer Seen – stiegen unter Bildung von Strandwällen und Uferterrassen und begleitender Vernichtung sämtlicher Pfahlbauten und sonstiger Ufersiedlungen stark an. Mit der Klimaänderung erreichten die Erdkrustenbewegungen eine besondere Intensität, und die Uferlinien vorhandener Seen wurden schief gestellt. Das auslaufende Wasser bildete neue Seen bei München, Tölz, Memmingen, Ravensburg usw. Die Flugsand- und Lössbildung fand in diesem Zeitraum ein Ende, und die Dünen am Bodensee, Oberrhein und in anderen Gebieten bewaldeten sich sukzessive (Gams/Nordhagen, 1923, S. 304 f.).

»Paläobotanische Untersuchungen über die norddeutsche Pflanzenwelt weisen darauf hin, dass sich ein warmes und trockenes Klima zu Beginn der sogenannten subatlantischen Periode in ein feuchtes und nasses änderte. Die Veränderung wird durch eine scharfe Grenze in mehreren nordwesteuropäischen Mooren zwischen einer ›weißen‹ über einer schwarzen Torfschicht offenkundig. Die Überreste im ›weißen Torf‹ sind Werkzeuge der Bronzezeit, jene im schwarzen Torf gehören der Eisenzeit an. Die Klimaänderung wird auf 850 v. u. Z. datiert und hatte dramatische Auswirkungen (...)«, schreibt Kenneth J. Hsü, Professor für Geologie an verschiedenen Universitäten (Hsü, 2000, S. 174).

Der von Hsü für das Jahr 850 v. u. Z. angegebene Klimasturz ist mit dem Zeitraum um 450 v. u. Z., also Beginn der Klimastufe Subatlantikum gleichzusetzen. In Skandinavien und in den Alpen sank die Baumgrenze. Föhre, Eiche, Hasel, u. a. wichen zugunsten von Weißtanne, Eibe und vor allem Buche. Hungersnöte und Auswanderungen waren die Folge dieser gewaltigen Katastrophen und Klimaveränderungen. Die »Erz- und Salzgruben werden unter katastrophischen Erscheinungen verlassen. Die spärlichen Reste (der Besiedlung) aus den folgenden Jahrhunderten konzentrieren sich auf die wärmsten Täler« (Gams/Nordhagen, 1923, S. 224). Die Schneegrenze sank, und die Alpen vereisten, wie zur gleichen Zeit die Gebirge in Skandinavien und auch in anderen Gebieten Europas.

Die subatlantische Zeit beginnt nach Rutger Sernander auch ungefähr am Übergang von der nordischen Bronzezeit zur Eisenzeit (vgl. Montelius,

1912) mit einer plötzlichen Abkühlung des Klimas, und es folgten erste Wanderungen der Kelten. So fielen die Gallier in Italien ein, wanderten die Galater bis Kleinasien, und die Kimbern und Teutonen zogen Richtung Südeuropa (ebd., S. 304 f.).

In dieser Zeit ging der transalpine Verkehr zu Ende und lebte erst im folgenden Klimaoptimum der Römerzeit wieder auf, als dann Stämme von nördlicheren Gebieten Europas wieder über die Alpen nach Italien zogen und dort zu ihrer Überraschung verwandte Stämme (Etrusker) antrafen. Insgesamt vollzogen sich ein gewaltiger Klimasturz und gewaltige Krustenbewegungen, die sich in Skandinavien und den baltischen Ländern recht verschieden abgespielt haben (ebd., S. 242). Wurde der in 2000 m Höhe gefundene, angeblich aus der Bronzezeit stammende Schuh in Norwegen mit den Erdkrustenbewegungen vor etwa 3000 bis 2000 Jahren in die Höhe gehoben? Geschah dies nach dem »Postglazialen« Klimaoptimum, also nach einer langen Klimaphase mit bis zu 2,5 °C wärmeren Durchschnittstemperaturen? Gab es überhaupt Gletscher vor dieser Zeit? Einerseits waren die Gebirge in Skandinavien und in den Alpen niedriger als heute, und nach dem Ende der »Eiszeit« sollen die Durchschnittstemperaturen vor über 10 000 Jahren in der Vorwärmezeit um 6 °C, also weit über den heutigen Stand gestiegen sein. Seit etwa 150 Jahren stiegen die Lufttemperaturen durchschnittlich auf um rund ein halbes Grad Celsius unter dem Mittelwert der Vergleichsjahre 1901 bis 2000. Diese Erhöhung der Lufttemperatur bei geringeren Durchschnittstemperaturen als in der »Postglazialen« Wärmezeit reichten bereits aus, um die Gletscher der Alpen fast zum Abschmelzen zu bringen. Erschienen die Gletscher also erst mit dem »Postglazialen« Klimasturz?

Subtropische Arktis

Zeuge eines plötzlichen Temperatursturzes war Ötzi, der angeblich jungsteinzeitliche Gletschermann aus den Ötztaler Alpen. Dieser Fund ist als Gletscherleiche vollkommen atypisch, denn sie weist kaum Fettwachsbildung auf, und die Oberhaut ist vollkommen abgelöst. Es handelt sich eher um eine luftgetrocknete Mumie.

Mit anderen Worten, Ötzi kann nicht direkt im Eis umgekommen sein. Er war zuerst hohen und eben nicht tiefen Temperaturen ausgesetzt. Die daraus resultierende Folgerung mag überraschen, dass der Mann vielleicht erst später im Schmelzwasser dorthin trieb, bevor er dann erst sein eisiges Grab auf 3145 m Höhe fand (»Spektrum der Wissenschaft«, Juli 2003, S. 39).

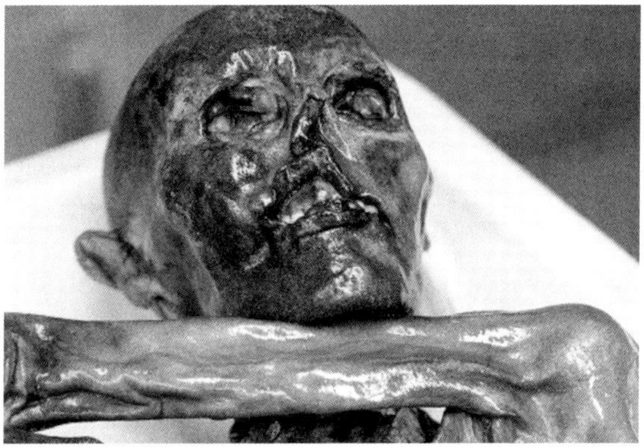

Abb. 130: **GEDÖRRT**. Ötzi starb bei höheren Temperaturen.

Es wurden Pollenkörner der Hopfenbuche im Dickdarm entdeckt. Nur, die Hopfenbuche wächst heutzutage bis in maximal 1200 m Höhe. Gab es zum Todeszeitpunkt Ötzis überhaupt Eis in über 3000 m Höhe? Im Darm fand man auch Spuren des *Glatten Neckermooses*, das in solcher Höhe gar nicht, aber heutzutage im unteren Schnalstal häufig vorkommt (ebd., S. 35). Dicht bei der Leiche lag auch eine gedörrte Schlehenfrucht (*Prunus spinosa*), ein Hinweis auf höhere Temperaturen oder, wie man meint, auf mehrere Monate alten Trockenproviant, der ähnlich wie Dörrpflaumen getrocknet wurde? Wenn Ötzi allerdings schnell aus dem Tal herauf ins Eis gekommen sein soll, wie die Reste des *Glatten Neckermooses* im Darm beweisen könnten, fragt sich, warum er mit monatealten Dörrschlehen ins Hochgebirge hochstieg und nicht frisch gedörrte mitnahm? Wurde die Schlehe zusammen mit der Leiche von Ötzi gedörrt? Zum anderen erstaunt die Wissenschaftler, dass die Pollenkörner der Hopfenbuche zum Todeszeitpunkt frisch gewesen sind.

Eisleichen sehen definitiv anders aus als Ötzi, dessen gedörrter Körper Zeuge hoher Temperaturen zum Todeszeitpunkt ist. Erst dann kam das Eis, vielleicht sogar schnell zusammen mit einem plötzlich einsetzenden Temperatursturz, und Ötzi wurde unter dem sich bildenden Eis begraben.

Gletscher erschienen vor über 2000 Jahren schnell und plötzlich, ein Vorgang, der von mir Schneezeit (mit Gletschereisbildung) anstatt einer sich langsam vollziehenden »Eiszeit« genannt wird, nachdem es eine lang andauernde warme Periode gegeben hatte, die auch bis vor etwa 20 000 Jahren oder sogar noch länger Bestand hatte. Während dieser Warmzeit lebten bisher als »eiszeitlich« angesehene, aber wärmeliebende und aus den Tropen bekannte Tiere bis zu einer großen Katastrophe und einem Klimasturz im arktischen Norden.

Aber, wann war es warm im Atlantik? Als ich diese Frage 1998 erstmals stellte, erschien die Frage absurd, obwohl die Ozeane während der Kreidezeit, als Dinosaurier ihre Hochblüte hatten, weltweit sehr warm waren:

»In den tropischen Ozeanen der Kreidezeit herrschten Durchschnittstemperaturen von bis zu 35 °C in manchen Bereichen sind das bis zu neun Grad mehr als heutzutage. Die Kreidezeit war einer der wärmsten Abschnitte der Erdgeschichte«, sagt André Bornemann, Geologe an der Universität Leipzig, im Gespräch mit »SPIEGEL ONLINE« (11.1.2008, 5.56 Uhr) – vergleiche Abbildung 34 auf Seite 70. Deshalb verwundert nicht, dass auf der bereits beschriebenen, heutzutage arktischen *Axel-Heiberg-Insel* angeblich 90 Mio. Jahre alte Schildkröten gefunden wurden (Tarduno et al., 2009).

Nach der Dinosaurier-Ära vor 55 Mio. Jahren war es sogar noch wärmer im Nordpolarmeer. Zu dieser Zeit lebten Krokodile und Schildkröten in der »Arktis«. Und es »herrschten auf der Erde extreme Treibhausbedingungen – auch in der Arktis, wie wir jetzt wissen«, sagte Expeditionsleiter Jan Backmann von der *Universität Stockholm* laut einer dpa-Meldung vom 6. September 2004. Auf der Basis dieser Befunde muss die frühe Geschichte des Arktischen Beckens ganz neu bewertet werden. Offensichtlich war das Klima damals wechselhafter, als wir bislang angenommen haben, ist man jetzt überzeugt.

In den Gesteinen dieser Zeit finden Geologen heute Belege für einen schnellen Anstieg des Methangehaltes der Luft. Danach schwammen subtropische Meeresalgen im rund 20 °C warmen Nordpolarmeer. Diese ersten Ergebnisse der internationalen Nordpolexpedition ACEX (Arctic Coring Expedition) präsentierte das Forschungszentrum Ozeanränder an der *Universität Bremen* im Jahr 2004. Nach Ansicht der Forscher kam es damals zu einem Hitzeschock in der Nordpolarregion, der ein Massensterben von Meeresbewohnern auslöste. Aufgrund der weltweit hohen Temperaturen war damals die Arktis natürlich eisfrei.

Eigentlich passt die Flora und Fauna zu den in Alaska bzw. Beringia gefundenen Überresten von Löwen, Antilopen und Riesenfaultieren, aber auch zu Funden von versteinerten Korallen vor Grönlands Küste. Der Wasserspiegel der Meere lag zu dieser Zeit mindestens 130 m tiefer als heutzutage, wie auch die unter der Permafrostdecke entdeckte Stadt in Alaska zeigt.

Die alaskischen Geröllmassen mit darin vermischten Resten von wärmeliebenden Tieren, die schockgefroren wurden, erzwingen eine katastrophische Erklärung, die wir schon diskutiert haben. Nach Rutger Sernander ereignete sich 850 Jahre v. u. Z., nach heutigen Erkenntnissen vielleicht 450 v. u. Z. mit Beginn der Klimastufe Subatlantikum, der »Postglaziale« Klimasturz, während die Erde schwankte, die Erdkruste in verschiedenen Regionen aufriss und Erdkrustenbewegungen die Landschaft umformten. Lassen wir zu dieser Zeit Methan-, Schlamm- und Lavavulkane ausbrechen und/oder (eher unwahrscheinlich) einen Kometen in die Erdkruste einschlagen, wie es am Ende der Dinosaurier-Ära geschehen sein soll. Schlammfluten und Gesteinslawinen rasten die Berg- und Gebirgshänge hinab, während Vulkane und Berge in die Höhe gehoben wurden. Vorher blühende Landschaften wurden überflutet oder zu Wüsten. Seen und Meere wurden entleert oder neu entstandene Bodenabsenkungen und Grabenbrüche mit Wasser gefüllt, während der Meeresspiegel durch das abiogen gebildete Wasser anstieg und sich die Ozeanbecken infolge einer Erdexpansion vergrößerten und vertieften, während aus Rissen in der Erdkruste und unterschiedlichen Explosionskratern Kohlenwasserstoffe in die Atmosphäre schossen. Einhergehend mit dem verheerenden Vulkanismus ging eine drastische Abkühlung der Atmosphäre und damit eine Vereisung der Landoberflächen einher, sodass der Schlamm mit den darin enthaltenen zerstückelten Kadavern infolge des Kälteschocks und Vulkan-Winters gefror.

Betrachten wir als Referenz den schon besprochenen Toba-Supervulkanausbruch auf Sumatra vor angeblichen 74 000 Jahren. Nach Computersimulationen erlebte unser Planet nach der Eruption einen regelrechten Kälteschock. Die Temperaturen sollen fünf Jahre lang weltweit um bis zu 18 °C gefallen sein, und noch zehn Jahre nach der Eruption war es um durchschnittlich 10 °C kälter. Ein solcher *vulkanische Winter* hätte »verheerende Folgen für die Menschheit und die globalen Ökosysteme« (Robock et al., 2009). Der Anthropologie-Professor Stanley Ambrose von der *Universität von Illinois* glaubt, dass die Menschen im Gefolge der Toba-Katastrophe fast ausstarben. Viele Menschen seien erfroren, es gab eine massive Entwaldung und große Hungersnöte.

Die Lufttemperatur fiel also drastisch, aber das Ozeanwasser war noch warm, nicht zuletzt durch das gewaltige Speichervermögen des Wassers, und zusätzlich wurden mit dem Katastrophengeschehen die Meere erhitzt, durch aus Brüchen der Erdkruste aufquellendes glutheißes Magma. So ergab sich ein gewaltiges Temperaturgefälle zwischen dem Wasser der Ozeane und

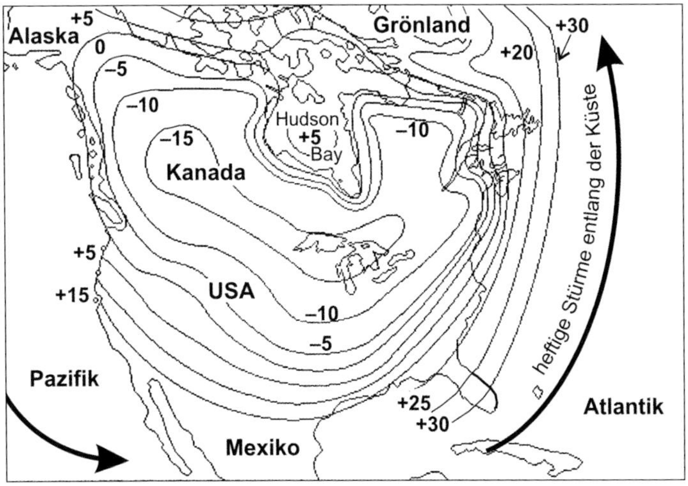

Abb. 131 **WARME ARKTIS**. Das Nordpolarmeer war 20 °C warm. Durch den krassen Temperatur- und Druckunterschied zwischen kalter Kontinental- und warmer Meeresoberfläche fegten heftige Stürme entlang der Küste Ostamerikas und wirbelten feuchtwarme Luft Richtung Nordpolarmeer (nach Oard, 1990).

der Landoberfläche, denn die Oberflächentemperaturen der Kontinente kühlten während des folgenden Impakt- bzw. Vulkan-Winters um bis zu 20 °C ab. Durch den Temperatur- und Druckunterschied wirbelten heftige Stürme entlang der Küstenlinien, am Atlantik die ostamerikanische Küste entlang nordwärts, mit den kalten oder sogar gefrorenen Landflächen an ihrer westlichen Flanke (Abb. 131).

Da das Meerwasser, auch am Süd- und Nordpol, nicht nur eisfrei, sondern während der Bildung der Gletscher sehr warm gewesen sein muss, verdampften riesige Mengen warmen Wassers. Die warme Luft konnte große Mengen an Feuchtigkeit speichern, die mit den Stürmen in Richtung der Pole getragen wurde. Diese verdampften Wassermassen gingen in polaren Breiten über dem Land als sich übereinander türmender Schnee hernieder, nur wenige Kilometer entfernt über dem warmen Meer jedoch als Regen.

Die Zirkulation der warmen Stürme um Nordamerika und Grönland entgegen dem Uhrzeigersinn bewirkte, dass die Beringstraße zu keiner Zeit komplett vereist war. Dieses Phänomen stellt ein nicht zu erklärendes Rätsel der »Eiszeit«-Theorie und damit ein unlösbares Problem für Eiszeit-Theoretiker dar. Mit der von mir Schneezeit genannten Periode, eine auf einen kurzen Zeitraum verkürzte Eiszeit, kann die eisfreie Beringstraße erklärt werden. Grundlegende Bedingung ist ein starkes Temperaturgefälle innerhalb geringer Entfernung. Voraussetzung war *warmes Wasser im Nordpolarmeer* und dadurch erwärmte feuchte Luft, weshalb es über dem kalten Land unvorstellbar heftig schneite und sich schnell gewaltige Gletscher in den Gebirgen bildeten.

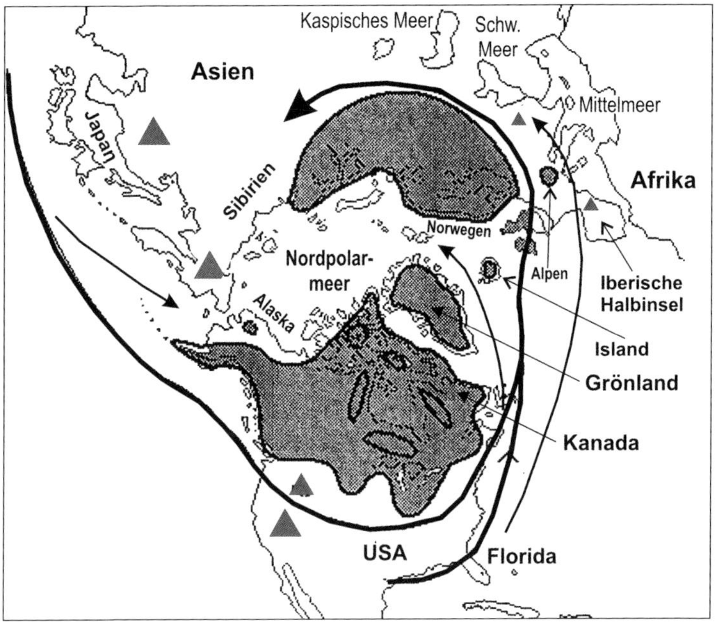

Abb. 132: **SCHNEEZEIT**. Die Vereisung erreichte ihren Höhepunkt, während die »arktischen« Küsten, wie die von Grönland, entlang des noch warmen Nordpolarmeeres eisfrei blieben. Es bildete sich Eis auf hohen Gebirgen (graue Dreiecke) wie in Grönland, Skandinavien, im Alpengebiet oder auf Island, während Beringia bzw. Westalaska und Ostsibirien sowie Mitteleuropa eisfrei blieben. Mit zunehmender Meeresabkühlung und damit geringerem Temperatur- und Druckunterschied zwischen Land- und Meeresoberfläche ließ die Bildung von Neuschnee nach, da es kälter wurde! Erst ab diesem Zeitpunkt gefror das Meerwasser. Die Eisbildung im Wasser des Nordpolarmeeres begann am Ende der Schneezeit und nicht am Anfang! Danach reduzierte sich das Eis auf den Gletschern und Landoberflächen, da der Feuchtigkeitsnachschub wegen der einsetzenden Kälte zu gering war. In der Folge nahm die Eisbedeckung ständig wieder ab (nach Oard, 1990).

Obwohl Kanada und Grönland im Inland zu vereisen begannen, war das heutzutage mit Eis bedeckte Nordpolarmeer immer noch eisfrei, wegen der Wärmespeicherkapazität des Wassers. Auf diese Weise kann leicht erklärt werden, warum 20 °C Wassertemperatur liebende Korallen in den Küstenbereichen von Grönland, Spitzbergen und auch der Antarktis wuchsen, obwohl Grönland gleichzeitig zu einer Eiswüste wurde. So wird auch erklärbar, warum der Küstenstreifen im Norden Grönlands während der letzten Eiszeit *niemals vergletschert war*, denn das warme Wasser und die mit Feuchtigkeit geladene warme Luft erzeugte ein tropisch-feuchtes Klima in Küstennähe. So erklärt sich auch, dass die heutzutage in Kalifornien wachsenden Mammutbäume vor wenigen tausend Jahren auch im arktischen Alaska wachsen konnten, ein bis heute ungelöstes und ungern diskutiertes Rätsel für Geologen, Geophysiker und Paläontologen.

War es auch in der Antarktis vor wenigen tausend Jahren warm? Die Vereisung der Antarktis soll nach Lehrmeinung allerdings bereits vor 35 Mio. Jahren begonnen haben. Aber es gibt alte authentische Landkarten, die zum

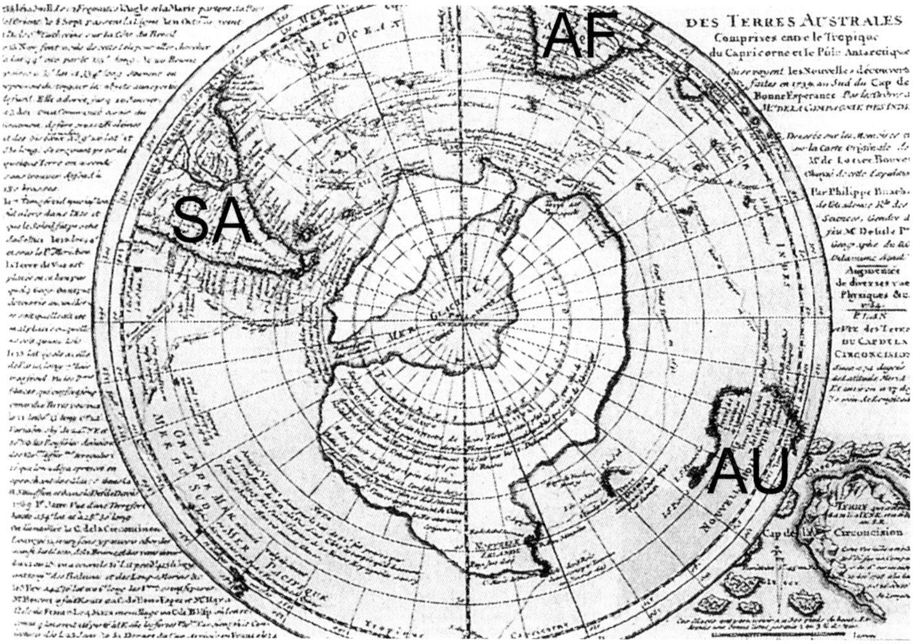

Abb. 133: **EISFREI**. Unter anderen zeigt die Buache-Karte von 1737 zeigt die Die Küstenlinien der Antarktis bereits vor deren offiziellen Entdeckung im Jahr 1818 und zwar eisfrei. Die gesamte Küste der Antarktis ist kartografiert und wirkt modern, ebenso wie die von Südamerika (SA) und -afrika (AF), während die Küste Australiens (AU) nur zum Teil vermessen war. Diese Karte, wie auch andere etwa 500 Jahre alten von *Piri Re'is* oder *Orontius Finaeus*, setzt eine alle Kontinente umfassende Seefahrt voraus.

Zeitpunkt ihrer Erstellung im 16. bis 18. Jahrhundert oder als Abzeichnung älterer Karten nachweislich die Antarktis eisfrei darstellen, und zwar noch, bevor diese im Jahre 1818 offiziell entdeckt wurde – so auf der Karte des Philippe Buache von 1737. Falls die Antarktis bereits vor 30 Mio. Jahren vereist war und das Inlandeis ebenso alt ist, könnten unsere Vorfahren niemals die unter dem Eis liegende Landmasse als eisfreies Ganzes kartografiert haben.

Gemäß den Forschungsergebnissen von Jack Hough, erschienen im Fachblatt »Journal of Geology« (1950, Bd. 58, S. 254 ff.) der Universität von Chicago, zeigen Bohrkerne für die letzten 6000 Jahre »eiszeitliche« Meeressedimente. Für die davor liegenden 9000 Jahre bestehen die Sedimente nach dieser Untersuchung aus Schichten von feinkörnigen, der Größe nach sortierten Ablagerungen. Sie stammen also aus eisfreien (gemäßigten) Zonen und wurden von Flüssen ins Meer verfrachtet. Die Bohrkerne beweisen, dass die *letzte Warmzeit* am Südpol vor nur wenigen tausend Jahren, laut Untersuchung *vor* 6000 Jahren endete und erst dann eine Vereisung begann. Diese Warmzeit wird durch den Fund einer versteinerten Fliege bestätigt (»Nature«, Bd. 423, 8.5.2003, S. 135–136).

Da die Antarktis seit über 30 Mio. Jahren vereist sein soll, schlossen Paläontologen folgerichtig die Existenz höher entwickelter Fliegen, zu denen die Hausfliege gehört, in der Antarktis aus. Denn es gilt der Kernsatz: Ohne Wärme keine Fliegen! Aber falls es bis vor 6000 Jahren oder auch noch später am Südpol warm war, stellen Fliegen in der Antarktis kein Rätsel dar. Allerdings müssen wir die angeblich über 30 Mio. Jahre andauernde Eisbedeckung als Phantomzeit streichen, bis vor wenigen tausend Jahren mit dem Impakt- bzw. Vulkan-Winter das Eis tatsächlich kam, aber dies geschah rasend schnell in der Schneezeit, wie bereits für die Arktis beschrieben.

Der Mittelarktische Rücken (Gakkelrücken) wurde bis 1999 als *nicht* vulkanisch angesehen, bis Forscher an Bord des deutschen Forschungsschiffs *Polarstern* am Gakkelrücken unter dem arktischen Eis auf eine Region überaus heftiger vulkanischer Aktivität mit frischen Lava-Flüssen gestoßen waren (»Spektrum der Wissenschaft«, online, 29.11.2001). Dabei überraschte die Entdeckung hydrothermaler Aktivitäten, die den gegenwärtigen Modellvorstellungen zur Bildung des Meeresbodens widersprechen. 2007 wurden Anzeichen von explosivem Vulkanismus und ausgedehnte Ascheschichten am Meeresboden im *Arktischen Ozean* in 4000 m Wassertiefe am Gakkel-Rücken entdeckt: Dies deutet auf einen gigantischen Vulkanausbruch hin. Die Vereisung der Arktis (Grönland, Spitzbergen) und der Antarktis war u. a. eine direkte Folge des Vulkanismus, der heutzutage noch unter dem Eis aktiv ist, und der sich mit der Thermik einstellenden Windströmungen nach der Naturkatastrophe. Denn, ohne Wärme kein Schneefall und keine Bildung von Gletschern.

Wie alt sind zum Beispiel die grönländischen Gletscher? Ein 3028 m langer Eisbohrkern, der mit dem europäischen Projekt GRIP (Greenland Ice Core Project) 1990 bis 1992 geborgen wurde, soll beweisen, dass der Eispanzer Grönlands 250 000 Jahre alt sein soll. Die zu erkennenden 14 000 Schichten des Eises machen aber nur die Hälfte des Eisbohrkerns aus. Weiter unten folgt dann kompaktes Eis ohne Schichten. Deshalb bestimmte man das Alter der unteren 1500 m des Eisbohrkerns durch die Messung von Staubpartikeln. In ungefähr 2300 m Tiefe soll das Eis auch nur 40 000 Jahre jung sein. Also entstanden nach offizieller Sichtweise während der postulierten Altsteinzeit, also zu Lebzeiten unserer Vorfahren, etwa 75 % der grönländischen Gletscher! Die restlichen 723 m – also nur ein Viertel des Bohrkerns – sollen sage und schreibe 210 000 Jahre repräsentieren. Da es in dieser Tiefe nur massives Eis ohne Schichten gibt, geht man davon aus, dass im untersten Bereich etwa ein Millimeter Eis einem Kalenderjahr entspricht. Eine haltlose Spekulation! Wie kommt man auf einen solchen Ansatz? Es wird eine Strömungsgeschwindigkeit vorausgesetzt und damit ein (nicht bewiesenes) Eisströmungsmodell über die Wandergeschwindigkeit des Eises zusammengebastelt. Dann interpretiert man einfach das Alter durch Rückrechnung. Das so erhaltene Ergebnis hängt natürlich direkt von den willkürlich zugrunde gelegten Ausgangsdaten ab. Ändert man diese, ergibt sich auch ein anderes Ergebnis.

Im Jahr 2003 beendete man die Bohrung des neuen Eisbohrkerns NGRIP (North Greenland Ice Core Project), und man kam zu der Annahme, dass das unterste Eis in mehr als 3000 m Tiefe nur 123 000 Jahre alt ist (»NGRIP 2004 season release«, 7. August 2004). Immerhin handelt es sich um eine Reduzierung des Alters um die Hälfte. Aber auch dieses jüngere Alter ist immer gemäß unseren Untersuchungen noch wesentlich zu hoch.

Nach der Erstauflage dieses Buches 2011 wurde bis zum 21. Juli 2023 der allerletzte Kern einer Bohrung durch 2670 m mächtiges Eis im EGRIP-Camp auf dem nordgrönländischen Inlandeis gebohrt. »Das Eis selbst ist in der Nähe der Basis mehr als 120 000 Jahre alt und stammt aus der letzten warmen Zwischeneiszeit, als die Temperaturen über Grönland 5 °C wärmer waren als heute. (...) Der allerletzte Kern wurde am 21. Juli 2023 gebohrt. (...) Wir haben erfolgreich durch den Eisstrom gebohrt und wir waren erstaunt, dass wir Schlamm unter dem Eis finden« (Internetlink 23).

Außerdem soll die gesamte Eismasse mit einer Mächtigkeit von 2670 m mit einer Geschwindigkeit von 58 m pro Jahr fließen, sagt Professorin Dorthe Dahl-Jensen, Leiterin des Forschungsprojekts EGRIP (Internetlink 24). Bereits in einer Studie des *Jet Propulsion Laboratory der NASA* wurde im Jahr 2007 vermutet, dass sich »die Gletscherzungen Grönlands mit zunehmender Geschwindigkeit in Richtung Meer bewegen« (»The New York Times«, online 8.1.2008). Aber an »den meisten Stellen erreicht der Eisschild das Meer nicht, so dass sich, anders als in der Antarktis, keine ausgedehnten Eisschelfe gebildet haben (Internetlink 25). Sehen wir uns einen dokumentierten, aber verheimlichten, interessanten Fall an.

Anhand der Notlandung von sechs Jagdfliegern (P-38) und zwei Bombern (B-17) am 15. Juli 1942, die 47 Jahre später aus dem Eis geborgen wurden (Hayes, 1994), kann man nachweisen, dass das Eisströmungsmodell nicht stimmt, denn in diesem Zeitraum gab es keine »rasenden« Gletscher: Die Maschinen standen auf denselben Koordinaten, wo sie damals notlandeten. Außerdem hatten Eiszeitfachleute berechnet, dass die Flugzeuge von 12 m Eis überdeckt sein müssten. In Wirklichkeit waren es jedoch 54 m Eis und zusätzlich 24 m sehr harter Firn, also insgesamt 78 m – das 6,5-Fache der Prognose. Das Eis wächst also wesentlich schneller, als die Eisforscher glauben. Rechnet man die nachgewiesene Rate der Eisüberdeckung in den Jahren von 1942 bis 1989 mit 1,65 m pro Jahr auf den 3028 m langen Eisbohrkern linear um (idealisiert als Grenzwertberechnung im Sinne des Aktualismus), dann ist das »ewige« Eis auf Grönland gerade einmal 1818 Jahre alt, unter Berücksichtigung von waltenden Naturkatastrophen noch jünger!

Außerdem sollten die Maschinen wegen des Drucks des aufliegenden Eises zusammengedrückt sein – auch diese Voraussage war falsch. Nur die Plexiglas-Scheiben der Kabinen waren zerbrochen. Die filigranen Verstrebungen und empfindlichen Flügel waren noch so intakt wie zum Zeitpunkt der Landung.

Von Jahr zu Jahr soll sich eine neue Schicht Eis absetzen, die Jahresschicht genannt wird, weshalb man das Klima der Vergangenheit anhand abgezählter Schichten bestimmt. Also hätten bei der Bergung über den Flugzeugen 47 Eisschichten vorhanden gewesen sein müssen. Es wurde jedoch berichtet, dass beim Abstieg zu den Flugzeugen Hunderte von Eisschichten anstatt der wenigen vermuteten entdeckt wurden.

Worin liegt der Fehler? Weil die Schichten als Jahresschichten interpretiert werden! Tatsächlich wächst aber nicht jedes Jahr eine neue Eisschicht, sondern es entstehen pro Jahr mehrere und zwar mit heftigen Schneefällen in einem bestimmten Zeitabschnitt, also jedem größeren Schneefall-Ereignis. Wie bei geologischen Schichten erfolgt bei Gletschern keine zeitabhängige, sondern eine ereignisorientierte Bildung, da sich mehrfach wärmere und kältere Zeitabschnitte sogar innerhalb weniger Tage abwechseln können. Die Eisbohrkerne zeigen daher nicht eine Zeitabfolge von 250 000 oder 123 000 Jahren, sondern höchstens von einigen hundert bis höchstens mehreren tausend Jahren.

Tatsächlich begann die heutige Vereisung mit der Kleinen Eiszeit um 1350. Nicht umsonst nannten die Wikinger die arktische Insel Grönland, also wahrheitsgemäß »grünes Land«, denn sie konnten dort Rinderzucht und Milchwirtschaft betreiben und zeitweise sogar kälte-empfindlichen Weizen anbauen. So kann erklärt werden, warum Wikinger das Eis auf ihre Farmen zukommen sahen und ruhig packten, bevor ihre Farmen unter dem Gletschersand verschwanden – bewiesen durch die archäologische Ausgrabung einer Wikingerfarm bei Nipaatsoq.

Entstand das Eis zu einem großen Teil katastrophisch schnell? Ähnlich wie für die Bohrung EGRIP wurde bereits bei der im Jahre 2003 beendeten NGRIP-Eisbohrung zur Überraschung des Forscherteams (Andersen, 2004) über dem in 3085 m Tiefe liegenden felsigen Bett des Eisschildes auf mit Schlamm vermischtes rötliches Eis angetroffen. Darin eingebettet waren bräunliche Kiefernnadeln, Baumrinde und Gras (»Nature«, Bd. 431, 9.9.2004, S. 147–151). Diese Pflanzenreste sollen 10 bis 15 Mio. Jahre alt sein. Warum denn nicht so alt wie die Eisschicht, die diese Pflanzenreste beinhaltet, also die angeblichen 123 000 Jahre? Weil für Kiefernnadeln entsprechende Bäume vorhanden gewesen sein müssen, und man an das Einsetzen arktischer Temperaturen vor sehr langer Zeit glaubt. Aber in Alaska wuchsen vor wenigen tausend Jahren noch wärmeliebende Mammutbäume, warum also nicht Kiefern auf Grönland? Die Eisbohrkerne dokumentieren offiziell auch etwa 200 000 Jahre eisige Kälte und nicht mehr! Verkürzen wir die angesetzten geologischen Zeiträume, werden die interessanten NGRIP-Untersuchungen plausibler: War Grönland zum gleichen Zeitpunkt eisfrei wie für die das Gebiet an der Beringstraße bzw. Beringia nachgewiesen, also bis vor 24 000 Jahren (»Nature«, Bd. 423, 5.6.2003, S. 603)?

Wichtig ist festzustellen, dass das Forscherteam die Pflanzenreste unter dem grönländischen Eis über dem Felsgestein richtigerweise als Anzeichen einer raschen Bildung des Eises ansieht. Genau dies und nichts anderes, die rasche und nicht langsame Vereisung von Gebirgen ist eine Grundthese in diesem Buch. Zu diesem Schluss kann man aber nur kommen, falls man für absurd hält, dass Pflanzenmaterial Hunderttausende von Jahren frisch herum liegen soll, bis eine plötzliche Vereisung einsetzt. Laub verrottet innerhalb kurzer Zeit! Streichen wir also die willkürlich eingeflochtenen Jahrmillionen, lassen die Landschaft schnell vereisen und auf diese Weise frische Pflanzenreste konservieren, dann entstand die gesamte untere

Hälfte der Gletscher als kompaktes Eis in einer kurzen Zeitspanne. Und die darüber befindlichen 14 000 Jahresschichten bildeten sich innerhalb kurzer Zeit mit einer Wachstumsrate von Dutzenden »Jahresschichten« pro Jahr.

Die venezianischen Brüder Niccolo und Antonio Zeno – die 1380 selbst den Nordatlantik bereisten – erstellten eine Karte, die aber erst 1558 von Francesco Marcolino in Venedig veröffentlicht wurde. Diese Karte zeigt Grönland eisfrei mit Bergen und Flüssen, dargestellt in Polarprojektion, wie Professor Charles H. Hapgood (1996) feststellte. Er ermittelte außerdem, dass die real in Grönland unter dem Eis verborgene Topografie qualitativ derjenigen auf der Karte entspricht. Mit anderen Worten, Grönland wurde in eisfreiem Zustand von Menschen kartografiert. Eis hat unter Berücksichtigung von Klimaschwankungen nur relativ kurzfristig Bestand, wie der heutige Schwund der Gletscher weltweit zeigt.

Die Unsinnigkeit des Postulats eines etwa 2,7 Mio. Jahre andauernden »Großen Eiszeitalters« erkennt man auch an einer Feststellung im »Informationsdienst Wissenschaft« vom 26. September 1999: Wollnashörner, Mammuts, Moschusochsen und Bisons, aber auch wärmeliebende Tiere wie Elefanten und Löwen bevölkerten die riesigen Gebiete zwischen Nordspanien und der fernöstlichen Pazifikküste, ja über die Beringstraße bis Nordamerika hinweg während des Großen Eiszeitalters.«

Soweit eine richtige Feststellung, aber die Schlussfolgerung grenzt an Schwachsinn. Wörtlich wird ein Fachmann in dieser Internetmeldung zitiert:

»Große Trockenheit und Temperaturen weit unter dem Gefrierpunkt ertrugen diese Tiere mit stoischer Gelassenheit (...), die Dauerfrostzonen reichten mehrere hundert Meter tief in den Erdboden hinein. Entscheidend für den Charakter des Ökosystems ist aber die Dauer der Kälteeinwirkungen – Jahrtausende oder Jahrzehntausende.«

Mit stoischer Ruhe vegetierten Tiere wie Löwen im Dauerfrost dahin – ohne ausreichende Nahrung? Handelt es sich um eine perfekte Überlebensstrategie dieser Tiere oder widerspricht diese Darstellung stoischer »Eiszeittiere« nicht völlig dem gesunden Menschenverstand? Als während der angeblichen »Eiszeit« an höhere Temperaturen gewöhnte Tiere wie Löwen von Nordspanien bis hin nach Nordamerika in einer Savannenlandschaft lebten, war es doch ganz einfach warm, aber nicht kalt. Auch der bisher nur aus Amerika bekannte Puma lebte während des »Großen Eiszeitalters« in Eurasien. Zur Überraschung der Wissenschaftler wurde eine derartige Großkatze im Werra-Tal nahe dem Ort Untermaßfeld in Thüringen ausgegraben, inmitten eines »eiszeitlichen« Massengrabes von unterschiedlichsten Säugetieren wie Riesenhamster, Pferd, Elefant, Bison, Gepard, Hyäne, Flusspferd und Jaguar: »Es muss eine Sintflut (= Superflut) gewesen sein, die zahllose Tiere verschlang«, konnte man lesen im Magazin »Geo« (07/2005, S. 126).

Zu damaliger Zeit lag der Meeresspiegel der Ozeane 130 oder bis zu 150 m tiefer als heute, also auch während der sogenannten Altsteinzeit. Daraus resultiert ein dramatisch veränderter Küstenverlauf weltweit, den wir für verschiedene Gebiete schon diskutiert haben. Auch die stürmische Nordsee ist aus geologischer Sichtweise ein sehr junges Becken. Der Rhein floss durch dieses Land, dem heutigen Meeresgrund der Nordsee, und die Mündung lag in der Nähe von Aberdeen in Schottland (»Basin Research«, 13, 2001, S. 293–312). Die Themse war zu dieser Zeit ein Nebenfluss des Rheins. Noch zur Bronzezeit war die Nordsee eine besiedelte Savannenlandschaft.

Im »Hamburger Echo« vom 15. September 1951 (zitiert in Meier, 1999, S. 490) wird von anscheinend kuriosen Funden berichtet: »Das Expeditionsschiff ›Meta‹ konnte (...) bei der Insel Helgoland Funde von unschätzbarem Wert machen. In 30 m Tiefe wurden in einer Schlickbank zwei Hünengräber entdeckt. Außerdem konnten Wohnbaureste, Grabbeilagen, uraltes Handwerksgerät und andere Gebrauchsgegenstände aus der jungen Steinzeit und der Bronzezeit geborgen werden.« Fazit: Das Becken der Nordsee wurde definitiv nach der Bronzezeit geflutet.

Auch die Ostsee wurde geflutet. Eine angeblich über 10 000 Jahre alte Mauer befindet sich in *21 m Tiefe* in der Mecklenburger Bucht nordwestlich der Stadt Rerik, angeblich von *Jägern und Sammlern* (?) errichtet. Dieser Wall besteht aus fast 1700 Steinen und ist 971 m lang (Nordkurier online, 30.11.2024, 17:43 Uhr).

Fischer aus Norfolk zogen 70 km vor der britischen Küste aus einer Tiefe von 36 m ein Stück Torf an Bord, in dem eine aus Hirschgeweih geschnitzte Speerspitze aus der frühen Jungsteinzeit steckte (Janssens, 1946). Vor den Küsten Schottlands und Englands wie auch in der Doggerbank wurden verwurzelte Baumstrünke gefunden. Dort holte man mit Schleppnetzen auch Knochen von Hauspferd und Steppenwisent heraus, die 40 000 bis 20 000 Jahre alt sein sollen. Bei der Tiermumie »Blue Babe« in Alaska handelte es sich um dieselbe Art Bison. Steppen und Savannen erstreckten sich von Alaska über Sibirien bis Europa und weiter nördlich in arktischen, heute unter Wasser liegenden Gebieten. Die Nordsee ist nach Sibirien der zweitwichtigste Fundort für Reste des wollhaarigen Mammuts. Aber es werden vor allem an der englischen Seite der südlichen Nordsee auch Knochen von Nashörnern, großen Hirschen und Säbelzahnkatzen gefischt.

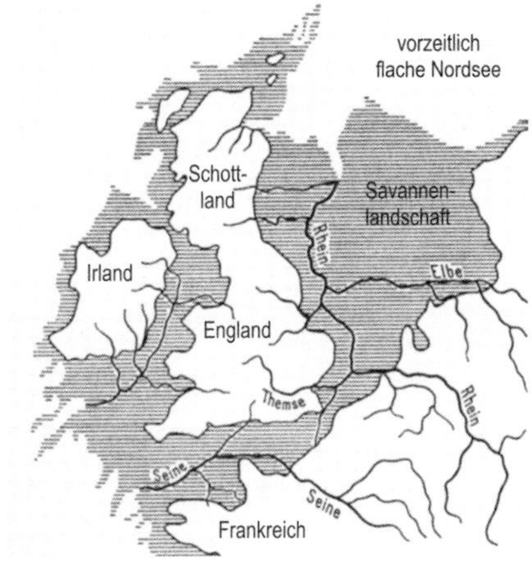

Abb. 134 : **FESTLAND**. Die Nordsee war eine besiedelte Savannenlandschaft, als Irland und Großbritannien zum europäischen Festland gehörten.

In der Fachliteratur wird die Zeit, als es keinen Ärmelkanal und keine Nordsee gab und England mit Europa verbunden war, in die Klimastufe Boreal gelegt, die vor etwa 9300 Jahren endete. Zu dieser Zeit sollen die Gletscher aufgrund hoher Lufttemperaturen stark abgeschmolzen und die Wasserspiegel in den Ozeanen gestiegen sein.

Jedoch können die »Eiszeiten« auf der Erde ganz anders abgelaufen sein, als bisher vermutet. Einige Forscher glauben nach Untersuchungen auf Mallorca, dass die Polkappen vor 81 000 Jahren ebenso klein wie heutzutage waren – trotz niedriger Kohlendioxid-Werte in der Atmosphäre als heutzutage (Dorale et al 2010).

Portolankarten, Seekarten mit einem charakteristischen Liniennetz zur Kompassnavigation, entstanden bereits seit Ende des 13. Jahrhunderts. Die Untersuchung dieser Karten mittels eines Verzerrungsgitters, wie am Beispiel der Karte des Giovanni Carignano von 1310, ergab interessante Resultate: Regelmäßige Gitternetzfelder im Mittelmeerraum, die oft heutigen Proportionen entsprechen, standen deutlichen Verzerrungen an den Nordseeküsten gegenüber – ein Befund, der auf tiefgreifende Veränderungen der Erdkruste schließen lässt.

5 Naturkatastrophen und Klimaumbrüche

Berlin steht auf einem Untergrund, der geologisch gesehen nur 10 000 Jahre alt ist. Die Nordsee war besiedelt, das Watt und die friesischen Inseln gab es noch nicht. Gewaltige Naturkatastrophen führten zu einem mächtigen Anstieg des Meeresspiegels, und die heutige Küstenlandschaft erhielt ihr heutiges Aussehen erst vor wenigen Jahrhunderten.

Trockene Nordsee

Otto Muck stellte richtig fest: »Die Kleinschollen sind infolge der Magmapegelsenkung isostatisch mit abgesunken, ertrunken« (Muck, 1978, S. 164). Und Professor Johannes Walther gab zu bedenken, »dass große Bewegungen der Erdrinde und damit tiefgreifende Veränderungen in der Verteilung von Wasser und Land, der Meeresströmungen und der barometrischen Zugstraßen durch ihr zufälliges Zusammentreffen mit einer Polverschiebung die gesteigerte Anhäufung von Schnee in den Küstenländern des nördlichen Atlantiks bedingt haben. Gegenwärtig ist, wie wir durch Nansens kühne Fahrt (Polarexpedition 1893 bis 1896 mit seinem Schiff Fram) wissen, der größte Teil des Nordpolargebietes Tiefseeboden, und doch lehren uns zahlreiche Schalen von *Yoldia arctica* (eine Muschelart) (...) und zahlreiche Gehörsteine von Flachseefischen, die man in einer Tiefe von 1000 bis 2500 m zwischen Jan Mayen und Island fand, dass dieser Teil des Nordpolarmeeres in jüngster Zeit um 2000 m gesenkt worden ist. Wenn sich hier so tiefgreifende Veränderungen in der Lithosphäre vollzogen haben, dann liegt der Gedanke nahe, dass Hand in Hand damit eine wesentlich andere Verteilung der Massen eintreten musste, welche auf die Lage des Drehungspoles (der Erde) nicht ohne Einfluss bleiben konnte« (Walther, 1908, S. 516).

Vor dieser großen Veränderung hatte Island etwa ein viermal so großes obermeerisches Areal wie heute und war damit auch ein großer trockener Baustein der grünen Grönlandbrücke von Mittel- und Nordeuropa über Grönland nach Nordamerika (vgl. Abb. 119, S. 225). Wie in Norwegen gibt es auch in Island charakteristische Fjorde als schmale Rinnen, die ertrunkene Täler darstellen. Deshalb erscheint Island auf manchen antiken Landkarten als wesentlich größere Insel. Andere auf alten Karten eingezeichnete Inseln liegen heute unter Wasser oder werden erst wiederentdeckt, wie zum Beispiel 70 Kilometer vor Grönland liegende Inseln, die bisher für Eisberge gehalten wurden (»Bild der Wissenschaft«, online 17.6.1998).

Die Nordsee wurde natürlich nicht während der Klimastufe Boreal (endend vor 9000 Jahren) geflutet, wie behauptet wird, sondern der Meeresspiegel stieg ständig, sogar bis zum Ende des 19. Jahrhunderts. Wie in dem Buch »Klimafakten« tendenziell richtig dargestellt wird, stieg der Wasserspiegel der Nordsee von 45 m auf 15 m unter dem heutigen Niveau bis vor angeblich 7100 Jahren an, nachdem sich vor 8300 Jahren der Ärmelkanal geöffnet haben soll. »Zeugen hierfür sind Reste von Torf, Brackwasser- und Wattablagerungen, die stellenweise am Nordseeboden vorkommen« (Berner/Streif, 2004, S. 158).

Meines Erachtens ging diese Überflutung nicht nur schneller, sondern sogar in einem kurzen Zeitraum vonstatten. Diese Ansicht wurde bestätigt: Der Geografie-Professor David Smith (Universität Coventry) zeigte auf einer Fachtagung in Glasgow (Schottland), dass Großbritannien vor wenigen tausend Jahren durch hohe Riesenwellen vom europäischen Kontinent getrennt wurde. Übrig blieb eine Insel (»Bild der Wissenschaft«, online, 14.9.2001).

Sind die Steilküsten stumme Zeugen dieser vor kurzer Zeit abgelaufenen Geschehnisse? Der an der Universität in Kopenhagen lehrende Geologe F. Forchhammer brachte schon 1837 zahlreiche Beweise für eine furchtbare Überschwemmungskatastrophe. Noch 15 m über dem heutigen Meeresspiegel fand er bronzezeitliche Äcker unter den Meeresablagerungen der Überschwemmung. Unter solchen Ablagerungen lagen auch bronzezeitliche Grabhügel auf den Inseln Sylt und Amrum. Da eisenzeitliche Grabhügel etwas oberhalb des heutigen Meeresspiegels gefunden wurden, die keine Anzeichen einer Überschwemmung zeigten, schloss Forchhammer, dass eine große Überflutung *am Ende der Bronzezeit und vor Beginn der Eisenzeit* stattgefunden haben muss (Forchhammer, 1837) – vgl. Abb. 12, S. 13).

Der Kieler Geologe K. Maack (1869, S. 63 ff.) kam aufgrund vieler Beobachtungen auch zu dem Ergebnis, dass die Große Flut am Ende der Bronzezeit stattgefunden haben muss und eine Höhe von etwa 19 m erreichte.

Schwerste Sturmfluten in der Nordsee können heutzutage höchstens bis zu einer Höhe von 6 m über dem mittleren Hochwasser auflaufen. Nur durch schwere Seebeben und die dadurch erzeugten Tsunamiwogen kann das Dreifache dieser Fluthöhe hervorgerufen werden.

Auch andere geologische Untersuchungen haben diese Überflutungskatastrophe an der Westküste Schleswig-Holsteins in der ausgehenden Bronzezeit nachgewiesen (Hinrichs, 1925).

Dabei wurde das fruchtbare und weit über das heutige Inselgebiet hinausreichende Marschland an der Bronze-Eisenzeit-Grenze überflutet und zerstört (Becksmann, 1933, 53 f.). 10 m hohe Brandungswellen türmten neue »Moränen« auf.

Historische Texte von *Medinet Habu* (Ägypten) dokumentieren die Aussagen gefangener Nordmeerkrieger: »(...) ihre Inseln sind ausgerissen und fortgeschwemmt gleichzeitig«, oder »die Macht des Nun (Weltmeeres) brach aus und verschlang in einer großen Woge von Wasser ihre Städte und Dörfer«. Andere ägyptische Texte berichten von der Wanderung der Nordmeervölker durch Europa und Kleinasien bis an die Grenze Ägyptens.

Laut dem Archäologen Dr. Oskar Paret war diese Naturkatastrophe »von weltweiter Wirkung« (Paret, 1948, S. 212) und »hat die Völker ganz Mittel- und Südeuropas und Vorderasiens in Bewegung gebracht, die alte Welt gestürzt und die Grundlage für eine neue Welt geschaffen«.

Mit den großen Überschwemmungen gingen in einem kurzen Zeitraum weitere Naturkatastrophen einher, »eine außergewöhnliche Trockenheit und Hungersnot, die die Bauernbevölkerung der eurasischen Tiefebenen, ja sogar Nomaden der arabischen und afrikanischen Steppen zum Verlassen des Heimatbodens zwang« (ebd., S. 144 und Kapitel 5), worauf wir schon in anderem Zusammenhang hingewiesen haben.

In den altägyptischen Texten von Medinet Habu berichtet Ramses III.: »Libyen ist zur Wüste geworden, eine furchtbare Fackel schleuderte Flammen vom Himmel (...). Ihre (der Libyer) Knochen brennen und rösten in ihren Gliedern.« Im Papyrus 1116B heißt es: »Der Fluss von Ägypten ist leer, man kann zu Fuß durchgehen. Man wird nach Wasser suchen, auf dem die Schiffe fahren können (...).«

Die Flut kam nicht langsam über Jahrtausende hinweg, sondern muss zu einem großen Teil am Ende der Bronzezeit über das Land hereingebrochen sein, wie schon von anderen Forschern festgestellt wurde, als sich der schon diskutierte *Postglaziale Klimasturz* ereignete.

Natürlich wird dies offiziell nicht akzeptiert, da überhaupt nicht erklärt werden kann, woher all das Wasser so plötzlich gekommen sein soll, Jahrtausende nach dem angeblichen Ende der letzten »Eiszeit«. Das Eis der angeblichen Eiszeit-Gletscher müsste ja schon lange während des »Postglazialen« Klimaoptimums aufgrund der hohen Temperaturen (Abb. 12 S. 23) abgeschmolzen sein und hat dann über Tausende von Jahren hinweg nur zu einem geringen Anstieg des Meeresspiegels geführt. Daraus könnte man dann wiederum schließen, dass es viel weniger Eis gab, als bisher vermutet.

Die plausible alternative Erklärung wäre, dass aus der Tiefe der Erde ausgasende Kohlenwasserstoffe ständig neues Wasser und Kohlendioxid bilden, sobald Sauerstoff aufwärts migrierende Kohlenwasserstoffe wie Methan bereits in tieferen Krustenschichten oder auch erst im Wasser der Ozeane oxidiert. Unter der Nordsee lagern riesige Mengen von Methan, wie unzählige Pockennarben und Krater beweisen. Hinzu kommen die aus Schlammvulkanen ausgasenden Kohlenwasserstoffe. In der arktischen Tiefsee vor der norwegischen Küste liegt am Kontinentalabhang im westlichen Teil der Barentssee in 1270 m Tiefe *Håkon Mosby*, ein Schlammvulkan mit einem

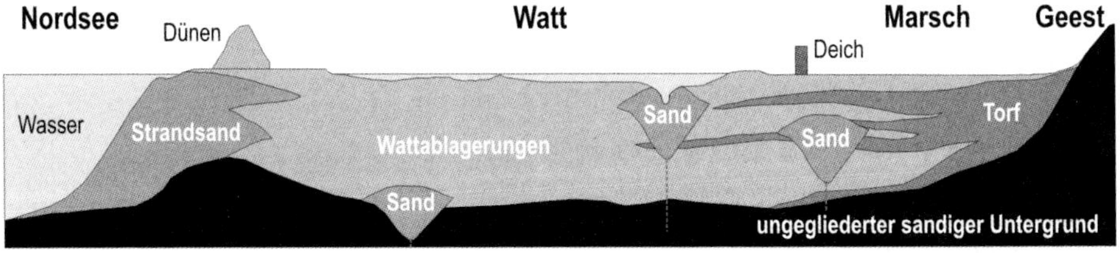

Abb. 135: **ERTRUNKENE LANDSCHAFT**. Die 25 m hohen Wattablagerungen sind wenige tausend Jahre alt und stellen Hinterlassenschaften von gewaltigen Naturkatastrophen dar. Der Torf der Küstenmoore macht 10 % des Gesamtvolumens aus und zeugt zusammen mit Brackwassersedimenten von mehrfachen Überflutungen und Rückzügen des Meeres (Transgression und Regression). Kaum beachtet werden die mit Sand gefüllten Krater, für die man keine Erklärung hat. Es sollte sich um Ausgasungskrater handeln. Die Böden (schwarze Flächen) unter den Wattablagerungen und in der Nordsee entstanden insgesamt während *einer einzigen* Schüttungsphase.

Kraterdurchmesser von ungefähr 950 m, der sich 12 m über den Meeresboden erhebt. Der austretende Schlamm ist knapp 28 °C wärmer als das Meerwasser in dieser Tiefe. Hier steigen große Gasmengen auf, die zu 99 % aus Methan bestehen. Dieses Gas entweicht teils in die Atmosphäre, teils wird es durch schnelle Strömungen im Meerwasser verwirbelt und durch den Sauerstoff zu Wasser und Kohlendioxid oxidiert.

In der Nordsee sind Krater im Meeresboden entdeckt worden, die als Meteoritenkrater postuliert werden. Meines Erachtens handelt es sich hier nicht um Einschlagkrater, sondern diese sind durch Methan-Eruptionen entstanden.

Von gewaltigen Umwälzungen zeugen auch die Watt-Bereiche mit den vorgelagerten Inselketten. Immerhin befinden sich hier etwa 25 m mächtige Küstenablagerungen, die sich in den letzten 8500 Jahren gebildet haben sollen. Allein im Gebiet zwischen Weser und Ems wurden Sand, Torf und Ton mit einem Gesamtvolumen von sage und schreibe 41 Milliarden Kubikmeter umgelagert und abgesetzt, ermittelten Forscher aus Niedersachsen. Die heutigen bis zu 25 m hohen Dünen der Ostfriesischen Inseln machen nur 1,3 % dieser insgesamt »nacheiszeitlich« entstandenen Massen aus (Berner/Streif, 2004, S. 160 f.).

Die Reste alter Kulturen der Vor-Bronzezeit liegen auf jeden Fall zerschmettert am Grund der Nordsee, der komplett »nacheiszeitlich« entstand. Befinden sich Kulturreste sogar noch tiefer unten oder sogar unter dem Watt? Zeitlich etwas später, nach dem Anstieg der Meeresspiegel, sind Siedlungsplätze nachgewiesen, die in der Marsch auf Watt- und Brackwasserablagerungen errichtet wurden und auf ein Alter von etwa 2800 Jahre datiert werden. Auf der natürlichen Oberfläche der Marsch betrieben die Menschen Weidelandschaft und Ackerbau, bis erneute Überflutungen die Siedlungsplätze mit Meeresschlamm überdeckten.

Auch die später auf höherem Niveau errichteten Flachsiedlungen ereilte das gleiche Schicksal. Danach legten die Menschen ihre Siedlungen bevorzugt auf natürlichen Erhebungen an. Auch diese wurden durch den steigenden Meeresspiegel bedroht, und so begannen Küstenbewohner, erstmals vor etwa 1900 Jahren, künstliche Wohnhügel zu bauen bzw. Wurten (Warften) in den Marschgebieten aufzuschütten.

Für den Zeitraum von Mitte des 5. bis Mitte des 8. Jahrhunderts gibt es keine nachweisbare Besiedlungstätigkeit. Gab es in diesem Zeitraum Natur-

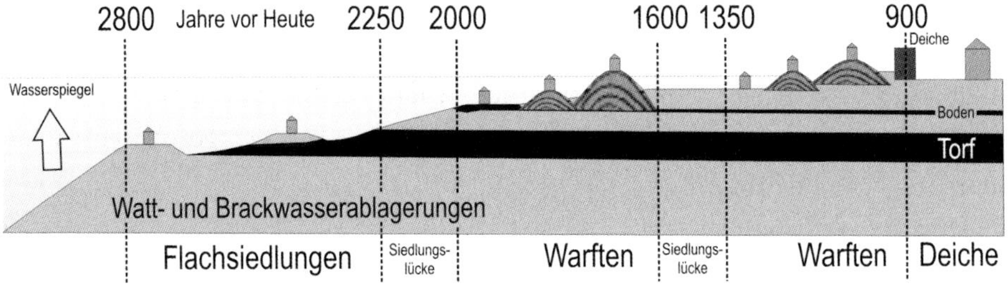

Abb. 136: **SPÄTER MEERESSPIEGELANSTIEG**. Die Siedlungsgeschichte im niedersächsischen Küstenraum bei steigendem Meeresspiegel seit dem Klimasturz bis zur Errichtung von Deichen. Im 12. Jahrhundert (900) endet der Bau auf künstlichen Hügeln (Warften). Vor heute = Bezugsjahr 2000

katastrophen oder eine andauernde Erhöhung des Meeresspiegels, die die Besiedlung entlang der Küste unmöglich machte? Beginnend im 9. Jahrhundert, etwa beginnend mit der *Mittelalterlichen Wärmezeit*, wurden neue Wurten in einer einzigen Bauphase aufgeschüttet, etwa 3 m hoch über dem Meeresspiegel, da dieser ständig anstieg. Diese Bauphase endete im 12. Jahrhundert. Danach wurden Seedeiche errichtet und die eingedeichten Gebiete entwässert. Setzungen der geologisch sehr jungen Küstenanlandungen verursachten auch Dammbrüche bei auflaufenden Sturmfluten, mit verheerenden Folgen und erheblichen Landverlusten im Mittelalter.

Der Anstieg des Meeresspiegels der Nordsee muss im Zusammenhang mit der Füllung anderer Meere wie des Persischen Golfs gesehen werden, der vor angeblich 5000 Jahren seine heutige Wasserhöhe erreicht haben soll. Der Wasserspiegel der Ozeane musste ja weltweit gleichmäßig ansteigen und deshalb zu einem einheitlichen Zeithorizont weltweiter Überflutungen führen.

In der Nordsee ist nach bisheriger Erkenntnis der Meeresspiegel im Bereich der Insel Juist seit 2000 Jahren ständig angestiegen und erreichte vor etwa 550 Jahren bereits eine maximale Höhe, die nahezu der heutigen entspricht. Dieser erhöhte Wasserstand hatte nicht lange Zeit Bestand, und es folgte eine Absenkung um etwa 0,5 m, die vermutlich mit dem Klimasturz der *Kleinen Eiszeit* zusammenhängt. Als diese Kälteperiode im ausgehenden 19. Jahrhundert endete und die moderne Messung der Lufttemperaturen einsetze, stieg das Mitteltide-Hochwasser erneut an. Jedoch:

»Ein beschleunigter Meeresspiegelanstieg, wie er aus Prognosen mancher Klimamodellierungen zu erwarten wäre, ist nach sorgfältiger Analyse der

Pegeldaten nicht erkennbar. Diese Befunde belegen klar, dass der jüngste Meeresspiegelanstieg bereits lange vor dem Industriezeitalter begonnen hat. Bislang gibt es keine Indizien dafür, dass anthropologische Umwelteinflüsse zu einer Beschleunigung der Anstiegsrate beigetragen haben« (Berner/Streif, 2004, S. 160).

Diese kurze Schilderung der Entwicklung des Nordsee-Beckens zeigt einerseits, dass ein wesentlicher Teil unserer Vorgeschichte unter Wasser begraben liegt und andererseits gewaltige Um- und Neuformungen der Landschaft erfolgten, die eine völlig andere Verteilung von Land und Meer zeigten.

Die Klimaänderungen und Klimaumbrüche bewirkten allein in der Zeit von vor 8000 bis 4000 Jahren, dass »die Alpengletscher wiederholt derartig geschrumpft waren, dass ihre Gletscherzungen weit oberhalb der heutigen Gletscherstände lagen. Die jüngste große Rückzugsphase ist für das Frühmittelalter belegt. Die weit verbreitete Vorstellung, die alpine Eiswelt werde durch den heutigen Klimawandel erstmals und unwiederbringlich zerstört, bedarf also der Korrektur. Das derzeitige starke Zurückweichen der Gletscher ist ein Phänomen, das als noch geradezu typisch für das Verhalten der Alpengletscher im Holozän (also der letzten 10 000 Jahre) anzusehen ist« (ebd., S. 138).

Plötzlich aufgefüllt

Menschen waren dabei, als das Watt durch 25 m mächtige Auffüllungen von Sand, Torf und Brackwassersedimenten entstand. Aber diese Küstenablagerungen liegen auf den *ungeschichteten* Ablagerungen des »Großen Eiszeitalters« (Pleistozän), die den Boden der gesamten Nordsee bilden. Geologen nehmen an, dass dieses Gebiet in einem frühen Stadium der »Eiszeit« vom Gesteinsschutt aus Schottland und Skandinavien aufgefüllt worden sei und so zum Festland wurde.

Wurde dieser Gesteinsschutt komplett in das Nordseebecken eingeschwemmt? Nein! Die Norddeutsche Tiefebene ist ein älteres Becken, das bis zu 10 km tief ist und sich mit Sedimenten und Salzstöcken füllte. Während des »Großen Eiszeitalters« entstanden Sedimentschichten, die von Polen über Dänemark bis nach Belgien Mächtigkeiten von bis zu 200 m erreichen, u.a. unter Hamburg bis zu 192 m und unter Berlin 166 m (Wahnschaffe, 1901, S. 17 ff.).

»Der oberflächennahe Untergrund Berlins und der seines Umlandes entstand (...) geologisch gesehen vor nur 10 000 Jahren« (Bayer, 2002, S. 29 u. 35). Außerdem haben »noch in sehr junger Zeit Krustenbewegungen stattgefunden« (Wahnschaffe, 1901, S. 70) – vgl. Abb. 12, S. 23).

Das gesamte Nordostdeutsche Becken ist mit einer mächtigen Decke von Sanden und Tonen bedeckt, welche, teils ungeschichtet, teils geschichtet, eine ungeheure Menge großer und kleiner Blöcke enthalten. Diese Schwemmlandbildungen hingen für die Geologen des 19. Jahrhunderts mit sintflutartigen Wasserbewegungen zusammen (vgl. Walther, 1908, S. 492).

Tiefenbohrungen haben ergeben, dass die Mächtigkeiten »eiszeitlicher« Ablagerungen in Norddeutschland größer sind als in den meisten Gebieten Nordamerikas (»American Geologist«, 1892, S. 296). Es stellt sich die Frage, woher die gewaltigen Schuttmassen stammen, die von den Gletschern angeblich über Schweden, Holland, Deutschland, Russland bzw. von Nordkanada usw. über Nordamerika ausgebreitet wurden? Die Reste dieser Schuttmassen werden ja jetzt noch mit einer Mächtigkeit von mehreren hundert Metern angetroffen. Deshalb waren alle frühen Grönland- und Antarktisforscher erstaunt über den geringen Schuttinhalt des Inlandeises, wie ich selbst auch bei den heutigen Gletschern Alaskas feststellen konnte, die nach ihrem Rückzug nur wenig Schutt hinterlassen haben.

Richard Chamberlin schrieb 1894 in einem Geologie-Journal, dass die Schutt enthaltenden Zonen des Eises hauptsächlich auf die untersten 15 bis 23 m beschränkt sind und 45 m als eine äußerste Grenze bezeichnet werden kann. Der Schweizer Geologe Arnold Heim ergänzt aufgrund eigener Studien vor Ort, dass die Gletscher der größeren Täler im Himalaya nur 5 bis 15 km lang Schutt aufweisen und förmlich *auf ihren Moränen schwimmen*, die sie *nicht mehr auszuräumen imstande sind*. So sind die Gletscher nicht nur unfähig, Täler zu erschaffen, sondern sie konservieren die früheren Erosionsformen und füllen die Täler mit Moränenschutt. Betrachten wir die gegenwärtigen Gletscher, so springt ihre Trägheit im Vergleich zu der gewaltigen Wucht der Wassererosion ins Auge (Heim/Gansser, 1938, S. 241 f.).

»Der norddeutsche Raum wurde während der Eiszeiten oberflächlich vollkommen umgestaltet (...). Bedenkt man, dass die letzte und morphologisch bestimmende Eiszeit erst 10 000 Jahre zurück liegt (...), so ist bemerkenswert, dass sich die alten Strukturen nach so kurzer Zeit wieder bis zur Oberfläche durchpausen, und wir wissen nicht warum und wieso. Diese grundlegenden Prozesse haben wir noch nicht verstanden, obwohl gerade diese für unsere Zukunftsprognosen wichtig sein dürften«, schreibt Professor Dr. Ulf Bayer, Fachrichtung Geoinformatik am GFZ Potsdam (2002, S. 35) zutreffend.

Liegt dies daran, dass die Schüttung dieser gesamten Sedimente einmalig in einem kurzen Zeitraum stattfand? Für diesen Fall pausen sich die Strukturen des Untergrundes bis an die geschüttete Erdoberfläche durch. Es fanden also gravierende Umwälzungen zu Lebzeiten unserer Vorfahren statt.

Wie geschieht eigentlich der Transport von Schutt und großen Findlingen? Wir wissen, dass im Gebirge riesige Gesteinsblöcke in einem Zug über 30 km und in mehrfachen Schüben bis über 100 km hinweg durch Wasser- und Schlammströme verschleppt werden können. Dagegen sind Gletscher kaum in der Lage, derart gewaltige Blöcke über mehrere Kilometer, auch nicht während langer Zeiträume zu verfrachten, weil sie entweder vorher abgelagert werden oder durch Frostwirkungen gesprengt worden sind.

Um die Theorie zu etablieren, dass die nordischen Findlinge, trotz ihrer Entfernung von mehreren hundert Kilometern von ihren Muttergesteinen, doch aus Skandinavien stammen, wurde angenommen, dass Geröll und Felsen durch Gletscherströme über unbegrenzte Entfernungen weg vom Muttergestein transportiert werden können.

Es gilt jedoch nach eingehenden und gewissenhaften Felduntersuchungen als zweifelsfrei festgestellt, dass die maximale Distanz auf höchstens 25 km beschränkt ist und dass auch die Richtung der Schrammen durchaus nicht immer übereinstimmt mit den aus den Moränen abgeleiteten Bewegungsrichtungen. Außerdem ist in angeblich ehemals vergletscherten Gebieten die Bewegungsrichtung von durch Eis verschleppten Sedimenten und Findlingen überwiegend dem natürlichen Gefälle entgegengesetzt (Sandberg, 1937, S. 11 f.).

Betrachten wir das Material im Böhmischen Mittelgebirge auf rund 450 m Höhe, das als nordisches Geschiebe interpretiert wird. Dann hätte das ganze norddeutsche Tiefland mindestens bis zu dieser Höhe mit Moränenschutt aufgefüllt sein müssen, und zwar von Skandinavien aus. Wo ist dieser dicke Moränenschutt geblieben? Setzen wir einmal voraus, dass diese gewaltige Auffüllung doch vorhanden war, dann ist das entstehende Gefälle mit höchstens 0,00075 % – bei einem Höhenunterschied von 1200 minus 450 m, also

750 m – und einer Entfernung von über 1000 km für das Fließen einer Eiszunge viel zu gering. Außerdem sind Gletscher nicht in der Lage, sich auf einer Ebene vorwärts zu bewegen:

Aufgrund mechanischer und dynamischer Betrachtungen ist es unmöglich, nordisches Geschiebe auf 450 m Höhe in die böhmischen Mittelgebirge zu bringen, obwohl Gletscher, trotz ihrer geringen Bewegungsgeschwindigkeit, ihre Untermoräne sogar einige 10 m bergaufwärts schieben können.

Teilweise sollen riesige Findlinge mit einem Volumen von bis zu 600 m^3 über Entfernungen von 400 km bis zu über 2000 km von ihren Muttergesteinen durch Inlandsgletscher verschleppt und sogar bis zu Hunderten von Metern hochgehoben worden sein. Es gibt kein mechanisches Modell, das einen solchen Transport von Findlingen durch Inlandsgletscher glaubhaft machen kann!

Viele weitere Gegebenheiten können nicht mit der »Eiszeit«-Theorie in Einklang gebracht werden. So liegen in Holland viele nordische Blöcke vermischt mit Findlingen aus den Ardennen, die aus vielen Hunderte von Kilometern entfernten südlichen Gebieten stammen und sicher nicht von Inlandsgletschern dorthin verschleppt wurden (Sandberg, 1937, S. 33 f.).

Bei meinen Feldstudien fiel mir auf, dass die Endmoränen der größten bedeckten Eisfläche stets innerhalb dieses Gebiets, also *eiseinwärts* zum Gletscher hin liegen und nicht am Rande der maximalen proklamierten Eisverbreitung. Oder anders gefragt, warum sind an den für Endmoränen zwingend logisch erscheinenden Ablagerungsstellen, also stromabwärts am Gletscherende, nur relativ winzige und formlose Massen Moränenmaterial liegen geblieben? In den Alpen ist dieses Übergreifen der Eismassen über ihre Endmoräne beschränkt auf Strecken von etwa 4 bis 20 km. Im Süden Norddeutschlands greift das (vermutete) Eis jedoch etwa 50 bis 200 km und mehr über seine »Endmoränen« hinaus sogar bergaufwärts über (ebd., S. 40).

Die Widersprüche der »Eiszeit«-Theorie werden schon lange nicht mehr diskutiert. Es muss festgestellt werden, dass noch niemand ein Beispiel vorführen konnte, das einen natürlich zusammenhängenden Komplex von Erscheinungen zeigt und beweist, dass dieser exklusiv und gesamtheitlich als glazial, also »eiszeitlich«, angesehen werden kann. Ja es ist sogar kein natürlicher Komplex denkbar, der nicht ein oder mehrere Glieder enthält, die sicher nicht »eiszeitlicher« Herkunft sind. Wenn aber in einem aus mehreren Gliedern bestehenden Komplex auch nur ein einziges Glied existiert, das ganz sicher nicht ausschließlich einer einzigen Ursache zugeschrieben werden kann, dann muss der gesamte Komplex auf andere Ursachen hin untersucht und interpretiert werden. Das Vorkommen von sicher nicht »eiszeitlich« entstandenen Gliedern in einem solchen Komplex ist daher ein Beweis für den nicht-glazialen Ursprung des gesamten Komplexes.

Tatsächlich bin ich auf meinen weltweiten Reisen überall, auch in den Tropen, auf moränenartig aussehende Komplexe und Felder von Findlingen gestoßen, die in Mitteleuropa als Beweise für angebliche »Eiszeiten« gelten. Deshalb musste man ja auch Eiszeiten in den Tropen erfinden, die sich vor Hunderten von Millionen Jahren ereignet haben sollen. Man behauptet ganz einfach, dass die Tropen zu damaliger Zeit in der Arktis oder Antarktis gelegen haben, denn die Kontinente schwimmen nach Wegener bzw. driften gemäß Plattentektonik-Hypothese ja so schön umher – Kontinente in Computeranimationen kennen keine Reibung oder Kohäsion und Materialeigenschaften sowie Bruchkenngrößen. Es ist auch fraglich, ob angeblich »eiszeitliche« Hinterlassenschaften auf der Erdoberfläche, zum Beispiel in Afrika, derart lange Zeiträume überstehen und den Erosionseinflüssen trotzen können.

Tatsächlich trifft man auf der ganzen Welt als »eiszeitlich« deklarierte Komplexe an, die sich jedoch in der Einzelfallbetrachtung als Ergebnisse von Schutt- oder Schlammströmen, also Gesteinsstromwirkungen, erweisen. Diese sind zwar regional ausgebildet, und zwar in Gebirgen und deren vorgelagerten Gebieten, jedoch weltweit zu finden. Eine Diskussion findet aber nicht statt, sondern die »eiszeitliche« Herkunft derartiger Erscheinungen wird einfach als erwiesen betrachtet – Zweifel nicht erlaubt, und falls geäußert, werden diese nicht diskutiert. So werden Grundprobleme der »Eiszeit«-Theorie, wie der Lehmgehalt von Grundmoränen oder das Vorkommen von Findlingen in einem viel höheren Niveau als dasjenige ihres Muttergesteins, zwar bestätigt, aber Untersuchungen in Bezug auf die Gültigkeit der »Eiszeit«-Theorie werden nicht vorgenommen.

Tatsächlich aber haben mehrere Forscher einwandfrei festgestellt, dass die als »eiszeitlich« angesehenen Merkmale mit solchen Erscheinungen identisch sind, die von nicht-glazialem Ursprung sind. Das Beispiel der Schutt- und Schlammströme hatten wir bereits diskutiert. Weitere Widersprüche können nachgelesen werden, u. a.:

Abb. 137: **GESTEINSSTRÖME**. Links: Mit der Chiepenna-*Sturzflut* 1966 wurden in den italienischen Alpen nach Größe sortierte, teils gerundete (granitische) Felsblöcke abgelagert, die gerne als Beweise für das »Eiszeitalter« angeführt werden. Rechts: Eine drei Meter mächtige »Moräne«, die 1992 als zusammenhängender, nach Größe moderat sortierter Felsschutt-*Gesteinsstrom* am Monte Pelmo in Italien niederging. Zu beachten ist die – bis auf einzelne vorausrollende Felsblöcke – scharfe Grenze zwischen junger Ablagerung und alter Geländeoberfläche.

- Arten natürlicher Gesteinsglättungen entstehen ohne glaziale Wirkungen (Böhm, 1917).
- Kritische Studien zu Glazialfragen Deutschlands, u. a. die Entstehung von Schrammen (Kritzen) durch tektonische Bewegungen (Deecke, 1918–1920).
- Der Lehmgehalt in als »eiszeitlich« angesehenen »Grundmoränen« (Geikie, 1874).
- U-förmige Täler, die andere Ursachen als Gletscherströme haben (Hovey, 1920).

Das Vorkommen von Moränen wird von Forschern zum Beispiel in Island auf »eiszeitlichen« Ursprung zurückgeführt, nur weil Schrammen bzw. Kritzungen in den Gesteinsblöcken vorhanden sind. Aber gerade diese Insel stellt ein Beispiel dafür dar, wie Gesteinsstrombildungen bzw. Schlammfluten U-förmige Täler ausschürfen und zusammen mit vulkanischen Auswurfmassen mächtige abgelagerte Schichtpakete (Komplexe) erzeugen können, die ansonsten ohne Einzelfallprüfung generell als glazial erzeugt und hinterlassen deklariert werden.

Der Gletscherfluss *Jökulsá á Fjöllum* (deutsch: *Gletscherfluss aus den Bergen*) ist mit einer Länge von 206 km der zweitlängste Fluss Islands und entspringt am Vatnajökull, dem größten Gletscher Islands. Man bezeichnet derart große Gletscher, die bis zu 50 000 km² Fläche bedecken, auch als Plateaugletscher oder Eiskappen, noch größere nennt man Eisschilde. Besucht man Island und die Landschaft entlang des Flusses *Jökulsá á Fjöllum*, so wird erklärt, dass es sich um eine »eiszeitlich« geformte Landschaft handelt. Da sieht man im Oberlauf ausgeprägte Mäander und Schwemmebenen, so wie man es von den Alpen oder aus Skandinavien her kennt. Mit dem 12 m hohen Wasserfall Selfoss beginnt dann der Jökulsá-Canyon, der an große Canyons wie zum Beispiel den *Canyon de Chelly* im US-Bundesstaat Arizona erinnert. Heute ist der Canyon 25 km lang und stellenweise bis zu 120 m tief. Es folgen weitere Wasserfälle wie der Dettifoss, dessen Fallkante pro Jahr etwa *einen halben Meter* bis einen Meter *flussaufwärts* erodiert. Der *Jökulsá á Fjöllum* stürzt hier über 44 m tief und fließt dann durch die Schlucht Jökulsárgljúfur im gleichnamigen Nationalpark. Schürften Gletscherzungen diesen Canyon aus und hinterließen solche als »eiszeitlich« angesehenen Relikte wie Moränen oder glatt geschliffene Findlinge, die teils kilometerweit transportiert wurden?

Tatsächlich befinden sich Krater entlang des Flusses *Jökulsá á Fjöllum*, und die Schlucht *Jökulsárgljúfur* soll durch einen Vulkanausbruch direkt unter dem Fluss entstanden sein. Das Zusammentreffen von Feuer, Gasen und Wasser führte zu ungeheuren Explosionen, die die Berge der Umgebung teilweise regelrecht zerrissen. Das Alter des Vulkanausbruchs und damit dieser Landschaft wird mit 8000 Jahren, also »nacheiszeitlich« angegeben. Wann entstanden die anderen, angeblich als »eiszeitlich« zu deutenden Hinterlassenschaften? Eine eingehende Untersuchung ergab, dass dieses über 200 km lange »eiszeitlich« gedeutete Gletscherflusssystem durch mehrere Fluten und Superfluten *nach* der letzten (angeblichen) »Eiszeit« entstand (Waitt, 2002).

Eine kataklysmische Flut soll sich vor über 8000 Jahren ereignet haben, danach noch einige bis vor 4000 Jahren – oder war es nur ein einziges Großereignis? In einem Bereich, der 150 km von der Quelle des Flusses *Jökulsá á Fjöllum* entfernt liegt, wurden im Flussbett 16 übereinanderliegende Schichten erschlossen, die von Wasser abgelagert wurden, während darüber fünf Schichten vom Wind transportierte Schichten darstellen sollen. Diese Schichten sind insgesamt 9 m mächtig und liegen auf gerundeten Geröllen (ebd., S. 43).

Eine zweite kataklysmische Flut soll sich vor 2500 bis 2000 Jahren ereignet haben, bei der bis zu 700 000 m³ Wasser pro Sekunde in Richtung

Arktisches Meer flossen. Heutzutage liegt die Wassermenge im Sommer bei 1500 m^3 pro Sekunde, womit der Dettifoss der wasserreichste Wasserfall Europas ist! Woher kamen damals diese Wassermassen?

»Nacheiszeitliche« Gletscherseen sind viel zu klein für eine derartige Superflut! Diese gesamte »eiszeitliche« Landschaft wurde einschließlich der Glättung von Geröllen durch Fluten und Superfluten verursacht und zwar nacheiszeitlich« während der letzten Jahrtausende. Auch wenn das heutige Wasser aus einem Gletschersee kommt, ändert es nichts daran, dass Vulkanausbrüche bzw. Gesteins- und Schuttströme für die Bildung der Landschaft verantwortlich sind, nicht aber Gletschertätigkeit. Das ganze Erscheinungsbild ähnelt der Landschaft, die nach dem Ausbruch des Vulkans *Mount St. Helens* entstand, einschließlich der Entstehung des kleinen Grand Canyon vom Tourtle-Fluss und hier in Island der Schlucht *Jökulsárgljúfur*.

Seit wann gibt es überhaupt die Gletscherseen in Island, die den heutigen Gletscherfluss *Jökulsá á Fjöllum* zu speisen scheinen? Wie viele andere Gletscher Islands entstand der Plateaugletscher *Vatnajökull* vor nur etwa 2500 Jahren, also in dem Zeitraum des Postglazialen Klimasturzes. Zur Zeit der Landnahme durch die Wikinger vor über 1100 Jahren, also im 9. Jahrhundert, war der Gletscher bedeutend kleiner als heute. So lag das Vulkansystem *Esjufjöll* außerhalb des damaligen Gletschers, während es sich heute in dessen Mitte befindet. Im 15. Jahrhundert begann dann die Kleine Eiszeit, die in Island bis etwa 1890 dauerte. Der Vatnajökull wuchs während dieser Zeit.

Auf Island, das nur 20 bis 17 Mio. Jahre alt sein soll, befinden sich über 30 Vulkansysteme, die während der letzten 10 000 Jahre mehrmals oder sogar regelmäßig ausgebrochen sind. Diese steil aufragende Insel, die auf antiken Karten größer dargestellt wurde, liegt auf der Bruchzone in der Erdkruste, die sich durch den ganzen Atlantik bis zum Arktischen Ozean hinzieht. Flankiert wird dieser gigantische Riss vom unterseeischen Mittelatlantischen Rücken als Teil des erdumspannenden Mittelozeanischen Rückens, der mit 45 000 km die längste Gebirgskette der Erde darstellt. Die Vulkane befinden sich entlang der Riftzone. Dieser Riss teilt Island, das sich von diesem aus orthogonal nach beiden Seiten insgesamt um etwa 2 bis 7 cm pro Jahr ausdehnt (Abb. 138). Das Wachstum in westlicher Richtung ist jedoch deutlich stärker als das nach Osten gerichtete. Wann entstand Island wirklich und wann sackte der gesamte Meeresboden um bis zu 2000 m

Abb. 138: **SPREIZUNGSZONE**. Diese Brücke überspannt eine sogenannte Riftzone in Island, von der die nordamerikanische Platte nach links und die eurasische Platte nach rechts driften sollen, allerdings unterschiedlich schnell. Für den Fall einer expandierenden Erde handelt es sich bei dem Graben jedoch um zusätzlich entstandene Erdkruste, während die beiden Platten links und rechts *unter Berücksichtigung einer Erdexpansion* ortsfest sind. In größerem Maßstab sind so die Ozeane zwischen den aufgerissenen Kontinentalschollen entstanden, weshalb die tektonischen Platten auf beiden Seiten aneinanderpassen, wie hier in Island oder zwischen Südamerika und Afrika.

ab? Immerhin fand Fridtjof Nansen auf seiner Polarexpedition 1893 bis 1896 Beweise, dass dies vor relativ kurzer Zeit geschehen sein muss. Da Island auf alten Karten größer und mit besiedelten Küsten dargestellt wurde, sollten sich Zeugnisse unserer Vorfahren, sofern es jemals welche gegeben hat, heute tief unten auf dem Meeresgrund befinden. Island wurde dann erst spät nach den kataklysmischen Superfluten und Vulkanausbrüchen zuerst von keltischen Mönchen und dann von Wikingern mit der einsetzenden Mittelalterlichen Warmzeit besiedelt, da es keine Zeugnisse einer Vorbesiedlung gibt. Heftige Vulkanausbrüche sollen in diesem Gebiet zur sogenannten *Landnahmezeit* um 900 stattgefunden haben. Es gibt dort heute immer noch aktive Vulkansysteme.

Definitiv ist die Oberfläche Islands nicht »eiszeitlich« entstanden. Trotzdem wird behauptet, dass Gletscher die Fjorde in Richtung Landinneres immer tiefer ausschürften und Trogtäler schufen, weil sie auf Grund ihres enormen Gewichts eine hohe Erosionskraft entwickeln konnten. Die Beobachtung einer stärkeren Erosion ist richtig, aber Tatsache ist, dass Schutt- und Schlammströme in steilen Gebirgslagen natürlich wesentlich stärker erodieren als in vorgelagerten flachen Gebieten – auch ohne jegliche Gletschertätigkeit.

Heutzutage gibt es in Island auch nur wenige mit Eis bedeckte Gebirge im Sommer, ähnlich wie während der »Postglazialen« Wärmeperiode nach der angeblichen »Eiszeit«, als es auch in Island sehr warm war, bevor vor mehr als 2000 Jahren und dann wieder mit Beginn der Kleinen Eiszeit vor über 700 Jahren Gletscher erschienen. Vielleicht waren Erdkrustenbewegungen und die Hebung von Gebirgen hierfür mitverantwortlich, so wie dies für das Alpengebiet und auch Skandinavien gilt. Island hebt sich noch heutzutage. Nach wissenschaftlichen Berechnungen hob sich das Land in den letzten 100 Jahren in der Mitte des Gletscherplateaus Vatnajökull um etwa 100 m, an den Kanten um etwa 50 m und in einer Entfernung von 50 km vom Gletscher immerhin noch um fünf Meter. Die höchste Erhebung Islands ist 2110 m hoch und befindet sich im Süden des Vatnajökull.

Interessant ist die bereits 1846 vorgetragene Theorie von E. Boll (S. 263 ff.), nach der durch vulkanische Tätigkeit in Skandinavien ein katastrophenartiger Durchbruch der Granite stattgefunden haben soll, in dem die Grundursache für die Entstehung der Überschwemmung in Nordeuropa zu suchen ist. Dabei soll sich ein Regen vulkanischer (Stein-)Bomben – analog zum Ausbruch des Vulkans *Mount St. Helens* im Jahr 1980 – in weitem Umkreis über die benachbarten Länder ergossen haben. Tatsächlich findet man bis nach Thüringen hinein erratische (= ortsfremde) Blöcke, die aus Skandinavien stammen sollen, deren Transportweg aber umstritten ist. Wie schon gezeigt, fallen Gletscher als Beförderer aus.

Nach Charles Lyell, Vordenker der Geologie, sollen diese Blöcke auf Eisbergen von Skandinavien nach Deutschland transportiert worden sein. Diese heute noch von einigen Geologen vertretene Drifttheorie wurde jedoch inzwischen aufgegeben (Schwarzbach, 1993, S. 34).

Die Ursprünge von Schweden lassen sich angeblich mehr als 600 Mio. Jahre zurück datieren. Zu dieser Zeit erschütterten Vulkanausbrüche das heutige Skandinavien. Immer wieder spie die Erde Magma aus, das schließlich erkaltete und zu Granit wurde. Neben Gneis ist Granit die harte Grundlage. Wann ereignete sich dieses Szenario wirklich? Vielleicht vor wenigen tausend Jahren?

Übertragen wir die in Island gewonnenen Erkenntnisse auf Skandinavien. Geologische Karten zeigen dort Gesteine aus der Zeit vor dem »Großen Eiszeitalter«. Angenommen, die Oberflächengestaltung bzw. die Morphologie Skandinaviens wäre »voreiszeitlich«, dann würde dies bedeuten, dass die Gletscher unfähig waren, erodierend und damit landschaftsgestaltend wirken zu können. Dies widerspricht den Grundsätzen der »Eiszeit«-Theorie. Glazial kann die Morphologie Skandinaviens auch nicht sein, da das Gletschereis für diesen Fall auch erosionsunfähig hätte sein müssen! Nach dem Ende der letzten »Eiszeit« kann diese Morphologie im Rahmen der Eiszeittheorie auch nicht entstanden sein, da Moränen und andere angebliche »eiszeitliche« Erscheinungen anwesend sind.

Berücksichtigen wir Erdkrustenbewegungen und Vulkanausbrüche oder auch nur das Aufbrechen der Erdkruste mit Magmaflüssen, dann ereigneten sich in Skandinavien ähnliche katastrophische Szenarien wie im »nacheiszeitlichen« Island. Krustenbewegungen bis tief unter dem Norddeutschen Becken verursachten Verwerfungen sowie vertikale Versatze (Verschiebungen).

Die Krustenstruktur von Dänemark bis Holland bis in 30 km Tiefe weist geologische und seismische Eigenschaften auf, die diesen Krustenteil als zu Skandinavien gehörend zeigen. Berlin liegt daher zwischen Skandinavien und Zentraleuropa, schreibt Ulf Bayer (2002, S. 33). Skandinavien reicht in seinen fernen Ausläufern bis an die Elbe-Oder-Linie. Es wurden mehrere Verwerfungslinien nachgewiesen, die grob gesehen von Nordwesten nach Südosten verlaufen. Die sogenannte Tornquist-Zone verläuft etwa von der Südspitze Norwegens über den Norden Dänemarks und der Südspitze Schwedens weiter nach Südosten und stellt eine wesentliche Grenze dar, die durch seismische Messungen bis in mehrere hundert Kilometer Tiefe nachgewiesen sein soll. Die Elbe-Verwerfungszone wiederum umfasst die Südrandstörung des norddeutschen Beckens mit bis zu fünf Kilometer vertikalem Versatz (ebd., S. 34). Diese Verwerfungen und Versatze in der Erdkruste werden geologisch auf ein höheres Alter datiert, was ich aufgrund der von Gams und Nordhagen nachgewiesenen »nacheiszeitlichen« Erdkrustenbewegungen bezweifle. Auf jeden Fall wird deutlich, dass nicht nur in Norddeutschland, im Baltikum und in Skandinavien in jüngster geologischer Vergangenheit gewaltige Umwälzungen und Neubildungen der Erdkruste vor sich gingen. Geologisch gesehen steht nicht nur Berlin und sein Umland auf bis zu 10 km mächtigen, angeblich während der »Eiszeit« aufgeschütteten

Abb. 139: **KATASTROPHISCH VERSCHÜTTET**. Links: In der Sandgrube Rösch bei Mauer an der Elsenz wurde 1907 der Unterkiefer des Heidelberg-Menschen (weißer Punkt) gefunden – in und unter ohne nennenswerte Unterbrechungen geschütteten Schichten. Rechts: In der Sandgrube Sigrist in Steinheim wurde 1933 der Steinheimer Frauenschädel entdeckt (durch Kreis markiert). Der angeblich 250 000 Jahre alte »eiszeitliche« Schädel wurde jedoch in einer durch Wasser abgelagerten Kiesschicht gefunden, in der man auch Fossilien von Elefanten fand. Alle Schichten über dem Schädel bestehen komplett auch aus *geschüttetem* Kies.

Sedimenten, sondern sogar das gesamte Norddeutsche Becken. Dieser gesamte oberflächennahe Untergrund soll nach geologischer Zeitskala nur 10 000 Jahre alt sein.

Es ist daher kein Wunder, wenn angeblich aus der Altsteinzeit stammende menschliche Relikte, wie der an der Unterelbe entdeckte, angeblich 36 000 Jahre alte Neandertaler vom Hahnöfersand, gemäß neuerer Messung nur noch auf ein Alter von 7500 oder noch weniger Jahren datiert werden.

Es muss die Frage wiederholt werden, woher die riesigen Schuttmassen im Norddeutschen Becken kommen sollen? Gletscher waren dazu sicher nicht in der Lage, und außerdem hätte Skandinavien ein ganz anderes Aussehen gehabt, wenn man diese Massen berücksichtigen und aufhäufen würde. Vergleicht man damit den isländischen Fluss *Jökulsá á Fjöllum*, der weit über 100 000 Tonnen Geröll pro Jahr transportieren soll, dann wird deutlich, dass der Faktor Gesteinsströme bisher viel zu wenig in Betracht gezogen wurde. Solche Gesteinsströme sind mit riesigen Wasser- bzw. Gesteinsmassen verbunden und vor allem mit katastrophischen Ereignissen denkbar. Sie können aber auch in anderer Form lokal bis regional auftreten. Welche Rolle Gesteinsströme, Schlammströme, Gletscherläufe, Wildbachströme, Glutströme oder Gasausbrüche bei der Entstehung und Ausbreitung bestimmter, oft als »eiszeitlich« angesehener Merkmale gespielt haben, muss im Einzelfall untersucht werden. Sehen wir uns hierzu Beispiele an.

Im mittleren Maintal wurden rund 50 m mächtige Sande und Schotter (Cromer-Komplex) angeblich vor 850 000 bis 760 000 Jahren (Liedke/Marcinek, 1995) außerordentlich schnell abgelagert, worauf schon der Würzburger Geologe Erwin Rutte (1958) hinwies. »Die Sedimente sind in einer einzigen, einheitlichen Schüttungsphase ohne nennenswerte Unterbrechungen geschüttet worden« (Rutte, 1990, S. 235), »ohne Unterbrechung in einer geologisch sehr kurzen Zeit« (Körber, 1962, S. 30). Mächtige, auch menschliche Relikte wie den Unterkiefer des *Homo heidelbergensis* (= Heidelberg-Mensch) enthaltende Schichten entstanden also in wenigen Stunden, höchstens Tagen. Unter Berücksichtigung des Zeitimpakts (= schnelle Schüttung) fand dieses Ereignis vor wenigen tausend Jahren statt.

Auch im Bereich der zu Beginn dieses Buches abgehandelten Alpen, die sich während der Keltenzeit infolge Erdkrustenbewegungen hoben und bewegten, wurden große Schuttmassen schnell geschüttet. Eine intensive Studie im Bereich der gesamten italienischen Alpen, die 2002 veröffentlich wurde, zeigt, dass seit dem 14. Jahrhundert, dem Beginn der Kleinen Eiszeit, am gesamten Südhang dieses Gebirges von Frankreich bis Slowenien katastrophische, durch extreme Flutereignisse verursachte Gesteinsströme niedergingen. Je nach Korngröße des Schutts und Geschwindigkeit des Stroms führten Sedimentierungsprozesse zur Bildung von Geröllfeldern, Moränen und systematisch sortierten Schichtfolgen, die meist als »eiszeitlich« angesehen werden (Abb. 140).

Für das proklamiert hohe Alter der Alpen befindet sich viel zu wenig Schutt in den Tälern und an den Hängen. Ziehen wir einmal die zuvor beschriebenen Sedimentierungen seit dem 14. Jahrhundert ab, bleibt nicht viel Material für die verbleibenden Jahrmillionen übrig. Wenn aber die Kleine Eiszeit allein derart viel Schutt verursachte, müsste das in der Wirkung gewaltigere und wesentlich länger andauernde »Große Eiszeitalter«, wenn es denn stattgefunden hätte, die Täler mehr oder minder verfüllt haben, und es fragt sich, warum noch heute Gebirgshänge steil aufragen,

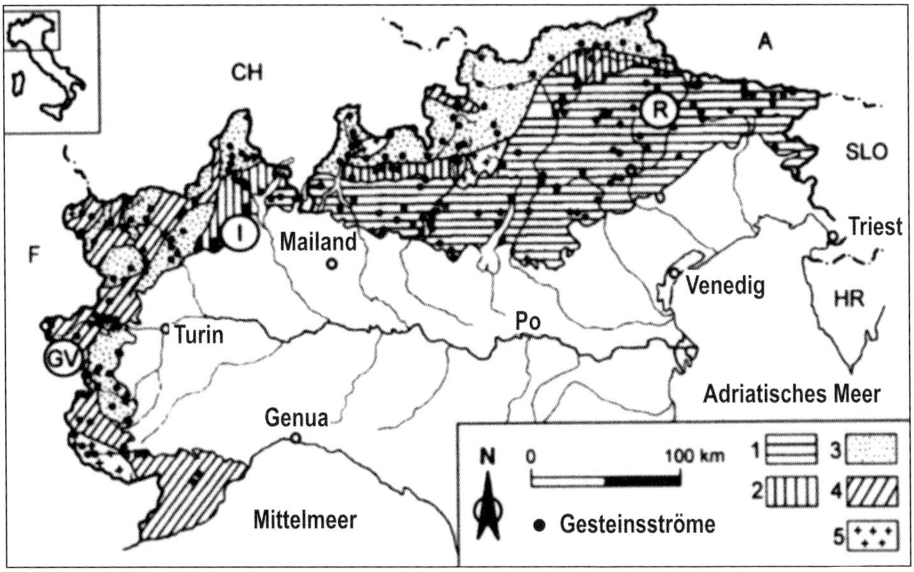

Abb. 140: **JUNGE GESTEINSSTRÖME**. Die Karte zeigt die italienischen Alpen mit Orten, an denen seit dem 14. Jahrhundert niedergegangene Gesteinsströme Schäden in besiedelten Gebieten verursachten (vgl. Abb. 137). Die Schraffuren zeigen unterschiedliche Gesteinsarten an (nach Govi et al., 1980).

obwohl diese teilweise von bruchanfälligen Sedimentgesteinen gebildet werden. Das andauernd ins Gebirge sickernde Wasser hätte schon lange für mehr Böschungsbrüche und Gesteinsströme sorgen müssen. Fazit: Die Alpen sind gemäß geologischer Zeittafel sehr jung.

Einschlag oder Explosion?

Betrachten wir jetzt noch einmal Skandinavien und dort den nordwestlich von Stockholm gelegenen Siljan-Ring, der mit einem Durchmesser von 55 km den größten (angeblichen) *Einschlag*-Krater in Europa bildet. Vor über 370 Mio. Jahren soll hier ein Asteroid eingeschlagen sein. Im Bereich dieses Kraters befinden sich mehrere kleinere Seen, deren Betten durch Gletscher ausgeschürft worden sein sollen. Aber Seen entstehen auch häufig durch Vulkanausbrüche. Auf jeden Fall ist der angeblich sehr alte Krater mit jüngeren Sedimenten aufgefüllt, und in diesem Bereich quellen Kohlenwasserstoffe aus dem Untergrund.

Professor Thomas Gold war für eine Bohrung verantwortlich, die auf der Suche nach Erdöl im in der angeblichen Impakt-Struktur *Siljan-Ring* vorgenommen wurde. Die schwedische Regierung erhoffte sich Erdölvorräte, obwohl in der Tiefe des Granitsockels nach geophysikalischer Grundlagentheorie eigentlich kein Erdöl und Erdgas vorhanden sein dürfte. Gold wollte beweisen, dass Erdöl abiogen, also nicht biologisch entsteht. Es wurden mehrere Bohrungen vorgenommen, wobei die tiefste 6700 m erreichte. In unterschiedlichen Tiefen fand man Wasserstoff, Helium, Methan und andere Kohlenwasserstoffe, wobei überall in etwa das gleiche Verhältnis der verschiedenen Gase zueinander angetroffen wurde. In 6000 m Tiefe wurde das Bohrgestänge durch eine sehr zähe, aus Öl bestehende, 10 m mächtige Paste verstopft, die aus Schlamm mit bakteriellen Überresten bestand.

Denken wir jetzt einmal nicht an einen Einschlagkrater, sondern nach unseren bisherigen Überlegungen an eine durch Kohlenwasserstoffe, hauptsächlich Methan, verursachte Explosion. Also könnte es sich um eine Art Schlammvulkan handeln, der aufgrund der ungeheuren Größe des Schlots riesige Mengen von Sedimenten an die Erdoberfläche gespült haben könnte. Tatsächlich zeigen sich im Umfeld Schwedens überall große Kohlenwasserstoffvorkommen. Der Norwegische Graben, der von der Küste Hollands bis über das Nordkap hinaus reicht, stellt auf der westlichen Seite eine Ausweichmöglichkeit für Kohlenwasserstoffe dar, die sich unter dem als Verschlusskappe wirkenden Granitsockel Schwedens permanent ansammeln.

So wird verständlich, warum aus dem 950 m durchmessenden Schlot des Schlammvulkans *Håkon Mosby*, der sich in einer Tiefe von 1250 m vor Norwegens Küste befindet, ständig riesige Mengen von Methan entweichen. Auf der gegenüberliegenden Seite von Skandinavien könnte auch der Siljan-Ring solch ein Ventil gewesen sein. Diese meine Hypothese stellt zwar eine Spekulation dar, aber eine wohlbegründete.

Wie von Bohrungen her bekannt ist, können ungeheure Mengen von Wasser und Sedimenten aus dem Bohrloch »springen«, weshalb man derartige Bohrlöcher Springer nennt. So produzierten einige Pumpbrunnen im nördlichen Midway-Feld in Kalifornien über 35 000 m^3 Sand pro Jahr. Bei *Bibi Heibat* in Baku, Aserbaidschan, am Kaspischen Meer spie ein Springer 10 000 Tonnen Öl und 10 000 Tonnen Sand täglich aus (Stutzer, 1931, S. 283). Es handelt sich um künstlich erzeugte, da erbohrte Schlammvulkane, bei denen, wie bei Springern, der durch aufsteigende Gase erzeugte Überdruck als Auslöser und Motor wirkt.

Viele Seen in Kanada, Alaska, Sibirien oder Europa sollten auf ihren Ursprung hin neu untersucht werden. Nordöstlich des Chiemsees in Bayern befindet sich ein ellipsenförmiges Streufeld mit 81 Kratern, die von Teilen eines auseinandergebrochenen Meteoriten stammen sollen. In den bis zu 370 m großen Vertiefungen bildeten sich Seen wie der Tüttensee, der durch das angebliche Meteoritenspektakel zur Zeit der Kelten vor nur ungefähr 2200 Jahren entstand. Anscheinend uralte Geländestrukturen sind oft jünger, als man glaubt. Aber könnten die Einschlagkrater nicht einfach Ausgasungskrater sein, aus denen Gase explosiv entwichen und einen Krater hinterließen, der zum Teil mit Sedimenten aus der Tiefe gefüllt ist? Das Wasser des Sees entstand dann zum überwiegenden Teil durch die Oxidation von Kohlenwasserstoffgasen und nur sekundär durch Regenwasser.

Derartige Krater können überall entstehen, wo sich Kohlenwasserstoffe reichlich im Untergrund befinden. Bei meinen Reisen in die Provinz *Nova Scotia* in Ostkanada musste ich feststellen, dass es hier unwahrscheinlich große Mengen von Kohlenwasserstoffen gibt, in Form von Gas, Öl und Steinkohle. Aber gleichzeitig befinden sich hier auch die größten Frischwasser-Vorräte dieser Welt. In Nova Scotia liegen mit Wasser gefüllte Krater einer am anderen als regelrechte Seenkette. Gleichzeitig findet man unzählige Findlinge, die nicht vom Erdoberflächenmaterial herstammen. Sie sollen mit Gletschern von viel weiter nördlich, aus einer Entfernung von mehreren hundert Kilometern dorthin verfrachtet worden sein. Wer beispielsweise die riesigen Felder von Findlingen südlich von Halifax gesehen hat, wird an dieser Erklärung zweifeln müssen. Wurden diese Findlinge nicht eher mit Methanausbrüchen aus dem Untergrund hervorgeschleudert und in der Umgebung verteilt, so wie es beim Ausbruch des Mount St. Helens 1980 geschah?

Wenn zum Beispiel Gletscher die Seebecken in Schweden, das Hafenbecken von Sydney in Nova Scotia oder zumindest Teile des Ostseebeckens ausgeschürft haben sollen, muss man sich fragen, wie das mechanisch vor sich gehen soll? Tatsächlich gibt es Gletscherzungen, die an schrägen Ebenen, *allerdings nur wenige Kilometer* herunterrutschen. Aber wenn sich mehrere Kilometer hohe Gletscher zum Beispiel im Bereich der heutigen Nordsee befunden haben sollen, dann fragt sich, wie sich diese vorwärts bewegt haben sollen? Eine Schubkraft aus den Gebirgen Skandinaviens entfällt, da das Eis höher als die Gebirge gewesen sein soll und weil Findlinge auch nördlich der Eisscheide (analog der Wasserscheide) in Norwegen zu finden sind. Ein riesiger Gletscher in der Ebene würde, wie auch von Bauwerken her bekannt, eine entsprechend tiefe Setzungsmulde erzeugen, wodurch auch Risse in der Erdkruste entstanden sein müssten. Wo sind diese zu finden? Außerdem bewirkt eine Setzungsmulde, die in der Mitte des Gletschers tiefer und am Rande flacher ausgeformt wäre, dass die Bewegung zum Zentrum des Eises hin verursacht wird und nicht umgekehrt zu den Rändern. Woher kommt also die Horizontalkraft, damit das Eis eine schiebende Wirkung in der Ebene erzeugen kann? Noch nie wurde dies berechnet oder durch ein Versuchsmodell bestätigt. Mit anderen Worten, es gibt keine Eiszeit-Mechanik, abgesehen vom Schräge-Ebenen-Prinzip! Aber das Wirken allgewaltiger Gletscher ist eine Selbstgewissheit, die nicht hinterfragt wird und deshalb auch mechanisch nicht begründet zu werden braucht.

Aus diesen und vielen weiteren Überlegungen ergibt sich, dass Inlandgletscher im größeren Format gesehen nicht erosionsfähig sein können. Deshalb können weder das Flusssystem Skandinaviens noch die Ostsee durch glaziale Wirkung entstanden sein.

Die Nordsee war bis vor wenigen tausend Jahren trockenes Land. Zu dieser Zeit gab es noch keine Meeresverbindung mit der Ostsee. Nach offizieller Datierung war vor ungefähr 6000 Jahren ein Anstieg des Meeresspiegels sowie gleichzeitig eine Absenkung der Erdkruste im Bereich der Ostsee zu verzeichnen. Archäologen entdeckten im Rahmen des Forschungsprojektes Sincos (*sinking coasts*: Sinkende Küsten) am Grund der Ostsee mehrere steinzeitliche Siedlungen und Reste versunkener Wälder in der Wismarer Bucht. Weitere Fundorte werden in der Ostsee untersucht, u. a. vor der Ostseeinsel Rügen.

Wurde die kulturelle Vergangenheit Nordeuropas unter den Fluten der Ost- und Nordsee begraben? »Seit 7000 Jahren erst liegt Mecklenburg an der Ostsee« und »stieg der Spiegel der südlichen Ostsee, gleich wie der Wasserspiegel in einer Wanne, die einseitig gehoben wird (…) Ehe sich dieser Vorgang in Norddeutschland bemerkbar machte, reichte die Ostsee etwa bis zu einer Linie, die heute mindestens 25 m unter dem Wasserspiegel liegt«, stellt Professor Dr. Kurd von Bülow fest (1952, S. 49).

Nord- und Ostsee waren damals nicht miteinander verbunden, und die Ostsee war früher als ein Binnensee zweigeteilt. Die Untiefe *Darsser Schwelle* in Mecklenburg-Vorpommern lag trocken, und die eigentliche Ostsee war getrennt von der Beltsee, die im Wesentlichen – bis auf das Urstromtal – auch trocken lag. Mit anderen Worten, die Ur-Ostsee begann bei Rügen und erstreckte sich nur ostwärts in Richtung Finnland.

Falls die Ansicht richtig ist, dass sich Nord- und Ostsee erst vor etwa 7000 bis 5000 Jahren mit Wasser gefüllt haben, muss man fragen, woher die Wassermassen gekommen sind? Vor wenigen tausend Jahren war dieser Zeitraum vom warmen »Postglazialen« Klimaoptimum geprägt, als es wesentlich wärmer war als heute.

Auf jeden Fall liegt ein wesentlicher Teil unserer Vorgeschichte heutzutage unter den Wellen der Ost- und Nordsee begraben. Müsste die Ostsee zu dieser Besiedlungszeit nicht durch die abschmelzenden, angeblich mehrere Kilometer hohen Gletscher der letzen »Eiszeit« in Skandinavien und Norddeutschland randvoll mit Schmelzwasser gewesen sein? Die »Eiszeit«-Theorie ist unvereinbar mit der »nacheiszeitlichen« Besiedlung des in großen Bereichen trocken liegenden Ostseebodens. Tatsächlich wurde die Ostsee durch die bereits diskutierten, aus Asien stammenden Wasser der Superfluten sehr schnell gefüllt, die über das Kaspische Meer nicht nur in das Nordpolarmeer, sondern auch in die östliche Ostsee (Finnische Seenplatte) und über die Urstromtäler bis in die westliche Ostsee (Beltsee) abflossen. Die Urstromtäler Norddeutschlands entstanden »nach der Eiszeit und mit größerem Wasserreichtum« (Dacqué, 1930, S. 62).

Die Zeit nach dem Klimasturz

Bis zum Klimaumsturz vor etwa 850 oder 450 Jahren v. u. Z. war es im »Postglazialen« Klimaoptimum (Jungstein- und Bronzezeit) mit kurzen Unterbrechungen warm und über lange Phasen wesentlich wärmer als heute (Abb. Abb. 2, S. 13), während der Meeresspiegel ständig und teilweise katastrophisch schnell angestiegen war. Zu dieser Zeit der Klimaverschlechterung erreichten Erdkrustenbewegungen eine besondere Intensität und führten zur Bildung neuer Seen bei München, Tölz und Memmingen zur Zeit der Kelten, unter Bildung von Strandwällen und Uferterrassen sowie einhergehender Vernichtung sämtlicher Pfahlbauten und sonstiger Ufersiedlungen im Alpengebiet vor etwa 2860 bis 2130 Jahren – nach Gams und Nordhagen, 1923, S. 304f.

Die Besiedlung scheint schon vor dem Beginn der Keltenwanderungen auf ein Minimum zurückgegangen zu sein, und die Erz- und Salzgruben wurden unter katastrophischen Erscheinungen verlassen. Die Besiedlung beschränkte sich auf die wärmsten Täler, in denen sich überall selbstständige, durch Handel und Verkehr kaum berührte Typen ausbilden (ebd., S. 224).

Die Schneegrenze sank, und die Alpen vereisten, nachdem bereits in der Zeit vor 8000 bis 4000 Jahren die Alpengletscher wiederholt derartig geschrumpft waren, dass ihre Gletscherzungen weit oberhalb der heutigen Gletscherstände lagen. Nach dieser kälteren Phase waren die Temperaturen dann ähnlich wie heute, nördlich der Alpen sogar wärmer. In Nordafrika und im Nahen Osten war es damals feuchter. Die holländischen und norddeutschen Moore wuchsen stark, wie die Funde von vermutlich aus dem 3. Jahrhundert stammenden Moorleichen beweisen. Der Rückgang der Alpengletscher verbesserte die Passierbarkeit der Alpenpässe und begünstigte Völkerwanderungen (ebd., S. 306).

Nach dieser Wärmeperiode, die als »Optimum der Römerzeit« heute in den ersten vier Jahrhunderten nach der Zeitenwende gesehen wird, begann das frühmittelalterliche Pessimum. Die Mitteltemperatur ging zurück auf 1–1,5 °C unter der heutigen. Das Klima wurde feuchter und die Winter kühler, bis schließlich die *Mittelalterlichen Warmzeit* (auch *Mittelalterliches Klimaoptimum*, neuerdings als *Mittelalterliche Klimaanomalie* bezeichnet) einsetzte. Professor Brian Fagan (Universität von Kalifornien) beschreibt analog zur offiziellen Zeitrechnung qualitativ richtig, dass der Klimawechsel »eine längere Wärmezeit einleitete, die etwa um 800 begann und zwischen 1150 und 1300 ihren Höhepunkt erreichte« (Fagan, 2001, S. 195), der Zeit der Entdeckungen durch Wikinger und irische Mönche.

Meist wird der Beginn dieses Klimaoptimums jedoch erst Mitte des 10. Jahrhunderts angesetzt. Der folgende relative Wohlstand während der *Mittelalterlichen Warmzeit* in Europa führte zur Intensivierung des Ackerbaus und ermöglichte eine Stadtgründungswelle ab der ersten Jahrtausendwende. Während es bis zum Jahr 1000 etwa 100 bis 120 frühmittelalterliche Handelsplätze in Deutschland gab, wurden in den folgenden gut 300 Jahren während der Mittelalterlichen Wärmeperiode bis zum Einsetzen der Kleinen Eiszeit im 14. Jahrhundert in Deutschland fast alle Städte, insgesamt fast 3000 errichtet, weshalb zumeist höchstens 1000-jährige Gründungsfeiern der Städte zelebriert werden. Die Architekten und Stadtplaner Klaus

Humpert und Martin Schenck (2001) haben definitiv nachgewiesen, dass bei den mittelalterlichen Stadtgründungen eine komplette Stadtplanung auf der grünen Wiese eingemessen und verwirklicht wurde. So wurde in kleineren bayerischen Städten, im Gegensatz zu den Stadtgründungen im Osten, eine virtuose Handhabung der Bodengeometrie verwirklicht, die offiziell den Wittelsbachern zugeschrieben wird (Humpert/Schenck, 2001, S. 36).

Während des Klimaoptimums *Mittelalterliche Warmzeit* soll es zwar warm, aber weniger warm als heute gewesen sein. Diese von Klimaaktivisten gerne behauptete und angeblich bewiesene Tatsache ist eine Lüge, die auf gefälschten Daten beruht, wie nachgewiesen wurde. Wenn man uns einreden will, dass wir schuld an steigendenden Temperaturen sind, darf es *vor Beginn* der Industrialisierung natürlich nicht wesentlich wärmer gewesen sein als heute.

Einen Beweis für vormals höhere Lufttemperaturen brachten archäologische Ausgrabungen. Zum Beispiel berichtete der »Deggendorfer Kurier« am 30. September 2007, dass in Deutschland zur damaligen Zeit Feigen und Mandeln wuchsen, bewiesen durch eine hohe Funddichte. Ebenso konnten Granatapfelkerne für das späte 13. Jahrhundert in Konstanz belegt werden.

Im Westen Englands pflanzte man bis in 200 m Höhe Weinstöcke und in der Hügelkette *Lammermuir Hills* im Südosten von Schottland bis in 425 m Höhe Getreide an, was heutzutage unter den derzeitigen klimatischen Verhältnissen nicht möglich ist. Die Durchschnittstemperaturen der Britischen Inseln lagen zwischen 1140 und 1300 um 0,8 °C höher als zwischen 1900 und 1950. Heutzutage erreichen wir im Sommer nicht annähernd die Temperaturen der Mittelalterlichen Wärmezeit!

Nördlich von Trondheim, auf dem 64. Breitengrad nahe dem Polarkreis, konnte in dieser *Mittelalterlichen Warmzeit* Weizen angebaut werden, was niemals zuvor möglich gewesen war – ebenso in Schottland und sogar in Grönland, belegt durch archäologische Ausgrabungen. Auch heutzutage wächst dort kein Weizen.

Nachdem die Wikinger, den Kelten folgend, mit dem wärmer werdenden Klima Island angeblich Ende des 9. Jahrhunderts besiedelten, kolonisierten sie ab 982 Grönland, das sie zutreffend Grünland (englisch: Greenland) nannten. Die grönländischen Wikinger waren Farmer, bauten in Grönland zeitweise auch Weizen an, betrieben Feldgraswirtschaft und besaßen Rinder bzw. Milchkühe. Allein der Bischof von Gardar (Ostsiedlung) hatte in seinem Stall die beträchtliche Anzahl von 100 Rindern (Lechler, 1939, S. 22).

Aus den Abfallgruben wissen wir, dass neben Kühen noch Schafe und Ziegen gehalten wurden, seltener Schweine. Während dieser Zeit unternahmen die isländischen und grönländischen Wikinger, wie ausführlich in meinem Buch »Kolumbus kam als Letzter« beschrieben, Seefahrten durch die Davisstraße zwischen Kanada und Grönland oder an der Nordküste Sibiriens entlang bis zur Beringstraße. Nach dem Passieren dieser Meeresenge, also des früher trocken liegenden Gebiets Beringia, war der Weg nach Mittel- und Südamerika, aber auch bis nach China, Indien und vielleicht auch Australien frei, da dieser Kontinent in Teilen auf alten Karten lange vor seiner offiziellen Entdeckung eingezeichnet ist.

Im Jahr 1956 fand man auf der Insel Lillön (Schweden) zur großen Überraschung der Ausgräber eine Buddhafigur aus Bronze (Oxenstierna, 1962, S. 130), die dem 7. Jahrhundert zugeordnet wird und aus Kaschmir stammt. Sogar chinesische Seide konnte in einem Wikingergrab in Birka nachgewiesen werden (ebd., S. 91).

Die von grönländischen Wikingern vor Beginn der Kleinen Eiszeit benutzte eisfreie Nord-West-Passage wurde von den späteren Kolonialmächten ab dem 15. Jahrhundert verzweifelt gesucht, denn man wusste von einem ehemaligen Nordwest-Wasserweg nach China und Indien. Die Nordwest-Passage konnte aber nicht mehr entdeckt werden, denn die *Kleine Eiszeit* ließ die vorher befahrbaren Gewässer ab dem 14. Jahrhundert zufrieren. Einen Runenstein fand man noch hoch im Norden auf 72 Grad nördlicher Breite an der Baffin Bay, also weit nördlich des Polarkreises.

In Mittel- und Westeuropa ereignete sich eine erste, durch alte Quellen abgesicherte Warmphase ab 1021, nachdem man 1001 in Nürnberg noch eine Sintflut befürchtet hatte. Es wurde heiß und trocken.

In Chroniken wird berichtet, dass 1022 viele Leute um Nürnberg auf den Straßen verschmachteten und erstickten. Viele Brunnen, Weiher, Bäche und Flüsse versiegten. Es folgten immer wieder sehr trockene Phasen, so entzündeten sich 1113 durch die große Hitze viele Wälder. Im Jahr 1130 war es dann so trocken, dass man bei Köln (wieder einmal) durch den Rhein waten konnte, und an manchen Stellen war er sogar ganz trocken gefallen (Kölnische Chronik 1087–1387, LHA Koblenz).

Viele Menschen verhungerten, wieder einmal, weil Getreide und Feldfrüchte vertrockneten. 1137 herrschte in ganz Mittel- und Westeuropa eine außergewöhnliche Trockenheit. 1150 gab es einen sehr kalten Jahrhundertwinter, während 1182 die Bäume bereits Anfang Februar ausschlugen, aber Anfang Juni Frost herrschte, sodass die Früchte erfroren. Von Dezember 1186 bis Januar 1187 blühten die Bäume, und man sprach in Köln treffend davon, dass der Sommer den Winter ersetzt habe. 1210 war der Winter wieder derart hart, dass noch die tiefsten Wurzeln der Bäume erfroren. Insgesamt wechselten seit dem Jahr 1000 sehr warme mit etwas kühleren Phasen ab, und auch in den Wintertemperaturen dokumentierte sich ein Klimawandel. Allgemein waren auch die Winter niederschlagsreicher und wurden erst ab 1741 von trockeneren abgelöst. Erst Mitte des 20. Jahrhunderts ist ein Trend zu feuchteren Bedingungen erkennbar.

Der Hydrologische GAU

Der Winter zu Beginn des Jahres 1342 »war bereits sehr kalt und schneereich verlaufen, als im Februar plötzlich Tauwetter und eine Schneeschmelze einsetzte. Die Flüsse schwollen an, und in Prag riss die Moldau die Judithbrücke fort – den Vorläufer der heutigen Karlsbrücke. Dann kehrten Frost und Schnee zurück (...). Eine kurze Hitzewelle Anfang Juli brachte nur vorübergehend Erleichterung – denn dann brach die Katastrophe los« (Internetlink 26). Es folgte ab Ende Juli bis Anfang August die schwerste, historisch belegbare Natur- und Umweltkatastrophe der letzten 1000 Jahre in Mitteleuropa, bezeichnet als Magdalenenhochwasser, auch Magdalenenflut genannt. Für die gleiche Zeit berichten die Chroniken an der Donau von einer großen Flut. Ab dem 19. Juli setzte intensiver Dauerregen ein, der sich in den folgenden Tagen nach Nordwesten hin ausweitete: Am 22. Juli hatte er die untere Weser und am 25. Juli die Nordseeküste erreicht. Als Folge dieses katastrophischen Unwetters schwollen Main, Rhein, Donau, Weser und Elbe stark an.

Dieses Jahrtausend-Hochwasser entfachte eine Flutwelle, die fast alle Brücken in Regensburg, Bamberg, Würzburg, Frankfurt, Dresden und Erfurt zerstörte. In Bamberg riss die Regnitz eine Brücke mit Turm ein. Nach alten Chroniken stand das Wasser in Würzburg oberhalb der Stufen des Würzburger Doms, womit der Fuß der heutigen Domtreppe gemeint sein könnte, und die Brücke mit ihren Türmen und viele steinerne Häuser stürzten zusammen. Es wird weiter berichtet, dass es in ganz Deutschland und in anderen Gebieten ähnliche Überschwemmungen gab. In Frankfurt stürzte die Brücke über den Main erst vier Tage nach der Flut ein, während das Wasser in allen Kirchen und Gassen stand. Laut der Markierung am alten Fahrtor, einem ehemaligen Stadttor der Stadtbefestigung, betrug der Wasserstand 25 rheinische Fuß. Eine angeblich entsprechende Hochwassermarke ist heute am Eisernen Steg zu sehen. Nach einer lateinischen Inschrift in der im Zweiten Weltkrieg zerstörten Weißfrauenkirche stand das Wasser dort sieben Schuh hoch, also etwa zwei Meter.

Die maximale Abflussrate des Mains 1342 wurde im Frankfurter Osthafen auf etwa 4000 m^3/s geschätzt (Glaser, 2001, S. 201). Dieses Ereignis ist statistisch nicht mehr erfassbar, denn es wäre sogar noch seltener als ein 1000-jähriges Hochwasser einzustufen. Dies gilt umso mehr, als fast alle großen Hochwasser an den Flüssen Rhein, Main und Donau im Winterhalbjahr zwischen 1. November und 30. April auftreten, wenn durch Schneeschmelze und Bodenversiegelung infolge Frosts die Abflussmengen anwachsen. Die Superflut im Sommer 1342 war auch in dieser Hinsicht eine Ausnahme.

Hohe Pegelstände über 7,05 m gab es auch noch in den Jahren 1451 mit 8,40 m, 1546 mit 8,60 m, 1633 mit 8,00 m und 1682 mit 8,40 m, bevor dann im Jahr 1784 der zweithöchste jemals gemessene Pegelstand mit 9,20 m verzeichnet wurde, wobei etwa drei Viertel der Abflussmenge von 1342 erreicht wurde. Im 19. Jahrhundert waren sechs Hochwasserstände von über 7,05 m zu verzeichnen, wobei 1845 noch 8,34 m erreicht wurden. Im 20. Jahrhundert gab es insgesamt nur drei hohe Pegelstände, und zwar den höchsten im Jahr 1909 mit 7,60 m und dann nach 1920 bis heute nur noch ein einziges Mal und zwar im Jahr 1947 mit 7,02 m, bei einer Abflussmenge von deutlich weniger als der Hälfte derjenigen von 1342. Seit fast 65 Jahren gab es kein Hochwasser mehr mit einem Pegelstand über 7,05 m. Das gerne als Referenzkatastrophe angeführte Elbhochwasser im Jahr 2002, auch als Jahrhunderthochwasser bezeichnet, war gegen die Flutwelle von 1342 ein eher regionales Ereignis entlang der Elbe und ihrer Nebenflüsse, mit wesentlich geringeren Abflussmengen.

1342 war aber nicht Regen Hauptverursacher der Magdalenenflut, »die nicht durch Regengüsse entstand, sondern es schien, als ob das Wasser von überall her hervorsprudelte, sogar an den Gipfeln des Berges, sodass (das Wasser) Gegenden bedeckte, wo es ungewöhnlich war. Das Wasser kam nur

Abb. 141: **KRISEN DER VERGANGENHEIT**. Hochwassermarken am Packhof zu den Hochwassern in *Hannoversch Münden* am Zusammenfluss von Werra und Fulda zur Weser. Der weiße Pfeil markiert den höchsten Wasserstand im 20. Jahrhundert, während der schwarze auf die oberste Hochwassermarkierung, den Pegelstand des Magdalenenhochwassers am 24. Juli 1342 zeigt, Darunter sind drei höchste Wasserstände des 16. und 17. Jahrhunderts markiert.

zu einem kleinen Teil als Regen, sondern brach aus verborgenen Orten in den Bergen, Tälern und dem ganzen Lande hervor« (Vitae papar. Avenionensium & Corp. His. Med. aevi).

Derartiges kann sich ereignen, wenn Erderschütterungen und Vulkantätigkeiten zu verzeichnen sind. Gerade im 14. Jahrhundert verunsicherten sieben größere Erdbebenereignisse die Bevölkerung in Mitteleuropa. Besonders schwer wurde die Stadt Basel in der Schweiz betroffen. Bei solchen, aber auch kleinen derartigen Ereignissen erreicht Methan – in der Tiefe als Liquid vorkommend – die Erdoberfläche als Gas, deshalb die Dämpfe von denen damals berichtet wurde. Denn derartige Gerüche wie faule Eier entstehen, falls auch Schwefelwasserstoffe an der Erdoberfläche mit austreten. Aufsteigendes Methan oxidiert jedoch unter und an der Erdoberfläche unter Zutritt von Sauerstoff explosionsartig und es entstehen Kohlendioxid und Wasser, quasi jungfräulich!

Kein anderes Ereignis in historischer Zeit, wie die *Magdalenenflut 1342*, hatte einen derartigen Einfluss auf die Umgestaltung der Erdoberfläche. Es wurden viele, bis zu 14 m tiefe Schluchten gerissen und Erosionsrinnen geschaffen, die auch heute noch landschaftsbestimmend sind. Es gibt Schätzungen, die das Volumen des erodierten Bodenmaterials auf etwa 13 Milliarden Tonnen veranschlagen. Eine derart gewaltige Menge geht bei normalen Wetterbedingungen erst in einem Zeitraum von 2000 Jahren verloren.

Ein Jahr nach 1342 gab es auch ein Hochwasser, und es wurden wieder Brücken beschädigt. 1388 führte der Rhein dann erneut wenig Wasser und 1448 war die Trockenheit wieder so groß, dass die Wasserquellen versiegten. Klimawandel pur!

Wechselndes Klima

Während des Klimaoptimums, der sogenannten *Mittelalterlichen Warmzeit*, neuerdings als *Mittelalterliche Klimaanomalie* bezeichnet, zog sich im nördlichen Atlantik das Packeis weit nach Norden zurück, und die Landgletscher verschwanden fast vollständig. Diese Erwärmung erlaubte es den Wikingern, Island und Grönland zu besiedeln. Das Polarmeer war in beiden Richtungen schiffbar. Dann setzte eine Periode relativ kühlen Klimas im 14. Jahrhundert ein. Die als Kleine Eiszeit bekannte Phase dauerte bis weit über die Mitte des 19. Jahrhunderts hin an. Während dieser Zeit gab es erhebliche Klimaschwankungen.

Bereits zu Ende des 12. Jahrhunderts wurde der Anbau einer winterharten Gerstenart im Norden Islands aufgegeben, und im 15. Jahrhundert wurde dort überhaupt kein Getreide mehr angebaut. Mit dem Beginn der Kleinen Eiszeit verödeten die Weinberge Nordeuropas 1300 bis 1310. In den folgenden Jahren kam es zu großflächigen Ernteausfällen infolge feuchter und kalter Sommer, und ganze Dörfer wurden verlassen. Es gab viele Hungertote und angeblich sogar Ausbrüche von Kannibalismus, sodass die Bevölkerung stark dezimiert wurde.

30 Jahre später, zwischen 1347 und 1353, verwüstete der Schwarze Tod Europa. Es handelte sich um eine verheerende Pandemie, die in Asien ausgebrochen sein soll. Die Angaben über die Anzahl der Todesopfer schwanken zwischen einem Drittel und der Hälfte der damaligen europäischen Bevölkerung. Viele Gebiete Europas waren danach beinahe menschenleer.

Die Wikinger gaben die grönländische Siedlung von Gotthab 1350 auf, und 1500 war auch die größte östliche Siedlung verwaist. Die Wassertemperaturen gingen in dem Zeitraum 1600 bis 1830 um Grönland und Island rapide zurück. Während der Kleinen Eiszeit gab es vor Grönland keine Kabeljaubestände mehr, und im 17. Jahrhundert verschwand er völlig aus norwegischen Gewässern.

Während der *Kleinen Eiszeit* weiteten sich die Gletscher wieder stark aus, und die Gletscherzungen reichten bis weit in die Alpentäler hinunter. Die Kirchenbücher der kleinen Berggemeinden hoch oben in den Alpen dokumentieren, dass um 1300 die Gletscher begannen, die Hänge herabzukommen. Sie weiteten sich dann wie eine Flut aus und brachten das Eis ab 1590 bis in die Täler. Es wurden wiederholt Flusstäler verriegelt, und hinter Gerölldämmen stauten sich Seen auf. Hunderte von Leuten starben in unerwarteten, katastrophischen Fluten. Die Zahl der Gehöfte nahm rapide ab, weil die Menschen vor dem vordringenden Eis flüchten mussten.

Im Juni 1644 machte sich eine Prozession auf den Weg hoch hinauf in die Alpen zu einer Streusiedlung namens *Les Bois*, wo über dem Dorf ein gewaltiger Gletscher hing, der vom Berg herab über eine Steilstufe ins Tal von Chamonix herabfloss und das Dorf bedrohte. Diese *Les Bois-Gletscherzunge*, die zum *Mer de Glace* (zu deutsch *Eismeer*), dem größten Gletscher Frankreichs gehört, wuchs nach alten Aufzeichnungen jeden Tag um einen Musketenschuss, also etwa 120 m, selbst im August. Heutzutage beträgt die Fließgeschwindigkeit 90 m *pro Jahr*. Zwischen 1640 und 1650 schoben sich die Gletscher der europäischen Alpen so weit vor wie angeblich seit 10 000 Jahren nicht mehr. Weitere Phasen von Gletschervorstößen gab es 1818 bis 1820 und 1850 bis 1855. Dann, innerhalb von nur etwa 40 Jahren bis um 1900, hatten sich viele Gletscher um mehr als 2 km in die Berge zurückgezogen. In welchem Eis befand sich eigentlich die *scheinbar* in heißem Klima gedörrte »Eisleiche« Ötzi (Abb. 130, S. 257)?

Die Vorstöße der Gletscher Anfang des 19. Jahrhunderts fielen in eine Phase hoher Temperaturen. So wurde 1822 laut Karlsruher Temperaturreihe das wärmste Jahr des 19. und 20. Jahrhunderts gemessen (s. Abb. 4, S. 14). Insgesamt war es dort in den 1820er-Jahren ähnlich warm wie in den 1990er-Jahren. Mit Januar, März, Mai, Oktober, November und Dezember wurden sechs der wärmsten Monate der letzten 200 Jahre vor dem Jahr 2000 in der ersten Hälfte des 19. Jahrhunderts ausgewiesen. 1834 und 1846 war es etwa so warm wie im warmen Jahr 1994. Dann wurde es erneut kalt bis Ende des 19. Jahrhunderts, und die *Kleine Eiszeit* ging zu Ende. Gerade während dieser kalten Periode ab Mitte des 19. Jahrhunderts begannen die Gletscher sich zurückzuziehen, da ja weniger Niederschlag fiel, weil es ganz einfach zu kalt war. Beispielsweise zog sich der bereits erwähnte Gletscher

Mer de Glace seit 150 Jahren zwei Kilometer zurück, und die Dicke des Eises verringerte sich.

Unsere modernen Temperaturmessungen beginnen dann auch genau Ende des 19. Jahrhunderts, also während einer Zeitperiode mit sehr niedrigen Temperaturen. Nur deshalb ist eine Erwärmung in den letzten gut 100 Jahren zu verzeichnen, während im Verhältnis von heute zum Beginn des 19. Jahrhunderts keine Erwärmung in Mitteleuropa zu verzeichnen war!

Berücksichtigen wir das Klima der letzten 1000 Jahre, dann würden wir uns bei einer zukünftig weiteren Erhöhung der Temperaturen um 1,5 Grad noch im Bereich auftretender Temperatur-Schwankungen befinden, wie sie seit Beginn der Mittelalterlichen Wärmeperiode zu verzeichnen sind. »Es fällt auf, dass der für die letzten 1000 Jahre festgestellte Wertebereich innerhalb eines vergleichsweise kurzen Zeitraumes von 100 Jahren zwischen 1700 und 1800 durchschritten wurde. Offenbar eine Phase nachhaltiger Klimaumstellungen. Nach dieser Jahresbilanz leben wir heute in einer Warmphase, die dem *Mittelalterlichen Klimaoptimum* gleichkommt (...)« (Glaser, 2001, S. 181).

Innerhalb der Kleinen Eiszeit stellt der *Maunder-Minimum* genannte, von 1645 bis 1715 andauernde Zeitraum eine Periode stark verminderter Sonnenfleckenaktivität dar, die mit den kältesten Jahren der Kleinen Eiszeit zusammenfällt. Während dieser Zeit traten in Europa, Nordamerika und China viele sehr kalte Winter auf. Im letzten Jahrzehnt des 17. Jahrhunderts wurden von dem negativen Temperaturtrend alle Jahreszeiten erfasst. Zwischen 1550 und 1700 waren die Temperaturen 1,2 bis 1,4 Grad niedriger als in der *Mittelalterlichen Warmzeit*. Die winterlichen Frostperioden dauerten wesentlich länger als im 20. Jahrhundert. In Zürich hielt 1684 eine solch eiskalte Phase 112 Tage an. 1695 und 1697 gab es in Mitteleuropa Rekordwinter, die teils Temperaturen weit unterhalb der Standardabweichung aufwiesen.

Aber es gab auch Hitzewellen, wie im Juni und Juli 1665, als die Pest in London wütete. Nach dem *Maunder-Minimum* setzte dann zu Beginn des 18. Jahrhunderts eine Klimaerwärmung ein. Die Lufttemperaturen stiegen damals in nur 40 Jahren um knapp zwei Grad Celsius an, gemäß der bis 1668 zurück reichenden *Mittelenglischen Temperaturreihe*. Dies war die Zeit, als Friedrich der Große, genannt der Alte Fritz, König von Preußen, in seinem

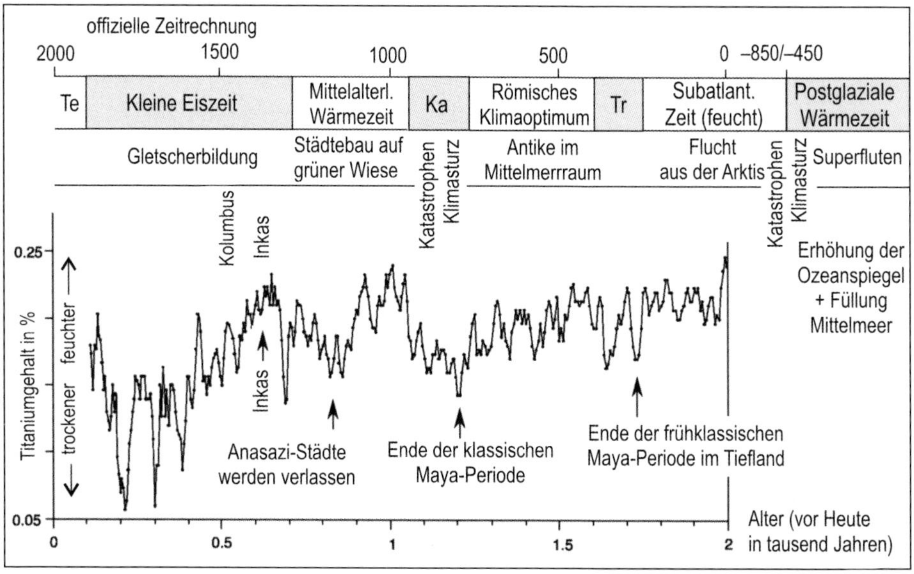

Abb. 142: **KLIMAKURVE**. In »Science« wurde im März 2003 eine Klimadaten-Reihe aufgrund des Gehalts von Titan in Fluss-Sedimenten aus der Südkaribik veröffentlicht. Es wurden vier fürchterliche Trockenperioden während der Jahre 760, 810, 860 und 910 für das Verlassen der Mayastädte verantwortlich gemacht. Obwohl diese Klimadatenreihe für Mittelamerika repräsentativ sein soll, reflektiert sie laut »Science« auch offiziell verifizierte Klimaphasen in der Alten Welt: Beginn der *Mittelalterlichen Warmzeit* im 9. Jahrhundert sowie die danach einsetzende *Kleine Eiszeit* mit der Bildung von Gletschern. Tr = Trockenphase. Te = im 19. Jh. einsetzende und bis zum Jahr 2000 andauernde Phase der Lufttemperatur-Erhöhung als naturgegebene Normalisierung. Im 21. Jahrhundert bisher keine Erhöhung der durchschnittlichen Jahreslufttemperaturen in Deutschland bis zum heutigen Tag.

Schloss Sanssouci Weinterrassen anlegte und in verglasten Nischen Feigen anbaute, die allerdings bereits früher während der *Mittelalterlichen Warmzeit* nachweislich auch in Köln ohne jeden Schutz wuchsen.

Klimatologen behaupten gerne, dass die Kleine Eiszeit auf unsere Breiten beschränkt war. Aber datierte Stalagmiten aus der *Cold Air-Höhle* aus dem nördlichen Südafrika scheinen auch dort kältere Temperaturen während der Kleinen Eiszeit zu bezeugen.

Laut einer 2003 im Wissenschaftsmagazin »Science« (Bd. 299, S. 1731 bis 1735) veröffentlichten Studie sollen die *Mittelalterliche Warmzeit* und die *Kleine Eiszeit* auch in Mittelamerika durch den Titangehalt in Flusssedimenten bestätigt worden sein. Das Klima übte direkten Einfluss auf die Kulturen nicht nur in Mittelamerika aus (Abb. 142).

Bestätigt wird die bisher in Diskussionen nicht zur Sprache gebrachte historische COMNISPA-Temperaturkurve. Mit dieser wurden historische Temperaturen aus Stalagmiten in Tropfsteinhöhlen gewonnen. Ausgewiesen sind insbesondere die Wärmeoptima im Mittelalter und vor etwa 3500 Jahren (Mangini, et al., 2007). Während dieser Zeitperioden werden wesentlich höhere Temperaturmaxima ausgewiesen als in den letzten Jahren. Die entsprechenden Temperaturwerte, die aus Eisbohrkernen gewonnen wurden, sind dagegen wesentlich kleiner. Dies deutet darauf hin, dass chemische Vorgänge in Eisbohrkernen die Ergebnisse negativ beeinflussen.

Laut Auswertung von Eisbohrkernen soll der Kohlendioxidgehalt der Atmosphäre vor 11 000 Jahren 265 ppmv (Teile pro Million pro Volumen) sowie vor 6500 Jahren und um das Jahr 1500 relativ geringe 260 ppmv betragen haben – nach Angaben der *Universität Bern* online vom 24.9.2009. Eisbohrkerne aus Grönland zeigen jedoch einen Kohlendioxidgehalt von 330 bis 350 ppmv. Der *Dye3-Eisbohrkern* weist einen Wert von 331 ppmv (+/- 17) vor etwa 11 000 Jahren gegenüber früheren Angaben von 265 ppm aus. Da diese höheren Kohlendioxid-Gehalte dem aktuell von Menschen verursachten Kohlendioxid-Anstieg widersprechen, wurden diese für Klimaaktivisten wesentlich zu hoch erscheinenden Werten Wert wegerklärt mit dem Argument, dass es sich *in situ* um das Ergebnis von chemischen Reaktionen handeln soll (Anklin et al., 1997).

Jedoch, im Gegensatz zu den aus Eisbohrkernen gewonnen Daten sind die COMNISPA-Daten verlässlicher, weil das Kalzit in den Höhlen chemisch so gut wie unverändert bleibt. In Bezug auf die Einwände von Klimaaktivisten ist festzuhalten, dass die COMNISPA-Kurve nicht nur lokal gültig, sondern für Gesamt-Europa repräsentativ sein soll, wie zahlreiche Vergleiche mit anderen Klima-Proxydaten beweisen sollen, u. a. mit Daten von ins Meer gespülten Sedimenten.

Diese COMNISPA-Temperaturkurve muss offiziell natürlich verschwiegen werden, da diese beweist, dass nicht der Mensch, sondern »die Sonne in hohem Maß das irdische Klima der letzten 1000 Jahre beeinflusst hat und Vulkanausbrüche zu kurzen Perioden kühlerer Temperaturen beigetragen haben«, bestätigen Geowissenschaftler anhand des am Max-Planck-Institut, Hamburg, entwickelten Klimamodells ECHO-G (Berner/Streif, 2004, S. 220 f.).

Riesige Landverluste

Was geschah seit Beginn der *Mittelalterlichen Warmzeit* an der Nordseeküste, nachdem der Wasserspiegel ständig gestiegen war? Es ereigneten sich Landverluste, die sicher zu den großen Naturkatastrophen der letzten 1000 Jahre gehören. So entstand der Jadebusen durch Meereseinbrüche bei Sturmfluten, natürlich begünstigt durch den Anstieg des Meeresspiegels. Die ursprüngliche Moorlandschaft hatte bis zu vier Meter über dem Marschniveau gelegen. Mit der Julianenflut vom 17. Februar 1164 bildete sich eine Vorstufe zum heutigen Jadebusen, der im Mittelalter wesentlich größer war als heute.

Mit der Clemensflut vor 690 Jahren, am 23. November 1334, entstand ein Durchbruch nach Osten zur Weser hin. Die nördlich dieses Durchbruchs und bei Bremerhaven westlich der Weser gelegene heutige Halbinsel Butjadingen wurde für mehrere Jahrhunderte zur Insel und eigenständig. Die Dörfer Jadelee und Arngast gingen in der Clemensflut unter.

Die flache Meeresbucht Zuidersee im Nordwesten der heutigen Niederlande wurde enorm vergrößert, und eine große Meeresbucht als Vorstufe zum Dollart bildete sich westlich der Emsmündung vom 13. auf dem 14. Dezember 1287, als die Luciaflut über die Nordseeküste hereinbrach. Die Chroniken berichten für die deutsche Nordseeküste von etwa 50 000 Toten und schwersten Verwüstungen. Viele Dörfer versanken in den Fluten, allein 30 in Ostfriesland. Die Menschen zogen von der Marsch auf die Geest, die gekennzeichnet ist durch Sandablagerungen.

Dieser Gest-Rücken soll angeblich während der letzten »Eiszeit« aufgeschüttet worden sein, könnte jedoch das Ergebnis eines Gasausbruchs mit Auswurf von riesigen Mengen von Sand sein, wie man es als Ergebnis von Bohrungen nach Gas- oder Ölquellen her kennt. Wie bereits zuvor dokumentiert, warf beispielsweise bei *Bibi Heibat* in Baku, Aserbaidschan, spie ein Springer neben Öl etwa 10 000 Tonnen Sand täglich aus (Stutzer, 1931, S. 283). Die treibende Kraft der Ölspringer ist der Druck des Gases (Methan) in der Tiefe. Tatsächlich ist die gesamte Nordsee in unterschiedlicher Intensität unterlagert mit Erdgas, das überwiegend aus Methan besteht, sowie Erdöl, wie die vielen Bohrtürme bezeugen.

Aber es ereigneten sich weitere katastrophale Überflutungen in Mitteleuropa. Am 16. Januar 1362 ereignete sich die *Zweite Marcellusflut*, besser bekannt als *Grote Mandränke* (*Große Manntränke*). Diese verheerende Flut

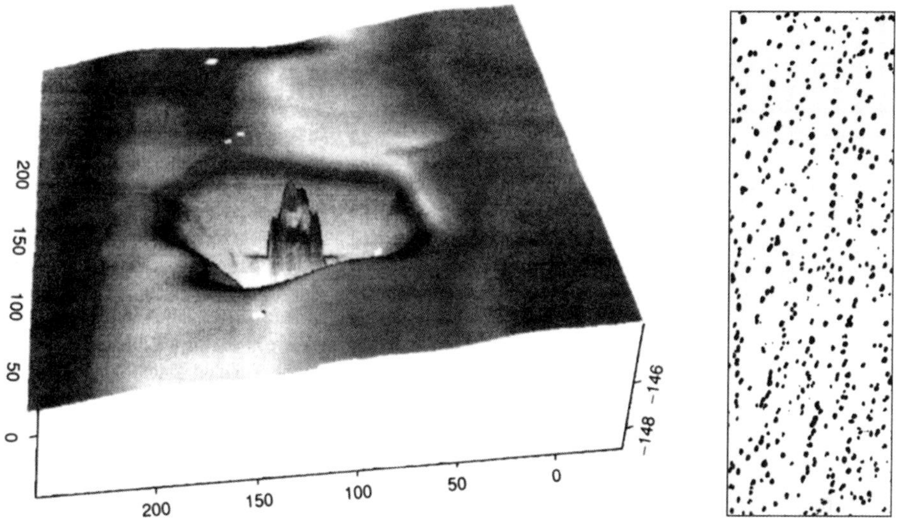

Abb. 143: **NASSES GRAB**. *Rechtes Bild:* Vor der schottischen Küste ist der Boden der Nordsee im »South Fladen« genannten Gebiet massenhaft mit Kratern übersät. Das rechte Bild zeigt ein Gebiet von etwa drei mal neun Kilometern (Judd/Hovland, 2007, S. 21). *Linkes Bild:* Rund 150 km nördlich von Aberdeen befindet sich das von »Pockmarks« umgebene »Witch Hole« (Hexenloch). Im zentralen Bereich des 120 m durchmessenden Kraters befindet sich in aufrechter Position ein unversehrter Dampfkutter aus dem frühen 20. Jahrhundert (ebd., S. 373). Nichts deutet auf einen Unfall oder eine Kollision hin. Alan Judd (1990) vermutet, dass dem Schiff ein Methanausbruch mangels Auftrieb zum Verhängnis geworden sein könnte. Derartige Eruptionen sind für diesen Bereich typisch.

führte nicht nur zum ersten Einbruch des Dollarts, sondern auch zur Erweiterung von Leybucht, Harlebucht und der Eidermündung. *Sylt, Amrum und Föhr wurden zu Inseln und verloren viel Land.* Priele wurden zu Wattenströmen, Halligen entstanden als Reste der alten Marschen, und Husum wurde *über Nacht* zur Hafenstadt. Die frühere Insel Strand, auch Alt-Nordstrand genannt, von der nur die heutigen Inseln Nordstrand und Pellworm übrig blieben, wurde überflutet und wesentlich verkleinert. Pellworm und Nordstrand waren aber noch miteinander verbunden. Jedoch gingen in dieser verheerenden Sturmflut zahlreiche Kirchspiele in Nordfriesland unter. Insgesamt soll es 100 000 Tote gegeben haben.

Die größte Ausdehnung erreichte der Jadebusen danach durch drei kurz aufeinander folgende Sturmfluten in den Jahren 1509 bis 1511. Die Stadt Rungholt, auch als *Atlantis der Nordsee* bezeichnet, wurde lange nur für eine Legende aus versunkenen Zeiten gehalten, da es keinen Beleg für die Stadt gab. Nach einigen Hinweisen aus dem 17. Jahrhundert wurden jedoch erst ab 1921 im Watt Überreste von einem Deichfuß sowie von Pflugspuren, Keramiken, Kesseln, Ziegelresten, Brunnen und Zisternen entdeckt. Viele Gebäude Rungholts standen auf Warften, wie solche an der Nordseeküste auch heute noch verbreitet sind. Bisher hat man Reste von 28 von angeblich rund 60 solcher Warften entdeckt. Außerdem tauchten Konstruktionen zweier Holzschleusen auf. Messungen ergaben eine für damalige Verhältnisse große Schleuse von etwa 20,50 mal 3,30 m. Im Mai 2023 gelang es einem interdisziplinären Forscherteam unweit der Hallig Südfall Fundamente einer 40 mal 15 m großen Kirche mit breitem Turm ähnlich der Alten Kirche von Pellworm und runder Apsis nachzuweisen. In Rungholt lebten mindestens 1500 bis 2000 Einwohner (Hagemeister, 1980), etwa genauso viele wie zur selben Zeit in Kiel, während die Einwohnerzahl in Hamburg etwa bei 5000 lag.

Die *Zweite Grote Mandränke*, auch *Burchardiflut* genannt, verwüstete die Nordseeküste am 11. Oktober 1634. Die bereits durch die *Erste Grote Mandränke* wesentlich verkleinerte Insel Strand versank zum großen Teil im Meer und wurde in die heutigen Inseln Nordstrand und Pellworm zerrissen. Die Halligen Nieland und Nübbel gingen unter. Insgesamt wurden über 1300 Häuser und 30 Windmühlen zerstört. Allein auf Strand kamen durch 44 Deichbrüche über 6000 Menschen um, etwa zwei Drittel der Inselbevölkerung. In den Wochen und Monaten nach der Flut lief das Wasser nicht wieder ab. Im ganzen deutschen Nordseeraum gab es zahlreiche Todesopfer, die Schätzungen gehen weit auseinander. Aber zur damaligen Zeit hatte eine Pestepidemie bereits zahlreichen Einwohnern das Leben gekostet, und außerdem tobte der Dreißigjährige Krieg. Das Ausmaß der Flut *Zweite Grote Mandränke* blieb unvergessen in schmerzhafter Erinnerung.

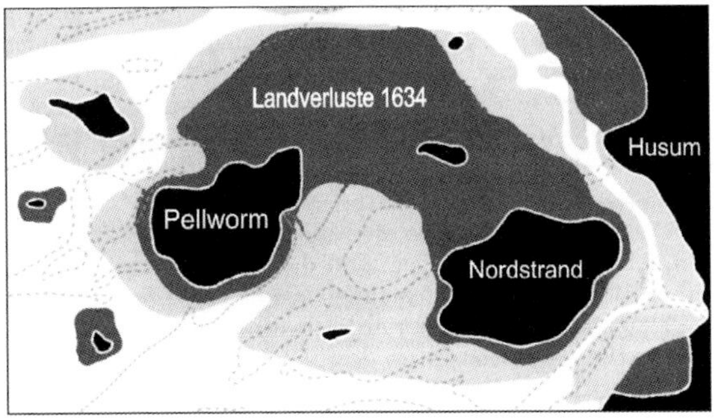

Abb. 144: **STURMFLUTEN**. Die ursprüngliche Insel Strand wurde durch die Sturmflut von 1362 verkleinert (hellgraue Flächen). Die *Zweite Grote Mandränke* führte 1634 zu weiteren Landverlusten (dunkelgraue Flächen) und dem Untergang vieler Dörfer. Übrig blieben als Restflächen die neu entstandenen Inseln Pellworm und Nordstrand (schwarze Flächen).

Es gab weitere Sturmfluten, wie die *Petriflut* von 1651, bei der die holländische Küste, Friesland sowie die Deutsche Bucht verheerend überschwemmt wurden. Dabei verschwand der Westteil der Insel Buise zwischen Juist und Baltrum, die bei der *Ersten Groten Mandränke* von 1362 in zwei Teile gebrochen war, endgültig. Juist wurde an der Stelle des heutigen Ham-

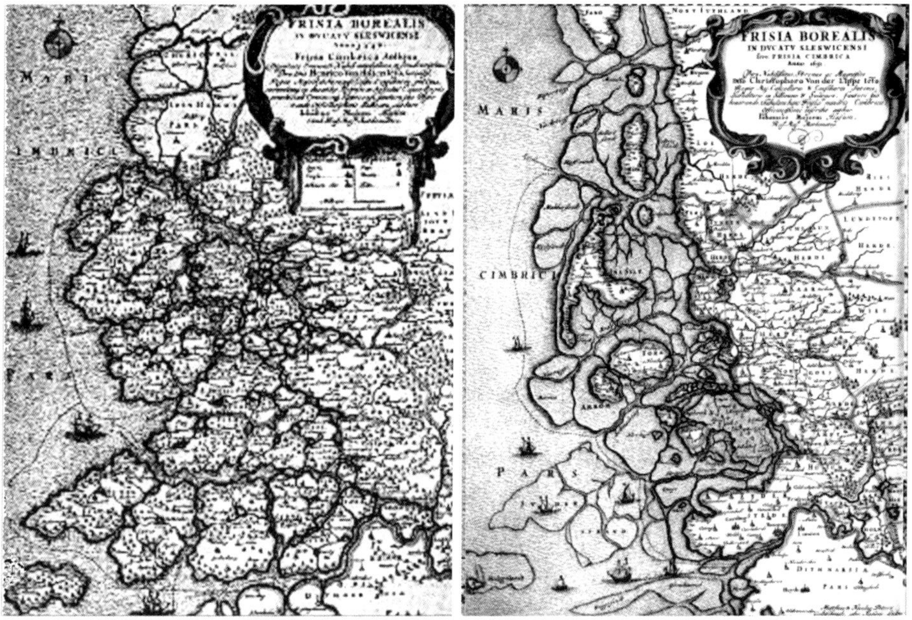

Abb. 145: **LANDVERLUSTE**. Nordfriesland vor und nach der Flut von 1362. Sylt ist als ein Überbleibsel früherer größerer Landmassen entstanden. Karte von 1660.

mersees in zwei Teile zerrissen. Es ging viel Land unter, und viele Häuser wurden zerstört.

Es gab weitere Sturmfluten, wie die Weihnachtsflut 1717, die jedoch nicht zu derartig gravierenden Landverlusten und Umbildungen der Küste führten. Deutlich ist jedoch zwischen 1525 und 1700 während der *Kleinen Eiszeit* eine Phase verstärkter Sturmhäufigkeiten zu verzeichnen. Interessant ist »auch die Entwicklung im 20. Jahrhundert. Nach der raschen Zunahme bis in die 1940er-Jahre nehmen die Schaden bringenden Sturmfluten *kontinuierlich ab*. Diese Entwicklung widerspricht zumindest zu einem Teil der Literatur, nach der infolge der globalen Erwärmung gerade in den Mittelbreiten eine Zunahme der Orkantiefs auftreten soll« (Glaser, 2001, S. 190 f.)

Im Allgemeinen werden die historischen Hochwasserstände gar nicht erwähnt, denn zum Beispiel offizielle »Pegelaufzeichnungen von Moselwasserständen liegen (erst) seit dem 28.4.1817 für Cochem und seit dem 1.9.1817 für Trier vor. In die amtliche Hochwasserstatistik gehen nur Scheitelabflüsse ab 1901 ein. Dagegen zeugen Hunderte von historischen Hochwassermarken an Gebäuden, Brücken o. ä. entlang der Mosel von lange vor den offiziellen Erhebungen aufgetretenen Ereignissen. So stammt die wahrscheinlich älteste Marke dieser Art an der Kirche in Zell-Merl von 1534. Historische Berichte und lokale Chroniken geben Auskunft über noch weiter zurückliegende Ereignisse. Hinsichtlich älterer, relativ ausführlicher Belege sei beispielhaft auf einen Bericht Trierer Mönche (...) verwiesen, wonach 1226 ein Hochwasser auftrat, wie es *bisher niemals seit den ältesten Tagen gesehen worden war*« (Sartor et al., 2010, S. 46).

»Neben den genannten Ereignissen zeugen weitere Einzelmarken aus den Jahren 1663, 1697, 1718, 1734, 1761 und 1770 sowie zahlreiche Berichte von großen Hochwassern bereits vor dem Beginn der Pegelaufzeichnungen von 1817. Festzuhalten wäre, dass davon mit großer Sicherheit aber nur diejenigen von 1572/73, 1651, 1740 und 1784 das ›Jahrhundertereignis‹ von 1993 erreicht oder übertroffen haben« (ebd., S. 48 f.).

Insgesamt zeigen die Ergebnisse der Hochwasser-Chronologien auffällige Zunahmen in allen Flussgebieten Deutschlands in der Phase von 1500 bis 1800. Während dieser Zeitphase traten Hochwasser deutlich häufiger und verheerender auf als heutzutage. Dieses verstärkte Hochwassergeschehen lässt sich mit großräumigen klimatischen Veränderungen im Zusammenhang mit der *Kleinen Eiszeit* korrelieren. Zudem gab es historische Einzelereignisse, die schwerer waren als die der letzten 200 Jahre. Ein dem Hochwasser von 1342 vergleichbarer hydrologischer GAU *hätte auch heute absolut verheerende Wirkungen* (ebd., S. 199 f.).

In der Vergangenheit gab es schwere Naturkatastrophen und wechselnde Extreme. So fiel der Rhein 1130 bei Köln trocken, und 1822 gab es dort Überschwemmungen. Im gleichen Jahr konnte man bei Tangermünde stellenweise durch die Elbe waten. Vor wenigen tausend Jahren gab es gewaltige Naturkatastrophen, die Menschen miterlebten und überlebten. In der Folgezeit gab es auch heftige Katastrophen, deren Häufigkeit und Schwere aber abnehmen. Auch wenn Klimatologen und Politiker gebetsmühlenartig dem Menschen unisono die Schuld an Naturkatastrophen geben, so erscheint bei Betrachtung, auch und gerade der jüngeren Vergangenheit seit knapp 3000 Jahren, das Zeitalter, in dem wir leben, unglaublich stabil. Aber es kann zukünftig auch wieder Erdkrustenbewegungen geben. Weltweit nahmen die Erdbeben mit einer Stärke von 5 bis 6 im Zeitraum von 2000 bis 2010 um ungefähr 50 % auf eine Anzahl von fast 1950 zu, während die Anzahl der noch stärkeren Beben nur geringfügig stieg. In der Liste der seit 1900 gemessenen stärksten Beben landet das japanische vom März 2011 nur auf Platz 5, während das Weihnachtsbeben 2004 in Indonesien mit einer Stärke von 9,1 Platz 3 belegt. Das stärkste Beben ereignete sich 1960 in Chile und verursachte durch den ausgelösten Tsunami noch 138 Todesopfer in Japan. Die Erdkruste brach entlang der Küste über 1000 km hinweg auf und sank auf einer 40 km langen Strecke sogar um 300 m ab.

Sind die schweren Erdbeben in China und die erst kürzlich entstandene lange Verwerfung (Erdriss) in Asien ein Zeichen für die großen Zerreißkräfte in der Erdkruste, die auch Afrika derzeit aktiv auseinanderreißen lassen? Allein zur Beurteilung und Gefahrenabschätzung ist ein realistisches Modell der Erdvergangenheit und abgelaufenen Szenarien wichtig und lebensnotwendig.

Der Tsunami- und Tektonik-Irrtum

Es ist völlig unverständlich, wenn Geophysiker u. a. vom *Geoforschungszentrum Potsdam* im Deutschen Fernsehen gewaltige Erdbeben und dadurch ausgelöste Tsunamis mit zwei an den Fingerspitzen zusammenstoßenden Händen erklären, indem sie die Fingerspitzen der einen Hand plötzlich nach oben schnellen lassen, da angeblich die eine Platte unter die andere geschoben wird, sich verhakt und in dieser Spannungen speichert werden, die sich irgendwann plötzlich entladen und zu einer federartig nach oben schnellenden Platte führt, wodurch einerseits Erdbeben entstehen sollen und andererseits Tsunamis.

Einerseits können, rein mechanisch gesehen, keine Spannungen in einer starren Platte gespeichert werden, da diese im Gegensatz zu Druckkräften nur geringe Zugkräfte aufzunehmen in der Lage ist und derartig eine federartige Bewegung zum Bruch dieser Platte führten würde. Anderseits, auch falls diese mechanisch möglich wäre, könnten auf diese Art und Weise keine Tsunamis ausgelöst werden, denn eine ruckartige zentimeterweise Bewegung von tektonischen Platten reicht impulsmäßig nicht aus, um einen Tsunami zu erzeugen bzw. alle Moleküle einer mehrere Kilometer hohen Wassersäule gleichzeitig zum Schwingen zu bringen. Die Wassertiefe beträgt in Ozeanen durchschnittlich etwa knapp fünf Kilometern und die Ozeankruste ist nur wenige Kilometer mächtig. Wie hoch soll die starre und bei Biegung bruchgefährdete tektonische Platte federartig nach oben schnellen? Keiner weiß es, da man einen solchen Vorgang bisher noch nicht beobachten konnte. Wenn 100 Jahre lang eine angebliche Verschiebung (Subduktion) von vielleicht 5 cm pro Jahr »elastisch gespeichert« werden soll, dann würden höchstens 500 cm Längenänderung »gespeichert« – falls diese materialtechnisch möglich wäre. Wie hoch soll diese starre Platte wie eine Feder nach oben schnellen – ohne zu zerbrechen, um in knapp 5 km Höhe über dieser einen Tsunami zu erzeugen?

Übertragen wir diese Abmessungen auf ein Experiment in einem normalen Gartenteich mit 100 cm Tiefe. Auf den Teichboden legen wir – im Gegensatz zur tektonischen Platte – eine elastische (!) Platte, die eine Hälfte des Teichbodens abdeckt. Diese müssen wir jetzt im Verhältnis zu den tatsächlichen Höhenverhältnissen in den Ozeanen in unserem Teich um 0,25 cm am Rand der Platte, also etwa in Teichmitte, ruckartig anheben. Es passiert (...) so gut wie nichts! Kein Tsunami, wie doch gerne bei allen Fernsehsendern vor laufender Kamera mit einer schnippenden Hand demonstriert wird. Wir können die Aufwärtsbewegung der Platte auch auf das Zehnfache erhöhen, also in der Natur auf 100 m. Trotzdem passiert in dem Gartenteich so gut wie nichts. Aber in Japan verheerte ein solcher Tsunami weite Gebiete?

Wie kann ein Tsunami alternativ erzeugt werden? Ein durch elektrische Entladungen und Erdbeben begleiteter explosiver Ausgasungsprozess im Bereich der Ozeane, meist als Seebeben angesehen, kann für die Entstehung von Tsunamis verantwortlich sein. Einerseits öffnet sich der Ozeanboden, wodurch es zu großen Volumenänderungen und senkrechten Verschiebungen der Ozeankruste kommen kann. Andererseits wird die gesamte, mehrere Kilometer hohe Wassersäule komplett durch den Gasausbruch energetisch zum Schwingen angeregt. Dabei wird Energie auf die Wassermoleküle übertragen, die in Schwingung versetzt werden. Die benachbarten Wassermoleküle werden angestoßen und bewegen sich quasi stationär auf einer engen ovalen Bahn, ohne dass diese sich mit der Welle fortbewegen. Durch diesen Stoßeffekt wird die Energie vertikal über die gesamte Höhe der Wassersäule hinweg und damit – unter Zugrundelegung des Impulserhaltungssatzes wie bei einem Fadenpendel – auch in rasender Geschwindigkeit horizontal übertragen mit nur sehr geringem Impulsverlust. Seitlich der Gaseruption entsteht durch die nur geringfügig stationär kreisenden Wassermoleküle *eine Welle von nur geringer Höhe an der Wasseroberfläche*, aber keine Riesenwelle! Mit anderen Worten, es fließt kein Wasser, sondern nur die kinetische Energie wird von Wassermolekül zu Wassermolekül übertragen, die selbst quasi-stationär sind. Diese Energieübertragung ist deshalb im offenen Meer kaum spürbar, im Gegensatz zu den bis zu über 30 Meter hohen Monsterwellen im offenen Meer, *die nur in der Nähe der Wasseroberfläche durch Stürme und Strömungen entstehen*. Tsunamis werden erst Riesenwellen, wenn deren Energie auf den Kontinentalsockel oder flachere Küstengebiete trifft, also die kinetische Energie auf eine Barriere trifft und in potenzielle Energie umgewandelt wird, wodurch erst eine große Welle entsteht.

Durch die bei einem Gas oder Vulkanausbruch freigesetzten elektrostatischen Entladungen, meist mit Blitzentladungen in der Atmosphäre (vgl. Abb. 22, S. 47), wird die Erde in Schwankungen versetzt, und sogar die Erdachse kann sich urplötzlich verschieben. Beim Weihnachts-Tsunami 2004 im Indischen Ozean verschob sich diese um etwa acht Zentimeter. Mit dem elektrischen Modell, also dass die Sonne und die Himmelskörper sich gemäß den Prinzipien der Elektrostatik (Coulombsches Gesetz) wie kugelsymmetrisch verteilte elektrische Ladungen verhalten, die räumlich getrennt sind, kann derart zwanglos erklärt werden, dass sich die Erdachse plötzlich *zwängungsfrei* (!) verschieben kann, ohne eine ansonsten – auf mechanischer Basis – erforderliche Massenumlagerungen im Erdinneren, wie es die konventionelle Gravitations-Theorie gemäß Albert Einstein erfordern würde!

Sehen wir uns jetzt das Phänomen Erdbeben an, die von der Theorie her nur an den Rändern tektonische Platten entstehen können, da Kontinentalplatten sich angeblich bewegen und zusammenstoßen sollen. Wieso können Erdbeben dann aber innerhalb von Platten auftreten? So entwickelte sich das Saarland in den letzten zehn Jahren zu einem Zentrum für Erdbeben mit einer Stärke von größer als 3. Dieses Gebiet liegt außerhalb der deklarierten Erdbebengebiete und weit entfernt von einer Plattengrenze und auch vom Rhein-Grabenbruch. Seit 2005 sind auch nordwestlich von Krefeld verstärkt Erdbeben ab dieser Stärke zu verzeichnen. In beiden Gebieten gibt es Steinkohle in der Tiefe der Erde, und Kohlenwasserstoffgase wie Methan quellen hier auf.

Da die Ursache von Erdbeben durch unser geophysikalisches Weltbild nicht erklärt werden kann, ist man auch nicht in der Lage, derartige Naturkatastrophen vorauszusagen, im Gegensatz zu Tieren, die kommende Erdbeben schon vor der seismischen Unruhe (Schwingungen im Untergrund, freigesetzte Gerüche) spüren.

Moderne Geologen und Geophysiker sitzen meist fernab von einem Epizentrum und beobachten den Ausschlag von Spannungs- und Neigungsmessern. Man verlässt sich auf Dinge, die (angeblich) wissenschaftlich verstanden sind. Vorläufererscheinungen werden heutzutage wissenschaftlich nicht mehr anerkannt, denn man glaubt Erdbeben einfach durch (tektonische) Spannungen erklären zu können.

Da geophysikalisch ausschließlich seismische Messungen zugrunde gelegt werden, geht man davon aus, dass an einem bestimmten Ort durch »elastische Speicherung« von Spannungen die Bruchgrenze überschritten wird und durch den Bruch dann die Überbeanspruchung zu anderen Stellen weitergeleitet wird, quasi als eine Art Domino-Effekt. Tatsächlich ist der Vorgang bodenmechanisch komplizierter, da beim Fehlen einer Porenflüssigkeit das Gestein plastisch wird und nicht plötzlich in Form eines Sprödbruches bricht, sobald ein kritischer Spannungszustand überschritten wird. Ein Vorgang, der beim Betonbau mit Bruchversuchen genau untersucht wurde und als Grundlage statischer Bemessungsmethoden dient. Im Gegensatz dazu haben Geophysiker noch keinen rechnerischen Nachweis oder gar Laborversuch über angeblich »elastisch gespeicherte Spannungen« vorgelegt. Gesteins- wie Betonschichten können ja hauptsächlich nur Druck-, dagegen aber kaum Zugspannungen aufnehmen. Eine »elastische Speicherung« von Spannungen ist derart nicht möglich, da das Gestein durch die behinderte Reibung aufreißen und damit das Speicherungspotenzial verlieren würde.

Durch plötzliches Überschreiten einer Bruchspannung können Geophysiker auch viele neuerdings dokumentierte Phänomene nicht erklären. So werden, kurz bevor die Erde bebt, unterirdisch weniger niedrigfrequente Radiowellen ausgesendet, als das normalerweise der Fall ist. Die Intensität geht bis zu vier Stunden vor einem nächtlichen Erdbeben deutlich zurück. Dies fanden französische Forscher 2008 nach Auswertung von über 9000 starken Beben heraus. Die durch Satelliten gemessenen Werte dienen der Erstellung einer Karte von elektromagnetischen Strahlungen. Auf diese kann das (fiktive) »elastische Speichern« plattentektonischer Verschiebungsprozesse vor dem Bruch überhaupt keinen Einfluss ausüben. Aber Tiere können diese Vorläufererscheinung in Form von Veränderungen in der Radiowellen-Emission trotzdem wahrnehmen, was deren oft beobachtete, fast prophetische Vorahnung eines Erdbebens zum Teil erklären könnte (Němec et al., 2008).

Chinesische Forscher von der *Nanyang-Normal-Universität* in Henan entdeckten mehrere Wochen im Vorfeld von zwei schweren Erdbeben im Süden des Irans ungewöhnliche Wolkenlücken, obwohl sich die umliegenden Wolken bewegten. Gleichzeitig beobachteten die Wissenschaftler in beiden Fällen eine Erhöhung der Bodentemperatur entlang der Bruchlinien. Russische Wissenschaftler hatten schon in den 1980er-Jahren Temperaturveränderungen und ungewöhnliche Wolkenformationen im Vorfeld von Erdbeben beobachtet. Obwohl sich hier Phänomene entlang von Bruchlinien zeigten, hat dies nichts mit Plattentektonik zu tun, und es existiert auch keinen Ansatz für ein konventionelles Erklärungsmuster. Deshalb gibt Erdbebenforscher Mike Blanpied *vom Geologischen Dienst der USA* zu bedenken: »Es gibt kein physikalisches Modell, mit dem man erklären könnte, warum etwas zwei Monate vor einem Erdbeben plötzlich auftritt und gleich wieder verschwindet, ohne noch einmal wiederzukehren.« Dagegen hegen die chinesischen Forscher die von mir geteilte Meinung, dass die Wolken von Gasen aufgelöst wurden, die aus der Bruchlinie austraten. Damit ließe sich auch die Temperaturerhöhung in diesem Gebiet erklären, schildern sie stichhaltig darüber hinaus (Guo/Wang, 2008).

Gase können langsam über einen längeren Zeitraum oder aber explosiv entweichen (Gold, 1999, S. 144 f.):

»Wenn die Fluida mit einem Puff in die Atmosphäre entweichen, kann sich der Poren- und Spaltenzwischenraum, den sie eingenommen hatten, wieder schließen. Dadurch lässt sich recht gut erklären, weshalb es in bestimmten Bereichen der Erdkruste während eines Erdbebens zu senkrechten Verschiebungen gekommen ist. Es erklärt auch die Volumenänderung am Meeresboden oder in den Schelfgebieten, die erfolgt sein müssen, damit es zu einem Tsunami (...). kommen kann. Bei dem großen Erdbeben in Alaska am 28. März 1964 sanken zum Beispiel innerhalb von Sekunden einige Landstriche nicht weniger als neun Meter ab. Das soll plötzlich deshalb geschehen sein, weil sich der Untergrund darunter plötzlich verdichtet hat. Aber Felsgestein lässt sich nicht derart zusammendrücken; vor allem würde dies nicht so schnell geschehen. Poren- und Spaltenzwischenräume, die entstanden sind, weil Gas, das darunter unter hohem Druck stand, den Fels auseinandergetrieben hatte, müssen dabei eine Rolle gespielt haben. Wenn das Gas einen Weg nach außen gefunden hat, schließen sich diese Zwischenräume plötzlich«, beschreibt Thomas Gold seine als »Gasemission und elastischer Rückprall« bezeichnete Theorie.

Mit anderen Worten, durch die Gasexplosion wird ein Erdbeben verursacht, und es öffnet sich in der Erdkruste ein Spalt, der sich nach der Verpuffung wieder schließt, so als wäre nie eine Öffnung da gewesen. Im Gegensatz dazu wird allgemein die Ansicht vertreten, dass Erdbeben ausschließlich durch tektonische (Mini-)Verschiebungen entstehen, wenn sich im Felsgeschiebe eine Spannung bis über die Bruchgrenze des Erdmaterials »elastisch« aufgebaut hat. Bei einem Gasausbruch verhält es sich aber ganz anders. Die Erzeugung vieler kleiner Risse verringert die Bruchfestigkeit im Gestein, bis ein kritischer Wert erreicht wird. Es handelt sich um zwei ganz konträre Erklärungsmuster! Diese führen zu ganz verschiedenen Weltbildern über den Aufbau und die Zusammensetzung der Erdkruste bzw. Lithosphäre, ja unseres gesamten Planeten.

Falls schnell aufsteigendes Gas der Grund für ein Erdbeben ist, kann es keine Voraussage von Erdbeben durch Ablesen von seismischen Instrumenten geben, denn es wird ja nur der Porenraum des Gesteins mit Gas aufgefüllt, gegebenenfalls könnte nur eine Wölbung an der Erdoberfläche gemessen werden. Deshalb gibt es auch die heutzutage wissenschaftlich vernachlässigten Vorläufererscheinungen, die Tiere durch ihr Verhalten anzeigen, zum Beispiel indem sie das aus dem Erdboden austretende Gas riechen oder erzeugte Töne in für uns nicht hörbaren Frequenzen wahrnehmen. Den reinen Aufbau von tektonischen Spannungen würden diese Tiere nicht bemerken können. Im Zusammenhang mit Vulkanen kann so auch erklärt werden, warum manche Vulkane oft über lange Zeiträume ruhen, um dann plötzlich aktiv zu werden. Gas ist der »Zünder«!

Geophysikalisch können auch Nachbeben nicht erklärt werden, denn falls die »elastisch gespeicherte« Spannung des Gesteins einmal entladen ist, können keine weiteren Erdbeben erfolgen. In Japan gab es in der ersten Woche nach dem Hauptbeben über 260 Nachbeben und am Ende der Woche noch ein Beben der Stärke 6,1.

Ebenso ratlos sind Geophysiker, weil einerseits die Theorie für Tiefbeben im Bereich von Subduktionszonen auf Widerspruch stößt (Frisch/Meschede, 2005, S. 115) und anderseits, weil diese sogar inmitten und eben nicht am Rand einer tektonischen Platte vorkommen, wie nördlich von Sizilien. Ebenso unerklärt bleiben häufige Verlagerungen des Hypozentrums eines Tiefenbebens in stockwerksartiger Abfolge nach oben hin.

Mit der Ausgasungstheorie kann erklärt werden, dass Kohlenwasserstoffe als Fluida von einer geologischen in die nächst höhere kaskadenförmig aufsteigen, nachdem die Bruchfestigkeit des Gesteins in der betreffenden Schicht überschritten wurde. Derart entstehen stockwerksartig Hohlräume durch das Zusammenstürzen von Porengefügen. Das Abstürzen der Decken über derart gebildeten Hohlräumen erfolgt in der Tiefe nicht gleichzeitig, sondern nacheinander, wodurch Tiefbeben und auch Nachbeben in Zusammenhang mit dem Aufstieg der Kohlenwasserstoffe elegant erklärt werden kann – ausführlich beschrieben in meinem Buch »Der Energie-Irrtum« (2009, 3. erweiterte Neuauflage 2023).

Die Erde ist auch wackeliger als unser geophysikalisches Weltbild aussagt, denn falls die Erde mit einem Kern aus Eisen und darüber liegendem Steinmantel entsprechend schwer wäre, würde die hohe Trägheit der Erde einem Verschieben der Erdachse hohen Widerstand entgegensetzen, wie mit dem Impulssatz leicht nachgewiesen werden kann. Aber die Erdkugel steckt sogar für sie als Ganzes als harmlos einzustufende Erschütterungen, wie die oberflächennahen Erdbeben oder Tsunamis des letzten Jahrhunderts, nicht ohne ernsthafte Auswirkungen weg! Bei dem Chile-Beben der Stärke 8,8 verschob sich die Erdachse im Jahr 2010 um acht, bei dem Tsunami-Beben 2004 im Indischen Ozean um sieben und beim Japan-Beben 2011 um zehn Zentimeter. Auch die Erdoberflächen dieser Gebiete wurden bei diesen und anderen Beben verschoben, allein in Japan um zwei Meter. Diese Verschiebungen finden *zusätzlich zur normalen Wanderung des geographischen Nordpols um jährlich etwa zehn Zentimeter nach Südwesten statt* (Internetlink 27).

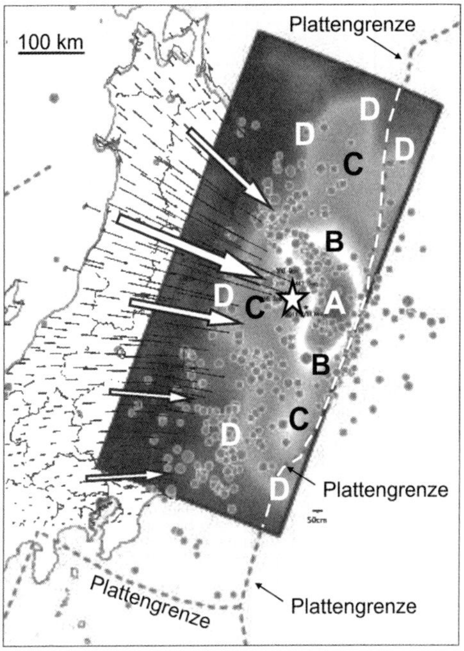

Abb. 146: **ZENTRUM**. Nordjapan wurde in östlicher Richtung auf ein Zentrum hin verschoben (schwarze Striche), das durch eine Gasemission entstanden sein sollte. Der elastische Rückprall der mit der Verpuffung geöffneten und danach rasch wieder schließenden Erdkruste erzeugt eine Verschiebung in Richtung des Kraters, der sich wieder schließt, als wäre nie eine Öffnung dagewesen. Konzentrische Verschiebungen um den Krater herum: über 30 m (A), 20 m (B), 15 m (C) und 5 m (D). Stern: Hauptbeben in 24 km Tiefe. Graue Punkte: Nachbeben.

Derartige Erdbeben wirken sich auch auf die Position der Erdachse aus. Nicht nur die geographische Erdachse, also die gedachte Verbindung zwischen Nord- und Südpol, wurde verschoben, sondern auch die Erdrotationsachse, die wenige Meter daneben neu ausgerichtet wurde.

Die Annahme, dass kleinere Ereignisse die Erdachse verschieben, steht im Widerspruch zum berechneten Gravitationsgesetz für die Erdmasse. Eine mögliche Erklärung ist, dass der Erdkern, ähnlich den vermuteten Kernen von Gasplaneten, aus metallischem Wasserstoff besteht. Diese Theorie, in »Der Energie-Irrtum« (Zillmer, 2009/2023, S. 334 ff.) begründet, etabliert ein anderes Weltbild. Durch dieses können das rätselhafte Auftreten und die Effekte beobachteter Phänomene schlüssig erklärt werden, da ein solcher Erdkern systemrelevante elektrostatische Kräfte (Coulomb-Gesetz) zuließe. Die auftretende Elektrogravitation würde eine energie- und nicht masseabhängige Verschiebung der Erdachse (Biefeld-Brown-Effekt) ermöglichen.

Rückblick und Perspektiven

Es ist wichtig, aus den gewaltigen Naturkatastrophen der Vergangenheit die richtigen Schlüsse zu ziehen und Modelle zu entwickeln, die der Wahrheit nahe kommen, ansonsten müssen wir uns vollkommen machtlos den Naturgewalten beugen und auf die nächsten Naturkatastrophen warten. Gemäß einer Pressemitteilung des *Arktischen Instituts von Nordamerika* vom April 2010 fand man angeblich 2400 Jahre alten Karibu-Dung sowie Waffen früherer Rentierjäger unter abschmelzenden Schneeflächen in der Gebirgskette *Mackenzie Mountains*, die sich im Nordwesten Kanadas nahe Alaska befindet. Man spricht von einer durch Menschen verursachten Klimaerwärmung. Aber vor 2400 Jahren muss es ja in diesen arktischen Gebieten ebenso warm gewesen sein wie heute. Auch bereits vor 4300 Jahren? Denn Jäger fanden 1997 im arktischen Yukon-Gebiet einen entsprechend alten Pfeilschaft im schmelzenden Firnschnee. Anscheinend gab es mehrmals einen Klimawandel, oder alternativ: War es damals durchgehend warm und kam dann erst das Eis, mit der *Kleinen Eiszeit*? Immerhin fanden die »Wissenschaftler neben einer 2400 Jahre alten Speerschleuder auch tausendjährige Fangschlingen sowie Bögen und Pfeile, die vor 850 Jahren verwendet wurden« (»Bild der Wissenschaft«, online,

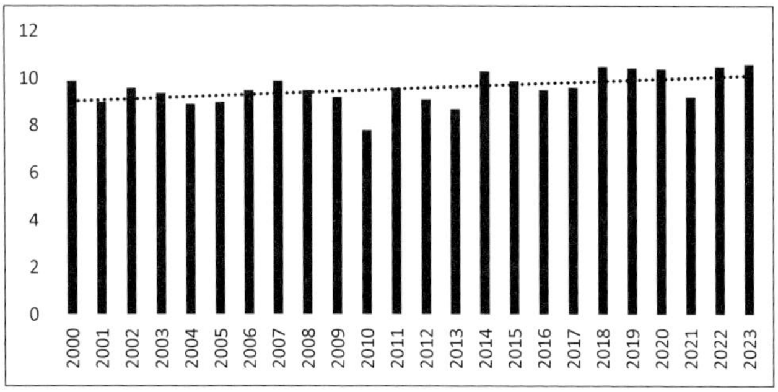

Abb. 147: **JAHRESMITTELTEMPERATUREN**. Die Trendlinie während der Zeitperiode 2000 bis 2023 in Deutschland zeigt über 23 Jahre hinweg einen nur leichten Anstieg auf etwa 10,6 °C Lufttemperatur (vgl. Abb. Abb. 2, S. 13).

28.4.2010). Über die künftige Klimaentwicklung kann uns die Klimageschichte der letzten Jahrtausende sehr viel verraten. Für einen solchen sorgt die Sonne, wie im 17. Jahrhundert während des *Maunder-Minimums* von 1645 bis 1715, als es über eine lange Zeitperiode hinweg keine Sonnenflecken gab und besonders kaltes Klima mit langen Frostperioden dafür sorgte, dass etwa die Hälfte der Bevölkerung in Mitteleuropa starb.

Allein 2016 und 2017 wurden in wissenschaftlichen Fachzeitschriften über 120 Artikel veröffentlicht, die den historischen Klimawandel mit Schwankungen der Sonnenaktivität und ihren Regulatoren (Wolken, kosmische Strahlung) in Verbindung bringen und aus diesen Messreihen herausfolgernd das moderne Klimageschehen erklären sowie schlussfolgernd das zukünftige prognostizieren sollen (u. a. Lüdecke et al., 2016). Hierbei werden die zyklischen Trends aufgrund sich wiederholenden natürlichen Jahres-Perioden, insbesondere der 1000jährigen, und deren Wiederkehr übereinstimmend festgestellt, dass eine geringe Sonnenaktivität (weniger Sonnenflecken) und eine erhöhte Wolkendecke (moduliert durch kosmische Strahlung) in hohem Maße mit einem abkühlenden Klima in Übereinstimmung gebracht werden kann. *Nach der derzeitigen Periode* mit höherer Sonnenaktivität, das *Moderne Solare Maximum*, prognostizieren die angesprochenen Untersuchungen zunehmend eine vor uns liegende Klimaphase mit sehr geringer Sonnen-Aktivität. Dies sollte zu einer deutlichen Abkühlung

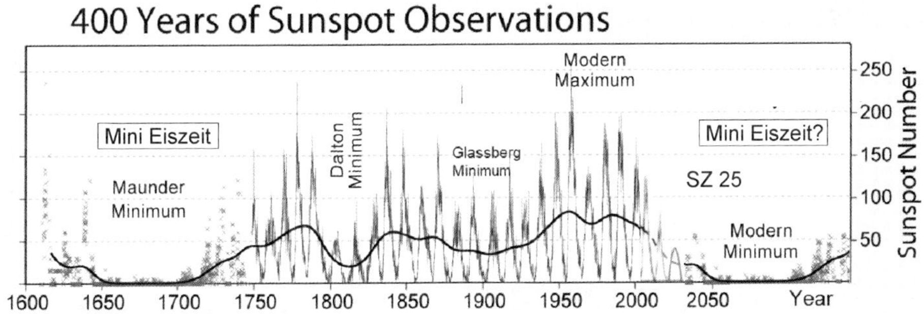

Abb. 148: **MODERNE KLEINE EISZEIT.** Von der US-amerikanischen NOAA (*Nationale Ozean- und Atmosphärenbehörde*) zur Verfügung gestellte Daten zur vorhergesagten Sonnenfleckenzahl scheinen ein ausgeprägtes Minimum an Sonnenflecken Ende 2020er bis mindestens in die 2040er Jahre zu prognostizieren, nachdem mit dem derzeitigen von der NASA vorausgesagten Sonnenzyklus 25 (SZ 25) sich nach Zyklus 24 ein weiterer schwacher anschließen soll. Auch ein an der britischen Universität Northumbria von Professorin Valentina Zharkova entwickeltes mathematisches Modell prognostiziert ein bevorstehendes Moderne Minimum, das voraussichtlich kürzer sein wird als das letzte im 17. Jahrhundert.

der Lufttemperaturen führe, vielleicht ähnlich wie sich eine solche während des *Maunder Minimums* einstellte (Abb. 148).

Bereits Ende der 1960er-Jahre wurde mit den gleichen Argumenten wie heute nicht vor einer Klimaerwärmung, sondern im Gegenteil vor einer *kommenden Eiszeit* gewarnt. Die erwarteten Folgen waren damals und heutzutage exakt identisch, die heute im Zusammenhang mit der Erderwärmung diskutiert werden. So wurde damals wie heute gewarnt vor Extremereignissen, Starkregen, Hurrikane, Dürren, Fluten, Hungerkrisen und andere Katastrophen, Auch machte man den Menschen verantwortlich für den immerwährenden Klimawandel.

S. Ichtiaque Rasool, der leitende Wissenschaftler für Klimawandel bei der NASA sowie an der Columbia-Universität schrieb im Jahr 1971: »Die Schuld an der kommenden Eiszeit trägt die Verbrennung von fossilen Energieträgern ...«.

Jedoch, es ist derzeit ein Trend zu verzeichnen, der die die Überzeugung der Wissenschaftler in den 1970er-Jahren wieder in den Fokus rückt, da neue Fakten eine zukünftig globale Abkühlung für vielleicht Jahrzehnte belegen. Davon ist das weltweit führende Forschungsinstitut auf diesem Gebiet, das *Space and Science Research Center* (SSRC) in Orlando überzeugt. Am 2. Januar 2008 wurde mitgeteilt, dass es historische und bedeutsame Veränderungen auf der Sonnenoberfläche gebe: »Dies wird nur ein Ergebnis haben, dass ein neuer Klimawandel kommt, der unserem Planeten eine lang anhaltende Zeit tiefer Kälte bringen wird.«

Es ist an der Zeit, Naturkatastrophen in der Vergangenheit als solche zu erkennen und daraus zu lernen, um für kommende Klimastürze und Naturkatastrophen vorbereitet zu sein, die uns nach 150 Jahren relativer Ruhe bevorstehen könnten. Früher dachten unsere Vorfahren, Trockenzeiten und Überschwemmungen wären eine Strafe Gottes für ihre Sünden. Heute soll uns eingeredet werden, wir wären alle Klimasünder und verantwortlich für Naturkatastrophen, wie für einen sich leicht erhöhenden Meeresspiegel oder abschmelzende Gletscher. Beide Erklärungsmuster sind Aberglaube. Wir wissen es besser: Natur- und Klimakatastrophen formten die Erde – immer wieder neu, bis sie wurde, wie sie ist, und *der Umbruch der Erde ist daher noch nicht beendet*!

Dieser Wandel der Erdkruste hat sich jedoch im Gegensatz zu Zeiten unserer Vorfahren verlangsamt und wird eben nicht durch einen angeblichen

Kohlendioxid-Treibhauseffekt beeinflusst, denn: »Es gibt kein Lehrbuch der Physik, in dem der atmosphärische Treibhauseffekt erklärt wird«, bestätigt der weltbekannte mathematische Physiker Professor Dr. Gerhard Gerlich (in: Zillmer, 2023, S. 334) und führt weiter aus (ebd., S. 333 f.):

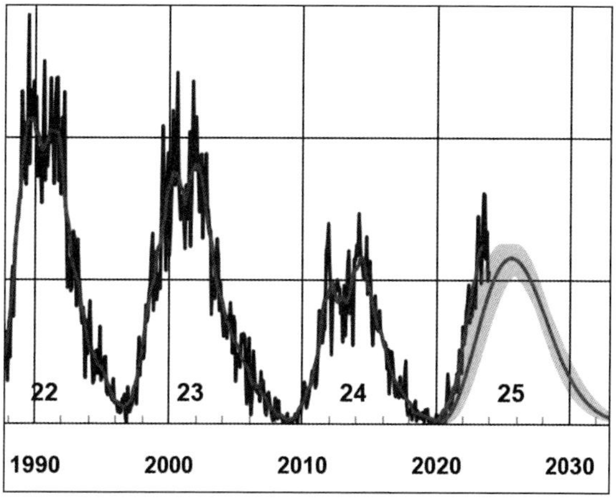

Abb. 149: **ENTWICKLUNG DER SONNENZYKLEN 22–24**. Quelle: Internetlink 28.

»Beim atmosphärischen Treibhauseffekt werden zwei verschiedene Temperaturen zugrunde gelegt bzw. miteinander verglichen, die jedoch *nicht* objektiv gemessen werden können, sondern es handelt sich um zwei angeblich berechenbare beziehungsweise berechnete Temperaturen. Die eine Temperatur, Gleichgewichtstemperatur der Erde genannt, wird über das *Boltzmann'sche Strahlungsgesetz* aus der Strahlungsintensität der Sonne berechnet. Man berechnet dazu die vierte Wurzel aus dem Mittelwert der vierten Potenz der absoluten Temperatur (in Kelvin). Dies ergibt angeblich –18 °C. Die andere Temperatur soll 14 °C betragen und wurde angeblich auf der Erdoberfläche gemessen, indem man gemittelte Messwerte der bodennahen Lufttemperaturen auf der gesamten Erde ermittelt hat. Dies geht schon deshalb nicht, weil siebzig Prozent der Erdoberfläche Ozeane sind, für die praktisch keine Messwerte vorliegen. Die Differenz dieser zugrunde gelegten Zahlen in Höhe von 32 °C nennt man den *natürlichen* (atmosphärischen) Treibhauseffekt (der Erde). An anderer Stelle bin ich ausführlich auf diese Rechnungen eingegangen (›Die physikalischen Grundlagen der Treibhauseffekte und fiktiver Treibhauseffekte‹, in: ›Treibhaus-Kontroverse und Ozon-Problem‹, Europäische Akademie für Umweltfragen, 1996, S. 115–147) und habe dort gezeigt, dass man diese Mittelwerte nicht vergleichen darf, dass die vergleichbaren Mittelwerte eine Differenz von über hundert Grad liefern würden und dass es auch den Kohlendioxid-Treibhauseffekt nicht gibt«.

Der Mensch ist nur zu einem *kaum messbaren* Anteil am stetig-natürlichen Klimawandel beteiligt, der durch erhöhten Kohlendioxid-Gehalt der Atmosphäre, dessen Volumenanteil nur 0,042 % beträgt, verursacht werden soll.

Was geschieht aber bei einer Erhöhung des sehr geringen Kohlendioxid-Gehalts der Atmosphäre? »Die Absorption der Wärmestrahlung durch das Kohlendioxid der Atmosphäre nimmt bei einer Verdoppelung des CO_2-Gehaltes praktisch nicht mehr zu, und es ist für die Treibhauswirkung des Kohlendioxids gleichgültig, ob der CO_2-Gehalt durch die Verbrennung der fossilen Brennstoffe mehr oder weniger zunimmt« (Schack, 1972, S. 27).

Auf »die Anklagebank wurde der Mensch nicht von freien Wissenschaftlern gesetzt, die sich einer zweckfreien, freien Wissenschaft verschrieben haben, sondern es sind die ›gesellschaftlich relevanten‹ Pseudowissenschaften, wie Umweltphysik, Umweltbiologie, Umweltchemie, Umweltmeteorologie, Umweltpolitik (...), denen erst das bedeutungslose Wort Umwelt gesellschaftliche Relevanz verliehen hat. Dabei sollte nicht vergessen werden, dass es früher einmal wertfreie, freie, nicht korrupte, ehrliche Wissenschaften in Deutschland gegeben hat« (Gerlich in: Zillmer, 2023, S. 332).

Tatsächlich ist an dem sich ständig vollziehenden Klimawandel nicht der Mensch verantwortlich, sondern eine umfassende Studie bestätigt die in diesem Buch dokumentierte Sichtweise, dass Wasserstoff, Methan und Folgeprodukte permanent in der Tiefe der Erde ständig neu durch geologische Prozesse gebildet werden und Gase wie Kohlendioxid ständig großflächig und diffus, aber auch punktuell aus Bruchzonen der Erdkruste entweichen (»Deep Carbon Observatory (DCO), A Decade of Discovery«: Internetlink 29) und für Erdbeben bis hin zu Supervulkan-Ausbrüchen verantwortlich sind. Dies geschieht im Rahmen einer sich ständig vollziehenden, von der Sonne über das *Elektrische Plasma-Universum* hinweg initiierten, heutzutage jedoch gering ausfallenden Expansion des Erddurchmessers höchstens im geringen Zentimeterbereich. Durch diese Prozesse wird der Umbruch der Erdkruste auch heutzutage noch fortwährend in Gang gehalten: Die Sonne beeinflusst das Klima fortwährend gestern, heute und auch morgen, jedoch nicht der Mensch. Die Erde befindet sich deshalb in einem andauernden zyklischen Klimawandel. Wichtig erscheint, aus der Erd- und Klimageschichte der Vergangenheit zu lernen und diese möglichst wirklichkeitsnah einzuschätzen, um positive Perspektiven und Modelle für die Zukunft unserer Menschheit zu entwickeln.

Anhang

Zitierte Literatur

Agiadi, K., et al.; »The marine biodiversity impact of the Late Miocene Mediterranean salinity crisis«, in: »Science«, Bd. 385, Ausg. 6712, 29.8.2024, S. 986–991)

Alexander, H. B.: »North American Mythology«, 1916, und »Latin American Mythology«, 1920

Anklin, M., J., et al.: »CO2 record between 40 and 8 kyr BP from the GRIP ice core«,in: »Journal of Geophysical Research: Oceans«, Bd. 102, Ausg. C12, 30.11.1997, S. 26539–26545

Armitage, S. J.: »West African monsoon dynamics inferred from abrupt fluctuations of Lake Mega-Chad«, in: »PNAS. Search Article/Earth, Atmospheric, and Planetary Sciences«, 29.6.2015, 112 (28) 8543–8548

Assereto, A. P.: »Ica y el Perú precolombino: Arquelogía de la provincia de Ica«, Ojeda 1968

Azzaroli, A.: »Cainozoic Mammals and the Biogeography of the Island of Sardinia, Western Mediterranean«, in: »Paleogeography, Paleoclimatology, Paleoecology« 36, 1981, S. 107–111

Baker, V. R.: »High-energy megafloods: planetary settings and sedimentary dynamics«, in: Martini, I. P. et al., 2002, S. 17–35

Barker, G.: »Prehistoric Farming in Europe«, in »New Studies in Archaeology«, Cambridge 1985, S. 139–147

Bayer, U.: »Die Erde unter Berlin ...«, in: »Der belebte Planet«, Sonderheft der FU Berlin, 2002, S. 21–27

Bazinger, J. F.: »Our ›tropical‹ Arctic«, in: »Canadian Geographic«, Bd. 106/6, S. 28–37

Beck, E.: »80 Jahre CO_2-Gasanalysen der Luft mit chemischen Methoden«, in: »Energy & Environment«, Bd. 18, 2/2007

Becker, G. F.: »Antiquities from under Tuolumne Table Mountain in California«, in: »Bulletin of the Geological Society of America«, 2, 1891, S. 189–200

Becksmann, E.: »Dithmarschens Geestrand, eine zweieinhalbtausend Jahre alte Nehrungsküste«, Heide 1933

Berner, U. und Steif, H.: »Klimafakten. Der Rückblick – Ein Schlüssel für die Zukunft«, Hannover 2004, 4. Aufl.

Bernier, P. et. al: »Holocene shoreline variations in the Persian Gulf: example of the Umm al- Qowayn lagoon (UAE)«, in: »Quaternary International«, 1995, 29/30: S. 95–103

Berthelot, A.: »L'Afrique Saharienne et Soudanais«, Paris 1927

Bick, A.: »Die Steinzeit«, Stuttgart 2006

Blackwelder, B. W.: »Late Wisconsinian Sea Levels on the Southeast U. S. Atlantic Shelf Based on In-Place Shoreline Indicators«, in: »Science«, Bd. 204, 11.5.1979, S. 618–620

Blakey, R. C: »Paleogeography and Paleotectonics of the Western Interior Seaway, Jurassic-Cretaceous of North America«, in: »American Association of Petroleum Geologists Search and Discovery«, Artikel 30392, 2014).

Blair, T. C.: »Alluvial-fan sedimentation from a glacial-outburst flood, Lone Pine, California, and contrasts with meteorological flood deposits«, in: »Special Publication of International Association of Sedimentologists«, Bd. 32, 2002, S. 113–170

Böhm, A.: »Bekannte und neue Arten natürlicher Gesteinsglättungen«, in: »Mitt. K. K. Geogr. Ges.«, Wien, Bd. 60, 1917, S. 335–375

Boeskorov, G. G., et al.: »Reshaping a woolly rhinoceros: Discovery of a fat hump on its back«, in: »Quaternary Science Reviews«, Bd. 345, Artikel 109013, 1.12.2024

Bohleber, P. et al.; »New glacier evidence for ice-free summits during the life of the Tyrolean Iceman«, in: »scientific reports« online nature.com, Ausg. 10, Artikel Nr. 20513, 17.12.2020

Bölau, E.: »Der tertiäre Vulkanismus in Zentralschonen, Südschweden«, Lund 1965
Boll, E. und Brückner, G. A.: »Geogenie der deutschen Ostseeländer«, Neubrandenburg 1846
Brugger, K.: »Die Chronik von Akakor«, Düsseldorf/Wien 1976
Borzenkova, I. et al.: »Climate change during Holocene (Past12,000 Years), in: »Second Assessment of Climate change for the Baltic Sea Basin«, 1.1.2015, S. 25–49
Brunner, U.: »Jemen. Vom Weihrauch zum Erdöl«, Wien/Köln/Weimar 1999
Bryant, E. A. et al.: »The impact of tsunami on the coastline of Jervis Bay«, in: »Southeastern Australia. Physical Geography«, Bd. 8, No. 5, 1997, S. 441–460
Bryant, E. A. und Nott, J. A.: »Geological Indicators of large tsunami in Australia«, in: »Natural Hazards«, Bd. 24, No. 3, 2001, S. 231–249
Bülow, K. von: »Abriss der Geologie von Mecklenburg«, Berlin 1952

Cameron D. et al.: »The phylogenetic significance of the Middle Pleistocene Narmada hominin cranium from central India«, in: »International Journal of Osteoarchaeology«, Bd. 14, Nr. 6, 2004, S. 419–447
Cameron, K. L.: »Bishop Tuff Revisited: New Rare Earth Element Data Consistent with Crystal Fractionation«, in: »Science«, Bd. 224, 22.6.1984, S. 133–134
Carling, P. A. et al.: »Late Quaternary catastrophic flooding in the Altai Mountains of southcentral Siberia: a synoptic overview and an introduction to flood deposit sedimentology«, in: Martini, 2002, S. 17–35
Carpenter, T. H.: »Art and Myth in Ancient Greece: A Handbook«, London 1991
Carling, P., et al.: »Unsteady 1D and 2D hydraulic models with ice dam break for Quaternary megaflood, Altai Mountains, southern Siberia«, in: »Global and Planetary Change«, Bd. 70, Ausg. 1–4, Febr. 2010, S. 24–34
Cartigny, P., et al. (1998): »Eclogitic diamond formation at Jwaneng: No Room for a Recycled Component«, in: »Science«, Bd. 280, 29.5.1998, S. 1421–1424
Cavalli-Sforza, L. L.: »Gènes, peubles et languages«, Paris 1996, deutsch: »Gene, Völker und Sprachen«, München Wien 1999
Chand, S.S., et al.: »Declining tropical cyclone frequency under global warmingin: »Nature Climate Chang.«, Ausg. 12, 655–661, 27.6.2022
Chaney, R. W. und Mason, H. L.: »A Pleistocene Flora from the Asphalt Deposits at Carpinteria, California«, in: »Studies of the Paleobotany of California«, Carnegie Institution 1934
Chorlton, W.: »Eiszeiten«, Gütersloh 1983
Christiansen, B. und Ljungqvist F. C.: »The extra-tropical Northern Hemisphere temperature in the last two millennia: reconstructions of low-frequency variability«, in: »European Geosciences Union«, Bd. 8, Ausg. 2, S. 765–786, 18.4.2012

Dacqué, E.: »Die Erdzeitalter«, München und Berlin, 1930 Darwin, C.: »Reise eines Naturforschers um die Welt«, 1835
Dansgaard, W. et al.: »One Thousand Centuries of Climatic Record from Camp Century on the Greenland Ice Sheet«, in: »Science«, Bd. 166, 17.10.1969, S. 377–380
Darwin, C.: »Journal of researches into the natural history and geology of the countries visited during the voyage of H.M.S. Beagle round the world, under the Command of Capt. Fitz Roy«, London. 2. Aufl. 1845
Deecke, W.: »Kritische Studien zu Glazialfragen Deutschlands«, in: »Zeitschrift für Gletscherkunde«, Bd. XI, 1918–1920, S. 34–84 und 95–142
De Terra, H. und Paterson, T. T.: »Studies on the Ice Age in India and Associated Human Cultures«, 1939
Dewey, J. F.: »Plattentektonik«, in: »Ozeane und Kontinente«, Heidelberg 1987, siehe auch: »Scientific American«, 5/1972
Dorale, J. A., et al.: »Sea-Level Highstand 81,000 Years Ago in Mallorca«, in: »Science«, Bd. 327, Ausg. 5967, 12.2.2010, S. 860–863
Drujanow, W. A.: »Rätselhafte Biographie der Erde«, Leipzig 1984

Ericson, M., und Heezen, B. und C.: »Deepsea Sands and Submarine Canyons«, in: »Geological Society of America Bulletin«, 62, 1951
Escher, B. G.: »L'éboulement pré-historique de Tasikmalaja et le volcan Galounggoung (Java)«, Reprint Leidsche Geologische Mededeelingen, 1, 1925, S. 8–21
Etiope, G. und Ciccioli, P.: »Earth's Degassing: A Missing Ethane and Propane Source«, in: »Science«, Bd. 323, 23.1.2009, S. 478
Evans, S. E. et al.: »A giant frog ...«, in: »Proceedings of the National Academy of Sciences«, Bd. 105, 26.2.2008, S. 2951–2956
Ewing, M.: »New Discoveries of the Mid-Atlantic Ridge«, in: »National Geographic Magazine«, Vol. XCVI, No. 5, November 1949

Fagan, B.: »Die Macht des Wetters«, Düsseldorf 2001
Fenton, L. K. et al.: »Global warming and climate forcing by recent albedo changes on Mars«, in: »Nature«, Bd. 446, 5.4.2007, S. 646–649
Fernandes C. A. et. al: »Absence of post-Miocene land bridges: biogeographic implications«, in: »Journal of Biogeography«, 2006, 33/6, S. 961–966
Finsterwalder, R.: »Die Formen der Nanga Parbat-Gruppe«, in: »Zeitschrift der Gesellschaft für Erdkunde«, 1936 S. 321 ff.
Flint, R. F.: »Glacial Geology and the Pleistocene Epoch«, New York/London 1947
Forchhammer, F.: »Über dauernde Niveauveränderungen und Spuren von Überflutungen an der Westküste des Herzogtums Schleswig«, in: »Neues Staatsbürgerliches Magazin«, Schleswig 1837
Fraas, E.: »Berichte über die Tendaguru-Expedition«, in: »Sitzungsbericht der Gesellschaft naturforschender Freunde zu Berlin«, 1909, Nr. 6, 358 ff., Nr. 8, 500 ff., Nr. 10, 631; 1910, Nr. 8, 372 ff., 1912 Nr. 2b
Frisch, W. und Meschede, M.: »Plattentektonik. Kontinentalverschiebung und Gebirgsbildung«, Darmstadt 2005
Fuller, B. T. et al.: »Tar Trap: No Evidence of Domestic Dog Burial with »La Brea Woman"«, in: »PaleoAmerica«. Bd. 2, Nr. 1, 2016, S. 56–59
Fuller, M. L.: »The New Madrid Earthquake«, in: »U. S. Geol. Surv. Bulletin«, Bd. 494, 1912

Gams, H. und Nordhagen, R.: »Postglaziale Klimaänderungen und Erdkrustenbewegungen in Mitteleuropa«, München 1923
Geikie, J.: »The Great Ice-Age«, London 1874
Gentry, R. V. et al.: »Radiohalos in Coalified Wood: New Evidence Relating to the Time of Uranium Introduction and Coalification«, in: »Science«, Bd. 194, 15.10.1976
Gerlich, G.: »Die physikalischen Grundlagen des Treibhauseffekts und fiktiver Treibhauseffekte«, Vortrag auf dem Herbstkongress der Europäischen Akademie für Umweltfragen: »Die Treibhaus-Kontroverse und das Ozon-Problem«, Manuskript, Leipzig 9./10.11.1995 bzw. 1996, S. 115–147
Glaser, R.: »Klimageschichte Mitteleuropas«, Darmstadt 2000
Gold, T. und Held, M.: »Helium-nitrogen-methane-systematics in natural gases of Texas and Kansas«, in: »Journal of Petroleum Geology«, Bd. 10, 1987, S. 415 ff.
Gold, T.: »Das Jahrtausend des Methans«, Düsseldorf/Wien/New York 1988
Gold, T.: »The Deep Hot Biosphere«, New York 1999
Gagan, M. K. et al.: »Temperature and Surface-Ocean Water Balance of the Mid-Holocene Tropical Western Pacific«, in: »Science«, Bd. 279, Ausg. 5353, 13.2.1998, S. 1014–1018
Giffhorn, H.: »Wurde Amerika in der Antike entdeckt?«, München 2013
Gornitz, V. und Fung, I.: »Potential distribution of methane hydrate in the world's oceans«, in: »Global Biogeochem. Cycles«, Bd. 8, 1994 S. 335–347
Govi, M. und Sorzana, P. F.: »Landslide Susceptibility as a Function of critical Rainfall Amount in Piedmont Basin (North-Western Italy)«, in: »Stud. Geomorphol. Carpatho-Balc«, Bd. 14, 1980, S. 43–61

Gregory, J. W.: »Contributions to the Geography of British East Africa«, in: »Geographical Journal«, IV, 1894
Gregory, J. W.: »The African Rift Valleys«, in: »Geographical Journal«, LVI, 1920
Grosswald, M. G.: »Late Weichselian Ice Sheet of Northern Eurasia«, in: »Quaternary Research«, 13/1980, S. 16
Gümbel, K. W.: »Geognostische Beschreibung des bayrischen Alpengebirges und seines Vorlandes«, München 1861
Guo, G. und Wang, B.: »Cloud anomaly before Iran earthquake«, in: »International Journal of Remote Sensing«, Bd. 29, S. 1921; vgl. »New Scientist«, Bd. 198, S. 12

Haber, H.: »Unser blauer Planet«, Stuttgart 1965
Haerinck, E.: »Heading for the Straits of Hormuz, an Ubaid site in the Emirate of Ajman (U.A.E.) 0171«, in: »Arabian Archaeology and Epigraphy«, 1991, Bd. 2, S. 84–90
Haerinck, E.: »More prehistoric finds from the United Arab Emirates«, in: »Arabian Archaeology and Epigraphy«, 1994, Bd. 5, S. 153–157
Halligan, J. J.: »Pre-Clovis occupation 14,550 years ago at the Page-Ladson site, Florida, and the peopling of the Americas«, in: »Sciences Advances«, Bd. 2, Ausg. 5, 13.5.2016
Hagemeister, J.: »Rungholt. Sage und Wirklichkeit. Lühr und Dircks«, Sankt Peter-Ording 1980
Hapgood, C.: »Maps of the Ancient Sea Kings«, New York 1966
Heim, A. und Gansser, A.: »Thron der Götte«, Zürich/Leipzig 1938
Hayes; D. »The Lost Squadron: A True Story«; London 1994
Heinsohn, G.: »Für wie viele Jahre reicht das Grönlandeis?,« in: »Vorzeit – Frühzeit – Gegenwart«, Ausgabe 4/1994, S. 76–81
Heinsohn, G.: »Wann starben die Dinosaurier aus?«, in: »Zeitensprünge«, Ausgabe 4/1995
Herrmann, A.: »Loulan«, Leipzig 1931
Herget, J.: »Reconstruction of Ice-Dammed Lake Outburst Floods in the Altai Mountains, Siberia – A Review«, in: »Geological Society of India«, Bd. 64, 2004, S. 561–574
Hibben, F. C.: »The Mystery of the Stone Towers«, in: »The Saturday Evenening Post«, 9.12.1944
Hilgenberg, O. C.: »Vom wachsenden Erdball«, Berlin 1933
Hinrichs, E.: »Der Geestrand Schleswig-Holsteins«, in: »Mitt. D. Geogr. Ges. Lübeck«, 30, 1925
Holmes, S. H.: »Phosphate Rocks of South Carolina and the Great Carolina Marl Bed«, Charleston 1870
Hovey, E. O.: »Striations and U-shaped valley produced by other than glacial actions«, in: »Bull. Geol. Soc. Am.«, Bd. 20, 1920, S. 409–416
Hsü, K. J.: Klima macht Geschichte«, Zürich 2000
Hsü, K. J.: »Das Mittelmeer war eine Wüste«, München 1984
Humboldt, A.: »Voyage aux régions équinoxiales du nouveau continent«, Paris 1805–1834
Humpert, K. und Schenk, M.: »Entdeckung der mittelalterlichen Planung«, Stuttgart 2001

Ibrahim, N., et al.: »Geology and paleontology of the Upper Cretaceous Kem Kem Group of eastern Morocco«, Verlag »ZooKeys«, 21.4.2020, online: https://zookeys.pensoft.net/article/47517/
Inagaki, F, et al.: »Microbial community in a sediment-hosted CO2 lake of the southern Okinawa Trough hydrothermal system«, in: »Proceedings of the National Academy of Sciences of the United Staes of America«, Bd. 103, Ausg. 38, S, 14164–14169
Ivanov, A. A. et al.: »Aus den Proceedings des 5. Internationalen Kreationisten-Kongresses in England«, zitiert in: »Lebten Dinosaurier und Menschen zur selben Zeit?«, in: »Factum«, Ausgabe 2/1993

Janssens, E.: »Histoire ancienne de la Mer du Nord«, 2. Aufl. 1946
Judd, A. G., et al.: »Contributions to atmospheric methane by natural seepages on the UK continental shelf«, in: »Marine Geology«, Bd. 140, 1997, S. 427–455

Judd, A. G. und Hovland, M.: »Seabed Fluid Flow«, Cambridge 2007
Johnson, D.: »The Relationship Between the Lines of Nazca and Water Resources«. Paper presented to the 16th Annual Meeting of the Northeast Conference on Andean Archaeology and Ethnohistory«, University of Maine, Orono, 5.10.1997
Jones, J. C.: »Geologic history of Lake Lahontan«, in: »Quaternary Climates«, Pub. No. 352, Washington 1925
Jordan, P.: »Die Expansion der Erde«, Braunschweig 1966
Joshi, R. V. et al.: »Fresh data on the Quaternary animal fossils and stone age cultures from the central Narmada valley, India«, in: »Asian Perspectives«, 1978, Bd. 21, S. 164–177

Khatri, A. P. : »Recent Exploration for the Remains of Early Man in India«, in: »Asian Perspectives«, Bd. 7, Nr. 1/2, 1963, S. 160–182
Kehse, U.: »Mysterium am Meeresgrund«, in: »Bild der Wissenschaft«, Ausgabe 6/2000, S. 12–17
Keith, A.: »The Antiquity of Man«, Bd. 1, Philadelphia 1928
Kelley, Joseph T. et al.: »Giant Sea-Bed Pockmarks: Evidence for Gas Escape from Belfast Bay, Maine«, in: »Geology«, Bd. 22, 1994, S. 59
Kennedy, K. et al.: »Ist der Narmada-Hominin ein indischer Homo erectus?«, in: »American Journal of Physical Anthropology«, Bd. 86, 1991, S. 475–496
Kim, K. et al.: »Methane: a real-time tracer for submarine hydrothermal systems«, in: »EOS«, Bd. 64, 1983, S. 724
Klauda, J. und Sandler, S. I.: »Global distribution of methane hydrate in ocean sediment«, in: »Energy & Fuels«, Bd. 19 (2), 2005, S. 459–470
Körber, H.: »Die Entwicklung des Maintals«, Würzburger geograph. Arb. 10, Würzburg 1962
Krenkel, E.: »Die Bruchzonen Ostafrikas«, 1922
Kundt, W.: »Astrophysics. A New Approach«, Berlin/Heidelberg/New York 2001, 2. Auf. 2005 Lamb, M. P. und Fonstad, M. A.: »Rapid formation of a modern bedrock canyon by a single flood event«, in: »nature geoscience«, Bd. 3, 20.6.2010, S. 477–481

Lambeck K.: »Shoreline reconstructions for the Persian Gulf since the last glacial maximum«, in: »Earth and Planetary Science Letters«, Bd. 142, 1996, S. 43–57
Lecavalier, B. S. et al.: »The Influence of Land Uplift on the Isotopic Temperature Record from the Agassiz ice cap: Implications for the Holocene Thinning of the Greenland ice Sheet«, in: »Quaternary Science Reviews«, Ausg. Dez. 2011
Lecavalier, B. S. et al.: »High Arctic Holocene temperature record from the Agassiz ice cap and Greenland ice sheet evolution«, in: »Proceedings of the National Academy of Sciences«, Bd. 114, Ausg. 23, 16.5.2017, S. 5952–5957
Lechler, J.: »Die Entdecker Amerikas vor Kolumbus«, Leipzig 1939
Lee, J. S.: »The Geology of China«, London 1939
Legge, J.: »Shoo King, the Canon of Yaou«, 1879
Lemoine, V.: »Recherches sur les ossements fossiles des terrains tertiaires inférieurs des environs de Reims«, in: »Annales des Sciences Naturelles (Zool. Paléont.)«, 1878, (6) 8, S. 1–56
Lézine, A. et. al.: »Holocene lakes from Ramlat as-Sabatayn (Yemen) illustrate the impact of monsoon activity in southern Arabia«, in: »Quaternary Research«, Bd. 50, 1998, S. 290–299
Lézine, A. et. al.: »Centennial to millennial-scale variability of the Indian monsoon during the early holocene from a sediment, pollen and isotope record from the desert of Yemen«, in: »Palaeogeography, Palaeoclimatology, Palaeoecology«, 2007, Bd. 243, S. 235–249
Liedke, H. und Marcinek, J. (Hrsg.): »Physische Geographie Deutschlands«, Gotha 1995
Lin, A. et al.: »Co-Seismic Strike-Slip and Rupture Length Produced by the 2001 Ms 8.1 Central Kunlun Earthquake«, in: »Science«, Bd. 296, 14.6.2002, S. 2015–2017

Lindroth, C. H.: »The faunal connection between Europe and North America«, New York/Stockholm 1957
Longrich, N. R, et al.: »An abelisaurid from the latest Cretaceous (late Maastrichtian) of Morocco, North Africa«, in: »Cretaceous Research«, Bd. 76, August 2017, S. 40–52, August 2017
Lüdecke, H.-J. et al.: »Centennial Cycles Observed in Temperature Data from Antarctica to Central Europe«, in: »Polarforschung, Bd. 85, Ausg. 2, 2016, S. 179–181
Lull, R. S.: »Fossils«, Yale University 1931

Maack, K. v.: »Urgeschichte des Schleswigholsteinischen Landes«, Kiel 1869
Mac-Donald, I. R.: »Bottom line for hydrocarbons«, in: »Nature«, Bd. 385, 30.1.1997, S. 389–390
Mahfoud, R. F. und Beck, J. N.: »Why the Middle East fields may produce oil forever«, in: »Offshore«, April 1995, S. 58–64
Maier, W.: »Karbildung am Ätna«, in: »Peterm. Mitt.«, 1928, Heft 7/8, S. 211–213
Mangini, A. et al.: »Persistent influence of the North Atlantic hydrography on central European winter temperature during the last 9000 years«, in: »Geophysical Reaearch Letters«, Bd. 34, Ausg. 2, 18.1.2007, Online ISSN:1944-8007
Manley, G.: »Central England Temperatures: Mounthly Means 1659–1973«, in: »Quat. Journal Roy Meteorol. Soc.«, Ausg. 100, 1974, S. 389–405
Markham, C.: »The Incas of Peru«, London 1912
Martin, M.: »Die Wüsten der Erde«, München 2004
Martini, I. P. et al.: »Flood and Megaflood Process and Deposits: Recent and Ancient Examples«, Oxford 2002
Marty, B. und Jambon, A.: »C/He3 in volatile fluxes from the solid Earth: implications for carbon geodynamics«, in: »Earth Planet. Sci. Lett.«, Bd. 83, 1987, S. 16–26
Maxlow, J.: »Terra non Firma Earth«, Wroclaw 2005
McClure, H. A.: »Radiocarbonchronology of Late Quaternary Lakes in the Arabian Desert«, in: »Nature«, Bd. 263, 1976, S. 755–756
McClure, H. A.: »Late Quaternary palaeoenvironments of the Rub' al Khali. PhD Dissertation«, University of London, London 1984, unveröffentlicht
McIntyre, St. und Mckitick, R.: »Hockey sticks, principal components, and spurious significance«, in: »Geophysical Research Letters«, Bd. 32, Ausg. 3, 12.2.2005, https://doi.org/10.1029/2004GL021750
Meier, G.: »Die deutsche Frühzeit war ganz anders«, Tübingen 1999
Merriam, J. C.: »The Fauna of Rancho La Brea«, Memoirs of the University of California, I, Nr. 2, 1911
Merriam, J. C.: »Preliminary report on the discovery of human remains in an asphalt deposit at Rancho La Brea«, in: »Science«, Bd. 40, 1914, S. 197–203
Merriam, J. C.: »Asphalt beds of Rancho La Brea«, University of California Blue and Gold, Mai 1915
Montelius, O.: »Die vorklassische Chronologie Italiens«, Stockholm 1912
Moon, P. H.: »The Geology and Physiography of the Altiplano of Peru and Bolivia«, The Transactions of the Society of London, 3rd Series, Bd. I, Pt. I, 1939
Mordan P. B.: »Land Mollusca of Dhofar«, S. 103–112, in: Reade, S. et. al.: »The Scientific Results of the Oman Flora and Fauna Survey 1977 (Dhofar)«, in: »Journal of Oman Studies, Special Reports 2«, 1980
Muck, O.: »Alles über Atlantis«, Düsseldorf/Wien 1976
Muizon, C. de und Devries, T. J.: »Geology and paleontology of late Cenozoic marine deposits in the Sacaco area (Peru)«, in: »Geologische Rundschau«, Bd. 74, Nr. 3, Oktober 1985, S. 547–563
Murawski, H. und Meyer, W.: »Geologisches Wörterbuch«, Stuttgart 1937, 10. Aufl. 1998

Narváez, A.: »Breve historia de las intervenciones en Kuélap«, in: »Antiguas civilzaciones en la frontera de Ecuador y Perú – Una propuesta binacional para la integración andina«, Tagungsbericht, Jaén, Perú, 2010, S. 31–34, abgerufen am 5. März 2019 (spanisch)
Nelson, F. E.: »(Un)Frozen in Time«, in: »Science«, Bd. 299, 14.3.2003, S. 1673–1675

Němec, F. et al.: »Spacecraft observations of electromagnetic perturbations connected with seismic activity«, in: »Geophysical Research Letters«, Bd. 35, 15.3.2008
Neumann van Padang, M.: »Merapi«, in: »Vulk. & Seism. Med. No. 12, Weltevreden 1933
Nowak, R. M.: »Walker's Mammals of the World«, Baltimore 1991
Nummedal, A.: »Stone Age Finds in Finnmark«, Oslo 1929

Ogg, J. G.; »Global Paleogeography through the Proterozoic and Phanerozoic: Goals and Challenges«, in: »Acta Geologica Sinica«, 93 (S3), S. 59–60, Juni 2019
Onyett, I. J., et al.: »Silicon isotope constraints on terrestrial planet accretion«, in: »Nature«, Bd. 619, 14.6.2023, S. 539–544
Oppenheimer, C.: »Climatic, environmental and human consequences of the largest known historic eruption: Tambora volcano (Indonesia) 1815«, in: »Progress in Physical Geography. 27, Nr. 2, 2003, S. 230–259
Oxenstierna, E. G.: »Die Nordgermanen«, Stuttgart 1957, 3. Aufl. 1962

Pachur, H.-J.: »Abschied von Eden«, in: »Der belebte Planet«, Sonderheft der FU Berlin, 2002, S. 78–87
Paret, O.: »Das neue Bild der Vorgeschichte«, Stuttgart 1948
Parker, A. G. und Goudie, A. S.: »Geomorphological and palaeoenvironmental investigations in the southeastern Arabian Gulf region and the implication for the archaeology of the region«, in: »Geomorphology«, Bd. 101, Ausg. 3, 15.10.2004, S. 458–470
Parker, A. G. und Rose J. I.: »Climate change and human origins in southern Arabia«, in: »Proceedings of the Seminar for Arabian Studies«, Bd. 38, 2008, S. 25–42
Pearce, E. et al.: »Substantial light woodland and open vegetation characterized the temperate forest biome before Homo sapiens«, in: »ScienceAdvances«, Bd. 9, Ausg. 45, 10.11.2023
Philby, H.: »Rub al'Khali: An Account of Exploration in the Great South Desert of Arabia Under the Auspices and Patronage of His Majesty'Abdul'Aziz ibn Saud, King of the Hejaz and Nejd and its Dependencies«, in: »Geographical Journal«, Bd. 81, 1933, S. 1–21
Pilli, E. et al.: »Ancient DNA challenges prevailing interpretations of the Pompeii plaster casts«, in: »Current Biology, online now«, November 07, 2024
Pimiento C. und Clements C. F.: »When Did Carcharocles megalodon Become Extinct? A New Analysis of the Fossil Record«, in: »PLOS ONE«, Band 9, Nr. 10, 22.10.2014, Artikel e111086
Pitman, W. und Ryan, W.: »Sintflut«, Bergisch-Gladbach 1999
Posnansky, A.: »Tiahuanaco, the Cradle of the American Man«, 1945
Potter, A. et al.: »A Terminal Pleistocene Child Cremation and Residential Structure from Eastern Beringia«, in: »Science«, 2011, Bd. 331, 25.2.2011, S. 1058–1062
Prasad, G. V.R.: »Vertebrate biodiversity of the Deccan volcanic province of India: A review«, in: »Bulletin de la Société Géologique de France, Bd. 183, Ausg. 6, 1.12.2012, S. 597–610
Prestwich, J.: »On certain phenomena belonging to the close of the last geological period and on their bearing upon the tradition of the Flood«, London 1893/1895, Nachdruck 2010

Quast, D. und Erdlich, M.: »Die Bernsteinstraße«, Stuttgart 2013

Rampino, M. S. und Self, S.: »Bottleneck in human evolution and the Toba eruption«, in: »Science«, Bd. 262, Ausg. 5142, 24.12.1993, S. 1955
Rainey, F.: »Archaeological Investigation in Central Alaska«, in: »American Antiquity«, V, 1940
Regueiro, M. et. al.: »Iran: Tricontinental Nexus for Y-Chromosome Driven Migration«, in: »Human Heredity«, Bd. 61, 2006, S. 132–143
Robock, A. et al.: »Did the Toba volcanic eruption of ~74 ka B.P. produce widespread glaciation?«, in: »Journal of Geophysical Research«. Bd. 114, Ausg. D10, 27.5.2009

Ruiz-Puerta, E. J., et al.: »Greenland Norse walrus exploitation deep into the Arctic«, in: »ScienceAdvances«, Bd. 10, Ausg. 39, 27.9.2024, DOI: 10.1126/sciadv.adq4127

Rouse, I.: »Vero and Melbourne Man«, in: »Transaction of the New York Academy of Sciences«, Ser. II, Bd. 12, 1950, S. 224 ff.

Russell, I. C.: »Geologic history of Lake Lahontan, a Quaternary lake in northwestern Nevada«, U. S. Geological Survey Monograph 11, 1885

Rutte, E.: »Die Fundstelle altpleistozäner Säugetiere von Randersacker bei Würzburg«, in: »Geol. Jb. 73«, 1958, S. 737–754

Rutte, E.: »Die Fossilstellen des Mittelmaincromer im stratigraphischen Vergleich mit den benachbarten Fundstellen«, in: »Quartärpaläontologie 8«, Berlin 1990, S. 233–236

Sandberg, C. G. S.: »Ist die Annahme von Eiszeiten berechtigt?«, Leiden 1937

Sandberg, C. G. S.: »Ist die Annahme von Eiszeiten berechtigt?, II. Teil«, Leiden 1940

Sanlaville, P.: »Changements Climatiques dans la Péninsule Arabique Durant le Pléistocène Supérieur et l'Holocène«, in: »Paléorient«, Bd. 18, 1992, S. 5–25

Sarre, F. D.: »Als das Mittelmeer trocken war«, Rüsselsheim 1999

Sartor, J. et al.: »Historische Hochwasserereignisse der deutschen Mosel«, in: »Abfall und Wasser«, Bd. 10/2020, S. 46–51

Schack, A.: »Der Einfluß des Kohlendioxid-Gehaltes der Luft auf das Klima der Welt«, in: »Physikalische Blätter I«, Bd. 28, Ausg, 1, S. 26–28

Schieber, J. et al.: »Accretion of Mudstone Beds from Migrating Floccule Ripples«, in: »Science«, Bd. 318, 14.12.2007, S. 1760–1763

Schönwiese, C.-D.: »Klimaänderungen. Daten, Analysen, Prognosen«, Berlin-Heidelberg, 1995

Schwarzbach, M.: »Das Klima der Vorzeit«, Stuttgart 1993

Scotese, R. C. et al.: »Phanerozoische Paläotemperaturen: Der Klimawandel auf der Erde während der letzten 540 Millionen Jahre«, in: »Earth-Science Reviews«, Bd. 215, Ausg. 11, Januar 2021

Scott, H. P., et al.: »Generation of methane in the Earth's mantle: In situ high pressue-temperature measurements of carbonate reduction«, in: »Proceedings of the National Academy of Sciences«, Bd. 101, 28.9.2004, S. 14023–14026

Sereno, P.: http://www.projectexploration.org/niger2000/11_04_2000.htm, Internet 2000/2003

Shcheka, S.: »Carbon in the Earth's Mantle«, Dissertation an der Eberhard-Karls-Universität Tübingen, 2006

Shepard, E. M. und Herrera, R. J.: »Genetic encapsulation among Near Eastern populations«, in: »Journal of Human Genetics«, Bd. 51, 2006, S. 467–476

Siever. R.: »Allgemeine Geologie«, Heidelberg/Berlin/Oxford 1995

Simonsen, P.: »The Rock Art of Arctic Norway«, in: »Bolletino del Centro Camuno di Studi Preistorici«, 11/1974, S. 129–150

Sokolov, V. A. et al.: »The origin of gases of mud volcanoes and the regularities of their powerful eruptions«, in: »Adv. Organic Geochem.«, 1968, S. 473–484

Sonakia, A: »The skull-cap of early man and associated mammalian fauna from Narmada valley alluvium, Hoshangabad area, Madhya Pradesh (India)«, in: »Records of the Geological Survey of India«, Bd. 113, Nr. 6, 1984, S. 159–172

Stärz, M., et al.: »Threshold in North Atlantic-Arctic Ocean circulation controlled by the subsidence of the Greenland-Scotland Ridge«, in: »nature communication«, Art. Nr. 15681, 5.6.2017

Stringer, C.: »The status of Homo heidelbergensis (Schoetensack 1908)«, in: »Evolutionary Anthropology«, Bd. 21, Nr. 3, 2012, S. 101–107

Stutzer, O.: »Die wichtigsten Lagerstätten der Nicht-Erze, I: Erdöl«, Berlin 1931

Sueß, E.: »Das Antlitz der Erde« (4 Bände), Leipzig 1885/1909

Storey, M et al.: »Astronomically calibrated 40Ar/39Ar age for the Toba supereruption and global synchronization of late Quaternary records«, in: »PNAS«. Bd 109, Ausg. 46, 2012, S. 18684–18688

Subarya, C., et al.: »Plate-boundary deformation associated with the great Sumatra-Andaman earthquake«, in: »Nature«, 2.3.2006, Bd. 440, S. 46–51

Tarduno, J. A., et al.: »Evidence for Extreme Climatic Warmth from Late Cretaceous Arctic Vertebrates«, in: »Science«, Bd. 282, Ausg. 5397, 18.12.1998, S. 2241–2243
Therrien, F., et al.: »Dinosaur trackways from the Upper Cretaceous Oldman and Dinosaur Park formations (Belly River Group) of southern Alberta, Canada, reveal novel ichnofossil preservation style«, in: »Canadian Journal of Earth Sciences«, Ausg. 52(8), Aug. 2015, S. 630–641
Thorson, R. M. et al.: »Geologic evidence for a large prehistoric earthquake in eastern Connecticut«, in: »Geology«, 14, Boulder 1986
Tollmann, A. und E.: »Und die Sintflut gab es doch«, München 1993
Torelli, M.: »Die Etrusker«, Frankfurt/New York 1998
Turekian, K. K.: »Die Ozeane«, Stuttgart 1985
Turvey, S. T. et al: »Late Quaternary megafaunal extinctions in India: How much do we know?, in: »Quaternary Science Reviews«, Bd. 252, Artikel-Nr. 106740, Jan. 2021

Uchupi, E. et. al.: »Late Quaternary Stratigraphy, Paleoclimate and neotectonism of the Persian (Arabian) Gulf region«, in: »Marine Geology«, 1999, Bd. 160, S. 1–23

Vening Meinesz, F. A.: »Spanningen in de aardkorst door poolverschuivingen«, in: »Afd. Natuurk.«, Bd. 52, 1943, S. 186–196
Vogt, P. R. et al.: »Methane-Generated (?) Pockmarks on Young, Thickly Sedimented Oceanic Crust in the Arctic: Vestnesa Ridge, Fram Strait«, in: »Geology«, Bd. 22, 1994, S. 255

Wadia, D. N.: »Geology of India«, London 1939, 2. Aufl.
Wahnschaffe, F.: »Die Ursachen der Oberflächengestaltung des norddeutschen Flachlandes«, 1891, 4. Aufl. bearb. von Fr. Schucht. 1921
Waikinn, C.: »Quellentexte zur Witterungsgeschichte Europas von der Zeitwende bis zum Jahre 1850«, in »Hydrographie, Teil 1 (Zeitwende–1500), Akademie Verlag, Berlin 1958.
Waitt, R. B.: »Great Holocene floods along Jökulsá á Fjöllum, north Iceland«, in: Martini, I. P. et al., 2002, S. 37–51
Walther, J. W.: »Geschichte der Erde und des Lebens«, Leipzig 1908
Watson, D. M. et al.: »The development of a protoplanetary disk from its natal envelope«, in: »Nature«, Bd. 448, 30.8.2007, S, 1026–1028
Weigel, R. D.: »Fossil Vertebrates of Vero, Florida«, in: »Florida Geological Survey: Special Publication No. 10«, Tallahassee 1962
Weiß, F.: »Über den Orthodromismus der Erhebungen«, in: »Peterm. Geogr. Mitt. 2«, S. 286–293, 1856
Whelan, J. K. et al.: »Organic geochemical indicators of dynamic flow process in petroleum basins«, in: »Advances in Organic Chemistry«, Bd. 22, 1993, S. 587 ff.
Whitney, J. D.: »The auriferious gravels of the Sierra Nevada of California«, in: »Museum of Comparative Zoology Memoir«, 6(1), Harvard University 1880
Wildman, D. E.: »Mammalian Zoogeography of the Arabian Peninsula and Horn of Africa with a Focus on the Cladistic Phylogeography of Hamadryas Baboons«, PhD dissertation, New York University, New York 2000
Wildman, D. E. et. al.: »Mitochondrial DNA evidence for the origin of Hamadryas Baboons«, in: »Molecular Phylogenetics and Evolution«, Bd. 32, 2004, S. 287–296
Williams, A. H. und Walkden G. M.: »Late Quaternary highstand deposits of the southern Arabian Gulf: a record of sea-level and climate change«, in P. D. Clift et. al.: »The Tectonic and Climatic Evolution of the Arabian Sea Region« (Special Publications, 195). London 2002, S. 371–386

Willis, B.: »East African Plateaus and Rift Valleys«, 1936

Winslow, C. F.: »The President of the Boston Society of Natural History reads extracts from a letter from Dr. C. F. Winslow relating the discovery of human remains in Table Mountain, Cal. (Jan 1)«, in: »Proceedings of the Boston Society of Natural History«, Bd. 15, 1873, S. 257–259

Xuncheng, X.: »The Mysterious Lop Lake. The Lop Lake Comprehensive Scientific Expedition Team, the Xinjiang Branch of the Chinese Academy of Sciences«, in: »Science Press«, Beijing 1985, S. 49 (englisch)

Zeitlmair, H.: »Die Säulen von Atlantis – Malta«, Groß Gerau 2001

Zhang, T. et al.: »Statistics and characteristics of permafrost and ground ice distribution in the Northern Hemisphere«, in: »Polar Geography«, Bd. 23(2), 1999, S. 147–169

Zillmer, H.-J.: »Darwins Irrtum«, München 1998, 11. Aufl. 2019

Zillmer, H.-J.: »Irrtümer der Erdgeschichte«, München, 5 Auflagen 2001/2008, erweiterte u. ergänzte Neuauflage 2023

Zillmer, H.-J.: »Dinosaurier Handbuch. Fakten, Funde, Kontroversen«, München 2002

Zillmer, H.-J.: »Kolumbus kam als Letzter«, München 2004, 4. Auflage 2012

Zillmer, H.-J.: »Die Evolutions-Lüge«, München, 6 Auflagen 2005/2013, erweiterte u. ergänzte Neuauflage 2024

Zillmer, H.-J.: »Kontra Evolution. Dinosaurier und Menschen lebten gemeinsam«, DVD- Video, Solingen 2007, Neuausgabe 2008

Zillmer, H.-J.: »Der Energie-Irrtum, Warum Erdöl und Erdgas unerschöpflich sind«, München., 3 Auflagen 2009/2017, 3. erweiterte u. ergänzte Neuauflagen 2020/2023

Internetlinks

1: https://www.zobodat.at/pdf/Bot-Jber-Syst-Pflanzengesch-Pflanzengeogr_59_0001-0132.pdf (online 6.5.2025)

2: https://www.deutschlandfunk.de/archaeologe-soll-schaedel-bewusst-falsch-datiert-haben-102.html (online 6.5.2025)3 https://www.amazon.de/Wurde-Amerika-Antike-entdeckt-Chachapoya/dp/3406664881 (online 6.5.2025)

3: https://www.spiegel.de/sptv/geschichte/spiegel-geschichte-das-raetsel-der-chachapoya-a-1053190.html

4: https://www.latimes.com/california/story/2022-11-22/three-tantalizing-mysteries-of-the-la-brea-tar-pits (online 6.5.2025)

5: https://www.degruyter.com/document/doi/10.3139/120.110019/html (online 6.5.2025)

6: https://de.wikipedia.org/wiki/Supervulkan (online 6.5.2025)

7: https://www.uri.edu/news/2006/02/uri-volcanologist-discovers-lost-kingdom-of-tambora/(online 6.5.2025)

8: https://archaeology.org/issues/january-february-2022/collection/egypt-new-kingdom-city/top-10-discoveries-of-2021/(online 6.5.2025)

9: https://www.br.de/radio/bayern2/programmkalender/ausstrahlung-849520.html (online 6.5.2025)

10: https://www.archaeologie-online.de/nachrichten/2000-jaehrige-besiedlungsgeschichte-mit-florierendem-wirtschaftsstandort-rekonstruiert-5775/(online 6.5.2025)

11: https://www.archaeologie-online.de/nachrichten/vor-7000-jahren-wurden-in-arabien-gigantische-monumente-aus-stein-errichtet-4741/(online 6.5.2025)

12: http://www.eddenya.com/sante-et-sciences/2639-exclusif-premieres-images-de-la-decouverte-de-la-mythique-heracleion-egypte (online 6.5.2025)

13: https://www.franckgoddio.org/projects/sunken-civilizations/introduction/(online 6.5.2025)
14: https://andresfurger.ch/images/2021/11/C2a-Andres-Furger-Der-gefederte-keltische-Wagen-und-seine-kulturgeschichtliche-Einordnung.pdf (online 6.5.2025)
15: https://www.spektrum.de/magazin/klimakapriolender-kreidezeit/830388 (online 6.5.2025)
16: https://www.spektrum.de/news/bizarre-welt-methanduenen-auf-pluto-entdeckt/156794 (online 6.5.2025)
17: https://www.weltderphysik.de/gebiet/universum/nachrichten/2008/raetselhafte-vorgaenge-auf-eris/ (online 6.5.2025)
18: https://www.tagesspiegel.de/wissen/energie-aus-dem-eis-6522937.html (online 6.5.2025)
19: https://www.scinexx.de/news/geowissen/nordpolarmeer-war-einst-ein-suesswassersee/(online 6.5.2025)
20: https://de.wikipedia.org/wiki/Spirit-Cave-Mann (online 6.5.2025)
21: https://www.spektrum.de/news/radiokohlenstoffdatierung-co2-ausstoss-killt-c14-methode/2044942 (online 6.5.2025)
22: https://www.wissenschaft-aktuell.de/artikel/Wie_der_Klimawandel_in_der_spaeten_Bronzezeit_Kulturen_zerstoerte1771015589267.html (online 6.5.2025)
23: https://www.awi.de/ueber-uns/service/presse/presse-detailansicht/default-1bf6cf2466.html (online 6.5.2025)
24: https://nyheder.ku.dk/alle_nyheder/2023/07/isforskere-i-oestgroenland-naar-bunden-af-indlandsisen (online 6.5.2025)
25: https://de.wikipedia.org/wiki/Gr%C3%B6nl%C3%A4ndischer_Eisschild (online 6.5.2025)
26: https://www.spektrum.de/news/die-groesste-flut/1197755 (online 6.5.2025)
27: https://www.nationalgeographic.de/wissenschaft/2023/06/erdachse-verschiebt-sich-wasserverbrauch-landwirtschaft-grundwasser (online 6.5.2025)
28: https://www.linkedin.com/posts/tom-clatworthy_the-sun-is-becoming-increasingly-active-activity-7139630459042312192-clbv (online 6.5.2025)
29: https://api.repository.cam.ac.uk/server/api/core/bitstreams/3aef3ee7-a381-4680-8521-c4e20c942424/content (online 6.5.2025)

Abkürzungen

»BdW«	Magazin »Bild der Wissenschaft«
BdW	»Bild der Wissenschaft« online: www.wissenschaft.de
ebd.	ersetzt die Nennung des zuvor zitierten Autorennamens
Mio. Jahren	Millionen Jahre nach offizieller Zeitrechnung
»PNAS«	Fachzeitschrift »Proceedings of the National Academy of Sciences«
»SpW«	Magazin »Spektrum der Wissenschaft«
SpW	»Spektrum der Wissenschaft« online: www.wissenschaft-online.de
v. u. Z.	vor unserer Zeitrechnung
u. Z.	unserer Zeitrechnung

Der Autor

Hans-Joachim Zillmer, Jahrgang 1950, Hochbegabtenstipendium, studierte Bauingenieurwesen mit Abschluss an der Bergischen Universität Wuppertal und Technischen Universität Berlin. 2002 wurde er als »Internationaler Wissenschaftler des Jahres« (IBC) nominiert. 2006 sprach er als Referent über Widersprüche der Evolutionstheorie anhand geologischer Funde im Europäischen Parlament in Brüssel und erhielt am 26. Juli 2010 mit einem persönlichen Anschreiben des *Weißen Hauses* in Washington D. C. den PRESIDENT'S VOLUNTEER SERVICE AWARD mit goldener Ehrennadel. Der Autor wurde bekannt durch viele Radio- und Fernsehinterviews, u. a. in »Welt der Wunder« (2002), auch im amerikanischen TV. Bislang erschienen sind von ihm mehrere u. a. international in bis zu zwölf Sprachen übersetzte Bestseller wie »Darwins Irrtum« (derzeit 11. Auflage), »Kolumbus kam als Letzter« (4. Auflage), »Irrtümer der Erdgeschichte (5 Auflagen und erweiterte Neuauflage 2023), »Die Evolutionslüge« (6 Auflagen und erweiterte Neuauflage 2024) »Der Energie-Irrtum« (3. Auflage und als ergänzte und 3. erweiterte Neuauflage, 2023) sowie »Dinosaurier Handbuch« (2 Auflagen).

Abbildungs- und Fotonachweis

© Zillmer, außer (falls kein Verweis bei der Abbildung): Martin Groll, großes Foto 10; U. S. Geological Survey 1912, alle Fotos 13; wordpress.com 12 links, Oliver Spalt (1995) 22 rechts; überarbeitet aus Blair (2002) 32; LeeSiebert, Smithsonian Institution 36; bearbeitet aus Steve Austin 37; Angelo Heilprin (1902) 39 unten rechts; ergänzt nach V. R. Baker (2002) 49; NASA und Universität von Maryland, USA 67;Parker/Rose (2008) 70, 72 und 73; überarbeitet aus Cambridge University Press 75; Michael Fenton (USGS) 77 links; Ibn Kitaba, Jemens wildes Wadi Hadramaut, Abenteuer Reisen (2010), bearbeitet 78; aus V. R. Baker (2002) bearbeitet 79 kleines Bild; R. Goffin auf www.Spurensucher.eu 87; Foto: en.wikipedia.org 124; bearbeitete Karte vom Kartografiska Institutet, Schweden 129; Ian Kluft (2005) 136; Farganello (1996) 137 links, Valtellina (1992) 137 rechts.